“十三五”国家重点图书出版规划项目

BIM 技术及应用丛书



# 建筑工程施工 BIM 深度应用
# ——信息化施工

李云贵　主编

何关培　邱奎宁　赵　欣　副主编

中国建筑工业出版社

**图书在版编目（CIP）数据**

建筑工程施工BIM深度应用：信息化施工 / 李云贵主编. — 北京：中国建筑工业出版社，2020.11
（BIM 技术及应用丛书）
ISBN 978-7-112-25381-4

Ⅰ. ①建… Ⅱ. ①李… Ⅲ. ①建筑施工—应用软件 Ⅳ. ① TU7-39

中国版本图书馆CIP数据核字（2020）第152225号

本书是“BIM 技术及应用丛书”中的一本。书中聚焦信息化施工，重点介绍目前已有一定程度应用，但还没有完全普及的信息技术与相关设备，及其在工程施工中的应用场景和价值，包括建筑信息模型（BIM）、云计算、物联网、无人机、扩展现实（VR、AR 和 MR）、全站仪、三维扫描、三维打印、穿戴设备、机器人、大数据、人工智能等，以及多项不同信息技术之间的融合或集成。本书内容翔实，具有较强的指导性，可供企业管理人员及 BIM 从业人员参考使用。

责任编辑：张伯熙　王砾瑶　范业庶
责任校对：党　蕾

BIM技术及应用丛书
**建筑工程施工BIM深度应用——信息化施工**
李云贵　主编
*
中国建筑工业出版社出版、发行（北京海淀三里河路9号）
各地新华书店、建筑书店经销
北京点击世代文化传媒有限公司制版
北京建筑工业印刷厂印刷
*
开本：787×1092毫米　1/16　印张：18　字数：369千字
2020年11月第一版　2020年11月第一次印刷
定价：80.00 元
ISBN 978-7-112-25381-4
（36349）

# 本书编委会


**主　编**　李云贵

**副主编**　何关培　邱奎宁　赵　欣

**编　委**　邓明胜　金　睿　杨晓毅　王　静　汪少山

方海存　李　括　刘　刚　方　天　陈滨津

赛　菡　苏　章　彭爱军　周永明　王兴龙

蒋绮琛　王　勇　刘　栋　赵恩堂　褚鑫良

# 丛书前言

**“加快推进建筑信息模型（BIM）技术在规划、勘察、设计、施工和运营维护全过程的集成应用，实现工程建设项目全生命期数据共享和信息化管理，为项目方案优化和科学决策提供依据，促进建筑业提质增效。”**

**——摘自《关于促进建筑业持续健康发展的意见》（国办发 [2017] 19 号）**

BIM 技术应用是推进建筑业信息化的重要手段，推广 BIM 技术，提高建筑产业的信息化水平，为产业链信息贯通、工业化建造提供技术保障，是促进绿色建筑发展，推进智慧城市建设，实现建筑产业转型升级的有效途径。

随着《2016—2020 年建筑业信息化发展纲要》（建质函 [2016]183 号）、《关于推进建筑信息模型应用的指导意见》（建质函 [2015]159 号）等相关政策的发布，全国已有近 20 个省、直辖市、自治区发布了推进 BIM 应用的指导意见。以市场需求为牵引、企业为主体，通过政策和技术标准引领和示范推动，在建筑领域普及和深化 BIM 技术应用，提高工程项目全生命期各参与方的工作质量和效率，实现建筑业向信息化、工业化、智慧化转型升级，已经成为业内共识。

近年来，随着互联网信息技术的高速发展，以 BIM 为主要代表的信息技术与传统建筑业融合，符合绿色、低碳和智慧建造理念，是未来建筑业发展的必然趋势。BIM 技术给建设项目精细化、集约化和信息化管理带来强大的信息和技术支撑，突破了以往传统管理技术手段的瓶颈，从而可能带来项目管理的重大变革。可以说，BIM 既是行业前沿性的技术，更是行业的大趋势，它已成为建筑业企业转型升级的重要战略途径，成为建筑业实现持续健康发展的有力抓手。

随着 BIM 技术的推广普及，对 BIM 技术的研究和应用必然将向纵深发展。在目前这个时点，及时对我国近几年 BIM 技术应用情况进行调查研究、梳理总结，对 BIM 技术相关关键问题进行解剖分析，结合绿色建筑、建筑工业化等建设行业相关课题对今后 BIM 深度应用进行系统阐述，显得尤为必要。

2015 年 8 月 1 日，中国建筑工业出版社组织业内知名教授、专家就 BIM 技术现状、发展及 BIM 相关出版物进行了专门研讨，并成立了 BIM 专家委员会，囊括了清华大学、同济大学等著名高校教授，以及中国建筑股份有限公司、中国建筑科学研究院、上海建工集团、中国建筑设计研究院、上海现代建筑设计（集团）有限公司、北京市建筑设计研究院等知名专家，既有 BIM 理论研究者，还有 BIM 技术实践推广者，更有国家及行业相关政策和技术标准的起草人。

秉持求真务实、砥砺前行的态度，站在 BIM 发展的制高点，我们精心组织策划了《BIM 技术及应用丛书》，本丛书将从 BIM 技术政策、BIM 软硬件产品、BIM 软件开发工具及方法、BIM 技术现状与发展、绿色建筑 BIM 应用、建筑工业化 BIM 应用、智慧工地、智慧建造等多个角度进行全面系统研究、阐述 BIM 技术应用的相关重大课题，将 BIM 技术的应用价值向更深、更高的方向发展。由于上述议题对建设行业发展的重要性，本丛书于 2016 年成功入选“十三五”国家重点图书出版规划项目。认真总结 BIM 相关应用成果，并为 BIM 技术今后的应用发展孜孜探索，是我们的追求，更是我们的使命！

随着 BIM 技术的进步及应用的深入，“十三五”期间一系列重大科研项目也将取得丰硕成果，我们怀着极大的热忱期盼业内专家带着对问题的思考、应用心得、专题研究等加入到本丛书的编写，壮大我们的队伍，丰富丛书的内容，为建筑业技术进步和转型升级贡献智慧和力量。

# 前 言

从 1946 年第一台计算机诞生以来，人类在信息技术领域取得了史无前例的卓越成就。1969 年互联网诞生，开启了全球网络空间的构建。无处不在的网络传输、强大的计算能力、超大规模的存储容量，以及信息技术设备和数据管理成本的大幅下降，让信息技术日益普及，推动了整个社会的数字化进程。进入 21 世纪之后，在突飞猛进的科学技术的影响之下，人类社会的结构以及精神面貌正在不断发生剧烈的变化。移动通信、互联网、大数据、云计算、区块链、人工智能、虚拟现实、机器人等技术和相关设备的快速发展和广泛应用，形成了数字世界和物理世界的交错融合和数据驱动发展的新局面，正在引起生产方式、生活方式、思维方式以及治理方式的深刻革命。

在过去的 30 年，我国城镇化建设取得了巨大成就，但也付出了资源、能源和环境的巨大代价，正面临着艰巨的节能减排任务和可持续发展的挑战。党的十九大报告中明确指出中国经济由高速增长阶段转向高质量发展阶段，建筑行业也逐步走上了转型升级的道路。当前，全球正经历着前所未有的挑战，在数字经济蓬勃发展的背景下，“新基建”和“新型城镇化”已成为国家经济建设新的发力点。随着“新基建”和“新型城镇化”的大力推进和布局，建筑行业将迎来更广阔的发展空间与市场前景，呈现出巨大的增长潜力。以新兴技术、软件和数字化解决方案为驱动的数字基建更是不断赋能建筑行业的转型升级。

为践行“协调、绿色、开放、共享”的发展理念及国家大数据战略、“互联网 +”行动等相关要求，建筑行业各级主管部门制定了一系列政策，引导行业朝着绿色化、精细化、智能化和智慧化方向发展，推进以“绿色化”为目标，以“智慧化”为技术手段，以“工业化”为生产方式，以工程总承包为实施载体，实现建造过程“节能环保，提高效率，提升品质，保障安全”的新型工程建设组织模式和生产方式，塑造建筑业新业态。

工程施工是工程建设的一个重要阶段，从业人员多达 5500 多万人，在工程施工中，综合应用各种信息技术及相关设备，与施工现场生产、管理深度结合，有效促进了工程质量和安全水平提升、节能环保，取得了显著的经济效益、社会效益和环境效益。为了促进现代信息技术在工程施工中的广泛应用，本书聚焦于信息化施工，重点介绍目前已经有一定程度应用，但还没有完全普及的信息技术及相关设备，及其在工程施工中的应用场景和价值，包括建筑信息模型（BIM）、云计算、物联网、无人机、扩展现实（VR、AR和MR）、全站仪、三维扫描、三维打印、穿戴设备、机器人、大数据、人工智能等，以及多项不同信息技术之间的融合或集成。为了使本书具备更高的可阅读性和可操作性，各部分内容都列举了一些当前施工阶段的常用产品，这些产品既不代表全部可用产品，也不代表这是推荐使用的产品。介绍时，不同技术、工具软件和管理系统的编写体例和详略程度也不尽相同，总体原则是目前普及程度高的技术和产品尽量简单一些，目前普及程度还不太高但发展前景看好的技术和产品则略详细一些。

本书作者是国家“十三五”重点研发计划“绿色施工与智慧建造关键技术”项目（编号:2016YFC0702100）的负责人和核心研究人员，书中部分内容是项目的科研成果，书籍的编写也得到项目的支持。同时，本书作者参与了《建筑施工手册》（第六版）第三章“信息化施工”的编写，本书也可以看作是这一章节内容的补充和扩展。

由于我们的调查、研究范围有一定局限性，书中有些观点和描述可能存在偏差或片面性，有些结论和描述也可能是针对当前状态。特别是限于作者能力、经验和水平，本书内容可能还存在不能令人满意之处，也不一定完全正确，期待同行批评指正，以期下一版有所改进和提高。

# 目 录

# 第1章　概述

## 1.1　背景和基本概念

中国已经是全球数字技术的主要参与者，正持续缩小与一些发达国家之间的技术差距，并且发展潜力巨大，在电子商务和移动支付领域方面引领世界。蓬勃发展的信息技术正在不断改写现有格局，重构行业价值链，一个更具全球竞争力的中国新经济应运而生，并催生出更多充满活力的中国企业。

近年来，党中央、国务院高度重视数字经济和信息技术的发展，相继发布一系列相关政策，不断扶持和引导相关产业的发展。以我国大数据发展为例，2014年3月，大数据首次写入政府工作报告；2015年8月，国务院印发《促进大数据发展行动纲要》；2016年3月，在《中华人民共和国国民经济和社会发展第十三个五年规划纲要》中提出“实施国家大数据战略”；2017年1月，《大数据产业发展规划（2016—2020年）》出台；2017年10月，党的十九大报告提出要“推动互联网、大数据、人工智能和实体经济深度融合”；2017年12月，习近平在主持中共中央政治局第二次集体学习时强调：要推动大数据技术产业创新发展，要构建以数据为关键要素的数字经济，要运用大数据提升国家治理现代化水平，要运用大数据促进保障和改善民生；2020年4月，国家发改委明确新型基础设施的范围，包含大数据中心在内的七大领域。这些政策和发展导向的快速推出，都说明我国数字经济已经进入到一个新的阶段。

建筑业是我国国民经济发展的支柱产业，建筑业提质增效、转型升级是国家实现战略转型和高质量发展的重要组成部分。在信息技术迅猛发展的今天，自动化、网络化、智慧化已经成为建筑业实现提质增效、转型升级的重要方向和突破口。

受传统技术和管理模式的影响，在信息化建设和发展方面，建筑业已经大大落后于制造业、零售业等领域，拥抱信息技术，营造相应的商业模式和生态系统，是我国建筑业未来发展的核心任务。

近几年，信息技术在工程施工中应用越来越多，并且已经积累了一些实践经验，特别是以BIM技术为代表的信息技术的广泛应用，推动了施工技术的整体升级和变革，带动了信息化施工热潮。

信息化施工是指充分利用BIM、物联网、大数据、人工智能、移动通信、云计算和虚拟现实等信息技术和相关设备，通过人机交互、感知、决策、执行和反馈，实现工程项目施工管理的数字化、信息化、智能化的方法。信息化施工是信息技术与施工技术的深度融合与集成，是一个完整的技术体系（图 1-1），包括基本的概念、理论和方法，包括支撑施工任务的技术、设备、软件和标准，在具体实施时也需要完整地策划，才能有可预期的交付成果。

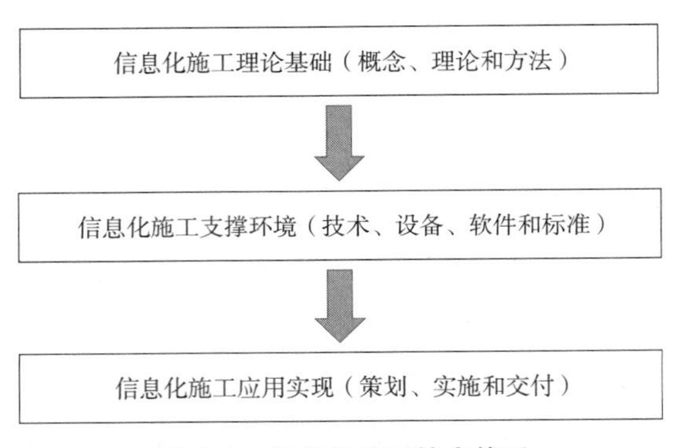


**图 1-1 信息化施工技术体系**

信息化施工包括实物建造和数字建造两个过程、虚实两个工地、先试后造两种关系、工程实体和数字产品两个交付物等内容。

1. 实物建造和数字建造两个过程

实物建造和数字建造两个过程是指在信息化施工的支持下，工程建造活动包括两个过程，不仅仅是物质建造的过程，还是产品数字化的过程。信息化施工技术可以有效连接设计、施工乃至全过程各个阶段，工程数字化成为与工程物质化同等重要的一个并行过程。物质建造过程的核心是构筑一个新的存在物，其过程主要体现为把工程设计图纸或模型上的数字产品在特定场地空间变成实物的施工。产品数字化过程也不是一蹴而就，而是一个不断丰富、完善的过程，体现为随着项目不断推进，从初步设计、施工图设计、深化设计到建筑安装再到运营维护，建设项目全生命周期不同阶段都有相对应的数字信息不断地被增加进来。

2. 虚实两个工地

虚实两个工地是与工程建造活动数字化过程和物质化过程相对应的，同时存在着数字工地和实体工地两个场景。数字工地以整个建造过程的可计算、可控制为目标，基于先进的计算、仿真、可视化、信息管理等技术，实现对实体工地的有效驱动与管控。数字工地与实体工地密不可分，体现在新型建造模式下工程建造的“虚”与“实”的关系，以“虚”导“实”，即信息化施工模式下的实体工地在数字工地的信息流驱动下，实现物质流和资金流的精益组织，按章操作，有序施工。

3. 先试后造两种关系

先试后造两种关系是指信息化施工模式下，越来越凸显建造过程中的两种关系，即先试与后造，后台支持与前台操作。一方面，信息化施工过程越来越多地采用“先试后造”。例如，通过 BIM 技术，从设计到施工再到维护，始终存在一个可视化的虚拟数字建筑模型载体。基于数字仿真技术，以设计阶段的模型为基础，到施工阶段的深化设计，再到虚拟施工仿真与演练，实现了工程建设领域的“先试后造”。通过“先试”环节发现潜在的问题并加以解决，从而可极大地提高施工现场“后造”的效率。信息化施工模式下的“先试后造”，正推动着工程施工领域向实现类似制造业领域的虚拟制造优势迈进。另一方面，信息化施工过程也越来越显示出后台与前台的关系。信息化施工少不了后台的知识和智慧支持，也少不了前台的人力与物力的努力。工程建造体现为前台与后台的不断交互过程，信息化施工正是以“后台”的知识驱动着“前台”的运作。

4. 工程实体和数字产品两个交付物

工程实体和数字产品两个交付物是指基于信息化施工技术，工程交付将形成两个产品，即不仅仅是交付物质的建筑产品，同时还交付一个虚拟的数字建筑。工程建设的上一阶段不仅向下一阶段交付实体的工程产品，还向下一阶段提交描述相应工程的数字产品，每一阶段的实体交付与数字交付都体现着一个价值增值的过程。项目竣工时，功能完整的实体建筑和描述完整的数字建筑两个产品同时交付。并且，这一数字产品在工程运营存续的整个过程中起着重要作用，为后期的运营维护乃至改造报废提供支持。

## 1.2　信息化施工进展

我国计算机应用于建设行业始于 20 世纪 50 年代末期。但一直到 20 世纪 70 年代末期，其应用都仅限于个别设计单位和个别工程项目的工程设计计算。20 世纪 80 年代之后，信息技术在建设行业的应用得到了迅速发展。到了 20 世纪 90 年代，由于计算机图形技术、PC 机和工作站，特别是计算机网络技术的发展，信息技术在建设行业的应用发生了日新月异的变化，迅速普及应用于规划、勘察、设计、施工、企业及行业管理等领域。再到 21 世纪初 BIM 技术的产生和应用，走过了近半世纪的发展历程。当前，信息化施工正向着以 BIM 为基础的移动通信、物联网、云计算、大数据、人工智能等现代信息技术及机器人等相关设备的集成应用方向发展。

随着物联网、移动互联网等新的信息技术迅速发展，云存储和移动设备的应用，满足了工程现场数据和信息的实时采集、高效分析、及时发布和随时获取等需求，“云 + 网 + 端”的应用模式正在逐步形成。这种基于移动互联网的多方协同应用方式与 BIM 集成应用，形成优势互补，为实现工地现场不同参与者之间的协同与共享，以及对现场管理过程监控都提供了全面的技术保障。特别是现代信息技术与施工现场生产、管理深度结合，产生了一系列创新应用，智慧工地展现出爆发性增长的态势，目前智慧工地仍然处于起步发展阶段，还有长足的成长空间。实际上，信息化施工涉及的内容及影响范围非常广泛，从数字技术应用到数字资产管理，从单个项目的智慧建造到智慧园区、再到智慧城市，信息化施工有效促进了建筑行业和城市建设与管理的信息化、精细化、智能化，以及更高层次的智慧化。

1. 信息化

从总体上来说现阶段建筑施工管理虽然已经强化了信息技术的应用，但是依然是以传统二维平面图纸为基础开展相关管理，建筑施工管理人员必须从图纸设计出发将二维平面转化为三维空间模型，进而实施一系列的管理行为。未来，以三维空间模型为载体的施工管理技术架构能够实现全方位的信息化管理，例如，可以直接在三维模型当中附加时间维度直接开展施工进度计划。

2. 精细化

精细化管理不仅是建筑施工信息化发展的必然结果，也是建筑产业发展的要求。信息技术在建筑施工领域中的应用解决了传统建筑施工管理只能依赖于管理人员经验的基本现状，从而有效提升了建筑施工管理的精度。例如，在开展建筑施工管理的过程当中不仅要关注于建筑施工进度，同时也需要综合考虑施工造价等方面的影响，在传统施工管理当中往往只能依赖于施工管理人员的经验，但是在建筑信息化技术的作用之下，可以实现对施工进度与造价的协同管理，从而有效提升建筑施工管理的精度。

3. 智能化

智能穿戴设备将成为重要装备，如智能手环可用于对现场施工人员的跟踪管理；佩戴智能眼镜，可将虚拟模型画面与工程实体对比分析，及时发现并纠正问题；智能口罩上的粒子传感器可实时监测施工作业区域空气质量，并把定位资料和采集到的信息传到手机上应用并共享；借助穿戴的运动摄像装置，可记录现场质量验收过程等。

当前，移动智能终端正慢慢成为施工现场的重要工具，如：配合相应的项目管理系统，实时查阅施工规范标准、图纸、施工方案等；可直接展示设计模型，向现场施工人员进行设计交底；加强施工质量、安全的过程管理，实时确认分部分项形象进度，辅助分部分项质量验收；可现场对施工质量和安全文明施工情况进行检查并拍照，将发现的问题和照片汇总后生成整改通知单下发给相关责任人，整改后现场核查并拍照比对；可在模型中模拟漫游，通过楼层、专业和流水段的过滤来查看模型和模型信息，并随时与实体部分进行对比；可提前模拟作业通道是否保持畅通、各种设施和材料的存放是否符合安全卫生和施工总平面图的要求等。上述的情景描述已在个别工程案例中实现，未来会成为普遍的施工实践。

未来，建筑机器人将成辅助工具，如全位置焊接机器人，可用于超高层钢结构现场安装焊接作业，提高焊接质量，确保施工安全；超高层外表面喷涂机器人，不仅可以解决高空作业安全问题，还可提高施工速度和精度；大型板材安装机器人，可用于大型场馆、楼堂殿宇、火车站、机场装饰用大理石壁板、玻璃幕墙、顶棚等的安装作业，无需搭建脚手架，由两名操作工人即可完成大范围移动作业。

## 1.3　信息化施工主要标准

推进信息化施工，标准是关键因素之一。在我国的信息技术应用标准体系中，分为基础标准、通用标准、专用标准三个层次。基础标准规定建设行业术语、数据、信息分类编码的内容，例如《建筑信息模型分类和编码标准》GB/T 51269、《建设领域信息技术应用基本术语标准》JGJ/T 313、《建筑产品信息系统基础数据规范》JGJ/T 236等。通用标准规定建设行业应用信息技术通用的技术要求，包括城乡规划、城镇建设与管理、建设工程、建设企业、信息技术综合应用 5 个方面的通用标准，例如《建筑信息模型应用统一标准》GB/T 51212、《建设领域应用软件测评工作通用规范》CJJ/T 116、《城市基础地理信息系统技术标准》CJJ/T 100 等。专用标准反映各应用领域对信息技术的特有需求及相关的技术要求，例如《建筑信息模型施工应用标准》GB/T 51235、《建筑信息模型设计交付标准》GB/T 51301、《石油化工工程数字化交付标准》GB/T 51296、《建筑施工企业信息化评价标准》JGJ/T 272、《建筑工程施工现场监管信息系统技术标准》JGJ/T 434、《建筑工程设计信息模型制图标准》JGJ/T 448 等。

BIM 技术已经成为支撑行业技术进步的一项重要的基础性技术，普及 BIM 技术应用已经成为信息化施工的一项重要工作。为了规范 BIM 技术应用，住房和城乡建设部 2012 年 1 月 17 日《关于印发 2012 年工程建设标准规范制订修订计划的通知》（建标[2012]5 号）和 2013 年 1 月 14 日《关于印发 2013 年工程建设标准规范制订修订计划的通知》（建标 [2013]6 号）两个通知中，共发布了 6 项 BIM 国家标准制订项目，这两个工程建设标准规范制订修订计划宣告了中国 BIM 标准制定工作的正式启动。时至今日，住房和城乡建设部已经陆续批准发布了 4 本 BIM 国家标准。为配合 BIM 国家标准的实施，行业协会、地方政府和中国 BIM 发展联盟等部门也组织编制了相应的实施标准，我国的 BIM 标准体系正在不断完善中。

1.《建筑信息模型应用统一标准》GB/T 51212—2016

《建筑信息模型应用统一标准》（以下简称 BIM 统一标准）由中国建筑科学研究院主编，自 2017 年 7 月 1 日起实施。这是我国第一部建筑信息模型应用的工程建设标准，提出了建筑信息模型应用的基本要求，是建筑信息模型应用的基础标准，可作为我国建筑信息模型应用及相关标准研究和编制的依据。

BIM 统一标准共分 6 章，主要技术内容是：总则、术语和缩略语、基本规定、模型结构与扩展、数据互用、模型应用。其中：第 2 章“术语和缩略语”，规定了建筑信息模型、建筑信息子模型、建筑信息模型元素、建筑信息模型软件等术语，以及“PBIM”基于工程实践的建筑信息模型应用方式这一缩略语。第 3 章“基本规定”，提出了“协同工作、信息共享”的基本要求，并推荐模型应用宜采用 P-BIM 方式，还对 BIM 软件提出了基本要求。第 4 章“模型结构与扩展”，提出了唯一性、开放性、可扩展性等要求，并规定了模型结构由资源数据、共享元素、专业元素组成，以及模型扩展的注意事项。第 5 章“数据互用”，对数据的交付与交换提出了正确性、协调性和一致性检查的要求，规定了互用数据的内容和格式，对数据的编码与存储也提出了要求。第 6 章“模型应用”，不仅对模型的创建、使用分别提出了要求，还对 BIM 软件提出了专业功能和数据互用功能的要求，并给出了对于企业组织实施 BIM 应用的一些规定。

2.《建筑信息模型施工应用标准》GB/T 51235—2017

《建筑信息模型施工应用标准》（以下简称施工 BIM 国家标准）由中国建筑股份有限公司主编，自 2018 年 1 月 1 日起实施。这是我国第一部建筑工程施工领域的 BIM 应用国家标准，填补了我国 BIM 技术应用标准的空白，与国家推进 BIM 应用的技术政策（《关于推进建筑信息模型应用的指导意见》和《2016—2020 年建筑业信息化发展纲要》）相呼应，对国家 BIM 相关技术政策的落地和实施起到了有效支撑作用。

施工 BIM 国家标准与 BIM 统一标准原则一致，承上启下，在技术定位上是瞄准 BIM 应用的初级阶段，注重实用性和可操作性，强调标准的指导作用，同时在编制内容上适度超前，引导施工技术和管理人员应用 BIM 技术。在内容上选择了目前已经能够代替传统做法的 BIM 应用、目前部分代替传统做法以及和传统做法并行使用的 BIM 应用，以及正在试验性应用但具备推广普及价值的 BIM 应用。目标是规范和引导施工阶段建筑信息模型应用，提升施工信息化水平，提高信息应用效率和效益。同时，标准也可作为软件开发人员参考，指导相关软件开发。

施工 BIM 国家标准共分 12 章，主要技术内容是：总则、术语与符号、基本规定、施工模型、深化设计、施工模拟、数字化加工、进度管理、预算与成本管理、质量与安全管理、施工监理、竣工验收。标准给出了“建筑信息模型”“建筑信息模型元素”“模型细度”“施工 BIM 模型”等术语定义。标准技术条文从应用内容（包括：BIM 应用点、BIM 应用典型流程）、模型元素（包括：模型内容和模型细度）、交付成果和软件要求等几方面给出规定，通过“深化设计”“施工模拟”“数字化加工”“进度管理”“预算与成本管理”“质量与安全管理”“施工监理”和“竣工验收”等章节，全面阐释和规范了施工 BIM 应用要求。这本国家标准既充分考虑了我国国情及土木、建筑工程施工的特点，又实现了与国际标准接轨，为全面推广应用打下坚实基础。

3.《建筑信息模型分类和编码标准》GB/T 51269—2017

《建筑信息模型分类和编码标准》（以下简称分类编码标准）由中国建筑标准设计研究院有限公司主编，自 2018 年 5 月 1 日起实施。分类编码标准针对我国建筑工程实际，基于 OmniClass 进行了修改和补充，其建筑信息模型分类表非等效采用了美国的 OmniClass 分类体系。分类编码标准共分 4 章，主要技术内容是：总则、术语、基本规定、应用方法，以及附录 A。其中，第三章“基本规定”规定了分类对象和分类方法、编码及扩展规定；第四章“应用方法”规定了编码逻辑运算符号、编码的应用；附录 A“建筑信息模型分类和编码”包括 15 张表。

OmniClass 是美国的建筑信息分类编码体系，是美国 BIM 标准第三版的主要组成部分，它合并了美国目前正在使用的分类系统作为其许多表格的基础，包括 MasterFormat 作为 work results 表格的基础，UniFormat 作为 Elements 表格的基础，EPIC（Electronic Product Information Cooperation）作为 structuring products 的基础。

分类编码标准是最重要的一部 BIM 基础标准，是打通设计、施工和运维 BIM 应用、现实全生命期 BIM 信息共享的关键。美国的编码标准 OmniClass 是基于国际标准 ISO12006，在美国目前普遍应用的 Uniformat 和 Masterformat 基础上编制的；英国的编码标准 UniClass2015 也是在国际标准 ISO12006 框架下，在英国目前普遍应用的 UniClass1.4 基础上研发的；而我国目前的编码标准是在美国的 OmniClass 基础上编制的。可以说，美国和英国的编码标准都有自己的特色，都与目前各自国内普遍应用的编码标准相兼容，是落地的、理论上的提升。而我国的分类编码标准与目前行业正在应用的一些编码标准的关系，是一个值得考虑的问题。

4.《建筑信息模型设计交付标准》GB/T 51301—2018

《建筑信息模型设计交付标准》（以下简称设计 BIM 标准）由中国建筑标准设计研究院有限公司主编，自 2019 年 6 月 1 日起实施。设计 BIM 标准梳理了设计业务特点，同时面向 BIM 信息的交付准备、交付过程、交付成果均作出了规定，提出了建筑信息模型工程设计的四级模型单元，并详细规定了各级模型单元的模型精细度，包括几何表达精度和信息深度等级；提出了建筑工程各参与方协同和应用的具体要求，也规定了信息模型、信息交换模版、工程制图、执行计划、工程量、碰撞检查等交付物的模式。

设计 BIM 标准共分 6 章，主要技术内容是：总则、术语、基本规定、交付准备、交付物、交付协同，以及附录 A ~ D。

需要注意的是：设计 BIM 标准在有关术语定义和模型等级划分等方面与 BIM 统一标准和施工 BIM 标准不完全一致。

## 1.4　信息化施工主要技术政策

我国有自成体系的工程建设管理制度和政策，因此也有对应的推动信息化施工发展的分阶段、分层次的技术政策，促进我国建筑工程技术的更新换代和管理水平的提升。2003 年住建部发布了第一份推进行业信息技术应用的技术政策文件《2003—2008 年全国建筑业信息化发展规划纲要》(建质 [2003]217 号),之后又陆续发布了《2011 ~ 2015 建筑业信息化发展纲要》(建质函 [2011] 67 号)和《2016—2020 年建筑业信息化发展纲要》(建质函 [2016]183 号),以及《关于推进建筑信息模型应用的指导意见》(建质函 [2015]159 号)。2017 年,国务院办公厅发布《国务院办公厅关于促进建筑业持续健康发展的意见》(国办发 [2017]19 号),提出要求加快推进建筑信息模型(BIM)技术在规划、勘察、设计、施工和运营维护全过程的集成应用,实现工程建设项目全生命周期数据共享和信息化管理,为项目方案优化和科学决策提供依据,促进建筑业提质增效。行业技术政策的不断推进,有效推动了行业信息化发展,信息化施工水平得到了大幅度提升。

1.《2003—2008 年全国建筑业信息化发展规划纲要》

这是我国第一份在全行业推进信息技术应用的技术政策文件,跨越"十五"和"十一五"两个五年。文件高度重视信息技术与传统产业的结合,发挥建设行政主管部门统筹规划、政策导向的指导作用,按照总体规划、分步实施、重点突破、注重效益的原则,立足国情,重点发展基于互联网的协同建造应用系统和建筑企业信息化的关键技术,推动标准化建设。全面提高建筑业信息化总体应用水平,实现建筑业跨越式发展。提出了"运用信息技术全面提升建筑业管理水平和核心竞争能力,实现建筑业跨越式发展;提高建设行政主管部门的管理、决策和服务水平;促进建筑业软件产业化;跟踪国际先进水平,加快与国际先进技术接轨的步伐,形成一批具有国际水平的现代建筑企业"的发展目标。对于施工企业信息化建设,提出了如下要求:

(1)工程总承包类建筑企业信息化发展目标分两类:第一类是具有国际与国内大型项目工程总承包能力的企业,重点建设"一个平台(网络平台)、三大系统(工程设计集成系统、综合项目管理系统和经营管理信息系统)"。应用体系建设应推行以工程数据库和模型设计为主的集成化、智能化设计技术,建立和完善工程设计系统,推行协同设计;建立和完善以物资流为主线、以资金流和工作流为核心的综合项目管理系统;建立和完善以群件、Web 和数据库技术为基础的经营管理信息系统;同时注重开发、引进、消化、吸收和推广一批有助于提高设计水平和管理水平的先进应用软件。力争到 2008 年信息技术的应用达到当时国际上一流工程公司的应用水平。基本实现建筑企业信息化,达到国际水平或国内建筑行业领先水平。第二类是具有总承包国内工程项目能力的企业,要求充分利用信息技术和应用集成的理念,以效益为重,不求全局集成,重点建立实用性强和扩充性好的局部信息系统。以建设"一个平台、三大系统"为目标,提升企业的市场竞争能力。网络平台建设应能满足应用体系的发展需求;应用体系建设应推行以工程数据库和模型设计为主的集成化设计技术,逐步建立和完善工程设计集成化系统,推行协同设计;建立和完善综合项目管理系统;建立和完善经营管理信息系统(办公自动化集成系统);同时特别注重开发、引进、消化、吸收和推广一批有助于提高设计水平和管理水平的先进应用软件，以提高总体效益和竞争实力，为建筑企业信息化提供较好的基础。

（2）施工总承包类建筑企业信息化发展目标分三类：对特级资质、一级资质与二级资质企业提出了不同的信息化要求。应结合建筑企业运行机制，通过运用信息技术，达到提升建筑企业核心竞争力的目的。特级资质企业应围绕核心业务，实现整体管理过程的信息化，逐步建立和完善网络平台和应用体系。重点建设“一个平台（网络平台）、两大系统（项目管理系统和经营管理信息系统）”，制定企业信息化发展规划，提高信息技术投入产出比，力争到 2008 年信息技术的应用达到当时国际上一流施工企业的应用和管理水平。一级资质企业应围绕核心业务，实现部分管理过程信息化，逐步建立和完善网络平台和应用体系。2008 年管理人员计算机拥有量达到 70%以上，联网率达到 100%，有门户网站。二级资质企业应围绕核心业务，实现部分管理过程信息化，初步建立网络平台和应用体系。

2.《2011 ~ 2015 建筑业信息化发展纲要》

这是我国第二份在全行业推进信息技术应用的技术政策文件，提出了在“十二五”期间，“基本实现建筑企业信息系统的普及应用，加快建筑信息模型（BIM）、基于网络的协同工作等新技术在工程中的应用，推动信息化标准建设，促进具有自主知识产权软件的产业化，形成一批信息技术应用达到国际先进水平的建筑企业”的发展目标。文件中 9 次提到 BIM 技术，把 BIM 技术作为支撑行业产业升级的核心技术，对 BIM 技术研发和应用提出了要求，开始推进 BIM 技术在工程中的应用。正是这份技术政策文件的发布，开启了我国 BIM 技术在工程中应用的新篇章，所以，业界把 2011 年作为中国 BIM 的元年。

文件中对工程总承包类企业，要求进一步优化业务流程，整合信息资源，完善提升设计集成、项目管理、企业运营管理等应用系统，构建基于网络的协同工作平台，提高集成化、智能化与自动化程度，推进设计施工一体化。围绕企业应用的两个层面，重点建设一个平台、八大应用系统。两个层面指核心业务层和企业管理层；一个平台指信息基础设施平台；八大应用系统指核心业务层的设计集成、项目管理、项目文档管理、材料与采购管理、运营管理等系统，以及企业管理层的综合管理、辅助决策、知识管理与智能企业门户等系统。对于特级资质施工总承包企业，要求研究实施企业资源计划系统（ERP），结合企业需求实现企业现有管理信息系统的集成，或者基于企业资源计划的理念建立新的管理信息系统，支撑企业向集约化管理和协同管理发展。依据现代企业管理制度的需求，梳理、优化企业管理和主营业务流程，整合资源，适应信息化处理需求。对一级资质和二级资质企业也相应提出了不同要求。

3.《关于推进建筑信息模型应用的指导意见》

为推进我国 BIM 应用，住房和城乡建设部 2015 年印发《关于推进建筑信息模型应用的指导意见》(建质函 [2015]159 号，以下简称《指导意见》)，这份技术政策文件的宗旨是为了指导各企业和项目更有效地应用 BIM 技术，减少低水平的重复和人力、财力资源的浪费。《指导意见》明确了 BIM 应用的基本原则，即“企业主导，需求牵引；行业服务，创新驱动；政策引导，示范推动”。按照《指导意见》的指导思想和基本原则，各地主管部门和行业内都积极开展了 BIM 技术研发和推广应用工作，各省和直辖市地方政府先后推出相关 BIM 标准和技术政策。

《指导意见》同时提出了发展目标：到 2020 年年底，建筑行业甲级勘察、设计单位以及特级、一级房屋建筑工程施工企业应掌握并实现 BIM 与企业管理系统和其他信息技术的一体化集成应用。以国有资金投资为主的大中型建筑以及申报绿色建筑的公共建筑和绿色生态示范小区新立项项目勘察设计、施工、运营维护中，集成应用 BIM 的项目比率达到 90%。

在施工领域，《指导意见》提出，改进传统项目管理方法，建立基于 BIM 应用的施工管理模式和协同工作机制。明确施工阶段各参与方的协同工作流程和成果提交内容，明确人员职责，制定管理制度。开展 BIM 应用示范，根据示范经验，逐步实现施工阶段的 BIM 集成应用。

对工程总承包企业，《指导意见》提出，根据工程总承包项目的过程需求和应用条件确定 BIM 应用内容，分阶段(工程启动、工程策划、工程实施、工程控制、工程收尾)开展 BIM 应用。在综合设计、咨询服务、集成管理等建筑业价值链中技术含量高、知识密集型的环节大力推进 BIM 应用。优化项目实施方案，合理协调各阶段工作，缩短工期、提高质量、节省投资。实现与设计、施工、设备供应、专业分包、劳务分包等单位的无缝对接，优化供应链，提升自身价值。

4.《2016—2020 年建筑业信息化发展纲要》

《2016—2020 年建筑业信息化发展纲要》(建质函 [2016]183 号，以下简称《纲要》)，是当前施工行业最重要的指导信息化发展的技术政策。《纲要》以促进行业的创新能力和市场竞争力为导向，在已有基础上，通过提出未来五年中国建筑业信息化技术发展的主要任务和保障措施，推动建筑业技术进步和管理升级，进而带动行业改革和发展。

在施工领域，《纲要》提出“着力增强 BIM、大数据、智能化、移动通信、云计算、物联网等信息技术集成应用能力，建筑业数字化、网络化、智能化取得突破性进展，初步建成一体化行业监管和服务平台，数据资源利用水平和信息服务能力明显提升，形成一批具有较强信息技术创新能力和信息化应用达到国际先进水平的建筑企业及具有关键自主知识产权的建筑业信息技术企业”目标。

(1)对工程总承包类企业提出的要求是：

1)优化工程总承包项目信息化管理，提升集成应用水平。进一步优化工程总承包项目管理组织架构、工作流程及信息流，持续完善项目资源分解结构和编码体系。深化应用估算、投标报价、费用控制及计划进度控制等信息系统，逐步建立适应国际工程的估算、报价、费用及进度管控体系。继续完善商务管理、资金管理、财务管理、风险管理及电子商务等信息系统，提升成本管理和风险管控水平。利用新技术提升并深化应用项目管理信息系统，实现设计管理、采购管理、施工管理、企业管理等信息系统的集成及应用。

探索PPP等工程总承包项目的信息化管理模式，研究建立相应的管理信息系统。

2）推进“互联网+”协同工作模式，实现全过程信息化。研究“互联网+”环境下的工程总承包项目多参与方协同工作模式，建立并应用基于互联网的协同工作系统，实现工程项目多参与方之间的高效协同与信息共享。研究制定工程总承包项目基于BIM的多参与方成果交付标准，实现从设计、施工到运行维护阶段的数字化交付和全生命期信息共享。

（2）对施工类企业提出的要求是：

1）加强信息化基础设施建设。建立满足企业多层级管理需求的数据中心，可采用私有云、公有云或混合云等方式。在施工现场建设互联网基础设施，广泛使用无线网络及移动终端，实现项目现场与企业管理的互联互通强化信息安全，完善信息化运维管理体系，保障设施及系统稳定、可靠运行。

2）推进管理信息系统升级换代。普及项目管理信息系统，开展施工阶段的BIM基础应用。有条件的企业应研究BIM应用条件下的施工管理模式和协同工作机制，建立基于BIM的项目管理信息系统。推进企业管理信息系统建设。完善并集成项目管理、人力资源管理、财务资金管理、劳务管理、物资材料管理等信息系统，实现企业管理与主营业务的信息化。有条件的企业应推进企业管理信息系统中项目业务管理和财务管理的深度集成，实现业务财务管理一体化。推动基于移动通信、互联网的施工阶段多参与方协同工作系统的应用，实现企业与项目其他参与方的信息沟通和数据共享。注重推进企业知识管理信息系统、商业智能和决策支持系统的应用，有条件的企业应探索大数据技术的集成应用，支撑智慧企业建设。

3）拓展管理信息系统新功能。研究建立风险管理信息系统，提高企业风险管控能力。建立并完善电子商务系统，或利用第三方电子商务系统，开展物资设备采购和劳务分包，降低成本。开展BIM与物联网、云计算、3S等技术在施工过程中的集成应用研究，建立施工现场管理信息系统，创新施工管理模式和手段。

# 第2章　信息化施工策划与实施

## 2.1　概述

不同于任何单项施工技术应用，信息化施工涉及综合或集成应用多种信息技术、工具软件和管理系统辅助施工过程中各项业务的实施。以施工进度管理为例，其包含的应用内容和涉及的技术可能有：通过进度编排软件编制施工进度计划；利用BIM技术及相关软件对进度计划进行模拟、验证、优化；进度模拟的展示方式可以采用虚拟现实或混合现实技术；施工过程中通过实景建模技术（例如无人机或激光扫描技术）捕捉现场形象进度；同时还可以结合移动通信技术、信息化施工管理系统记录施工现场的实际生产情况，辅助进度的过程管控；而现场记录的进度数据可通过云计算技术进行存储、大数据技术进行分析，辅助进度管理的决策；施工现场可以通过物联网技术、物资管理系统、人工智能技术等组合应用，使得进度过程数据的获取、进度决策数据的分析变得更加自动化、智能化。

由于信息化施工涉及技术的多样性，以及相互间不同方式和程度的关联性，所以在信息化施工实施前，需要有完整的实施策划方案。项目管理人员需根据现有的信息技术、工具、软件系统的功能、特性，可以使用设备的种类和特性，结合每项业务管理的特点及需求，制定相应的应用目标、内容、流程等，以确保多项不同信息技术之间的融合或集成使用，进而提高施工效率和质量。

## 2.2　信息化施工目标

信息化施工需要用到多种信息技术，这些信息技术的成熟程度以及在施工领域的普及程度不同，并且在应用过程中互相影响，因此合理的信息化施工实施需要将不同的信息技术进行融合或集成应用。即根据项目需求和团队、资源等实际情况，结合现有的信息技术水平，确定合理的应用内容和应用目标，这是项目信息化施工成功实施的前提条件之一。

项目在信息化施工实施前期，须充分结合施工中各项业务的实际情况、现阶段的技术水平、成本投入与效益产出等各个方面的因素综合考虑，从而确定项目信息化施工目标。

### 2.2.1　考虑因素

确定信息化应用目标所需考虑的因素涉及人力、技术、成本等各个方面。项目在确定应用目标时可参考以下几点：

1. 项目自身实际情况

项目自身的实际情况是确定信息化目标首要考虑的因素。信息化施工的目的是提高施工质量和施工效率，降低施工风险、节能环保，所以项目需根据自身实际需求和情况，来判断哪些业务的开展可以通过信息化的手段来提升效率和质量。

以模板脚手架为例，在传统的模板脚手架管理中，项目可通过手动的方式对脚手架进行设计、布置、算量，在现场实施过程中，可通过人工在现场对脚手架搭设的质量、用料等进行管理。在信息化施工中，项目可根据现有的信息化技术、工具和系统，对传统的工作方式进行转化。例如，使用模板脚手架软件进行设计、分析、建模；利用算量软件对脚手架模型进行提量；结合进度编制工具与 BIM 工具的使用，可提前对脚手架的周转架料、堆场布置进行验证；同时，结合 BIM 技术和可视化展示软件对复杂部位的脚手架施工进行交底；在施工过程中通过施工管理系统对脚手架的物资、质量、安全、实际施工进度等进行综合管控；结合移动通信和物联网技术，项目还可对脚手架的应力、应变数据进行监测，辅助安全管理。

所以，项目可根据自身各项业务的实际开展需求，来判断各个业务开展过程中哪些方面可以通过信息化的手段来解决对应的实施难点，或提升工作质量和效率。

2. 现阶段信息技术水平和应用成本

施工使用的信息技术种类较多，且应用成熟度和应用成本不一。当前，部分信息技术和软件已经全面普及且应用成本较低，有些技术目前已经有一定程度的应用，但还没有完全普及且应用成本较高。

以虚拟现实技术为例，现阶段 VR 设备的采购和应用成本已比较低，但对应的 MR 设备和定制开发成本相对较高，应用率也低。所以，项目在进行信息化施工策划与实施时需对现阶段各类信息技术的发展水平和使用成本有比较充分的了解，根据目前信息技术的使用成本和技术成熟度，对照所需解决的问题进行判断，项目在某项业务中的问题需要投入怎样的信息技术来解决，本书后续部分的介绍可供参考。

同时，项目还需要对现有信息化技术间的集成能力有所了解。例如，物联网技术、人员管理系统、物资管理系统、进度管理信息化系统等都有相对成熟的应用，但通过这些技术和系统的集成，综合分析人工投入、材料使用、工序记录等数据，形成对生产管理有帮助的决策依据，对项目的数据综合分析、二次开发能力要求很高，而且目前的成功实践还不多。

除此之外，由于各项信息技术和软件发展水平及使用普及程度不一，各项应用投入的成本也不一样，项目需要综合考虑资金和资源投入，与所解决的问题及产生的效益是否匹配。

3. 其他因素

信息化施工是国家行业主管部门大力倡导的方向，同时建设单位根据自身的管理目标，也会提出相应要求。部分信息技术虽然技术成熟度或应用普及程度不高，但属于国家政策层面支持和推广的方向，故对部分信息技术会有特定的要求。同时，部分业主方也会对一部分目前经济效益还不明显但能满足管理需求的信息技术提出特定要求。所以，施工项目在进行应用策划和确定应用目标时，也需考虑政策和业主层面对信息技术的要求。

除此之外，由于信息化施工的应用离不开项目各参与单位的配合，所以项目在进行前期准备工作时还需充分考虑到参建各方的技术能力。以深化设计为例，施工项目需考虑到各专业单位是否具备应用对应深化设计软件的能力。部分专业单位虽然具备某项信息化技术的应用能力，但可能没有充足的人员实施，所以也需要充分考虑各方在项目上能够投入的人力资源情况。

### 2.2.2 确定应用内容

因信息化技术种类多，在确定信息化施工应用内容时，施工项目需要根据自身的实际业务开展进行分解，来选择对应的应用内容，同时还需综合考虑项目自身能力、现阶段技术水平和应用成本等实际因素。

以施工方案编制为例，施工项目可根据此项业务的工作内容和特点，来选择对应具体工作的信息技术应用内容。施工方案编制的工作内容可包括方案选型、方案计算、方案编制、施工组织安排、方案交底、现场质量安全管理等，对应不同的工作任务，可选用不同的信息技术应用内容。如方案选型与计算可应用现场布置、安全计算等软件辅助，方案编制和施工组织安排可应用进度计划编制、模拟分析等软件辅助，可通过可视化软件辅助方案的交底，而现场对方案的质量安全管理则可以选取对应的信息化施工管理系统进行辅助。

所以，项目在确定信息化应用内容时，可将每项业务的工作内容进行分解，参考本书介绍的信息化技术与设备、工具软件、管理系统，依据其功能特性、可解决问题的范围等，结合应用目标所考虑因素，综合确定项目的信息化应用内容。

### 2.2.3 确定应用目标

在确定完应用内容后，应对各项应用内容所期望达到的目标进行策划。施工中使用的信息技术和软件虽然已经有了一定时间的发展，但大部分技术、软硬件或系统在施工领域的应用整体而言仍处于起步或快速发展阶段，应用的效果与施工人员技能水平和目前各项施工信息技术所能达到的程度有着直接的关系。所以，施工项目必须根据行业发展和项目的实际情况来确定应用目标，避免过高期望，也要避免做太多没有实际效益的工作。

以信息化施工中的 BIM 技术为例，深化设计与碰撞检测为施工阶段常用的 BIM 应用点，但不同的应用目标对应了不同的 BIM 模型细度和工作流程。如果项目设定“零碰撞”的碰撞检测这样的目标，那么模型细度就需达到与现场一致的级别，且现场要严格按照模型综合协调的成果进行施工；如果项目将解决现场机电主管道与结构间碰撞，以及支管道间碰撞作为目标，那么机电末端和精装修定位就可以根据实际情况进行现场调整，对应的模型细度和建模工作量就会减少很多。所以，同样的工作，不同的目标设定对人员能力和投入、工作量和成本都会有很大影响。

除此之外，应用目标的确定还需考虑项目人员配置的整体能力和信息技术成熟度。例如，项目协同工作集成系统中介绍的 AI 分析，由于人工智能应用目前还处于快速发展阶段，项目可直接利用 AI 分析的现场问题还没有太多，同时由数据应用所带来的智慧决策也需要有结构性的数据积累和分析算法来支撑。所以，合理的应用目标，可避免项目施工的信息技术应用达不到开始的预期。

## 2.3　技术选择与软硬件配置

对于施工业务来说，信息化是辅助的手段，手段的载体是一系列的信息技术、工具软件、管理系统、硬件设备等。所以在实施时，应根据项目目标和内容，建立起能够支持项目信息化施工应用的 IT 环境，包括网络、硬件、设备、工具软件、管理系统等。

### 2.3.1　信息技术选择

信息化施工涉及众多信息技术、软硬件等内容，其相互间均存在着关联，应首先选择相应的信息化技术，再根据应用的技术选择可实现的设备、工具软件及管理系统。以进度管理为例，项目在应用内容和目标的策划中，计划以定期的形象进度展示来辅助进度过程管理，此时，项目可选择不同的信息化技术来达到展示现场实际进度情况的效果。项目可通过 BIM 技术中的 4D 应用，也可通过实景建模技术实现。如通过 4D 技术实现，则项目需选择对应的 BIM 软件来承载 4D 模型，根据 BIM 软件所能读取的进度格式选择进度计划编制软件，同时在获取现场实际生产数据时可能还涉及使用对应的施工管理系统，施工管理系统可能是通过移动通信和物联网技术来捕获现场生产数据。如采用实景建模技术实现，则项目需要选择对应的三维激光扫描或图像获取、无人机设备，同时还需要考虑选择对应的软件将捕获数据转化成对应的形象进度模型，如要对计划进度与形象进度进行对比分析，项目则还需要选择对应的管理系统。

所以，同样的应用内容可由不同的技术来实现。项目在选择实现的信息化技术时，应充分考虑到不同技术手段对应的软硬件配置成本，以及人员掌握难易程度等，从而综合比选，以确定通过怎样的技术或软硬件工具来实现对应的应用内容与目标。

### 2.3.2 专用设备配置

信息化施工应用有时需要使用专用设备，在配置专用设备时，可参考第 3 章对不同设备技术参数、功能、应用场景的介绍。

部分设备应用的业务领域及场景较为单一，如放样机器人、焊接机器人等。项目在进行设备配置时，可直接根据对应设备解决的问题和采购成本进行考虑。

部分设备在不同的施工业务领域中可能存在不同的应用场景，例如基于无人机的实景建模技术，其用无人机设备建立的实景模型可用于三维 GIS 的信息来源，也可用于进度管理中的计划工期与实际工期比对，还可用于辅助现场部分工作对象的工程量统计。在进行此部分设备配置时，项目需综合考虑设备可应用的方向，在考虑设备采购成本时应按照不同应用内容将应用成本分摊、综合比选。

信息化施工的部分应用内容可由不同的设备完成，仍以前文所述的实景建模技术为例，通过激光扫描仪和无人机等设备，项目均可得到实景模型。此情况下，项目应根据不同设备的技术参数、设备和相关专用配套软件的采购成本，以及设备可应用的其他业务场景进行比对，综合考虑。

### 2.3.3 工具软件配置

信息技术大部分应用是通过软件来实现的，如深化设计需要建模软件、资料管理需要资料管理软件等，但往往有大量的同类工具软件可供选择，所以在实施初期，要谨慎选择工具软件。

施工企业或项目在根据项目的实际情况确定信息化施工的应用目标和应用内容后，可根据应用内容和目标，参考第 4 章介绍的各类工具软件可实现的功能来进行匹配，从而选择对应的软件。

由于施工涉及各项业务与专业，不同的应用内容可能使用不同的工具软件，项目整体需要有各方的协同工作，因此选择软件时还必须考虑不同工具软件之间的信息交互。以 BIM 技术应用中的施工图 BIM 模型与深化设计 BIM 模型建立为例，由于建模细度和应用方向的不同，专业分包单位与设计院或总包单位往往会采用不同软件公司的 BIM 软件进行建模。由于不同软件属于不同软件公司，其信息共享能力往往较弱，互相间很难完全读取对方的文件信息。所以，为了更好地将信息进行传递，在条件允许的情况下，同一个项目中的设计和施工、专业分包企业应该尽可能协调统一所用的软件。在项目业主对工具软件的选择有特殊要求时，项目应首先满足业主的要求。

人才储备和获取同样是选择信息化工具软件配置的考虑因素，部分工具软件虽然功能更完善，但是由于操作复杂或价格等因素，市场上掌握的人员较少。在此情况下，如选择某款较为小众的软件，则需考虑是否能找到会操作这款软件的人，以及评估进行软件培训所需花费的时间以及可能达到的效果。

除此之外，项目还必须考虑软件的性价比问题。有些软件虽然性能更好，但往往销售价格也更高，超出项目能承受的范围。所以，除了功能、性能、信息共享、业主要求及人才储备等要素外，施工企业和项目还需考虑到工具软件的使用成本以及培训成本等是不是项目能接受的范围。

### 2.3.4　管理系统配置

信息化施工管理系统的配置可分为两类：一类是针对单项施工业务内容的管理系统，如物资材料管理系统、施工环境管理系统等；一类是将前面所述若干单项业务的管理系统进行集成的协同工作集成管理系统。

针对第一种用于单项业务内容的管理系统，施工项目可直接参照第 5 章进行配置。虽然是针对单项施工业务内容的管理系统，但其配置也涉及其他信息化施工与技术。例如，环境管理系统需要有噪声、扬尘监测设备的支持，而将监测设备获取的数据在管理系统集中显示，又涉及移动通信与物联网技术。

集成管理系统的配置在单项业务管理系统配置的基础上，还需充分考虑不同系统间的兼容性与数据交互性。集成管理系统的应用对施工项目不同部门间的协作要求高，如要达到不同业务系统间的数据交互与智慧决策，在配置系统时还需要有合理的数据标准和良好的工作流程作支撑。目前，大部分集成管理系统仅能完成对不同业务管理系统数据的集中展示，还未达到相互间数据联动的状态。项目在进行系统配置时也需考虑到目前的行业技术水平，具体可参考 5.11 节的介绍。

## 2.4　人员与技能

当前，信息化施工已经涉及施工管理的方方面面和几乎所有施工管理人员，理想状态下项目所有人员都应把信息化作为基本工作手段。但由于信息化施工涉及范围广，且技术成熟度不一，所以对于部分信息技术应用内容较为复杂的项目，需要有专业的人员或团队来管理和支撑。

信息化施工中，人员角色大致可分为三类：第一类是日常使用信息化技术的人员，直接利用信息技术作为工作手段或通过信息技术应用成果来辅助日常工作；第二类是信息化施工专业人员，对特定的信息化技术进行应用；第三类为信息集成与管理人员，负责对项目整体的信息化工作进行组织与协调，并支持对应的信息化技术应用。

### 2.4.1 日常应用人员

信息化施工的日常应用人员为直接将信息化施工技术、设备、软件和系统作为工作手段的施工项目技术和管理人员，例如项目经理通过人员管理系统对现场的劳务情况进行了解；技术人员使用 BIM 建模软件进行深化设计；商务人员通过工程量计算软件辅助工程量统计；质量人员利用激光扫描模型的成果对现场施工质量进行验证等。

对于信息化施工的日常应用人员，信息化施工的技术手段本质上是使用工具的升级，并不涉及专项信息化技术的应用，以及信息化施工策划、组织、管理的其他工作。

### 2.4.2 专业人员

信息化施工专业人员是对信息化技术进行专项实施的人员，此部分人员可以为兼职也可以为专职。例如前文所述的无人机倾斜摄影辅助进度管理，其可通过项目自行采购无人机由项目管理人员兼职进行倾斜摄影及模型生成，也可由专职的无人机团队进行操作实施。

涉及专员操作的信息化施工应用，一般由于其应用还不是施工管理中的日常生产任务，或因操作较为复杂、设备成本原因等，由专项人员进行应用。以上述的无人机倾斜摄影为例，由于此项应用还不是施工项目主要的生产任务，所以由兼职人员完成，同时，施工单位因无人机设备采购成本，或设备操作和数据处理专业性的问题，也可委托专业团队应用，此时专业团队成员成为无人机应用的专职人员。项目管理团队可应用无人机倾斜摄影数据处理后形成的三维模型进行形象进度分析，此时应用模型成果进行业务分析工作的管理人员便是信息化施工的日常应用人员，而数据获取和处理的人员则是信息化施工的专业人员。

### 2.4.3 集成与管理人员

除此之外，由于信息化施工涉及的技术、设备、系统众多，还需要集成与管理人员，负责信息化施工管理系统搭建、管理、维护，软硬件的部署、系统集成等工作。

由于涉及技术繁多，集成与管理人员需同时具备施工管理业务与 IT 业务的专业能力，可由专职人员担任，也可由信息化施工日常应用人员兼任。

## 2.5 实施方案与流程

施工企业或项目中的大多数人员只是信息化施工其中一项或几项应用的人员，但需要参与到整体的信息化施工协作中，所以在确定了信息化施工的应用技术、内容和人员后，需要编制信息化施工的实施方案和流程，从整体角度告诉大家应该做什么、怎么做。编写一个适合项目实施的信息化施工技术方案，可让项目人员快速了解项目实施内容及要求，每个人自己所需投入的工作以及在整体实施中的位置和作用。

### 2.5.1　实施方案编制

信息化施工技术方案编制是整体策划的重要环节之一，因涉及的技术、设备、工具软件、管理系统及人员众多，所以需编制一个统一的方案来规范项目的实施。

编制项目信息化施工技术方案的主要目的，是让各参建人员明确实施目标、统一标准、规范流程、实施约束。在编写技术方案时，应从项目实际情况、各参建方信息技术应用能力、各方参与方式和流程、交付成果要求等角度充分考虑，以实现项目所设定的信息化施工应用目标和应用内容。

一般而言，技术方案应围绕着应用内容（做什么）、组织架构（谁来做）、应用流程和标准（怎么做）、质量控制（做成什么样）等内容展开，一般包含以下内容：

（1）工程概况。

（2）应用内容：计划实现的目标，以及具体开展的工作。

（3）组织架构：人员构成及分工职责。

（4）应用流程和标准：实施流程和管理方案，使用的软硬件、成果规范等。

（5）进度计划表：包含各项应用内容详细任务的时间节点。

（6）过程管理和质量控制方法。

（7）目标成果交付要求和内容。

方案编制完成后，项目各参与人员应研讨、修改、确定，并参照实施，且依此进行过程、成果把控。

### 2.5.2　信息化施工标准及参考

标准是信息化施工技术方案的重要组成部分，是各参建方实施参照和过程把控的重要依据，用于保障信息技术应用实施过程和成果质量。

在编制信息化施工技术方案时，应针对每项应用内容制定相应的实施标准。以深化设计为例，在确定了深化设计专业、对应软件、管理系统等内容后，需要有标准来规范深化设计成果，如：模型分类、建模细度、构件命名、信息录入、出图标准等。在有了对应的深化设计标准后，对其应用过程的管理、交付成果的质量把关才能有依据。

在编制实施标准时，需考虑业主方有无对应标准要求。对于业主有特定信息化技术应用标准的项目，应按照业主制定的标准进行信息化施工管理工作。在业主无指导性文件的情况下，项目则可参考行业上对应的标准或自行编写。

目前，针对大部分信息化施工应用内容，行业上均有对应的标准或规范可参考，例如 BIM 技术应用，行业已有相对完整和成熟的国家、地方、行业、企业标准用于参考。项目可结合实际情况，从不同标准中选取适合本项目的内容，组成项目信息化施工实施标准。对于没有现行标准可参考的应用内容，项目可结合自身实际需求、选用工具和系统的特性，结合对交付成果的要求，编制对应的标准。

### 2.5.3 信息化施工实施流程

信息化施工的具体实施因其对应的业务或人员不同，有着不同的流程。例如，进度管理的信息化应用中，其实施流程可能包括施工内容确认、进度编排、资源配置、进度跟踪、进度调整等工作；而深化设计的信息化应用中，其实施流程可能包括接口管理、深化设计、综合协调、设计调整、施工实际情况捕获、设计比对等。

所以，在实施过程中，应充分考虑其不同应用内容的业务特点，以业务开展的工作流程为基础，确定在信息技术手段辅助下的实施流程。以深化设计管理流程为例，实施流程的制定可告诉参与各方所需的参考资料、工作内容、先后顺序、输出成果等内容。实施流程结合实施标准，确保了信息化施工的顺利实施，如图 2-1 所示。

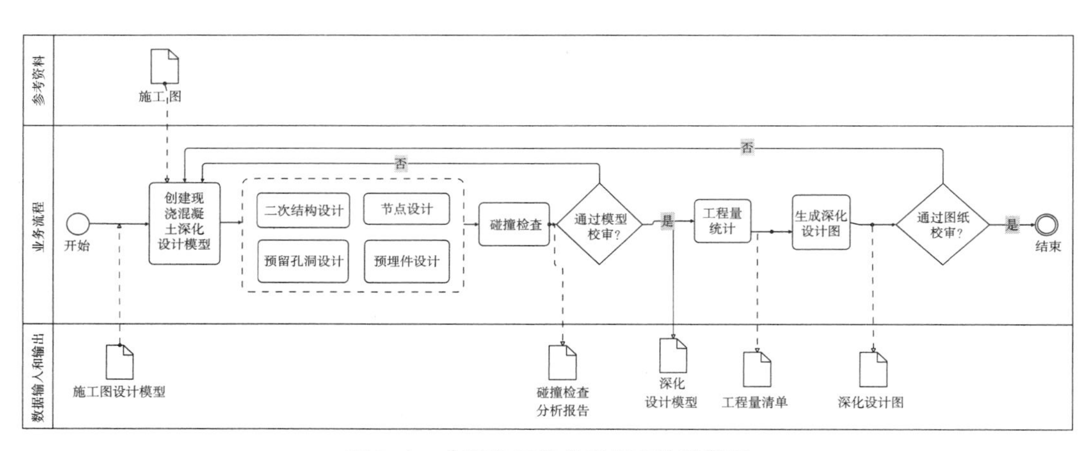


图 2-1 典型信息技术应用实施流程图

### 2.5.4 过程管理及质量控制

就整体而言，信息化施工的过程管理及质量控制是参照技术方案实施的过程跟踪与检查，以确保实施内容达到技术方案要求。

同时，信息化施工本身就是对施工业务的支持，故对应的信息技术应用过程管理及质量控制也是对自身业务的管理。例如，利用 BIM 软件进行深化设计，其过程和质量管理就是对深化设计过程和成果的管理，信息技术只是工作的手段。对应此类应用内容的过程管理及质量控制，项目可用专业和业务的要求进行管控。

但由于信息技术、软件、系统之间的交互性，以及信息化成果应用的延续性，项目的信息技术应用往往要从工作标准、数据格式、信息录入等方面进行要求，以确保不同成果间的可交互性，发挥出更大的决策价值。此部分应用需要对相关工作的过程标准执行、成果的质量有严格的管控措施。

项目应对不同业务或应用内容的工作任务和成果进行全面的组织、管理与协调，具体过程和质量管理要求可包括：

（1）确定统一的管理计划，包括：项目信息化施工的具体要求、执行准则、成果标准、进展情况、工作计划。

（2）将信息化施工的工作进度计划纳入项目的整体进度管理，使信息化施工工作内容与总体计划安排和日常管理相互协调。

（3）负责对不同应用内容的工程成果质量的检查及监督管理，及时发现问题并予以纠正，确保整体成果质量。

（4）设定专门岗位定期收集信息化施工成果，并对成果进行质量检查，检查内容包括：各项应用点是否达到应用目标、工作流程规范性、技术标准合规性、文档及信息的组织架构、数据格式是否符合策划要求等。

## 2.6　数据安全

在"互联网 +"环境下，数据安全已经成为推进信息技术应用需要关注的头等大事。信息化施工因涉及施工管理信息的数字化和电子化，所以在云计算和云存储技术不断发展的今天，数据安全是信息化施工中需要重点关注的事项。

施工数据安全就是要保证信息化施工成果的可用性、完整性和保密性，保证施工数据不因偶然和恶意的原因遭到破坏、更改和泄露，重点应考虑应用的工具软件及项目信息管理系统其数据存储的位置及安全性。按照施工数据的产生和使用流程，可分为数据存储安全管理与数据访问安全管理。

### 2.6.1　数据存储安全管理

信息化施工中最基本的数据管理需求，就是至少有一台文件服务器，并通过网络与参与协同工作的所有成员的个人电脑连接起来，如图 2-2 所示。项目成员的个人电脑只进行信息化应用和其他相关的应用运算，数据都集中存储在文件服务器上，换句话说就是项目成员的个人电脑只安装软件和运行软件，数据不存在本地而是存放在文件服务器上。若涉及云计算和云存储，则更加复杂一点。

以 BIM 技术应用中的信息协同为例，目前大部分项目采用协同平台来进行项目中的信息协同。如采用国外 BIM 协同云平台，则项目数据有可能存储在境外云平台中，所以此时的工程信息的安全如何保证，是一个需要高度关注的问题。

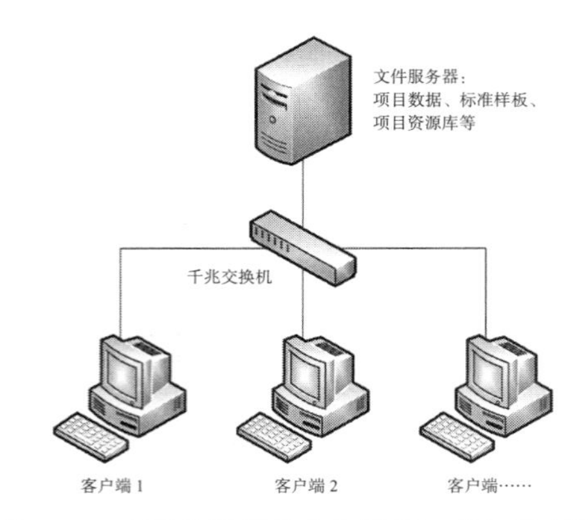


图 2-2 典型的数据共享和协同工作网络示例图

通常情况下项目参与方都有各自独立的工作环境，而项目参与各方之间的协同，就需要有一个数据共享环境以实现协同应用的目标。一般而言，项目参与各方分处不同的地方，数据共享环境需要通过业主或总承包方主导建立，然后提供给各方使用。目前，主要的信息存储方式有租用公有云服务器和搭建私有云服务器两种。

1. 租用公有云服务器

此种方式即利用市场成熟的云服务供应商，租用商业云服务器，项目参与各方通过互联网连接到租用的商业云服务器进行数据共享。典型的项目各参与方利用云服务器进行数据共享，如图 2-3 所示。

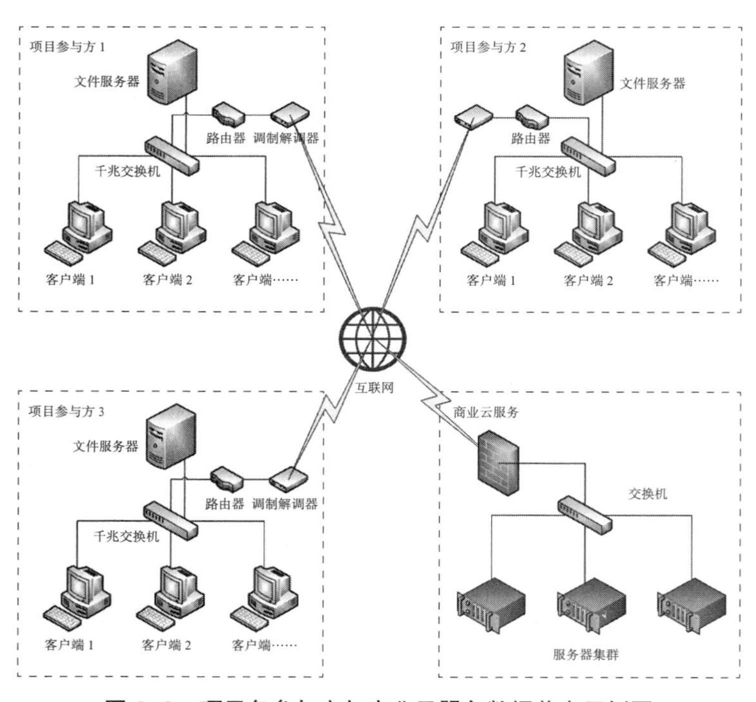


图 2-3 项目各参与方与商业云服务数据共享示例图

这种方式成本较低，即租即用，由于商业云服务有专业的 IT 管理，网络安全和数据备份等机制也较为完善，数据本身的安全是有保障的。但由于数据存放在第三方服务器上，对于有保密性要求的数据是否使用这类方式需要进行风险评估，所以是否选择公共云服务器作为数据共享首先取决于项目类型，如果项目本身有一定的保密性和是对公共安全要求较高的数据，就不适宜采用这种方式，而应采用搭建私有云服务器方式。

2. 搭建私有云服务器

对于有一定保密性要求的数据或对公共安全要求较高的数据共享，业主、总承包方或 BIM 咨询顾问任何一方均可搭建私有云服务器，提供给项目所有参与各方进行数据共享。网络架构与上述的商业云服务类似，只是共享服务器是架设在业主、总承包方或 BIM 咨询顾问单位内部。这种方式与商业云服务比较，因需要搭建服务器、开通带宽较高的互联网接入、网络安全软硬件配置、数据备份等，日常还需要专门的团队进行 IT 维护，所以成本比租用公有云服务器高。

### 2.6.2　数据访问安全管理

在施工管理系统或工具软件中，可通过设置身份权限和认证，保证非工作团队人员不能访问对应数据。根据团队成员实际任务分工，制定不同等级的数据使用权限，并严格执行。

局域网内部可通过“域”管理实现身份认证，非工作团队人员无法登录项目局域网访问对应数据。施工数据存储按照实际任务分工，制定不同等级用户的访问权限，并严格执行。

1. 数据加密

局域网可采用防火墙数据加密安全软件，加密全部信息化施工数据。部分重要数据或文档可设置浏览密码，避免数据流失。同时可对重要数据进行安全分级，对不同的数据文件采取不同的保密措施防止泄密。

2. 账号管理

可设定对应的人员账号与权限，实施专人专用，用以识别不同的用户和账号，以确保可溯源和可追踪。同时，各系统的管理员账号需进行有效的保护，由特定人员分配管理员访问权限。各系统均需要设置充分的用户密码安全策略，各信息系统自带的默认账号和密码必须在系统初次使用时进行修改，密码由系统管理员保管。

3. 防病毒管理

所有接入内部网络的计算机都必须安装防病毒软件、最新的病毒库和查杀引擎。防病毒软件的实时监控要默认打开，不得擅自关闭。同时，计算机的防病毒软件和病毒库要通过一定的技术手段（例如给杀毒软件增加防护密码等）进行保护，防止用户误删或未经授权强制删除或禁用防病毒程序。

4. 网络与设备管理

管理人员需定期检查防火墙、服务器及各网络设备监控日志，若发现异常，及时上报和详细记录并跟踪解决。由于网络设备的特殊重要性，网络设备的配置管理由特定管理人员完成，其他任何人不得改动设备配置。定期对计算机及其使用情况进行检查；检查内容包括计算机设备的维护和保养、环境卫生、计算机病毒的查杀、计算机是否安装了与工作无关的其他软件等，一经发现违规情况将予以及时处理。

5. 机房管理

部分项目可设置机房及机房区，机房区技术保密性强，环境要求高，对施工系统的运行起着至关重要的作用。机房工作人员应做好网络安全工作，网络设备及服务器的各种账号严格保密，并对各类操作密码定期更改。系统管理人员应不定期监控中心机房设备运行状况，发现异常情况应立即按照预案规程进行操作，并及时上报和详细记录。

# 第 3 章　信息化施工技术及相应设备或装备

## 3.1　概述

通过使用信息化施工技术以及相应的设备或装备，可对工程项目人力、机械、材料、工艺工法、环境、质量、安全、成本、进度等信息进行收集、存储、处理和交流，并加以科学地综合利用，为施工管理及时、准确地提供决策依据。

本部分选取目前施工过程中已经有一定程度应用但尚未普及、未来有实用价值和发展潜力的信息技术和相应设备或装置进行介绍，包括 BIM、实景建模、3D 打印、移动通信、扩展现实、云计算、人工智能、大数据、物联网、建筑机器人等。介绍的主要内容包括基本概念、发展历程、分类和特点，以及在施工中如何应用，借以提升施工决策和实施质量与效率。

## 3.2　BIM 技术

### 3.2.1　BIM 技术基本概念与发展历程

建筑信息模型（Building Information Modeling，Building Information Model，简称 BIM）是指“在建设工程及设施全生命期内，对其物理和功能特性进行数字化表达，并依此设计、施工、运营的过程和结果的总称。”（《建筑信息模型施工应用标准》GB/T 51235—2017）。BIM 技术发展至今，主要经历了以下几个大的阶段：

1. 萌芽阶段

在计算机开始应用于建筑工程的早期，一些学者就意识到了基于图纸（或二维图形）工作的协调性、信息共享、直观性不足等问题。1975 年美国乔治亚理工大学的 Chuck Eastman 教授在其研究课题“Building Description System”（建筑物描述系统）中提出“a computer-based description of a building”（基于计算机的建筑物描述方法），并以第一作者的身份撰写了世界上第一篇 BIM 论文“An Outline of the Building Description System”（建筑物描述系统的框架），这是 BIM 技术理论的萌芽。但受限于当时的计算机软硬件环境，特别是计算机 CPU 计算速度、图形处理和显示速度、交互输入设备、数据库技术等，业界没能开发出与建筑信息模型交互的成熟手段，所以也没有被大多数工程技术人员认知。

2. 产生阶段

从 20 世纪 80 年代开始，BIM 技术进入产生阶段，出现了可用于实际工程项目的软件系统，如 GDS、EdCAAD、Cedar、RUCAPS、Sonata 和 Reflex 等，1988 年斯坦福大学综合设施工程中心（CIFE）成立，并进一步发展了有时间属性的“四维”建筑模型。在这一阶段，BIM 技术开始服务于建筑业少数项目，用于测试和模拟建筑性能表现，以及模拟施工过程管理等。

3. 发展阶段

以可普遍应用于 PC 端的 BIM 软件产生为标志，BIM 技术开始进入可普遍应用的发展阶段。部分软件厂商将航空、航天、机械等制造行业的先进信息技术引入建筑行业，除了基本的建模软件，围绕 BIM 应用的各种软件也逐渐配套成体系。从 2002 年开始，“BIM”作为一个专业术语，其技术和方法在业界专业人士与主要软件厂商的推动下，得到广泛认可和逐步推广，BIM 成为工程建设行业继 CAD 之后新一代的代表性信息技术。

### 3.2.2 国内外 BIM 应用现状

1. 国内 BIM 应用现状

近年来，在政府推动、市场需求、企业参与、行业助力和社会关注下，BIM 技术已经成为中国建筑业信息化相关研究和应用的重点。业内已经普遍认识到 BIM 技术对推进建筑业技术升级和生产方式变革的作用和意义。

BIM 进入我国工程建设行业是从设计领域开始的。从上海国家电网馆工程、天津中钢大厦工程到深圳机场扩建等大型工程均开展了设计 BIM 应用，但此时的 BIM 应用还仅停留于设计阶段。2010 年 5 月，上海中心工程启动，由业主牵头对设计、施工和运营全过程的 BIM 应用进行了全面规划，通过整合设计、施工和设备安装单位资源和力量，启动了 BIM 在“设计 - 施工 - 安装 - 运维”中的一体化应用。作为当时在建的第一高楼，上海中心大厦项目成为第一个由业主主导，在项目全生命期中应用 BIM 的标杆。目前，以中国建筑设计研究院、北京市建筑设计研究院、上海现代建筑设计集团等为代表的一些大型设计单位正在以不同形式编制企业级 BIM 实施标准和指南，推进 BIM 应用。但总体而言，我国勘察设计领域的 BIM 应用还存在诸多困难，主要问题是投入较大、工作量增加，而效益没有得到体现，造成勘察设计领域 BIM 应用的积极性不高，这是目前勘察设计领域面临的一个难题。

我国施工领域 BIM 应用的一个特点是“热情高涨”。在过去几年的发展过程中，施工 BIM 应用还是以单项任务为主要应用方式，随着技术的不断成熟，BIM 逐渐成为解决包括成本管理、进度管理、质量管理等项目管理问题的有效手段之一，其应用重心也从单点技术应用向项目管理应用方向逐步过渡。另外，随着物联网、移动互联网等新的信息技术迅速发展，云存储和移动设备的应用，满足了工程现场数据和信息的实时采集、高效分析、及时发布和随时获取等需求，进而形成了“云 + 网 + 端”的应用模式。这种基于网络的多方协同应用方式与 BIM 集成应用，形成优势互补，为实现工地现场不同参与者之间的协同与共享，以及对现场管理过程的监控都起到了显著的作用。

目前，业界的 BIM 应用发展不均衡，中建、中铁、中交等大型央企 BIM 普及率比较高，而大量的中小企业和民企还有较大差距，这与认识、标准、软件、法律环境等问题有关。2018 年住房和城乡建设部“建筑业信息化发展评估研究”课题的调研数据表明，国内建筑业整体的 BIM 应用普及率还不高，25.5% 的企业尚无推进 BIM 计划，38.0% 的企业仍处于 BIM 概念普及阶段，36.5% 的企业开始应用 BIM，其中 26.1% 的企业仅在试点项目上应用 BIM，10.4% 的企业开始大规模推广 BIM。对施工企业的调研数据表明，具备 BIM 应用能力人员占企业人员总数比例超过 50% 的仅仅占 5%，20% ~ 50% 的占 7%，10% ~ 20% 的占 10%，5% ~ 10% 的占 18%，5% 以下的占 60%。2014 年 10 月，上海市人民政府办公厅发布了《关于在本市推进建筑信息模型技术应用指导意见的通知》（沪府办发 [2014]58 号）。2017 年 11 月上海市人民政府办公厅发布了《延长 < 关于在本市推进建筑信息模型技术应用指导意见 > 的通知》（沪府办发 [2017]73 号），明确“经评估需要继续实施 2014 年的指导意见，有效期延长至 2022 年 11 月 30 日”（原日期为 2017 年 11 月 30 日，延长 5 年）。

中国具有全球最大的工程建设规模以及自成体系的建筑法律法规和标准规范体系，因此必须探索和实践与我国工程建设行业相适应的 BIM 普及应用和发展提高的道路、理论和制度，研究编制相关 BIM 标准，引导行业 BIM 应用、提升 BIM 应用效果、规范 BIM 应用行为，借此促进我国建筑工程技术的更新换代和管理水平的提升。

中国 BIM 研究与应用起步于“九五”期间（1995 ~ 2000 年），在相关科研项目中涉及了“基于模型的分析与计算”“基于模型的信息传递和交换”“IFC 标准研究”“STEP 标准研究”等 BIM 的一些基础技术和理论研究内容。国家在随后的“十五”“十一五”“十二五”“十三五”科研计划中，也给予 BIM 技术持续、深入研究的支持。

进入 21 世纪，基于国家建设的特殊需要，如奥运工程、世博会工程等，部分企业开始了 BIM 技术的先期尝试应用。随后中国经济大发展，给建筑业带来绝佳发展机遇的同时，也为 BIM 技术的应用带来广阔平台，众多超高超限建筑、异形建筑等都成为 BIM 技术应用的好场景。

中国 BIM 的推广和应用取得了显著进展，可以说到了一个转折点，正在引发建筑界一场新的革命。BIM 的价值在于创建并利用数字模型对项目进行设计、施工及运营管理的过程。建筑信息模型正在引发建筑行业一次史无前例的变革。利用 BIM 建模软件，提高项目设计、建造和管理的效率，并给采用该模型的建筑企业带来相应的新增价值。同时，通过促进项目周期各个阶段的知识共享，开展更密切的合作，将设计、施工和运营专业知识融入整个设计，建筑企业之间多年存在的隔阂正在被逐渐打破。这改善了易建性、对计划和预算的控制和整个建筑生命周期的管理，并提高了所有参与人员的生产效率。

目前，BIM 技术应用既有很强的动力，也面临着前进道路中的障碍，既了解到改善生产力和协调有序的益处，同时也面临成本、人才、软件能力限制等的挑战，需要平衡上述几个方面的关系，才能将 BIM 技术转化为生产力。

2. 国外 BIM 应用现状

美国的 BIM 理论及软件产品走在世界前列，有独立、完整的建设管理制度和标准规范体系，拥有全球主要的 BIM 软件和设备厂商。推动 BIM 应用的协会多且活跃，出台了各种 BIM 标准，是目前 BIM 产品最丰富的地区。美国的 BIM 发展跟其他国家不太一样，是以产业为主导，先行将 BIM 技术和理念应用在实际的工程案例中。通过具体工程案例的经验积累，再逐步要求政府制定相关的政策与制度，来加速 BIM 的推广，提升整体产业链的生产力和价值。BIM 在美国的发展首先是从民间对 BIM 需求的兴起，到联邦政府机构对 BIM 发展的重视及推行相应的指导意见和标准，最后到整个行业对 BIM 发展的整体需求提升。

英国的 BIM 应用遵循顶层设计与推动的模式，通过中央政府顶层设计推行 BIM 研究和应用，采取“建立组织机构→研究和制定政策标准→推广应用→开展下一阶段政策标准研究”这样一种滚动式、渐进持续发展模式，并率先在政府主导的项目中大力推动 BIM 应用。英国的 BIM 应用系列标准以及相关 BIM 应用资源远远超过其他国家，英国的相关政策文件把输出英国的标准体系和智力资源作为政府行业战略的主要目标之一。目前已经有阿联酋、澳大利亚、俄罗斯、荷兰、比利时、西班牙、罗马尼亚、智利等国家都在采用英国的 BIM Level 2 系列标准。同时，BSI 正在努力把英国标准升格为 ISO 标准，以加大在全球推广英国标准的力度，如：ISO 19650-1：2018 Organization and digitization of information about buildings and civil engineering works，including building information modelling（BIM）— Information management using building information modelling — Part 1：Concepts and principles，Part 2：Delivery phase of the assets。未来，英国将推动“数字建造不列颠（Digital Built Britain）”计划，通过建立覆盖全英的高速网络、高性能计算和云存储设施，实现所有项目全生命期、全参与方集成应用 BIM，解决大范围高详细度（城市级、国家级）BIM 应用的信息安全问题。

北欧国家并未要求全部使用 BIM，由于当地气候的特殊性以及先进建筑信息技术软件的推动，BIM 技术的发展主要是企业的自觉行为，促进了包含丰富数据、基于模型的 BIM 技术的发展，并导致了这些国家及早地进行了 BIM 的部署，在公共建筑领域，

BIM 技术被认为就是“数字建造”。

日本 2009 年开始，成批量的设计公司、施工企业陆续启动 BIM 应用，而日本国土交通省也从 2010 年开始组织探索 BIM 在设计可视化、信息整合方面的价值及实施流程。根据 2010 年日经 BP 社的调研，日本设计院、施工企业及相关建筑行业从业人士对于 BIM 的认知度已达到 76.4%，在仅有 7% 的业主要求施工企业应用 BIM 的情况下，33% 的施工企业应用 BIM 开展工程建设工作。

此外，韩国以及我国香港和台湾地区也在以不同方式开展和推行 BIM 技术在建设工程领域的研究和应用。

### 3.2.3　BIM 技术应用体系和特点

BIM 技术应用体系由 BIM 产品、BIM 理论、BIM 标准和 BIM 应用组成，如图 3-1 所示。

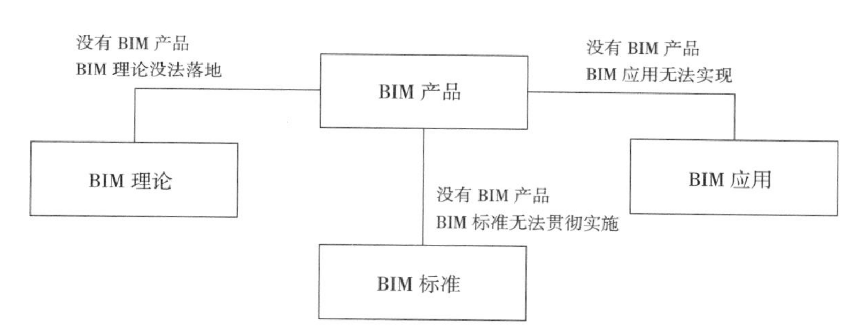


图 3–1　BIM 产品在 BIM 应用体系中的作用

BIM 技术是专属于建筑行业的信息化技术，具有如下特点。

1. 信息展示真实

支持以原本形式展示建筑属性和工程属性，例如：以三维的形式，而不仅是二维抽象线条和注释的形式展示建筑产品属性；以四维的形式，而不仅是单代号、双代号、横道图形式展示建造过程属性。

2. 信息结构化

支持以空间关系、分解关系、分类关系等更加结构化的形式整合、存储和管理建筑和工程信息，进而支持更加精准的模拟、分析和优化。

3. 信息集成化

支持标准化表达建筑和工程信息，进而支持信息的交换和集成，支持协同工作。

目前，BIM 研究和应用各个方面的情况大致如下。

1. BIM 关键技术研究和应用

尽管 BIM 技术已经广泛应用于各类工程项目，但还有许多关键技术需要攻关，才能促进其深入应用。例如，目前大模型的操作和互操作效率都还很低，对硬件要求过高，面向建筑行业应用的图形引擎核心技术还有很大的提升空间。再比如，BIM 模型的存储技术，当前 BIM 模型的实用交换格式都是私有的，这并不利于模型数据在建筑物全生命期的应用。所有这些说明，BIM 技术本身还处在快速发展阶段，技术研发和深度应用正相互促进。

2. BIM 软件研究和应用

早期的 BIM 软件以建模、模拟分析和专业协调为主要功能，大多数产品针对的是工程技术人员的工作需求。当前，侧重于辅助工程管理（质量、安全、进度、成本管理等）的 BIM 软件逐渐多了起来。此类软件往往涉及多人协同，与企业的管理模式有关，个性化需求增多，因此这类软件的开发、推广难度也相应增大很多。

3. BIM 技术集成研究和应用

BIM 技术是服务于工程建设行业的信息技术，必须与其他主流、前沿信息技术深入融合才能发挥更大的价值。目前，以 BIM 为核心，将其与大数据、云计算、移动互联网、人工智能、物联网等技术深度融合和集成的研究与应用，已经成为热点，这也是未来“智慧建造”技术的基础。例如，不少企业积累了一定数量的 BIM 应用项目，但这些 BIM 数据并没有被收集（或很好地收集）起来，有了高质量的数据，但仍然大多是信息孤岛，没有形成企业高质量的信息资产。这需要领域专家、厂商和应用企业合力攻关。

4. BIM 应用模式的研究与应用

由于 BIM 应用的复杂性，不同企业采用了不同的方法，也就产生了不同的 BIM 应用模式。目前，主要有三种 BIM 应用模式：

（1）设立专门的部门支持 BIM 应用，例如很多企业成立的 BIM 中心。这种模式好处是 BIM 应用起步快、起点高，专业人干专业的事情，不足的地方是容易与实际生产管理流程脱离。

（2）根据项目的实际需求，一对一地设定 BIM 应用目标，这是一种 BIM 的分散应用模式。这种模式的好处是可以灵活多变地解决实际问题，缺点是不易积累，容易低水平重复。

（3）从企业层面给出总体规划和技术政策，新项目都采用 BIM 技术，这是一种 BIM 的全员应用模式。这种模式的好处是快速形成企业核心竞争力，整体提升应用水平，但需要的资源投入和实施难度也是最大的，目前少数企业逐步进入全员应用模式。

很多的文献和工程示范都在研究和验证上述不同的 BIM 应用模式，这些应用模式也在逐步普及和成熟。如何在企业或跨越企业边界的供应链层面研究 BIM 应用模式，正在成为新的关注点。

### 3.2.4　BIM 技术施工阶段主要用途和价值

将 BIM 技术应用于施工过程，可以有效改变建筑业粗放的管理模式，提升施工技术与管理的信息化水平。施工阶段（投标阶段、施工准备阶段、过程实施阶段、竣工交付阶段四个阶段）BIM 的常见应用如图 3-2 所示。

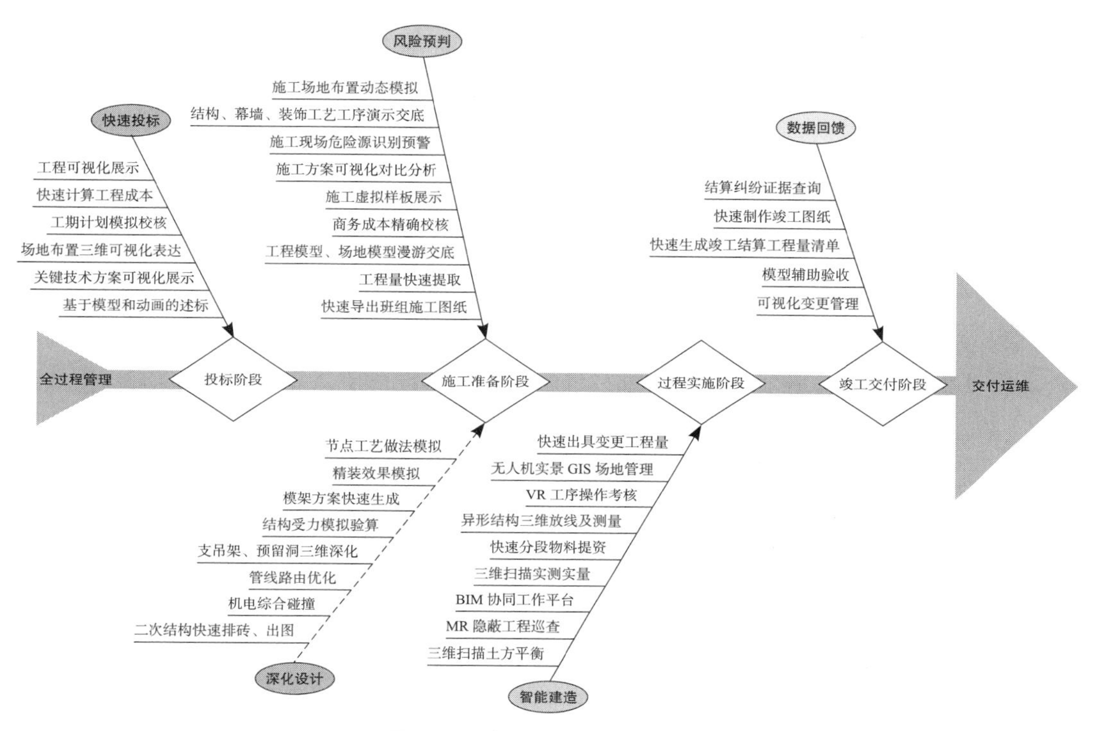


图 3–2　施工 BIM 常见应用点

1. 工程可视化展示

在投标时为了争取得到业主的认可，提高中标机会，要采用各种方法提高投标书的编制质量和表现力，对工程进行 BIM 快速建模，建模精度根据投标周期拟定，对工程概况、施工组织部署、进度计划、施工平面布置、重要施工方案和工艺、安全管理措施等内容，在标书中通过三维模型和动画的形式进行表达，能够提高投标整体水平（图 3-3）。

2. 快速计算工程成本

快速、准确的成本计算和推演能够为投标工作节省大量时间。基于 BIM 的成本模拟的目的是通过 BIM 的工程量自动统计特性，快速、准确地统计出目标工程的实体工程量，也可通过一些基于 BIM 的插件直接得到清单，提高投标期间商务人员的成本计算效率。

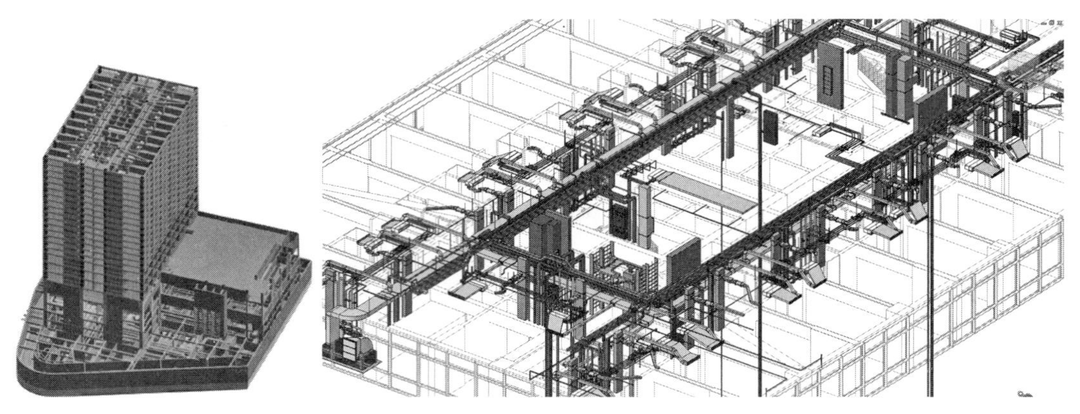

图 3–3　投标方案展示

另一方面，快速、准确的成本信息的获得也能够提前模拟施工资源配置情况，如基于 BIM 模型，对投标阶段拟投入的人力、材料、机械进行反向计算和定量分析，验证资源满足施工需要的程度，这样的标书和述标形式，能够有效提高业主和评标专家的认可度（图 3-4）。

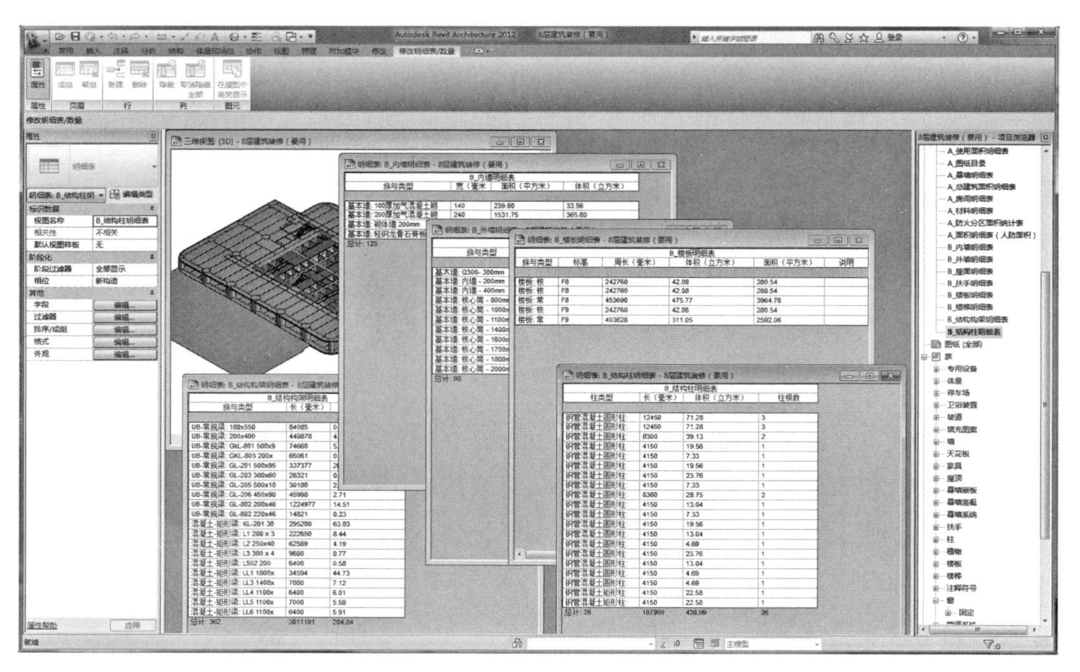

图 3–4　基于 BIM 的工程量统计

3. 进度计划模拟校核

投标文件中，符合工期的施工计划是体现投标方整体统筹能力的重要指标，需要结合经验、定额、工程特性等因素综合考虑。BIM 可以将工期计划与模型构件一一

挂接，快速模拟出整个项目周期的工期进度安排情况，提高标书内容中工期安排的可靠性及编制速度，也能让业主和招标方直观、形象地了解投标方对整个施工项目的推进计划（表 3-1）。

投标方案进度计划展示　　表 3–1

| （1）2014 年 3 月 1 日至 2014 年 7 月 8 日土方开挖及支撑梁施工 | （2）2014 年 11 月 1 日施工地下室二层顶板，设置三台塔式起重机平臂塔 |
|---|---|
|  |  |
| （3）2015 年 1 月 20 日裙楼施工至三层，主楼在首层时安装两台动臂塔，核心筒爬模安装，开始爬升 | （4）2015 年 7 月 1 日核心筒施工至 25 层，外框架土建施工至 18 层，幕墙、机电插入施工 |
| 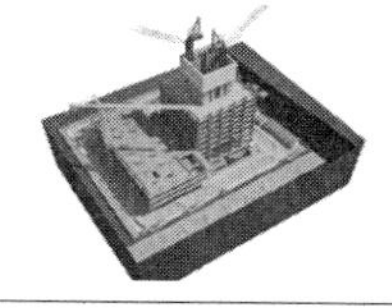 |  |
| （5）2015 年 10 月 1 日已经主楼结构封顶，4 号塔式起重机拆除完毕，5 号塔式起重机进行幕墙垂直运输 | （6）2016 年 12 月 1 日，塔式起重机、施工电梯已经全部拆除完毕，采用正式电梯进行装修工作 |
|  |  |

4. 关键技术可视化表达

项目将采用的关键难点施工工艺和方案是标书的核心内容之一，也是业主或招标单位、投标单位重点关注的部分。

这些特殊或重点部位的施工工艺往往很难通过文案表述清楚，利用 BIM 模型的可视化特性，可以很方便地模拟施工方案的整体实施情况和重点工况。

5. 基于模型和动画的述标

在目前行业大力推行电子投标的趋势下，标书和投标过程的电子化将越来越广泛。在标书编制及述标过程中，施工单位可将施工方案、工期计划、资金计划、资源计划均通过 BIM 模型及相关图片、动画、全景二维码等形式展示给评标专家及业主，使评标方能够准确接收到投标方对于项目的规划意图，也能体现项目实施团队的信息化技术水平，相较于传统文稿标书形式，更能提高技术、商务标内容的表达效果。

6. 施工场地布置动态模拟

在施工团队进场前或者现场主要工序阶段改变时，施工团队均需对施工现场进行临建布设规划，利用 BIM 技术可以在计算机中对施工现场进行三维可视化的模拟，相较于仅在平面图中规划，基于 BIM 的场地布置对于施工现场垂直作业协同、区域协同规划有更真实全面的模拟作用，尤其是对于施工范围狭小、地形复杂的场地，可快速地按地下结构施工、主体结构施工、装饰装修等不同阶段对材料堆放、加工场地、交通组织、垂直运输、设备吊装等进行动态布置管理（图 3-5 ~图 3-7）。

图 3–5　基坑施工阶段现场布置

图 3–6　地上主体结构施工阶段现场布置　　图 3–7　装修施工阶段现场布置

7. 模架方案快速生成

模架方案编制和交底是施工技术管理中不可缺少的工作，对工程质量、作业安全等方面都有着极其重要的作用，在模架方案编制时使用 BIM 模架软件，可以针对项目 BIM 模型自动识别高支模、复杂结构节点等部位，快速建立模架系统，也可在软件手动进行模架方案深化、安全验算等工作，自动导出模架施工图和搭设工程清单，提高工程师工作效率（图 3-8、图 3-9）。

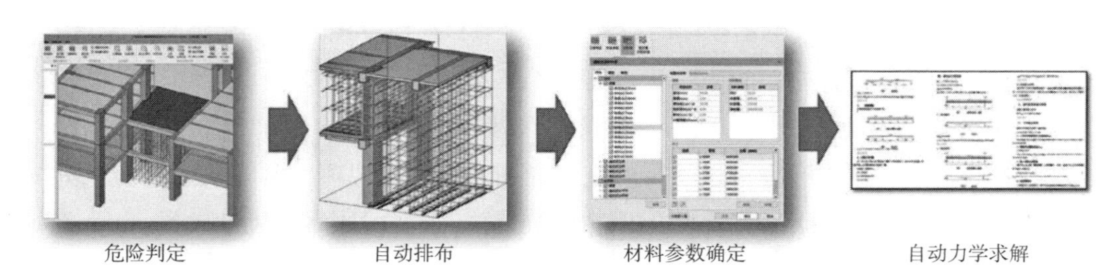


图 3–8　模架方案自动生成过程

图 3-9　自动生成模架

8. 机电综合碰撞检测

机电安装管理中，对施工蓝图中错漏碰缺问题的审图工作必不可少，在施工作业之前，利用 BIM 技术可以在计算机中进行软（构件距离小于规范或者操作要求）、硬（构件实体接触）碰撞自动检测，能够快速发现设计缺陷，并自动追踪到每个碰撞位置，形成附带构件属性的碰撞检测报告，避免施工作业时发生拆改，减少人、材、资金及工期资源的浪费（图 3-10）。

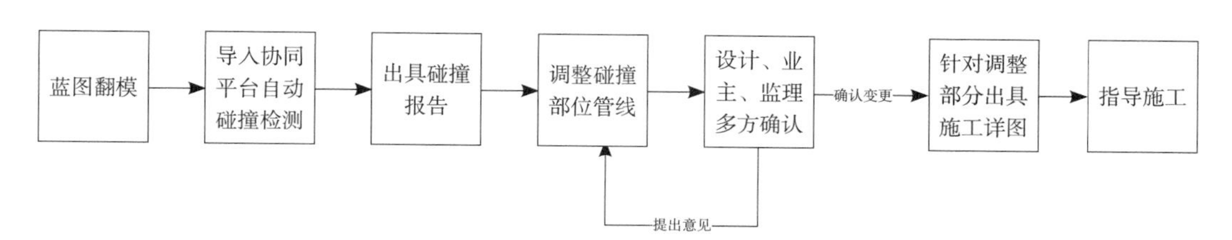


图 3-10　管线碰撞流程图

通过创建各专业 BIM 模型，进行软碰撞和硬碰撞，不仅能提前发现一些设计缺陷，还可将专业间的碰撞位置直观地显示出来，形成碰撞报告，避免施工过程中才发现问题，以至拆改造成材料、人工和工期的浪费（图 3-11）。

9. 管线路由优化

机电安装深化工作中，管线路由优化是重要的资源节约手段，工程师可以在 BIM 中直观地展现复杂的多专业机电管线情况，基于设计方蓝图中的路由情况，结合施工质量规范、管理人员经验和现场实际情况，综合考虑节省材料、工序规划等因素，将设计方的机电图纸在 BIM 模型中进行综合深化的优势体现在三维可视化、多视图自动联动性、同步清单生成、快速生成图纸等多个方面（图 3-12、图 3-13）。

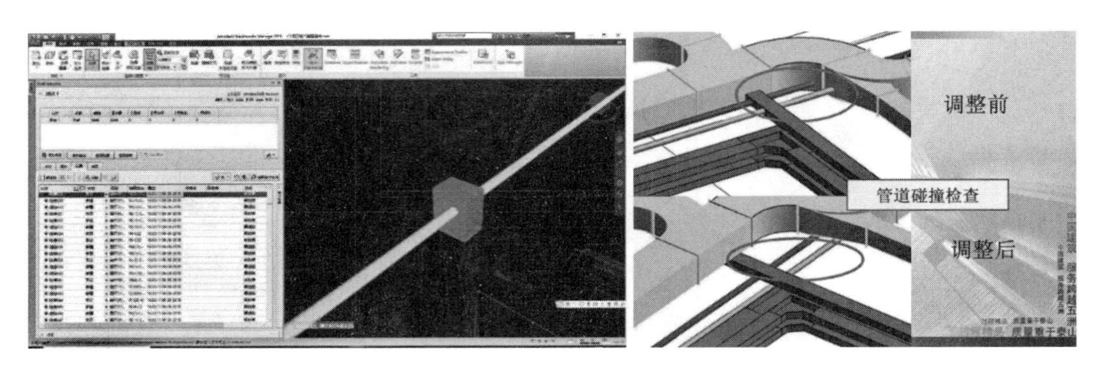


图 3–11　碰撞检查及调整

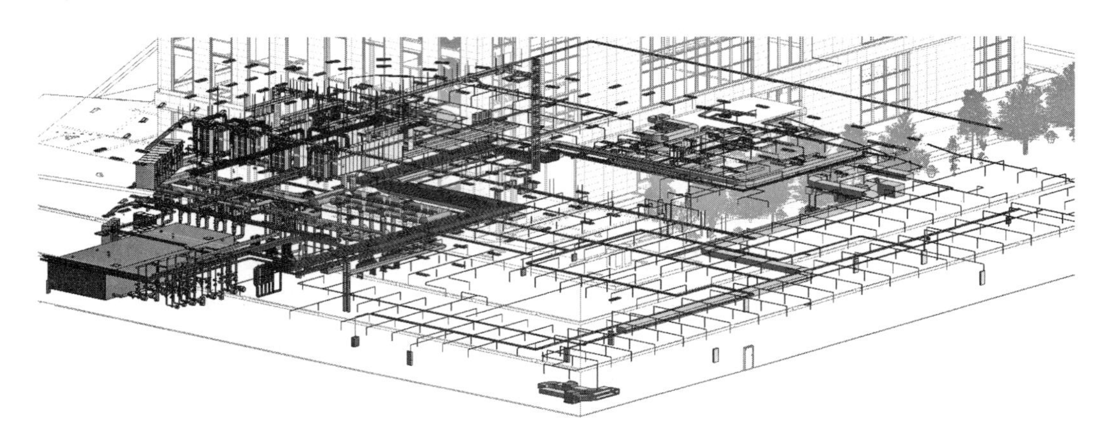

图 3–12　路由深化模型示例

图 3–13　净高分析示例

10. 支吊架、预留孔洞三维深化

在 BIM 模型中完成碰撞检测和路由优化之后，利用机电深化软件或插件可以进行支吊架及预留洞的快速添加，并出具支吊架加工图和预留洞预埋图，让深化工作更加便捷、有效（图 3-14、图 3-15）。

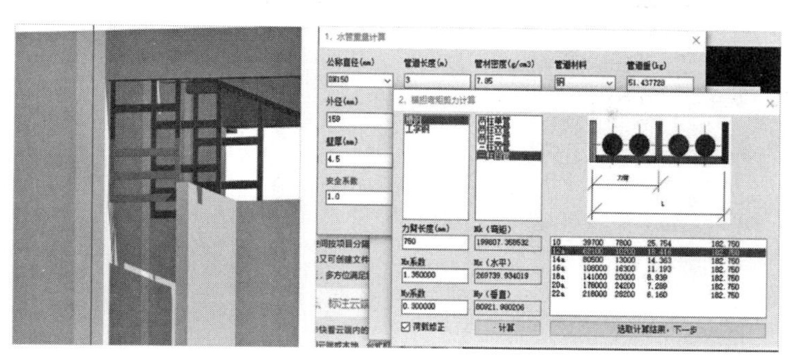

图 3–14 支吊架布置示例

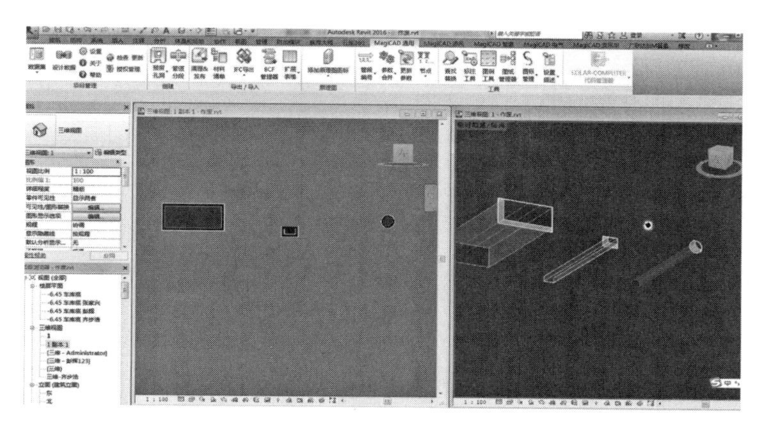

图 3–15 预留洞模型

11. 节点工艺做法模拟

施工管理中的技术交底工作是施工方案落实到现场的关键，运用 BIM 技术将施工方案的实施过程进行三维动画、全景二维码等形式模拟展示，能够提高施工操作人员对方案的理解，加强技术交底效果（图 3-16、图 3-17）。

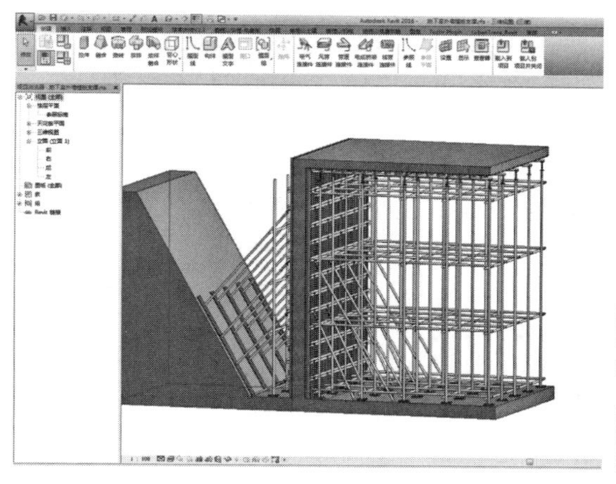

图 3–16 模架方案全景二维码

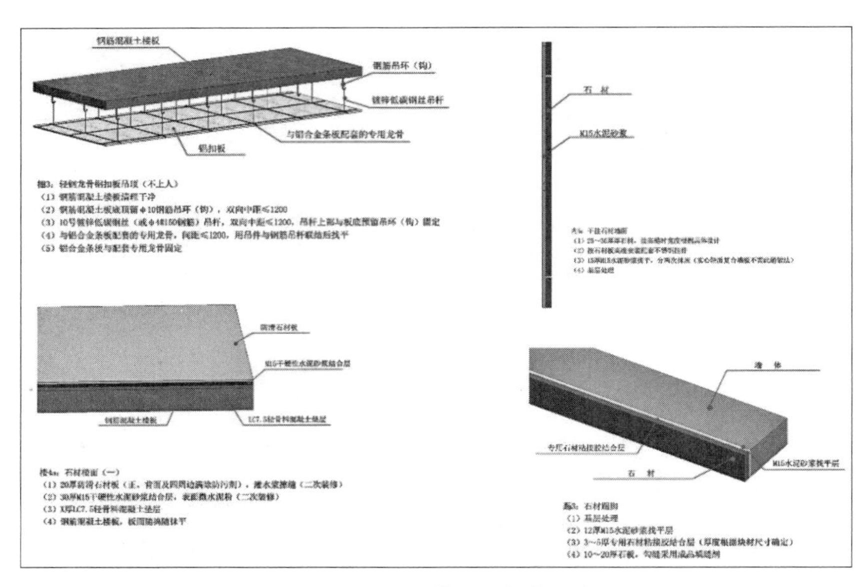


图 3-17　工艺模拟可视化交底

12. 钢结构施工管理

钢结构专业对 BIM 技术的应用较为成熟，施工总包可对钢结构设计方提供的 BIM 模型进行审查，直接使用模型在计算机相应软件中完成可视化交底文件和视频的制作。

从钢结构 BIM 软件中也可直接导出构件加工图和下料清单，提高钢结构施工效率，由模型指导深化出图，并通过模型出量进行构架下料加工，确保加工构件的精准度（图 3-18）。

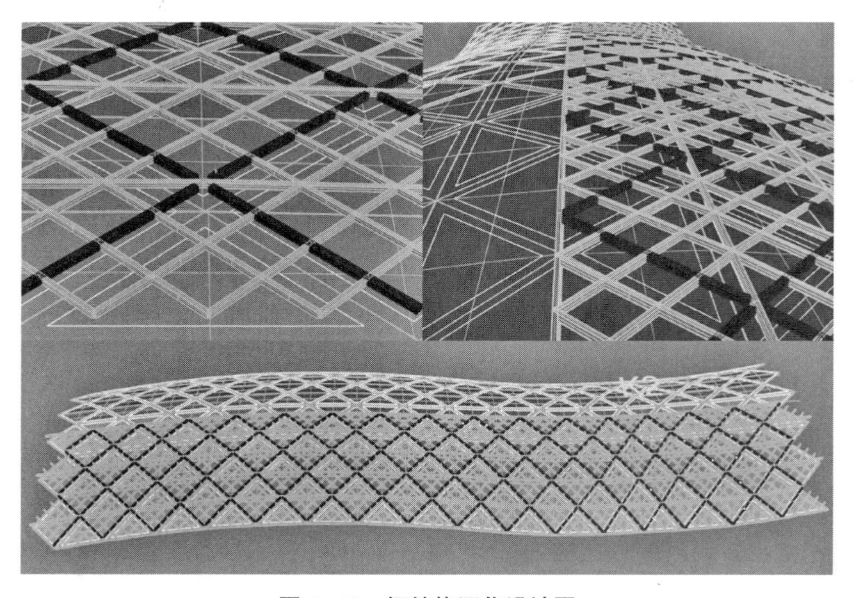

图 3-18　钢结构深化设计图

13. 幕墙施工工艺交底演示

BIM 技术可用于幕墙专业的精细化方案模拟。在设计单位幕墙专业只提供少量的立面分格形式和节点图，所以需要在施工前对幕墙专业进行深化设计，而大多数工程的幕墙都是异形结构，异形幕墙工程深化工作，相对于传统的二维 CAD 深化工作模式，利用 BIM 技术在计算机中进行幕墙专业分格尺寸、加工形状的工作模式能够提高幕墙深化及施工的效率（图 3-19、图 3-20）。

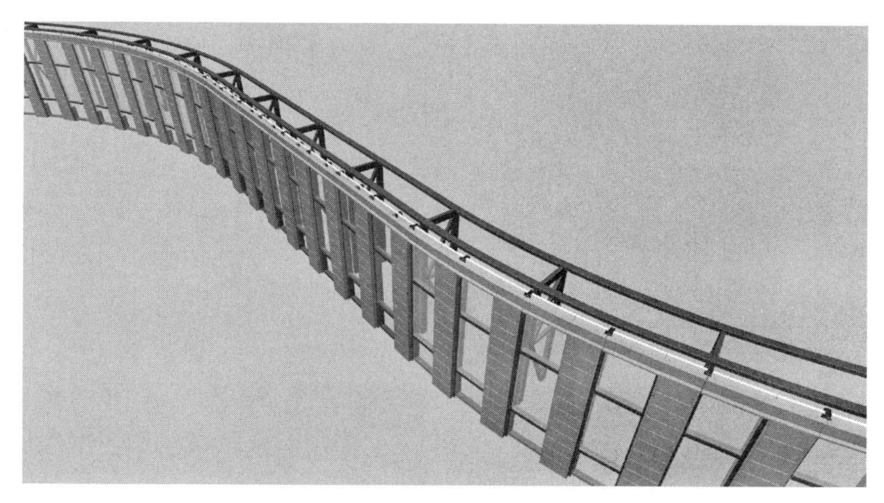

图 3–19　幕墙专业深化设计

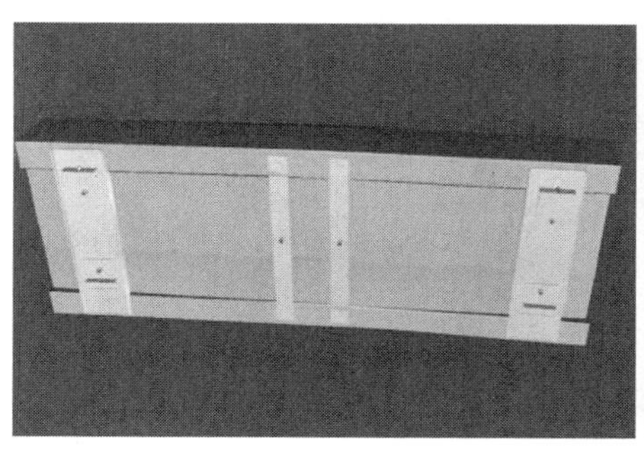

图 3–20　陶板棍模型及实景

14. 二次结构快速排砖、出图

利用 BIM 技术进行二次结构深化设计可将二维图纸转化为三维模型，清晰、直观，便于进行二次结构施工技术交底，动态调整砖体排布、直接提取工程量，极大地提高工作效率，可更好地辅助现场施工管理，降低施工材料耗损率，节约成本（图 3-21 ~ 图 3-23）。

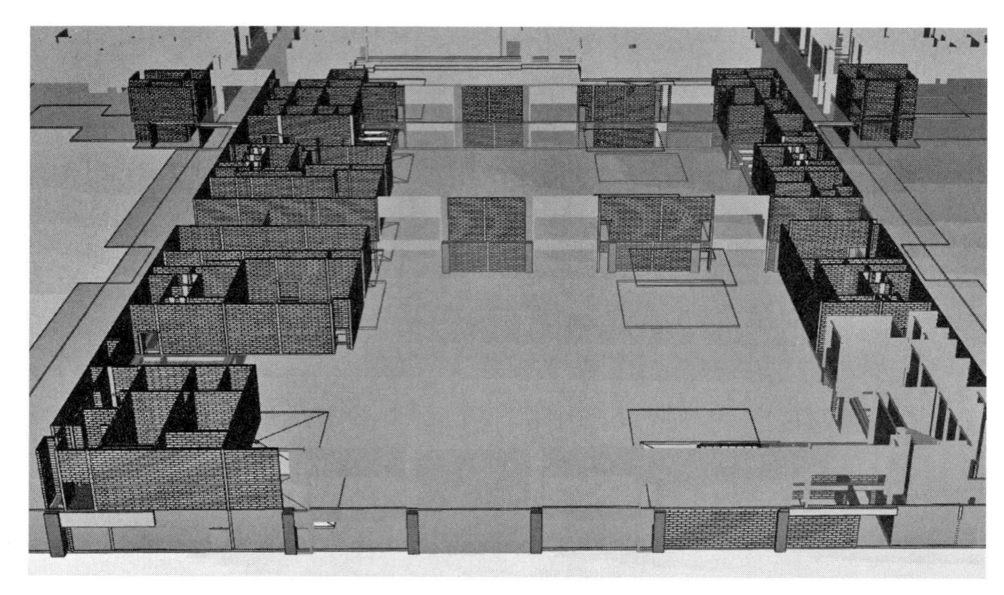

图 3-21 二次结构排布图

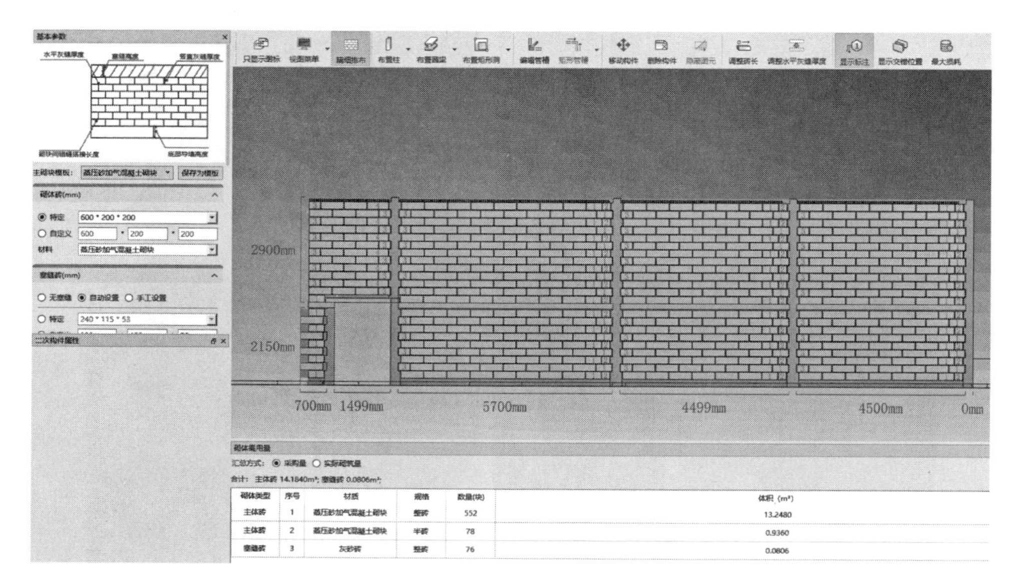


图 3-22 利用 BIM 软件进行快速的二次结构深化布置图

砌体需用表

| 砌体类型 | 标识 | 材质 | 规格型号（长 × 宽 × 高） | 数量（块） | 体积（$m^3$） |
|---|---|---|---|---|---|
| 主体砖 | | 蒸压砂加气混凝土砌块 | 600 × 200 × 200 | 474 | 11.3760 |
| 主体砖 | 1 | 蒸压砂加气混凝土砌块 | 410 × 200 × 200 | 72 | 1.1808 |
| 主体砖 | 2 | 蒸压砂加气混凝土砌块 | 210 × 200 × 200 | 36 | 0.3024 |
| 主体砖 | 3 | 蒸压砂加气混凝土砌块 | 300 × 200 × 200 | 42 | 0.5040 |
| 主体砖 | 4 | 蒸压砂加气混凝土砌块 | 570 × 200 × 200 | 6 | 0.1368 |
| 塞缝砖 | | 灰砂砖 | 200 × 100 × 53 | 76 | 0.0806 |

图 3-23 导出相应部位的砌体工程量清单

15. 施工方案可视化对比分析

针对某项施工难点制定的多种施工方案比选和交底是施工管理工作的重要内容，可利用 BIM 的三维可视化功能，以三维模型或者动画的形式直观表达针对施工难点的施工方案实施模拟情况，提高参与方对于方案的理解程度。

利用 BIM 对常规工程中的机电节点、基坑支护、高支模方案或者形态特殊的工程中的弧形斜梁、斜板、异形钢构等技术要点方案进行建模，并在计算机中对其在专业碰撞、进度优化、力学性能等方面进行快速、准确的分析，选取最优方案（表 3-2）。

**某项目钢结构吊装方案对比分析**　　　　表 3–2

|  | 方案一 | 方案二 | 方案三 |
|---|---|---|---|
| 选用方法 | 选择一台 TC7013 塔式起重机吊装 | 土建内钢结构用 TC7013 塔式起重机吊装，土建外钢结构地面拼装，650t 履带式起重机高空安装 | 主楼结构封顶后，安装 JCD260 动臂塔，进行钢结构吊装施工 |
| 分析 | 1. 上层附着部位扶墙间距较大，计算未通过。<br>2. 塔式起重机吊钩最大底高度不满足安装要求（156.4m） | 钢结构分段重量最大为 18t，履带式起重机吊重为 22 ~ 26t，大于分段重量。履带式起重机半径在 45m，主臂长度 84m，主臂仰角 85°，副臂长度 89m，超起平衡重半径 12m 的情况下满足塔尖地面拼装、高空吊装的要求 | 根据模拟放样，可采用 60m 主臂，最后一道附着位于标高 78.95m 的混凝土柱上，铁塔构件吊装在塔式起重机 17 ~ 27m 半径覆盖范围内，塔式起重机在此范围的起重量为 6.15 ~ 8t，满足构件吊装要求 |
| 模拟分析及展示 | 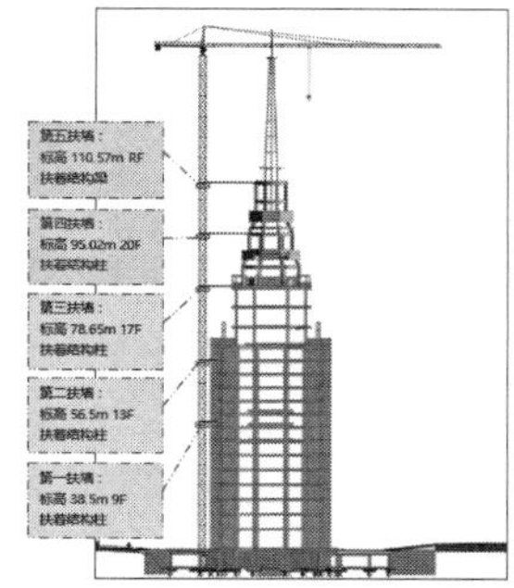   | 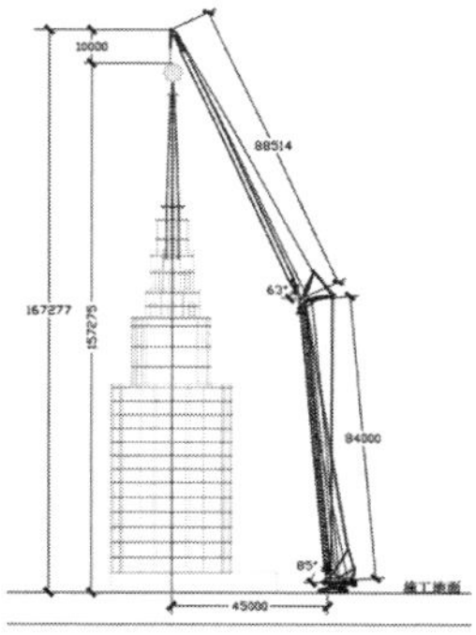 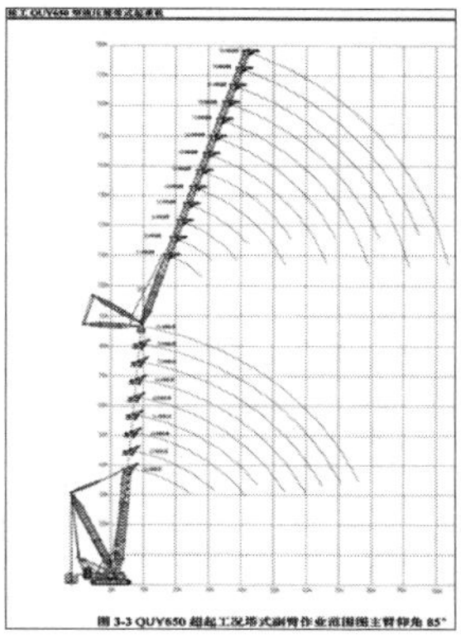  | 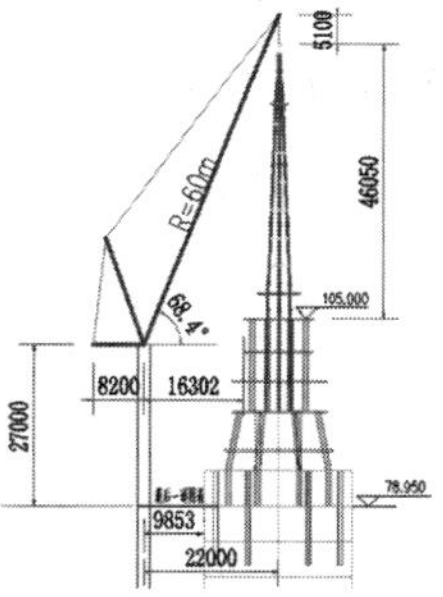   |

续表

| | 方案一 | 方案二 | 方案三 |
|---|---|---|---|
| 结果分析 | TC7013 塔式起重机附着以上的自由高度为 36m，本工程铁塔高 46.8m，为满足附着要求，附着点距铁塔中心两端悬挑约 16m，结构难以满足附着要求，此方案不能实行 | 1. 履带式起重机重 800t，吊装站位和行走的地面需硬化、平整。<br>2. 履带式起重机进场组装，履带式起重机需要 200m×30m 的组装场地。<br>3. 现场条件难以满足 200m 长的组装场地需求，此方案实施难度很大，措施成本高 | JCD260 动臂式起重机能够解决塔式起重机附着的难题，工作半径也满足吊装要求，安全、质量能够得到保障，方案能够满足工期要求 |
| 结论 | 不合理 | 不合理 | 合理 |

16. 施工虚拟样板展示

施工样板是施工现场重要节点质量标准的实体展示，规划和样板制作交底也是施工技术团队的重要工作，利用 BIM 模型对重要施工节点部位进行进一步细化，在计算机中制作出项目所需要的施工质量样板三维模型及样板区规划模型，可更高效地指导样板区施工。

在没有条件建造实体样板区或者实体样板区未施工完成的项目中，基于 BIM 的虚拟样板模型通过结合视频、二维码、增强现实、虚拟现实等技术，也可以实现施工质量样板的策划展示，丰富展示方式、扩大展示场景、提高质量样板的展示效果（图 3-24、图 3-25）。

17. 快速导出班组施工图纸

针对施工重难点出具施工节点详图是技术管理的重要工作之一，将 BIM 模型细化到 LOD350 级别以上后，即达到可指导施工精度。可以在 BIM 模型中选取施工难点部位，直接生成平、立、剖和三维示意图，并导出 CAD 作为施工班组细部施工指导图。

如果发生 BIM 模型因设计变更进行了调整，相应的视图也会自动进行调整，提高施工出图工作效率（图 3-26、图 3-27）。

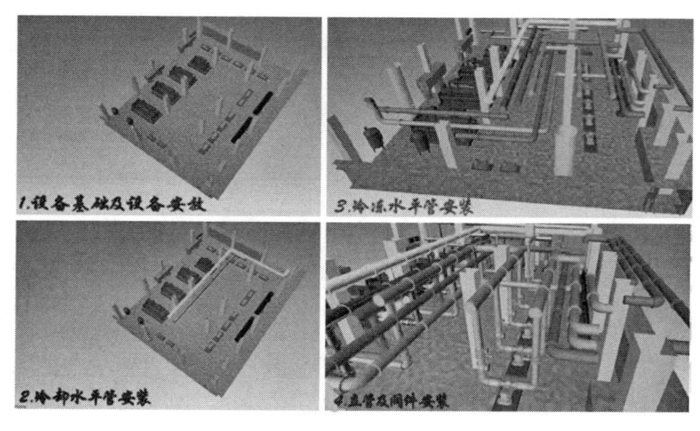


图 3-24　虚拟机房施工样板示例

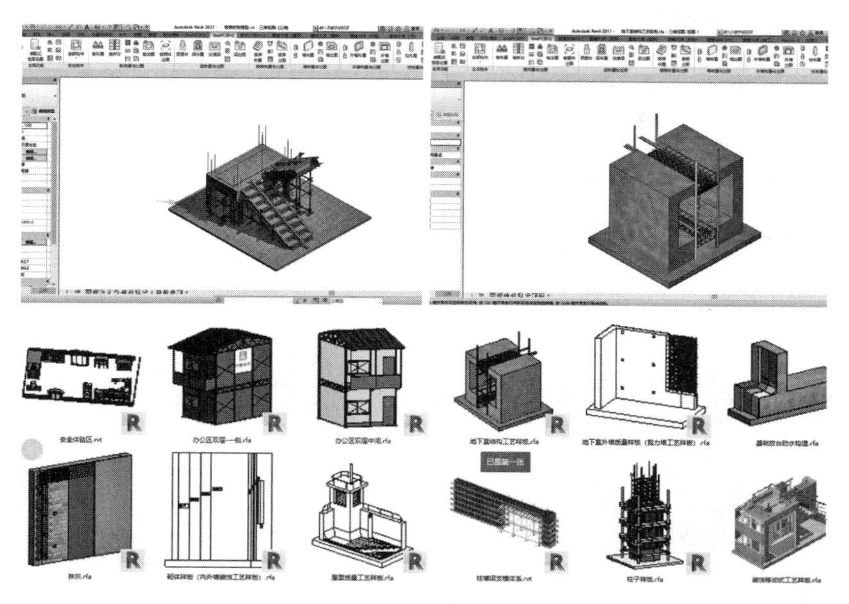

图 3-25　施工质量样板示例

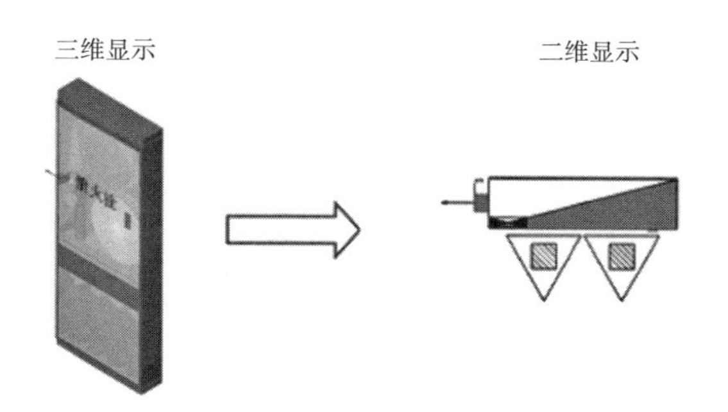


图 3-26　二、三维图例转化规则设定

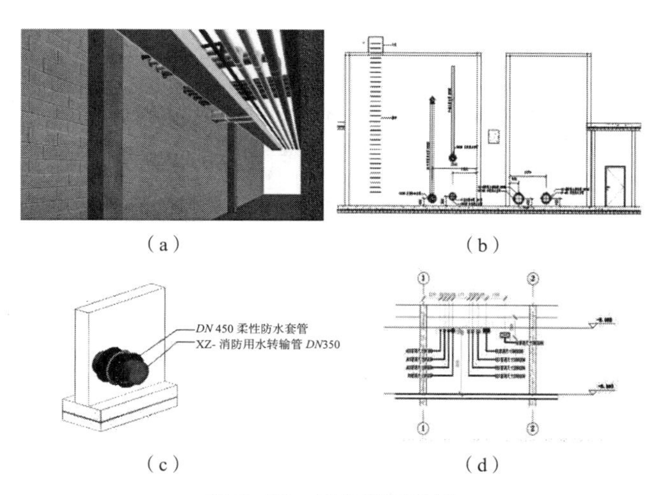


图 3-27　机电出图示例

（a）机电管线穿墙模型；（b）消防水池预留预埋洞口；（c）防水套管穿墙局部视图；（d）综合机电管线与土建专业模型综合

18. 工程量快速提取

施工准备阶段中的成本、物资的精细化管理是施工方商务工作的重点，BIM 模型本身自带项目的技术和成本信息，如构件数量、体积、表面积、型号、密度等，通过相关功能的操作，可以快速按照楼层、专业、流水段等规则，以构件级别精度提取相关工程量数据，为商务、物资提供准确的数据支持，提高准备阶段成本风险规避能力（图 3-28）。

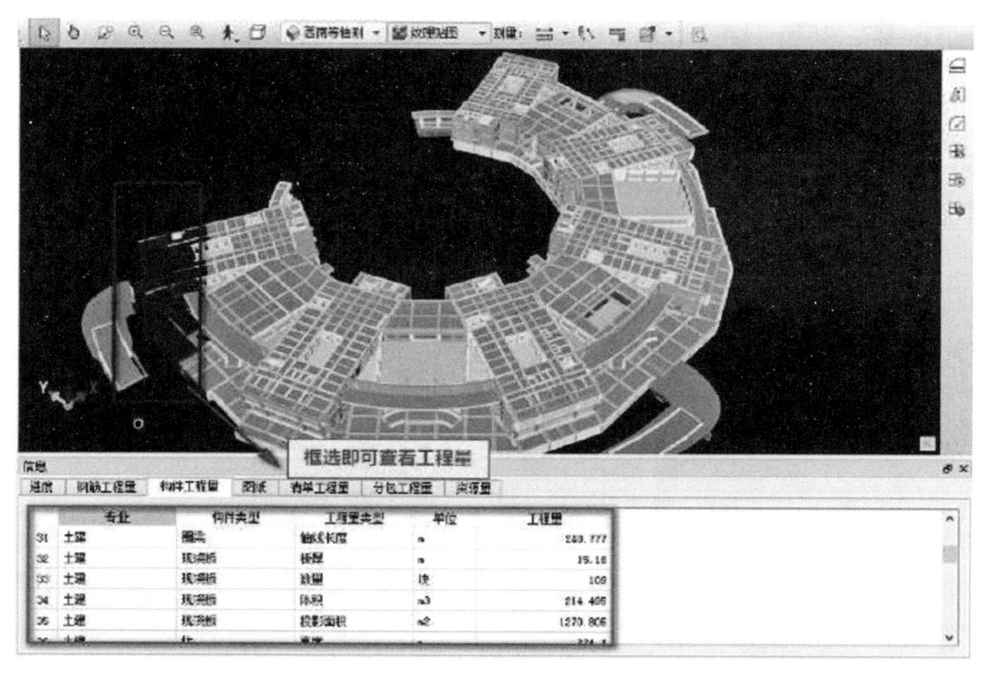


图 3–28　利用 BIM 平台对模型进行流水段划分提取混凝土工程量示例

19. 施工现场危险源识别预警

施工现场危险源会随着工程实体进度动态变化，施工管理方应准确、快速地对施工现场在工程不同阶段的危险源进行甄别，使用 BIM 的漫游功能，可以快速发现结构施工中容易发生安全事故的临边洞口，在某些软件中可以达到自动识别临边洞口的效果，之后在对应的洞孔进行临边防护建模出图并自动计算安全防护材料的工程量，提高施工现场安全管理效率（图 3-29、图 3-30）。

20. 土方平衡

项目开工前期，土方填挖的工程量核算需要施工商务、测绘、技术团队配合协作，利用原始地形测绘图、三维扫描点云或者实景地形点云，可以在计算机中生成对应的原始地形三维模型，再与工程的 BIM 模型相结合，按设定规则进行扣减，即可得到挖方、填方工程量，为商务提供重要结算依据，提高与业主、分包的结算沟通效率（图 3-31）。

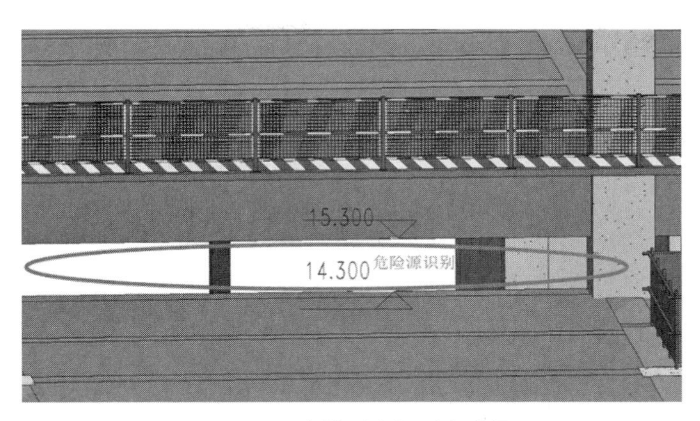


图 3-29　在模型中识别危险源

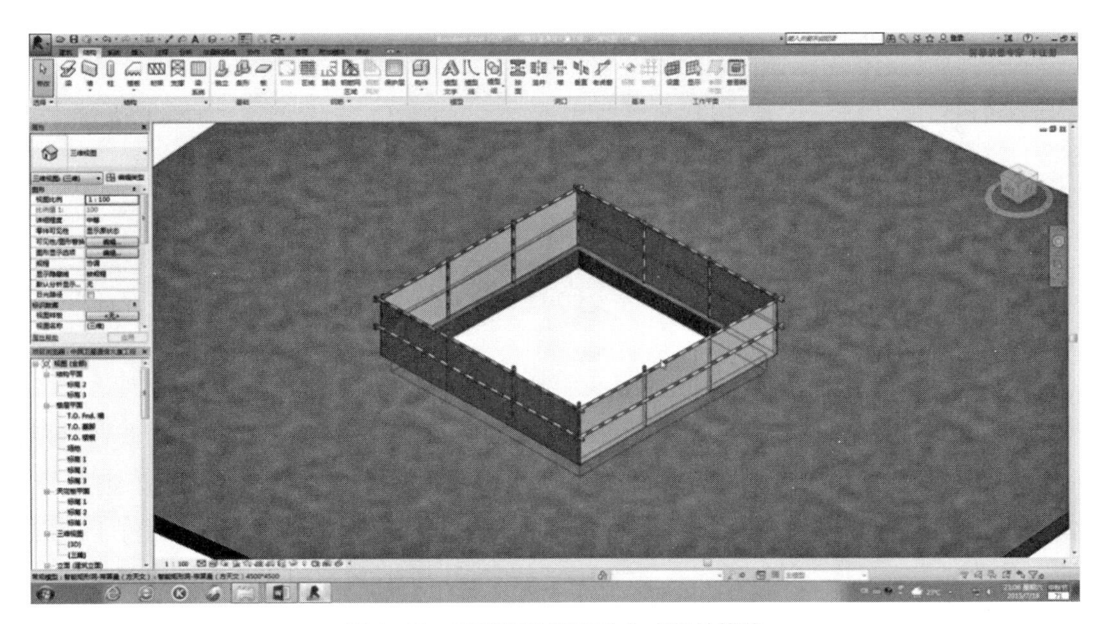

图 3-30　识别危险源自动生成防护措施

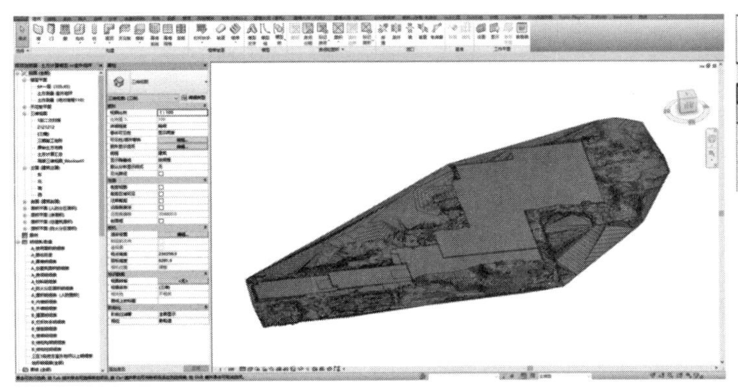

<三区1段挖方室外地坪以上明细表>

| A | B |
|---|---|
| 区域 | 挖方量 |
| 1段（三区99.450） | 598.05 |
| 1段（三区99.750）机房 | 391.56 |
| 1段（三区103.450） | 693.72 |
| 1段（三区103.650）机房 | 320.44 |

图 3-31　地形模型与 BIM 模型相切得到土方开挖量

21. 无人机实景 GIS 场地管理

施工现场周边环境是施工内外调度协调工作的重要影响因素，利用无人机航拍图像，可以在计算机中生成施工场地周边大范围的三维地形模型，该模型具有空间三维坐标信息，与 BIM 相结合之后，能够对其进行面积、体积、高度的测量，也可在场地布置前更准确、快速地预判可能存在的影响因素，如周边土坡、红线内外构筑物、城市或者郊外绿化树木等对临建设施如塔式起重机的影响，及时采取对应措施（图 3-32）。

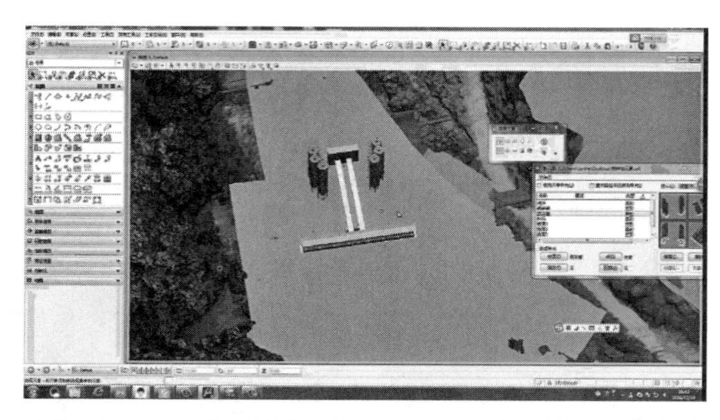

图 3–32　施工前期结合实景模型与 BIM 模型进行场地布置

22. 异形结构三维放线及测量

施工过程中，异形结构的放线、测量、校核是施工技术团队质量控制的要点，相较于基于平面蓝图的工作测量、放线方式，在 BIM 模型中，可以对项目模型的任意点位进行空间坐标标注。在异形结构项目施工中存在大量异形、倾斜构件，相较于传统的二维设计及施工技术管理模式，基于 BIM 技术可以在计算机中先根据设计截面建立整个构件的三维模型，然后对目标部位进行单独剖切、高程标注，就可以快速计算所有异形构件在整个项目中的准确施工点位，将目标部位的点位图导出交付给测量员，提高施工测量精度。

将 BIM 结合智能全站仪，则可以使用 BIM 在施工现场进行基于三维模型的空间放线和偏差测量，也可将结果导出表格存档，对于复杂节点、异形结构工程，能够提高放线精度和放线人员效率（图 3-33 ~图 3-35）。

23. 快速出具变更工程量

项目实施过程中，变更和洽商是十分常见的工作内容，需要技术、成本等部门快速提出应对措施。将工程中发生的变更、洽商图纸在 BIM 模型中进行调整后，通过插件能够快速得到调整前后的工程变化内容，包括相关构件变动，工程量变动等，再将所有变更工程数据存档，为商务过程成本控制及后期成本阶段提供重要依据（图 3-36）。

图 3–33　某工程马鞍形环梁

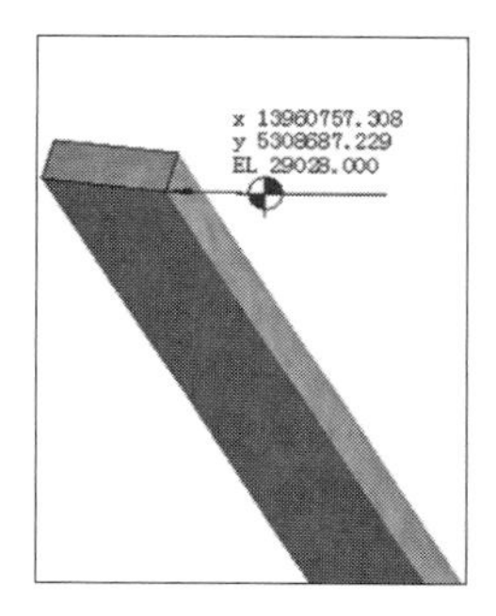


图 3–34　测量双向倾斜混凝土柱高程

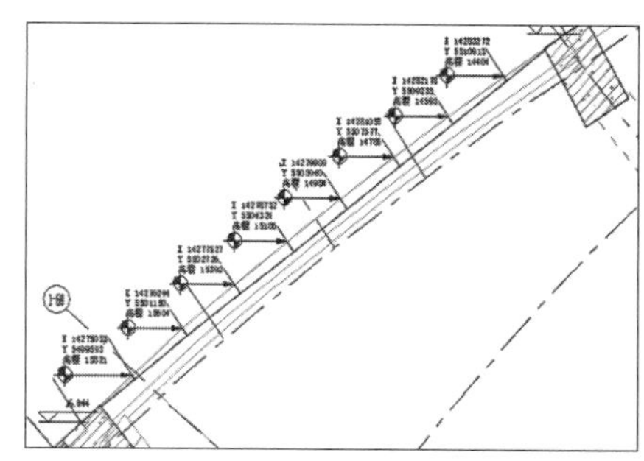

图 3–35　利用 BIM 测量弧形曲线斜梁高程

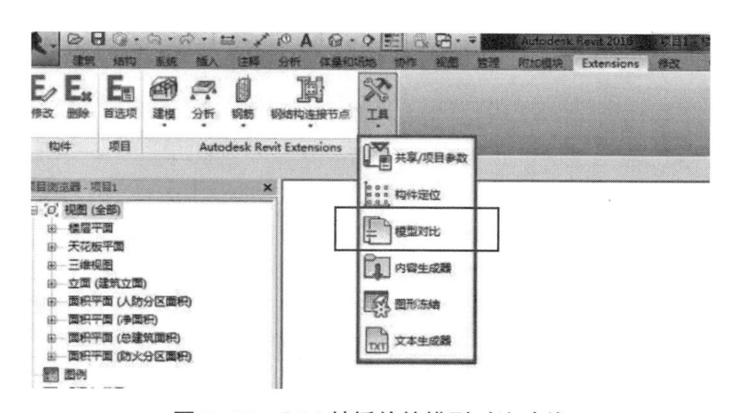


图 3–36　BIM 某插件的模型对比功能

24. 实测实量

工程质量管理工作中，实测实量是必不可少的管理手段，业主、监理及施工方自身都越来越看重实测实量数据，利用 BIM 和信息化技术，通过对现场已完成工程的实际数据采集（三维扫描或实景捕捉技术），生成实景数据模型，然后与工程 BIM 模型进行结合，能够快速对比所有施工实体的测量偏差并以模型形式显示结果，也可在计算机中形成偏差报告，可用于结构修补或后续工程的二次深化调整。

对于异形结构、高大空间结构等传统手段难以测量的工程，实景捕捉结合 BIM 快速对比实测实量的方法，更加高效、准确，减少了人员成本和安全风险（图 3-37）。

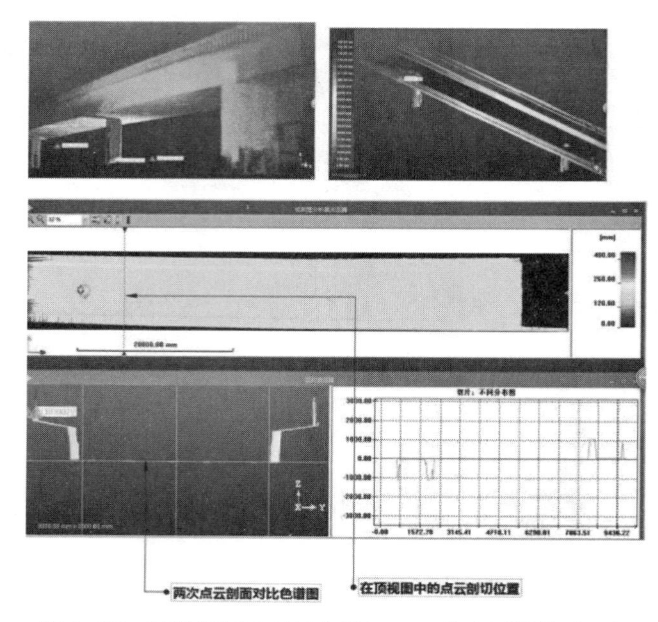


图 3–37　某道桥项目利用点云与 BIM 结合测量偏差示例

25. 模型辅助验收

在竣工阶段，把施工过程中各阶段模型进行整合，重新针对变更、洽商及现场实际情况，对模型进行最终调整，作为竣工验收依据，配合验收。

在验收完成后，BIM 模型应与工程实体一致，并将施工过程中接收、录入与产生的相关信息与相关模型连接，在多方完成最终 BIM 验收审查后，从模型中快速导出竣工图，统一整体交付给业主方（图 3-38、图 3-39）。

图 3–38　某项目采用 BIM 平台进行四方验收

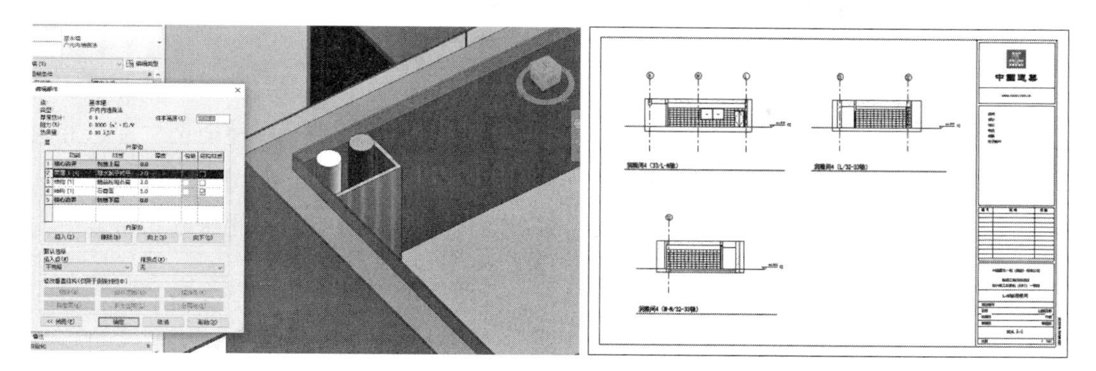

图 3–39　添加竣工模型信息及 BIM 出图

26. 快速制作竣工图纸

竣工图制作是验收阶段一项工作量较大的内容，需要根据过程中所发生的变更和洽商及最后的验收情况对初始蓝图进行修订并出图。利用 BIM 技术，依据施工过程中的变更洽商文件对 BIM 模型进行修改，得到最终的竣工 BIM 模型。根据竣工图纸提交要求，在软件中直接生成相关模型视图组合成为最终竣工图，并直接导出 CAD 进行蓝图打印，得到竣工蓝图。基于 BIM 制作竣工图能够减少大量平面图绘制工作，提高竣工图纸的准确性（图 3-40）。

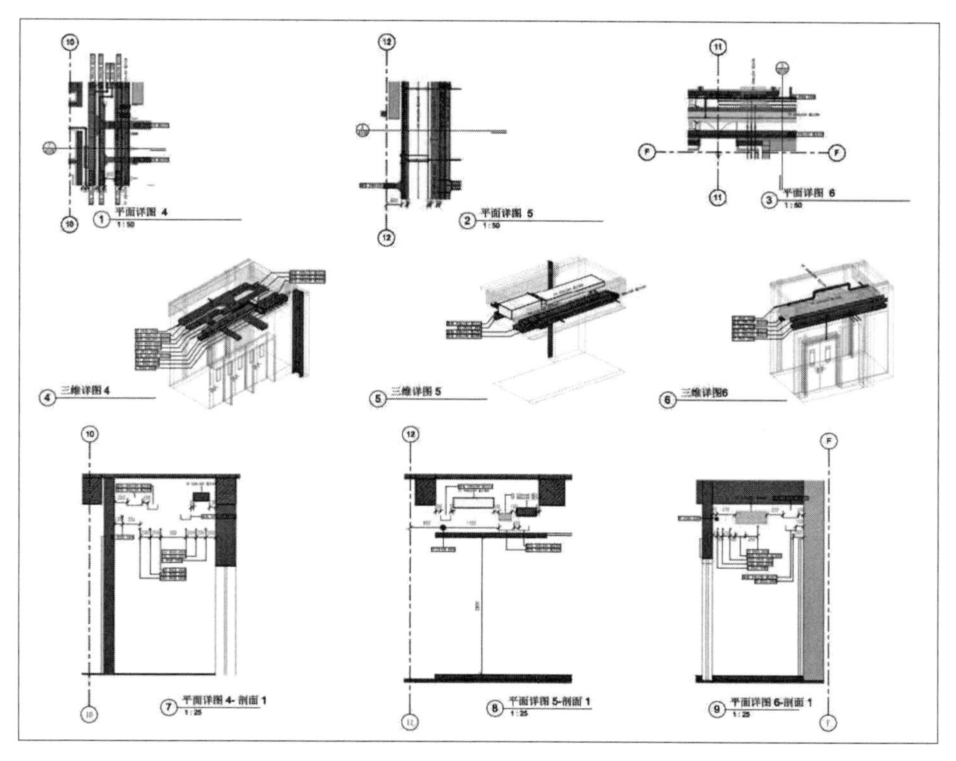


图 3–40　机电变更节点竣工出图

27. 结算纠纷证据查询

施工过程中将所有质量、安全、验收、隐检、变更、洽商等事件，与 BIM 模型挂接，计算机通过平台软件，可以接收文字、图片、视频、录音等多种记录文件，并自动形成结构化的云数据资料库，如劳动力变化曲线、物资进出场记录、设备使用记录等，在过程结算或者竣工结算工作中，随时调取，以挂接具体模型部分的数据和影音资料形式，提供结算纠纷的有力证据（图 3-41、图 3-42）。

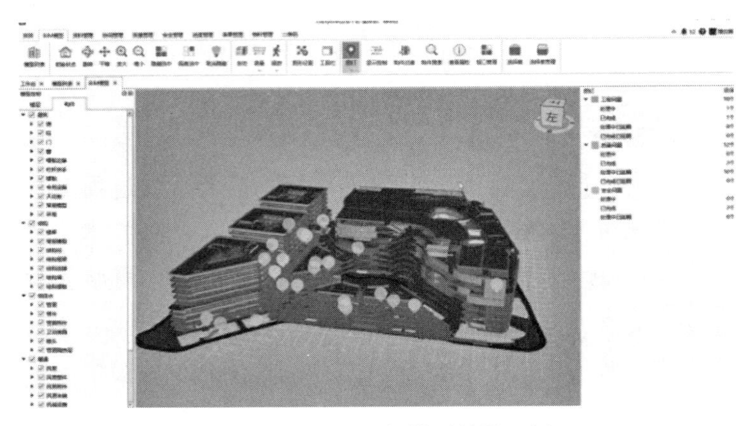

图 3-41　将问题与模型挂接示例

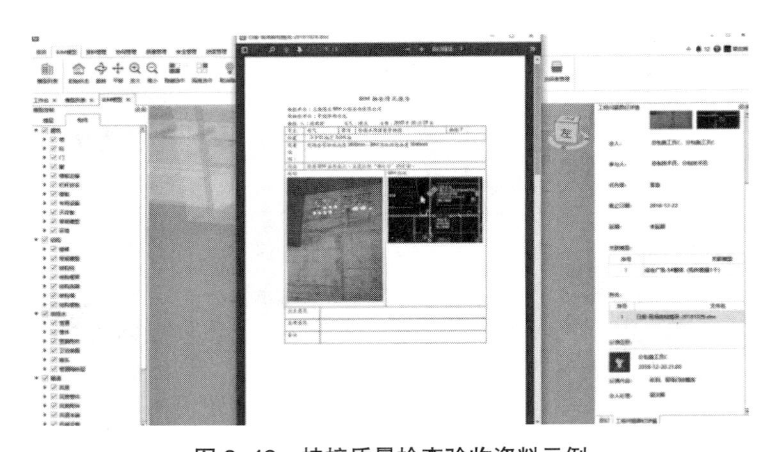

图 3-42　挂接质量检查验收资料示例

28. 快速生成竣工结算工程清单

竣工结算中，快速获取工程前后工程量的变化情况是商务管理工作中重要的一环，通过 BIM 软件中前后变更对比功能，计算机就能快速、准确地将根据变更文件修改的 BIM 模型的前后模型变化部位、工程量变化情况以三维和表格的形式体现出来，提高商务人员竣工结算的工作效率（图 3-43）。

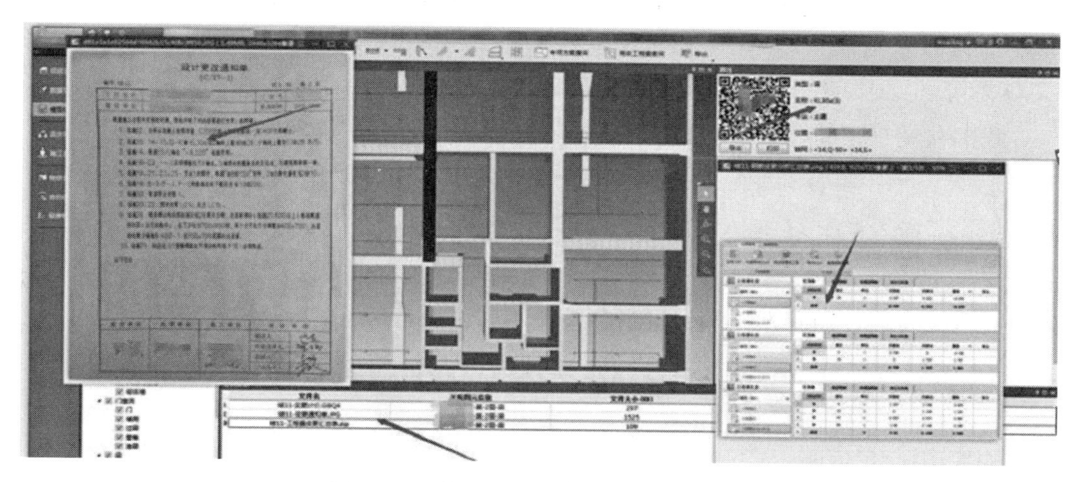

图 3-43　基于模型及资料进行结算示例

## 3.3　实景建模技术

### 3.3.1　实景建模技术基本概念与发展历程

实景建模技术是现代精密测量与控制技术在工程建造领域中的创新应用。实景建模技术通过对现场环境与空间中的各类大型、复杂、不规则、标准以及非标准的工程实体或实景进行三维数据采集，采集后的三维数据（点云）在计算机中通过重建算法对工程实体或实景中的线、面、体等空间数据进行不失真的还原与重建。重建后的数据可以广泛应用于从勘察、设计、施工到运维这一工程建造全过程中的测绘、模拟、监测、计算、分析、全景展示等应用领域。在工作方式上，实景建模技术与传统的以正向建模、正向分析为特征的工程辅助建造方式相反。因此，实景建模技术也被称为逆向工程技术。

目前，常用的实景建模技术实现手段是倾斜摄影和三维激光扫描技术，随着技术的不断进步，实景建模技术正朝着高速度、高精度、便携式的方向快速发展。从 20 世纪五六十年代开始，美国、德国、日本、加拿大等国家就开始在实景建模技术领域进行研究与应用，并逐渐形成了较为完善的工程测量理论、技术产品和工程实践方法。2000 年，德国徕卡公司研发的三维激光扫描仪，其测量距离可以达到 50m；2006 年，德国徕卡公司又将三维激光扫描仪的测量距离拓展到了 300m；2014 年，美国法如公司在三维激光扫描仪的测量速度、易操作性、便携性等方面均取得了新突破；2015 年，美国法如公司研发出了手持式的三维激光扫描仪。

倾斜摄影技术的研究始于 20 世纪 90 年代。近年来，倾斜摄影技术在三维数据采集设备和数据后处理软件方面均取得了新突破。目前，全球主流的倾斜摄影技术产品包括美国天宝公司的 AOS 系统、德国徕卡公司的 RCD 30 系统、美国微软公司的 UCO 系统、德国 IGI 公司的 Penta-digicam 系统等。

我国在实景建模技术领域的研究与应用起步相对较晚，较早的研究成果如 20 世纪 90 年代末，华中科技大学研制的小型实景建模系统；刘先林院士团队率先研发的国产倾斜摄影系统 SWDC-5。2014 年 6 月，我国成立了倾斜摄影测量技术联盟，在倾斜摄影测量标准化体系建设和相关软件的研发方面进行了重点推进。2015 年 12 月，北京无限界科技有限公司研发出倾斜摄影建模应用软件 Infinite 3D Real Scense1.0。

### 3.3.2 实景建模技术分类与特点

依据用途的不同，实景建模技术一般可以分为三维激光扫描技术和倾斜摄影技术两类。

1. 三维激光扫描技术

三维激光扫描技术具有快速、高密度、多学科融合的特点，适用于建筑内部以及建筑外立面三维数据的测量与分析。三维激光扫描技术具有测距远、系统误差小、视场角度范围广的技术优势，其技术不足是不适用于线性工程以及室外大场景中三维数据的定期、长期测量与分析。典型三维激光扫描设备的主要技术指标如表 3-3 所示。

**典型三维激光扫描设备主要技术指标** **表 3-3**

| 型号 | 天宝 TX8 | 天宝 GX | 徕卡 C10 | 法如 X330 |
|---|---|---|---|---|
| 最大测距（m） | 340 | 350 | 300 | 330 |
| 最小测距（m） | 0.6 | — | 0.1 | 0.6 |
| 系统误差（mm） | ≤ 2 | ≤ 6 | — | ≤ 2 |
| 视场角度（°） | 360 × 317 | 360 × 60 | 360 × 270 | 360 × 300 |
| 主机重量（kg） | 11 | — | 13 | 5.2 |

2. 倾斜摄影技术

在工程实践中，倾斜摄影技术通常需要与无人机等航拍设备配合使用。较为常用的配合方式是通过无人机飞行平台搭载 5 个固定的倾斜摄影相机。其中，一个正视相机采用垂直 90° 放置，其余的前视、后视、左视和右视相机采用 45° 倾斜放置。通过多个角度互补的方式消除视野盲区，再通过后处理软件将这些影像数据进行整合，形成完整的三维数据模型。

倾斜摄影技术能够真实反映复杂地物周边情况，弥补了传统的基于正射影像应用的工程测量方法的不足，具有数据还原性高、可利用性高、效率高、成本低的特点，适用于线性工程以及室外大场景中三维数据的定期、长期测量与分析，其技术不足是系统误差相对较大。典型倾斜摄影设备的主要技术参数如表 3-4 所示。

典型倾斜摄影设备主要技术指标

表 3–4

| 型号 | 睿铂 D2 | 睿铂 DG3 | 华测 HCC5020 | 哈瓦 5POPCIV | 哈瓦 5POPC Ⅲ | 飞马 V-OP100 |
|---|---|---|---|---|---|---|
| 相机数量 | 5 | 5 | 5 | 5 | 5 | 4 |
| 传感器尺寸（mm） | 23.5 × 15.6 | 23.5 × 15.6 | 23.2 × 15.4 | 35.9 × 24 | 35.9 × 24 | 23.5 × 15.6 |
| 单相机像素点（百万） | 24 | 24 | 24 | — | — | 24 |
| 总像素点（亿） | 1.2 | 1.2 | 1.2 | 2.12 | 1 | 0.96 |
| 侧视镜头倾斜角（°） | 45 | 45 | 45 | 45 | 45 | 45 |
| 焦距（mm） | 20 / 35 | 28 / 40 | — | 35 | 35 | 35 |
| 存储器容量（G） | 5 × 64 | 5 × 128 | 5 × 32 | 640 | 320 | — |
| 总重量（g） | 840 | 650 | 1800 | 1800 | 1500 | — |

### 3.3.3 实景建模技术施工阶段主要用途和价值

在工程实践方面，实景建模技术适用于环境复杂、结构复杂工程的辅助建造过程，部分应用场景如下。

1. 辅助现场规划

在公路工程、桥梁工程的改扩建中，常常会遇到边施工、边通行的作业要求。这一要求对现场人员、材料、机械的高效管理均提出了极高的挑战。基于实景建模技术对现场周边的建筑、道路、人流和车流状况进行扫描与重建，通过将重建后的周边环境模型与设计 BIM 模型进行“虚实匹配”，能够辅助完成现场规划、施工组织规划、物流进场计划、施工进度计划等工作的编制与优化，如图 3-44 所示。

图 3–44 实景建模技术辅助现场规划

2. 辅助基坑挖填方量的计算

在基坑尤其是超大、超深基坑的施工中，实景建模技术可以用于基坑范围、基坑体积的快速扫描、重建、测量与计算。同时，在后处理软件的辅助下，实景建模技术还可以用于基坑中任意横断位置处的挖填方量的测量与计算，如图 3-45 所示。此外，在基坑挖方和强夯过程中，实景建模技术还能够用于超挖、欠挖、土方夯实度的测量与分析。

图 3-45　实景建模技术辅助基坑挖填方量计算

3. 辅助设计验证

实景建模技术可以对既有环境、既有工程实体进行扫描与重建。同时，通过将重建后的三维模型与设计 BIM 模型进行“虚实匹配”，能够对设计方案的可施工性进行辅助验证，如图 3-46 所示。

图 3-46　实景建模技术负责现场环境施工和预测

4. 施工过程中的结构变形监测

随着施工过程的进行，建筑物的负荷也逐渐增加，加上地质因素的影响，施工过程中会出现结构的位移、变形与沉降现象。基于实景建模技术，每间隔一定时间对现场进行扫描与重建，通过将历次扫描与重建的数据和初始数据进行比对，能够实现对施工过程中的结构变形进行监测，如图 3-47 所示。

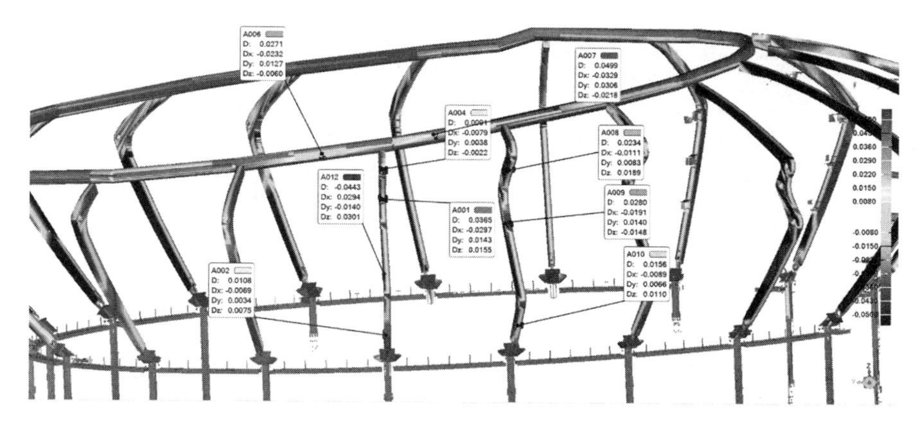


图 3–47　实景建模技术辅助结构变形监测

5. 工程质量的动态管理

实景建模技术有助于实现工程质量的动态管理。工程技术人员在后处理软件的辅助下，能够完成实际施工状况和设计图纸之间的对比分析，如图 3-48 所示。简化了“先测量、再对照设计图纸、最后进行误差分析”这一较为烦冗的施工质量管理方式。精简了工程技术人员的现场工作量和工作强度的同时，显著提升了施工质量管理中的自动化程度。

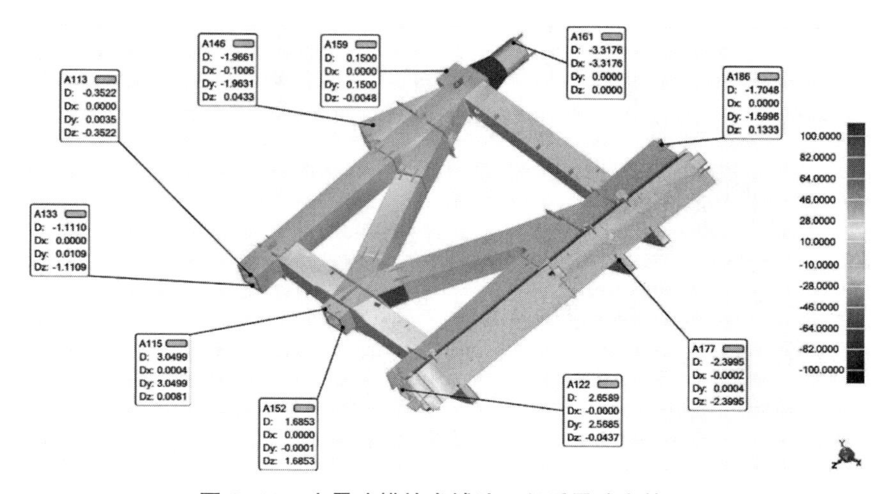


图 3–48　实景建模技术辅助工程质量动态管理

6. 施工数据的采集与竣工 BIM 模型的辅助创建

针对施工过程中的每个施工节点，工程技术人员基于实景建模技术对现场状态进行扫描与重建。扫描与重建后的三维模型有助于指导、辅助完成施工 BIM 模型的持续更新与最终竣工 BIM 模型的辅助创建，如图 3-49 所示。

图 3–49　实景建模技术辅助施工数据采集与竣工 BIM 模型辅助创建

## 3.4　3D 打印技术

### 3.4.1　3D 打印技术基本概念与发展历程

3D 打印技术是指通过连续的物理层叠加，即逐层增加材料的方式来生成三维实体材料的制造或加工技术。与传统的以材料去除为特征的材料制造或加工技术（减材制造）不同，3D 打印技术也被称为增材制造技术（Additive Manufacturing，AM）。依据美国材料与试验协会（ASTM）在 2009 年公布的定义：3D 打印技术是一种与传统的材料去除加工方法相反的、基于三维数字模型的、采用逐层制造的方式将材料结合起来的工艺。

作为一种全新的综合性应用技术，3D 打印技术综合了数字建模技术、机电控制技术、材料科学与化学等诸多领域的前沿研究成果，具有很高的科技含量。

建筑 3D 打印技术始于 1997 年美国学者 Joseph Pegna 提出的一种以混凝土材料为主逐层叠加、选择性凝固、构件自由形态塑造为特征的新型建造方法。发展至今已经形成了如下两类相对成熟的建筑 3D 打印技术形式：即美国的“轮廓工艺”技术（Contour Crafting）、意大利的“D-Shape”技术。

我国的 3D 打印技术研究与应用始于 20 世纪 90 年代，1995 年我国工程技术人员研发出了第一台 AES 激光快速成型打印机。自 2010 年以来，3D 打印技术开始全面进入工业、制造业、医疗卫生、航空航天等领域。在建筑领域，2014 年，我国工程技术人员首次实现了房屋构件的 3D 打印，并采用装配式的方式建造了 10 间 3D 打印房子。2015 年，采用分块打印墙体构件的方式，装配完成了一栋 6 层居民楼。

### 3.4.2　建筑 3D 打印技术分类与特点

1. 美国的“轮廓工艺”技术

“轮廓工艺”技术最早由南加利福尼亚大学的 Khosnevis 教授于 2004 年提出。发展至今已经成为一种主流的建筑 3D 打印技术。“轮廓工艺”技术的特色在于：通过定制化的设计，实现了复杂建筑造型中的整个结构以及附属构件的自动化建造，如图 3-50 所示。同时，“轮廓工艺”技术通过计算机控制，将材料的输送和使用集成到一个系统中，实现了各种结构实体的直接、快速成型。“轮廓工艺”技术的机械原理是：通过桥式行车来实现 $x$ 方向的运动；通过横梁来实现 $y$ 方向的运动；通过打印设备上部的打印杆来实现 $z$ 方向的运动。同时，依靠打印头自身的伸缩和转动，实现喷头的局部微运动。

图 3–50　“轮廓工艺”技术示意图

在运行状态下，喷头像挤牙膏一样，在指定位置处喷出一圈半流体的混凝土材料。同时，喷头上附带的可以多角度旋转的泥刀对打印出的结构进行表面修整，以达到光滑、精确的打印效果，如图 3-51 所示。此外，在打印过程中，“轮廓工艺”技术会依据设计图纸，自动预留门、窗的位置。同时，通过计算机可以合理地控制材料的挤出速度、模板的填充速度、材料的固化速度以及材料强度的发展速度以实现最佳的 3D 打印效果，如图 3-52 所示。

图 3-51 “轮廓工艺”技术的打印头

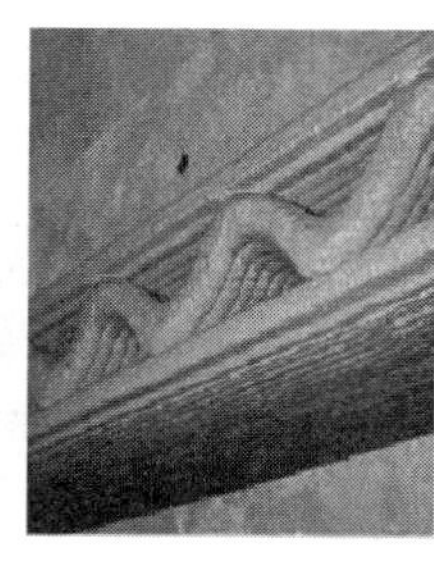

图 3-52 “轮廓工艺”技术打印出的构件

“轮廓工艺”技术也存在一些技术不足：如打印效果与沉积材料的承载力之间是一对矛盾。同时，在多层打印时，层与层之间的粘结强度较低，限制了构件的打印尺寸、高度以及几何自由度，还容易出现影响材料性能的施工冷缝问题。此外，“轮廓工艺”技术的打印精度依赖于后处理环节（即泥刀修整）。目前，“轮廓工艺”技术被广泛应用于以混凝土材料为主的建筑 3D 打印领域。

2. 意大利的“D-Shape”技术

2012 年，意大利的 Enrico Dini 等学者发明了一种面向大型建筑的 3D 打印技术——“粘结沉淀成型工艺”，并开发出了配套的建筑 3D 打印装备“D-Shape”。其外形为一个巨大的铝桁架结构，中部是打印头。“D-Shape”上装配有数百个喷头，采用镁基胶粘剂将建筑材料打印出来并粘结在一起，以形成类似石材的结构体。整个结构质量非常小，而且容易被拆卸、运输和组装，如图 3-53 所示。

图 3-53 “D-Shape”示意图

相对于在现场装配构件的建造方式，“D-Shape”可以在现场直接打印出完整的建筑结构。“D-Shape”由计算机进行控制。工作时，“D-Shape”在电机的驱动下，沿着水平横梁和 4 根垂直柱往复移动，喷头可以横跨整个打印区域。在打印过程中，胶粘剂以滴液的形式喷射到放置在成型工作台顶部的粉末材料层上（即待打印结构的二维横断面上）。随后，逐步粘结每一层的粉末材料。如此循环往复，完成整个三维实体的打印。

“D-Shape”技术尤其适合打印具有中空孔洞和悬挑等特征的复杂结构。其主要技术优点在于：具有较高的打印分辨率，可以获得良好的表面光洁度；同时，打印出的材料的强度较高，尺寸也较大。“D-Shape”的技术不足在于：设备整体占地面积较大；现场应用时，打印效果容易受天气影响；此外，摊铺材料以及移除未使用的材料的工作量也很大。

“D-Shape”技术建造出的实体的质地类似于大理石，具有比混凝土更高的强度。目前，研究人员正在尝试在结构中插入钢筋以提高结构的整体性能。

3. 中国建筑股份有限公司的“混凝土 3D 打印技术”

2015 年，中国建筑股份有限公司技术中心研发了水泥基建筑 3D 打印混凝土，对打印材料的流动性、粘聚性和打印堆叠高度等方面进行了优化改进。该技术采用普通硅酸盐水泥和硫铝酸盐水泥作为主要凝胶材料来制备建筑 3D 打印材料，取材方便、经济。材料凝结时间可以依据打印工艺灵活控制且调整范围大、材料的早期强度高。通过打印机挤压成型，2h 内即可以达到 10 ~ 20MPa 的抗压强度，3d 可以达到 40 ~ 50MPa，28d 抗压强度可达到 50 ~ 60MPa，能满足 3D 打印建筑对承重墙、柱的强度要求。

同时，中国建筑股份有限公司技术中心开发制造了适用于水泥基建筑材料的打印架、配套泵送装置、挤出装置、控制系统以及相应的打印工艺，实现了异形建筑打印机挤出料宽和料高的协同控制，如图 3-54 所示。

**图 3-54　中国建筑股份有限公司的“混凝土 3D 打印技术”**

4. 河南太空灰三维建筑科技有限公司的建筑 3D 打印技术

河南太空灰三维建筑科技有限公司开发的建筑 3D 打印技术，能整体打印建筑，并能打印穹顶、曲面等复杂造型。打印设备最大的尺寸为 50m × 15m × 15m（长、宽、高）。采用双喷头技术，具有多种口径喷头切换，可以随时调速。在打印材料方面，可以取用普通混凝土以及可以循环利用的支撑材料，并自主研发了配套的 3D 建筑打印程序，具备可以任意规划打印路径、实现柔性控制、实现断点精准续打、预览查看、模拟打印等功能，如图 3-55 所示。

### 3.4.3　建筑 3D 打印设备

建筑实体建造用 3D 打印机依据打印对象的不同可以分为建筑结构类 3D 打印机（图 3-56）、陶泥 3D 打印机（图 3-57）、抹墙 3D 打印机（图 3-58）等类型。

图 3-55　河南太空灰三维建筑科技有限公司的 3D 打印技术

图 3-56　建筑结构类 3D 打印机

图 3-57　陶泥 3D 打印机

图 3-58　抹墙 3D 打印机

1. 建筑结构类 3D 打印机

建筑结构类 3D 打印机由主体框架、控制系统、液晶显示屏以及控制软件等部分组成。可以打印水泥砂浆、混凝土、地聚合物等材料，一般具有三轴限位报警和抱闸功能。主体框架大多采用优质型材制作，稳定性强，主体框架上装有高刚度的直线运动模组，摩擦系数小、传动效率高、承载能力高、安全性能好。

建筑结构类 3D 打印机适用于梁、柱、楼板、墙体等建筑构件以及复杂异形构件的打印，典型建筑结构类 3D 打印机主要技术性能如表 3-5 所示。

典型建筑结构类 3D 打印机主要技术性能　　表 3-5

| 型号 | 华创智造（天津）科技有限公司 HC1009 |
|---|---|
| 适用材料 | 水泥砂浆、混凝土、聚合物等 |
| 最大打印尺寸（长 × 宽 × 高） | 8000mm × 4000mm × 4000mm |
| 平面打印速度 | 10 ~ 100mm/s |
| 垂直移动速度 | 10 ~ 50mm/s |
| 打印控制精度 | ± 0.5mm |
| 打印喷头直径 | 20、30、40、50mm |
| 支持的文件格式 | G-code |

2. 陶泥 3D 打印机

陶泥 3D 打印机用于陶泥制品的 3D 快速成型制作。由打印机主体框架、液晶显示屏以及控制软件等部分组成，机身小巧、性能稳定、操作简单。利用空气压力挤压出陶泥材料，稳定性好、即停即走、无滞后和延迟，因此打印稳定、连续、挤出均匀、无断泥且强度高。主体框架大多采用钢板烤漆制作，框架上安装高硬度处理光轴作为 $x$ 轴移动部件，具有高刚度、互换性好、自动调心、摩擦系数小、传动效率高等特点。

陶泥 3D 打印机可以用于测试陶泥材料的打印性能以及陶泥制品的设计、打印和个性化定制，典型设备的技术性能如表 3-6 所示。

**典型陶泥 3D 打印机主要技术性能**　　表 3–6

| 型号 | 华创智造（天津）科技有限公司 HC1006 |
|---|---|
| 适用材料 | 陶泥 |
| 最大打印尺寸（长 × 宽 × 高） | 280mm × 200mm × 200mm |
| 平面打印速度 | 1 ~ 5cm/s |
| 垂直移动速度 | 0.3 ~ 1.5mm/ 层 |
| 打印控制精度 | ± 0.1mm |
| 打印喷头直径 | 1.2mm |
| 支持的文件格式 | G-code |

3. 抹墙 3D 打印机

抹墙 3D 打印机由主体框架、爬升机构、挂浆抹平结构以及控制系统等部分组成，可以方便、快速地进行各类室内墙体的自动挂浆、抹平以及压光。可以采用水泥砂浆、干粉砂浆、保温砂浆作为打印材料。无需搭设脚手架，能够实现打靶找平，无死角、无裂缝、不受场地高度的限制。同时，打印过程中带有提浆功能，因此施工涂抹均匀、成品质量高。抹墙 3D 打印机大多附带自动探测技术，能够使得施工面垂直度、平整度的精度更高。

抹墙 3D 打印机主要用于大面积墙体喷涂作业，尤其广泛应用于房屋内外的装饰装修、水泥墙、砖混墙、空心墙、轻体砖墙、免烧砖墙等墙体结构的打印，典型设备的技术性能如表 3-7 所示。

**典型抹墙 3D 打印机主要技术性能**　　表 3–7

| 型号 | 华创智造（天津）科技有限公司 HC1005 |
|---|---|
| 适用材料 | 水泥砂浆、干粉砂浆、保温砂浆 |
| 设备尺寸（长 × 宽 × 高） | 1000mm × 650mm × 550mm |
| 电压 | 220V |
| 抹墙高度 | 3.6m |

续表

| | |
|---|---|
| 抹墙厚度 | 5 ~ 30m |
| 工作效率 | 50 ~ 60m²/h |
| 功率 | 2.2kV |
| 重量 | 140kg（不含支架） |

### 3.4.4 3D 打印技术施工阶段主要用途和价值

在施工阶段，建筑 3D 打印技术主要应用在建筑结构、装饰等的异形构件打印，经拆分后的装配式模块打印以及整体式建筑打印上。建筑 3D 打印技术与传统的建筑技术相比，在施工自由度、个性化创造、原材料利用率、节省工时人力等多方面具有优势。目前，建筑 3D 打印技术仍然处于研发和技术探索阶段，在打印材料、打印方式、打印设备、结构体系、设计方法、施工工艺和标准体系方面仍然存在着一系列的问题。现在已经能够打印出一些建筑构件以及一些结构、形式简单的建筑。在实际工程中更广泛的应用还需要不断探究和摸索。

1. 建筑构件的 3D 打印

目前，建筑 3D 打印技术在建筑构件的打印上研究和应用较为充分。GRC（玻璃纤维增强混凝土）、SRC（钢骨混凝土构件）等高档建筑装饰构件其造型复杂，采用传统的制造方式成本较高。建筑 3D 打印技术不需要模具，可以直接打印异形构件。因此，可以用于 GRC、SRC 等高档建筑装饰构件的快速打印。

2. 异形构件的 3D 打印

公园和社区公共区域常常会摆放一些雕塑小品，这些雕塑小品外形新颖、充满创意。但从建造的角度来说，技术难度较大。一方面其建造成本高，另一方面在建造过程中无法做到成型实体与设计图纸完全一致。采用建筑 3D 打印技术可以实现异形构件的精准打印，既降低成本，又可以实现设计数据的无损传递，使最终的成型实体与设计图纸完全一致。

3. 简单造型建筑的 3D 打印

针对一些造型简单的建筑，如景观亭、城市卫生间等一系列公共设施上，可以采用建筑 3D 打印技术，发挥快速建造、绿色环保的优势，还可以在地震、台风、泥石流、海啸等自然灾害发生后快速地进行灾后的安置与重建工作，在最短的时间内修建起大量的灾后用房，提高灾民的生活品质。

4. 拆分模块的 3D 打印

对装配式建筑进行拆分，分模块打印建筑各组合部件，最后完成装配。在建筑 3D 打印技术的第一阶段，可以广泛应用于别墅建造等主要注重外形和品质，较少考虑成本的建筑，可以充分采用建筑 3D 打印技术的特点，打造出造型奇特和复杂的建筑，并在打印过程中不断改进技术、降低成本，推动其进一步发展。

5. 整体式建筑 3D 打印

未来，当建筑 3D 打印技术发展成熟时，可以对建筑进行整体式、全尺寸打印。我国农村住宅多为 2 ~ 3 层的多层自建住宅，成本高且设计、施工均不规范，抵抗地震等灾害的能力较差。如果建筑 3D 打印技术能够做到降低成本，采用软件工程学的方法将设计规范和施工标准与建筑 3D 打印技术进行融合，能够在农村地区得到迅速推广，这对我国的新型城镇化建设和农村地区的发展将起到不可估量的作用。

## 3.5　移动通信技术（移动端应用）

### 3.5.1　移动通信技术基本概念与发展历程

移动通信相对于有线通信，支持通信的双方或至少一方在移动中的信息传输和交换技术，表现为终端的移动性、业务的移动性及个人身份的移动性，是现代通信的重要技术手段。移动通信基于无线通信网技术，随着无线通信技术信号强度上升到 800MHz，实现了第一代移动通信系统（1G）的产生。现阶段，无线通信技术已经开始向 5G 技术迈进，5G 技术在功效和实用性上实现了质的飞跃，将进一步改变我们的生活（表 3-8）。

移动通信系统的发展历程及趋势　　表 3–8

| 名称 | 1G | 2G | 3G | 4G | 5G |
|---|---|---|---|---|---|
| 特点 | 模拟通信：模拟调制技术、小区制、硬切换、网络规划 | 数字通信：数字调制技术、数据压缩、软切换、差错控制、短信息、高质量语音业务 | 多媒体业务：分组数据业务、动态无线资源管理 | 无处不在的业务环境：随时随地的无线接入、无缝业务提供、网络融合与重用、多媒体终端、基于全 IP 核心网 | 高可靠体验：超高清视频、车联网 & 工业 4.0 时代、物联网、海量连接 |
| 标准 | AMPS<br>TACS<br>NMT-450<br>NTT | GSM<br>IS-136/CDPD<br>PDC<br>IS-95A | WCDMA<br>TD-SCDMA<br>CDMA2000 | IMT-Advanced<br>3GPP LTE<br>3GPP3 AIE | eMBB<br>URLLC<br>mMTC |
| 速度 | — | 9.6 ~ 14.4kb/s | 0.14 ~ 0.6Mb/s | 1.5 ~ 100Mb/s | 可达 10Gb/s |

移动通信技术的应用范围主要包括：移动互联网、移动多媒体和物联网技术。移动互联网是移动通信和互联网融合的产物；移动多媒体是计算机技术与视频、音频和通信等技术融为一体形成的新技术或新产品；移动通信与物联网之间相互包含、交互作用，是物联网技术的核心承载网。

1. 移动互联网

移动互联网是移动通信和互联网融合的产物，是互联网的技术、平台、商业模式应用等与移动通信技术结合并实践的活动的总称。近年来，移动通信和互联网作为发展速度最快、市场潜力最大、前景最为广阔的两大业务，增长速度远超想象。经济与社会的发展要求互联网能在任何时间、任何地点、以任何方式提供网络服务，诞生于21世纪初的移动互联网能在移动过程中接入互联网，便于移动用户随时随地获取信息。其基本组成要素包括移动终端、移动接入网、公众互联网业务（图3-59）。

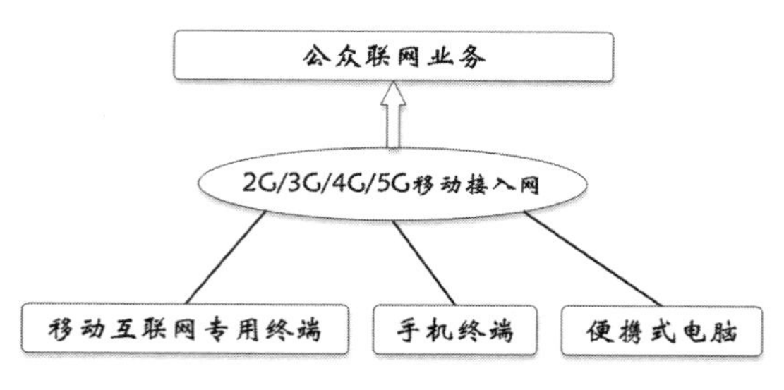


图 3–59　移动互联网的三个基本要素

移动互联网的主要应用范围为：移动环境的网页浏览、位置服务、在线游戏、视频播放和信息下载等。

2. 移动多媒体

移动多媒体是一种可便携式移动的设备，该设备是计算机和视频技术的融合，是使两种或两种以上的媒体进行的一种人机交互信息交流和传播的媒介。媒体在计算机科学中有两方面含义：一是指信息的物理载体，如磁盘、光盘、U盘等；二是指信息的存在和表现形式，如文字、音频、视频等。多媒体中的媒体指后者。通常，把多媒体看作先进的计算机技术与视频、音频和通信等技术融为一体形成的新技术或新产品。

国际电报电话咨询委员会（CCITT）对媒体的分类如表3-9所示。

媒体的分类　表 3–9

| 序号 | 类型 | 含义 | 应用案例 |
|---|---|---|---|
| 1 | 感觉媒体 | 直接作用于人的感官，产生感觉（视、听、嗅、味、触觉）的媒体称为感觉媒体 | 语音、音乐、图形、图像、动画、数据、文字、文件等 |
| 2 | 表示媒体 | 为了对感觉媒体进行有效的传输，以便于进行加工和处理而人为地构造出的一种媒体称为表示媒体 | 语言编码、静止图像编码、运动图像编码、文本编码等 |
| 3 | 显示媒体 | 显示媒体是显示感觉媒体的设备，分两类：一类是输入媒体，另一类为输出媒体 | 输入媒体如话筒、DC、DV、光笔、键盘等；输出媒体如扬声器、显示器、打印机等 |
| 4 | 传输媒体 | 传输媒体是指传输信号的物理载体 | 双绞线、同轴电缆、光纤等 |
| 5 | 存储媒体 | 它是用于存储表示媒体，即存放感觉媒体数字化后的代码的媒体 | U盘、光盘等 |

3. 物联网技术

物联网是通过各种信息传感设备及系统（如传感网、RFID 系统、红外感应器、激光扫描器等）、条码与二维码、GPS，按约定的通信协议，将“物—物”“人—物”“人—人”连接起来，通过各种接入网、互联网进行信息交换，以实现智能化识别、定位、跟踪、监控和管理的一种信息网络。物联网技术涵盖了从信息采集、传输、存储、处理直至应用的全过程。通常，将实现物联网的关键技术归纳为感知技术、网络通信技术、数据融合与智能技术、云计算等。

物联网是关于“人—物”“物—物”广泛互联，实现人与客观世界信息交互的网络；传感网是利用传感器作为节点，以专门的无线通信协议实现物品间连接的自组织网络；泛在网是面向泛在应用的各种异构网络的集合，强调跨网之间的互联互通和数据融合 / 聚类与应用；互联网是通过 TCP/IP 协议将异种计算机网络连接起来实现资源共享的网络，实现“人—人”之间的通信。物联网与传感网、泛在网、互联网及其他网络间的关系如图 3-60 所示。

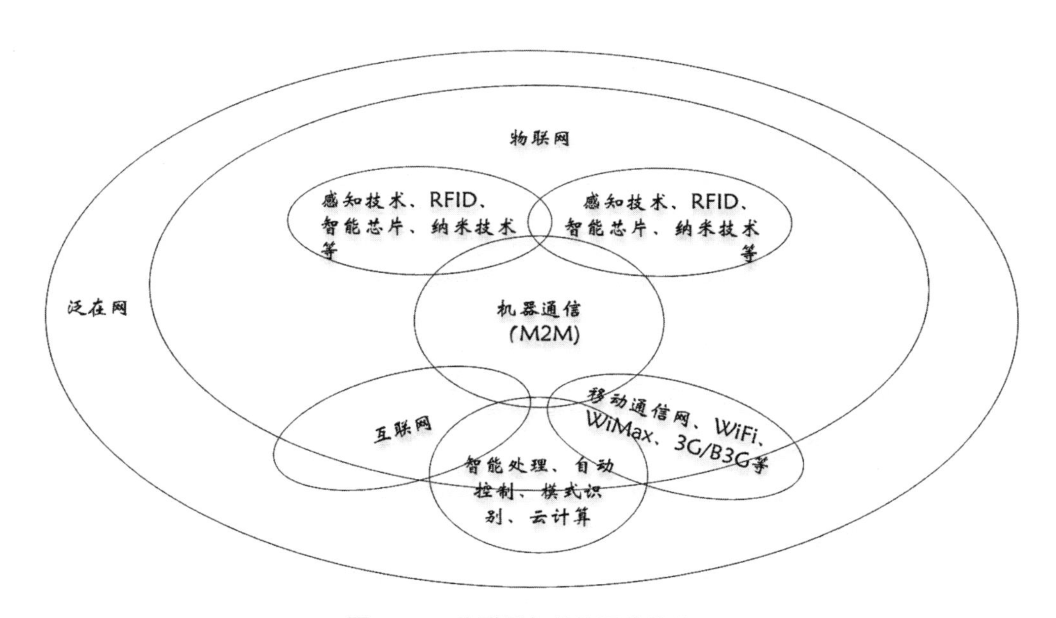


图 3–60　物联网与其他网络的关系

### 3.5.2　移动通信技术分类和特点

移动通信技术的分类和特点如表 3-10 所示。

**移动通信技术的分类和特点** 表 3–10

| 序号 | 技术类型 | 技术特点 | 主要应用范围 |
|---|---|---|---|
| 1 | 第一代移动通信技术（1G） | 第一代移动通信技术（1G）是仅限于语音的蜂窝式模拟移动通信技术，缺点很多，不能长途漫游，只能在区域内进行通信，不能提供数据业务，容量很小，语音的质量也不高 | 区域语音通信 |
| 2 | 第二代移动通信技术（2G） | 第二代移动通信技术（GSM）是蜂窝数字移动通信，它是 Global System for Mobile Communication 的简称，较之前的通信方式，蜂窝系统具有数字传输所能提供的综合业务等优点 | 语音通信和短信等 |
| 3 | 第三代移动通信技术（3G） | 第三代移动通信技术（3G）除了能拥有之前移动通信系统所拥有的功能外，在语音质量和数据速度上有了很大提升。它还提供了宽带和多媒体业务，在全球漫游功能方面也更加流畅 | 语音通信、短信和互联网接入等 |
| 4 | 第四代移动通信技术（4G） | 第四代移动通信系统（4G）是第四代移动通信及其技术的简称，是集 3G 与 WLAN 于一体并能够传输高质量视频图像且图像传输质量与高清晰度电视不相上下的技术产品。4G 系统能以 100Mbps 的速度下载，上传的速度也能达到 20Mbps，并能够满足几乎所有用户对于无线服务的要求 | 语音通信、短信、互联网接入和视频等 |
| 5 | 第五代移动通信技术（5G） | 第五代移动通信系统（5G），即第五代通信技术。国际电联将 5G 应用场景划分为移动互联网和物联网两大类。5G 呈现出低时延、高可靠、低功耗的特点，已经不再是一个单一的无线接入技术，而是多种新型无线接入技术和现有无线接入技术（4G 后向演进技术）集成后的解决方案总称 | 语音通信、短信、互联网接入、超高清视频和智能家居等 |
| 6 | 集群通信技术 | 集群通信系统是按照动态信道指配的方式实现多用户共享多信道的无线电移动通信系统。该系统一般由终端设备、基站和中心控制站等组成，具有调度、群呼、优先呼、虚拟专用网、漫游等功能 | 为多个部门、单位等集团用户提供的专用指挥调度等通信业务 |
| 7 | 蓝牙通信技术 | 蓝牙（bluetooth）技术是一种短距离无线通信技术，它以 IEEE802.11 标准为基础，采用分散式网络结构以及快跳频和短包技术，支持“点—点”“点—多点”通信，主要目的是取代电缆连接。蓝牙技术实质上是将通信技术与计算机技术结合起来，建立通用的无线接口。这样，3C（computer、communication、control）设备不用电缆连接就能实现近距离无线通信。由于蓝牙技术具有调频快、数据包短、功率低等特点，因此，抗干扰能力强、辐射小，能实现网络中各种数据的无缝链接。其正常使用范围为 100mm ~ 10m，增大发射功率可达到 100m | 无线数码产品如数码相机（DC）、个人数字助理（PDA）、手机，图像处理设备如打印机、扫描仪，安全防范产品如智能卡、身份识别、安全检查，娱乐消费产品如耳机、MP3、MP4，家用电器如电视、音响、空调，以及医疗、玩具等都可以采用该技术 |
| 8 | 超宽带（UWB）技术 | 超宽带技术（Ultra Wide Band，UWB）技术是一种新型的无线通信技术。它通过对具有很陡上升和下降时间的冲激脉冲进行直接调制，使信号具有 GHz 量级的带宽。超宽带技术解决了困扰传统无线技术多年的有关传播方面的重大难题，它具有对信道衰落不敏感、发射信号功率谱密度低、低截获能力、系统复杂度低、能提供数厘米的定位精度等优点 | 个人空间通信、高速 WLAN、安全检测、位置测定等，其优势主要体现于 10m 左右的覆盖区域 |
| 9 | 紫蜂（ZigBee）技术 | ZigBee 国内译为“紫蜂”，是一种短距离、低功耗无线通信技术。其特点是近距离、低复杂度、自组织、低功耗、低数据速率。它主要用于低距离、低成本、低功耗、低复杂度，且传输速率不高的电子设备间双向无线通信，以及周期性数据、间歇性数据和低反应时间数据的传输，同时支持地理定位功能 | 数字家庭领域，应用于家庭的安全、控制、温度、照明等；工业领域，通过 ZigBee 网络自动收集相关场所的各种信息；智能交通，分布式 ZigBee 节点能向用户提供更精确、更具体的位置、方向信息 |

续表

| 序号 | 技术类型 | 技术特点 | 主要应用范围 |
|---|---|---|---|
| 10 | 射频识别（RFID）技术 | 射频识别（Radio Frequency Identification，RFID）技术，又称无线射频识别，是一种通信技术，可通过无线电信号识别特定目标并读写相关数据，而无需识别系统与特定目标之间建立机械或光学接触 | 门禁管理、校园一卡通、停车场管理、生产自动化等 |
| 11 | 近场通信（NFC）技术 | 近场通信（Near Field Communication，NFC），是一种短距离高频无线通信技术，使用了 NFC 技术的设备（比如手机）可以在彼此靠近的情况下进行数据交换，是由非接触式射频识别（RFID）及互连互通技术整合演变而来，通过在单一芯片上集成感应式读卡器、感应式卡片和点对点通信的功能，利用移动终端实现移动支付、电子票务、门禁、移动身份识别、防伪等应用 | 智能媒体、付款、购票和电子票证 |
| 12 | 无线保真（WiFi）技术 | WiFi 作为 IEEE802.11b 的别称，是一种可以将计算机、手机、PDA 等终端以无线方式相互连接的技术。实际上，WiFi 是 WLAN 联盟拥有的一个商标，仅保障使用该商标的商品互相间可以合作，目的是改善基于 IEEE802.11 标准的无线网络产品间的互通性，与标准本身没有关系。可以说，WiFi 既是一种商业认证，也是一种无线连接技术 | 网络媒体、掌上设备、日常休闲、客运列车和公共厕所 |
| 13 | 微波存取全球互通（WiMax） | WiMax 作为一项新兴的无线宽带接入技术，最初用于实现无线宽带接入，替代现有的电缆调制解调器（cable modem）和数字用户线（DSL）连接方式提供“最后 1km”的无线宽带接入。它不但全面兼容 WiFi，而且具有传输距离远、传输速率高、业务丰富多样、QoS 保障等优点。其主要功能为：形成一个可操作的全球统一标准；制定一套一致性测试和互操作测试规范；采用“系统轮廓”模式定义协议 | 固定应用场景、简单移动应用场景、便携应用场景、游牧应用场景和全移动应用场景 |
| 14 | 卫星移动通信 | 卫星移动通信利用空间卫星作为中继站，实现区域乃至全球范围的移动通信。作为微波通信向太空的延伸，卫星通信与光纤通信、数字微波通信一起成为远距离通信的支柱。其主要优点为：实现移动平台的“动中通”；提供多种业务，如话音、数据、定位和寻呼等，且通信传输延时短，无需回音抵消器；与地面蜂窝移动通信系统及其他通信系统相结合，组成全球覆盖无缝通信网；对用户的要求反应速度快，适用于应急通信和军事通信等领域。近年来，卫星移动通信已实现全球覆盖，通信业务延伸到海洋、陆地及空中 | 应急通信和军事通信等领域 |
| 15 | GPS 系统 | 利用 GPS 定位卫星，在全球范围内实时进行定位、导航的系统，称为全球卫星定位系统，简称 GPS。GPS 是由美国国防部研制建立的一种全方位、全天候、全时段、高精度的卫星导航系统，能为全球用户提供低成本、高精度的三维位置、速度和精确定时等导航信息，是卫星通信技术在导航领域的应用典范，它极大地提高了地球社会的信息化水平，有力地推动了数字经济的发展 | 陆地应用，如智能交通、资源勘探、工程测量、应急反应等；海洋应用，如船舶导航、航线测定、船只调度、水文测量等；航空航天应用，如飞机导航、导弹制导、低轨卫星定轨、遥感姿态控制等 |
| 16 | 北斗卫星导航系统（CNSS） | CNSS 是我国自主研发、独立运行的全球卫星定位与通信系统，是继美国 GPS、俄罗斯 GLONASS 之后第三个成熟的卫星导航系统，可在全球范围内全天候为各类用户提供高精度、高可靠性的定位、导航、授时服务，并具备短报文通信能力 | 军用领域应用，民用领域应用如个人位置服务、气象应用、交通管理、航空运输、应急救援和精密授时 |

### 3.5.3 移动通信技术施工阶段主要用途和价值

随着我国建筑业信息化的进步和飞速发展，移动通信技术在施工项目中的应用也越来越普遍，与移动互联网、移动多媒体和物联网技术深入融合，移动通信技术的应用场景紧紧围绕人、机、料、法、环等关键要素，提高了施工现场的生产效率、管理效率和决策能力，实现了信息化、精细化和智慧化的生产和管理。

1. 移动通信技术在施工中的具体应用场景

（1）劳务实名制管理

通过为施工现场工作人员发放劳务实名制卡等形式，利用成熟的计算机技术和移动通信技术将施工现场连接成为一个有机的整体，依托闸机、售饭机、手持机等硬件设备，实现持卡进场、考勤、就餐、洗浴、参加安全会议等功能（图 3-61）。

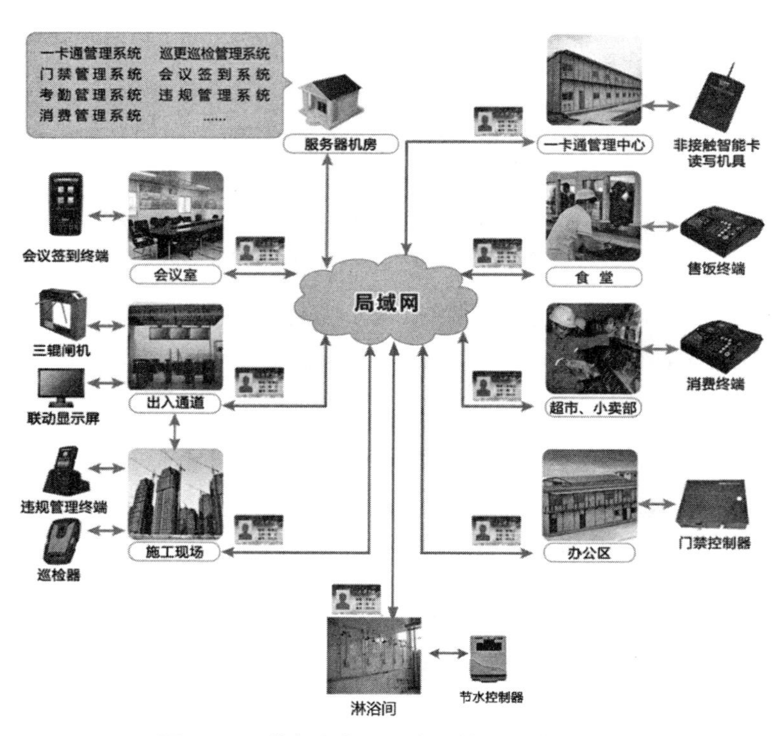


图 3-61 劳务实名制一卡通管理系统架构图

（2）安全教育管理

将工人的安全教育和利用无线 WiFi 结合起来，工人可以搜到项目部提供的无线 WiFi 网络信号，在上网前需要经过安全认证，回答关于安全的试题，通过认证后便可自由上网，在潜移默化中要求工人必须了解建筑施工中的安全知识，提高安全意识，进而达到减少安全事故的目的。

（3）人员定位管理

在劳务实名制管理的基础上，为真实掌握人员分布，了解现场作业监管重点，可利用移动通信技术中的 GPS 定位技术、ZigBee 技术、iBeacon 定位技术、RFID 人员定位技术、UWB 技术、WiFi 和 Bluetooth 技术等进行劳务人员的定位管理，记录劳务人员的行为轨迹及场内人员分布热点图，人员管理信息通过 4G 及无线网络传输，汇总至项目管理平台，平台中可查询当前进场人数、工种及所属单位、人员考勤情况、人员分布热点图，实现劳务人员的透明管理。几种智能定位系统的对比如表 3-11 所示。

**人员定位方案对比**　　表 3-11

| 技术名称 | 是否设置基站 | 定位精度 | 定位区域 | 成本测算 | 优缺点 | 应用场景 |
|---|---|---|---|---|---|---|
| GPS | 否 | 中 | 室外 | 低 | 室外环境中 GPS 基本能够满足人们的各种定位需求，切换至室内场景，GPS 在受到电磁波干扰或障碍物遮挡时，信号极度衰减甚至会出现反射、折射等物理现象，极大地降低 GPS 的定位性能 | 适用于对定位精度要求不高的室外大范围场景 |
| ZigBee | 是 | 高 | 室内外 | 高 | ZigBee 传输所需能量较少，具有低能耗特点；ZigBee 网络可同时进行数据传输，并支持多级路由，可将数据进行超远距离传输；JN5168 系列方案整合 TOF（空中飞行时间）+RSSI（信号强弱）双方案测距方式，精准定位 | 已被广泛应用于大型工厂、地下管廊、矿区以及车间，为人员在岗管理系统所采用 |
| iBeacon | 是 | 高 | 室内 | 中 | iBeacon 是蓝牙标准范围内的一种低功耗蓝牙技术，其工作原理与蓝牙技术相似，相较于传统的蓝牙技术，iBeacon 具有以下绝对优势：①无需配对；②范围更广；③速率功耗更加优化 | iBeacon 因其独特优势广泛应用于商场与博物馆等大型室内场景 |
| RFID | 是 | 较高 | 室内 | 中 | 射频识别作用距离很近，但它可在几毫秒内得到厘米级定位精度的信息，而且标识的体积较小，造价较低；射频识别不具有通信能力，抗干扰能力差，不便于整合到其他系统中；用户的安全隐私保障和国际标准化都不够完善 | 适用于仓库、工厂、商场货物、商品流转定位 |
| UWB | 是 | 高 | 室内 | 高 | 超宽带技术具有 GHz 量级的宽带，因此穿透力强、抗干扰效果好、安全性高、系统复杂度低、能提供精确定位精度，前景广阔；新加入的盲节点需要主动通信使得功耗较高，而且事先也需要布局，使得成本较高 | 可用于各个领域的室内精确定位和导航，包括人和大型物品，如地下车库停车导航、矿井人员定位、贵重物品仓储等 |
| WiFi | 是 | 较高 | 室内外 | 高 | WiFi 定位可以实现复杂的大范围定位，但精度只能维持在米级（1 ~ 10m），无法做到精准定位；定位系统可与其他客户共享网络，但受 WiFi 通信距离的限制，基站布点较多，成本增加 | 目前在监狱、医院、车间工厂等都有较大应用 |
| Bluetooth | 是 | 较高 | 室内 | 高 | 蓝牙定位技术最大的优点是设备体积小、短距离、低功耗，容易集成在手机等移动设备中。只要设备的蓝牙功能开启，就能对其进行定位；蓝牙传输不受视距的影响，但易受干扰且蓝牙器件和设备的价格比较昂贵 | 应用于对人的小范围定位，如单层大厅或商店 |

（4）现场协同办公

现场通过建立 OA 协同办公管理系统，运用移动通信和移动互联网技术，改变项目传统的办公方式，提高项目协同办公的效率。项目 OA 协同办公管理软件解决项目的日常管理规范化、增加项目的可控性、提高项目运转的效率等基本问题，范围涉及日常行政管理、各种事项的审批、办公资源的管理、多人多部门的协同办公，以及各种信息的沟通与传递。同时，通过手机 APP 或小程序的信息同步，可以做到随时随地办公，随时随地传输数据，使得管理更加精细，更加贴近现场（图 3-62）。

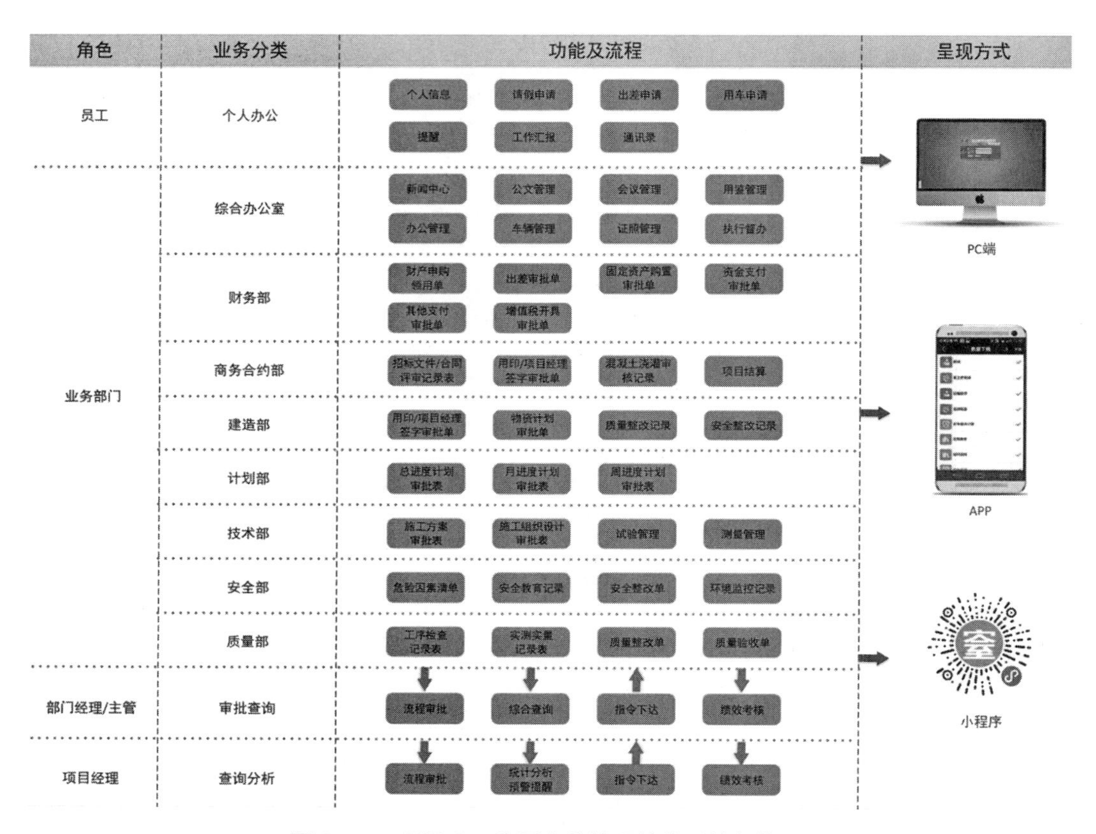


图 3-62　项目 OA 协同办公管理软件系统架构图

（5）施工现场管理移动端

项目施工现场管理可采用移动终端 APP，实时采集项目施工现场质量、安全、进度、技术、设备和材料等管理数据。通过实时上传、本地存储和接口共享实现业务工作的移动化办理、施工现场管理数据的实时采集、施工现场管控因素的智能识别和自动化管理，如图 3-63 所示。涉及质量、安全、进度、技术、设备、材料，便于现场管理人员实时联动，高效、快捷地完成工作，实施内容如表 3-12 所示。

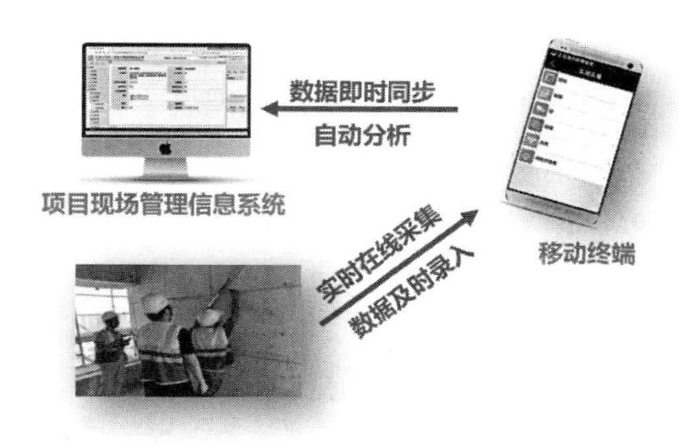


图 3-63　施工现场管理移动端系统架构图

施工现场管理移动端主要实施内容　表 3-12

| 序号 | 板块 | 主要功能 | 实施要点 |
|---|---|---|---|
| 1 | 质量检查 | 质量周工作安排、质量检查监督（原材料半成品验收与复试、工序检查、实测实量和质量整改）、质量样板引路和质量验收等 | 项目质量管理人员利用移动端完成“发现质量问题—指派—整改—销项”的质量检查工作，提高现场检查和整改的效率，收集的质量整改数据上传至数据库，通过统计分析得出质量问题的影响因素，给予管理人员重点关注部位及关键工序的提醒，提前制定或调整质量预防措施，合理组织施工，避免返工，将原先的“事后整改”逐步转变为“事前预防” |
| 2 | 安全检查 | 安全周工作安排、安全策划、项目安全检查、安全教育、安全技术交底、危险工程管理和环境监控 | 项目安全管理人员利用移动端完成“发现安全隐患—指派—整改—复查”的安全检查工作，收集的安全隐患整改数据上传至安全问题数据库，通过统计分析得出重大危险源清单，提前制定或调整安全预防措施，及时将危险因素消除，提高现场检查和整改的效率 |
| 3 | 进度管理 | 周进度计划、周工作安排、计划与资源、整改落实、模板工程、钢筋工程、混凝土工程等 | 应用项目施工现场管理系统，根据项目人员与岗位匹配、项目分区分段设置，系统自动带入对应的工作内容并智能分配各岗位人员的周工作内容，通过计划自动派生为主线，串联各岗位日常工作，提升工作关联性。现场管理人员使用移动 APP 对任务的实际开始与实际完成时间进行录入，录入时间与进度计划不符时，实时预警 |
| 4 | 设备管理 | 设备周工作安排、设备需用计划、起重运输设备管理、安全技术交底、安全整改回复、安全教育、人员管理和合同管理等 | 项目机管员采用移动端进行设备基础验收、设备进场 / 退场记录、设备安装验收、设备附着验收、设备自检、设备维保、安全技术交底等信息的录入，采用二维码的方式，管理设备运行、检修状况。施工人员可以现场扫描添加记录，取代传统纸制录入方式，更加方便、快捷。后台统一集中管理，管理人员可以远程查看设备状态，加强设备监控，确保施工安全 |
| 5 | 技术管理 | 技术管理（周工作安排、技术策划、图纸管理、施工组织设计、施工方案、深化设计和技术协调）、试验管理、测量管理和工程资料管理等 | 项目技术管理人员对项目进行现场检查，登录现场管理 APP，对分包施工组织设计（方案）执行情况、施工方案执行情况、设计协调问题等进行信息录入，选择巡检部位，拍照记录检查情况。其中，对不符合标准的检查项要视危险严重情况来决定是否发整改，并填写发整改基本信息，工长可在现场实时收到整改通知单，并在整改完成后通过现场管理 APP 进行回复 |
| 6 | 材料管理 | 材料周工作安排、进场管理、签收管理、材料试验、材料盘点和废旧物资处理等 | 现场管理人员通过移动端对现场物资进行全面管理，及时记录采购物资的收料情况和耗用情况，并将相关信息实时同步到项目协同管理平台；记录租赁物资的进场情况和退场情况，同时系统随时自动统计生成物资收发存汇总表、物资收发存明细表、物资收发存台账记录、租赁周转材进出统计、物资损耗的统计和采购报表等 |

（6）工地智能广播

工地智能广播系统，安装在工人生活区和施工现场，是项目部和工人之间的信息传输通道，能够将需要公告的信号无阻碍地传送给工人，不受工人主动性的影响。系统由遥控寻呼话筒、调谐器、前置放大器、主备切换器、双通道功放、外置音响等组成（图 3-64）。

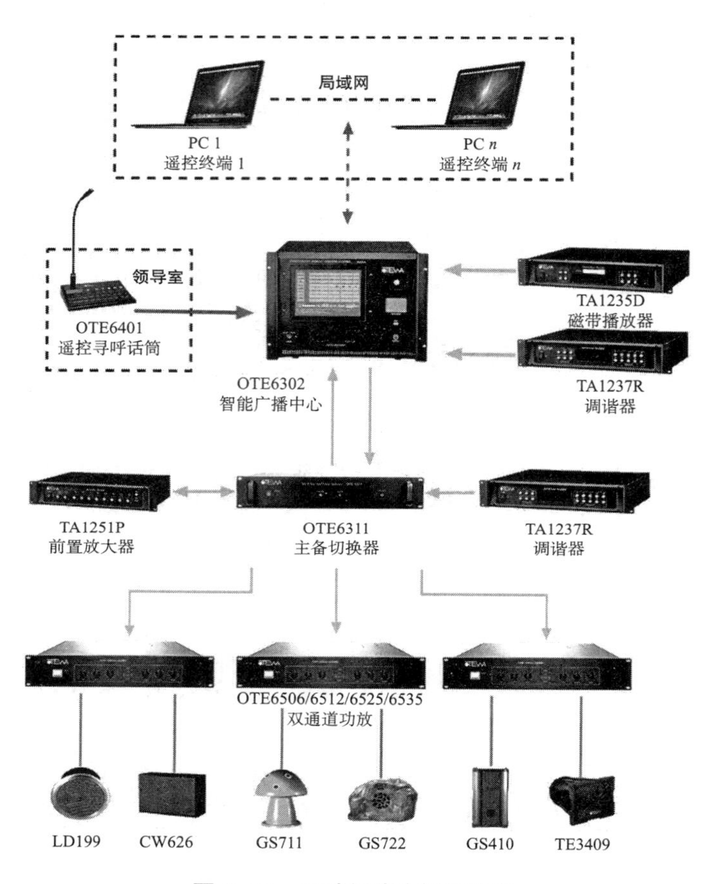


图 3-64　工地智能广播架构图

（7）物流式构配件管理

可采用 RFID 和二维码等技术，对施工的主要材料及设备进行物流式可追溯管理。项目的钢结构构件、机电设备、幕墙门窗和装配式构件等拥有唯一构件 ID，根据唯一的构件 ID 生成二维码，并将该编码与加工厂的 ERP 系统进行对照关联，在构件上粘贴二维码或 RFID 芯片后，可实时记录现场装配式构件的设计、加工、运输、安装的全过程；所形成的构件安装及验收记录上传至平台中，可通过扫码或射频感应设备在现场进行查看，也可以在平台系统中进行查询，确保工程主要构配件的物流式管理的质量的可追溯性。各类自动识别技术的参数对比如表 3-13 所示。

各类自动识别技术的参数对比　　表 3–13

| 技术参数 | 条形码 | 二维码 | 射频识别 | 磁卡 | 生物识别 |
|---|---|---|---|---|---|
| 信息载体 | 纸或物质表面 | 纸或物质表面 | RFID 卡 | 磁条 | 生物自身 |
| 信息量 | 大 | 大 | 大 | 较小 | 大 |
| 读写性 | 读 | 读 | 读 / 写 | 读 / 写 | 读 / 写 |
| 读取方式 | 光电转换 | 光电转换 | 无线通信 | 磁电转换 | 光电或磁电转换 |
| 保密性 | 好 | 好 | 好 | 一般 | 好 |
| 抗环境污染能力 | 较强 | 较强 | 较强 | 较差 | 较强 |
| 抗干扰能力 | 较强 | 较强 | 一般 | 较差 | 较强 |
| 有效距离 | 0 ~ 0.5m | 0 ~ 0.5m | 0 ~ 2m（超高频） | 接触 | 约 0 ~ 0.5m |
| 使用寿命 | 较长 | 较长 | 长 | 短 | 长 |
| 基材价格 | 低 | 低 | 高 | 中 | 较高 |
| 扫描器价格 | 中 | 低 | 高 | 低 | 较高 |
| 优点 | 识读速度快；信息高密度比 | 手机扫描，无需其他设备 | 能在尘埃等环境下工作；非接触识读 | 录入效率高 | 安全性能强，高专业化 |
| 缺点 | 数据无法修改 | 读取速度慢 | 数据易篡改，相关设备价格高 | 需接触式识读 | 设备成本较高 |

2. 移动通信技术在建筑施工中的价值

（1）提升项目业务流程的速度

用信息化手段实现人力、资金、物料、信息资源的统一规划、管理、配置和协调，使信息技术与管理业务流程相互整合，使信息网络成为项目信息交流的载体，从而加快项目管理系统中的信息反馈速度和系统的反应速度，提高项目管理效率。

（2）实现合理、有效的监控，加强项目决策力度

对施工项目而言，移动通信技术和物联网技术相结合能够对项目施工的每一阶段进行有效的监控，不论是项目的进度、合同履行的程度，还是项目中人、机、料的使用成本，都可以通过信息技术进行实时的监督。

（3）突破时间和地点限制，实现了高效协同管理

采用移动通信技术，能实现任何人可以在任何时间、任何地方、以任何方式与任何人进行任何种类的通信，帮助项目解决跨组织、跨地点协作、沟通困难等问题，全面满足办公需求，提高业务管理效率。

（4）实现物资流、资金流、信息流、人员流的四流合一项目信息化

将项目施工生产各环节用信息技术进行及时信息处理，并在项目内部形成网络，做到项目人员流、资金流、物资流和信息流的集成科学管理，使项目组织整体、高效运行。

（5）提高项目智慧建造的水平

移动通信技术通过和互联网、物联网等结合，提供了实时交换信息的途径，摆脱

了数据交互过程中的空间和时间束缚的问题，促进了项目智慧建造的快速发展。

## 3.6 扩展现实技术

### 3.6.1 扩展现实技术基本概念与发展历程

扩展现实（eXtended Reality，XR），是一个总称术语，适用于所有计算机生成的环境，可以融合物理和虚拟世界，为用户创建身临其境的体验。目前，XR 包括虚拟现实（Visual Reality，VR）、增强现实（Augmented Reality，AR）和混合现实（Mixed Reality，MR）。

1. VR

VR 技术最早起源于 20 世纪 60 年代，通过三面显示屏来形成空间感，从而实现虚拟现实体验，碍于技术的限制，体积十分沉重。20 世纪 80 ~ 90 年代计算机和图形处理技术进步为虚拟现实的商业化奠定了基础（图 3-65）。

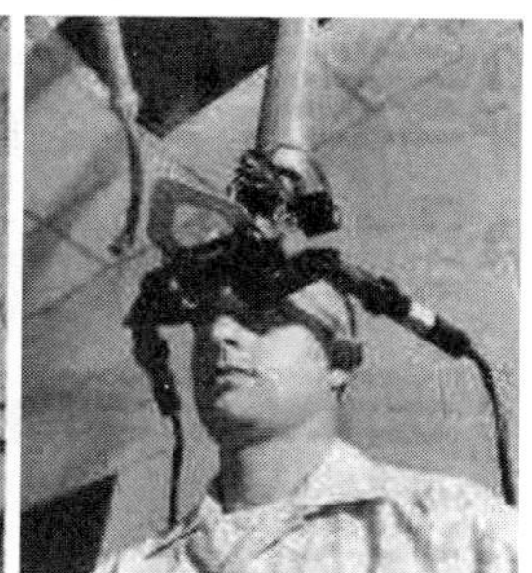

图 3–65 早期 VR 设备

互联网普及、计算能力、3D 建模等技术进步大幅提升了 VR 技术的体验，VR 商业化、平民化得以实现。硬件性能的跨越式提升和 3D 建模软件的发展等原有技术的快速提升带来了 VR 设备的轻量化、便捷化和精细化，从而大幅提升了 VR 设备的体验。

2. AR

AR 概念始于 1992 年，由波音公司的 Caudell 和 Mizell 首先提出，是一种实时地计算摄影机影像的位置及角度，并加上相应图像的技术。AR 技术将真实世界信息和虚拟世界信息集成，在屏幕上把虚拟世界套在现实世界并进行互动。AR 最早的应用，是帮助波音公司的工程师在制造飞机的时候更方便地安装电线。随后被运用于舞台表演、电视直播等。随着 AR 技术所依靠的轻量化显示设备、图形识别、空间定位等多种技术的发展，AR 技术在传媒、教育、娱乐、科技、医疗、工程领域均开始了不同的探索。

3. MR

MR 技术是 VR 技术的进一步发展，通过在现实场景呈现虚拟场景信息，在现实世界、虚拟世界和用户之间搭起一个交互反馈的信息回路，以增强用户体验的真实感。VR 是纯虚拟数字画面，而 MR 是数字化现实加上虚拟数字画面。MR 技术与 AR 技术更为接近，都是一半现实一半虚拟影像，但传统 AR 技术运用棱镜光学原理折射现实影像，视角不如 VR 技术视角大，清晰度也会受到影响。2015 年微软公司在 Windows 10 发布会上首次推出了 Hololens 第一代全息设备，这种设备能将真实世界和计算机产生的图像相结合，是 MR 技术的典型应用。2019 年 9 月微软公司正式发布 Hololens2。

### 3.6.2　VR 技术

VR 是一种可以创建和体验虚拟世界的计算机仿真系统，利用计算机生成一种模拟环境，通过多源信息融合、交互式的三维动态视景和实体行为的系统仿真，使用户沉浸到该环境中。代表设备有：HTC Vive，Oculus Rift，Playstation VR。

1. VR 技术的应用方式

（1）漫游式 VR

漫游式 VR 是一种不含触发、交互的 VR 体验。制作比较简单，可以直接使用 BIM 模型制作，主要用于方案选择、样板展示等。但需注意，由于目前 VR 现实设备的帧率问题，长时间佩戴使用 VR 设备会让人产生眩晕感，因此漫游应用需把控好时长及视角转向节奏。

（2）交互式 VR

交互式 VR 体验是情景化的 VR 体验，制作难度较高。场景建设过程中，需要将 BIM 模型通过特定接口进行转化，使之适应相关 VR 设计平台要求。然后制作成应用程序直接使用，主要用于培训、工艺模拟等。

（3）多人交互式协作 VR

多人交互 VR 体验是在交互式 VR 体验上的升级，分为多人 VR 交互（每个人都佩戴 VR 设备，在同一大场景中分别操作）和一带多形式（一人佩戴 VR 设备，其余人员通过屏幕观看）。多人 VR 交互需要 VR 设备数量多，对成本有一定要求，主要用于培训、工艺模拟等。

（4）VR 扩展应用

VR 在定制化解决方案模式下作为一种发展多年的沉浸式虚拟可视化呈现方式，有着较为成熟的软硬件和开发技术基础，同类的衍生功能接口也越来越丰富。在基础的可视化方面呈现出来的除了常见的全包式头盔，还有洞穴式投影、情景式大屏、移动端分镜等，而应用方面则可结合云技术、物联网、动作捕捉技术，在异地协同沟通、设备遥控、工艺机械臂等方面均有发展潜力。

例如，CAVE（洞穴式）虚拟现实系统是由 3 面以上（含 3 面）的高清 LED 显示屏或硬质投影墙组成的高度沉浸虚拟演示环境，配合六个自由度空间位置跟踪器。用户可以通过特制的 3D 眼镜在被显示墙包围的系统近距离接触虚拟三维物体，或者随意漫游“真实”的虚拟环境。让身处空间内的所有人都能够基于同一个 BIM 模型并产生沉浸式的视觉体验，在协同交流和展示方面有着极好的效果（图 3-66、图 3-67、表 3-14）。

图 3-66 CAVE 大屏

图 3-67 CAVE 大屏效果图

CAVE VR 协同浏览空间 表 3-14

| 目前分类 | 优势 | 劣势 | 适用性 |
|---|---|---|---|
| LED 大屏 | 1. 色彩亮度效果好<br>2. 空间感强烈 | 1. 占地面积大<br>2. 对视觉刺激过强 | 有较大展示区域的项目 |
| 投影 | 1. 节省占地面积<br>2. 拆卸移动方便 | 对墙体有一定要求 | 空间受限，可以和办公室合并 |

2. VR 在施工中的主要应用

VR 技术能够将模型从传统二维屏幕中剥离，或使工程师以第一人称视角沉浸式进入计算机的虚拟世界里，或与现实场景叠合，通过视觉技术使应用 BIM 模型的工程师达到“身临其境”的模拟效果。可以直接使用固定内容的 VR 应用成果。如：安全教育体验、样板间选择、施工方案模拟、虚拟质量工艺样板、项目 CI 布设模拟、观摩工程的路线前期策划、工序交底等标准化方案。该模式包含内容符合行业规范，运用方法简便，且成本可控，是目前项目最为广泛的应用模式。

（1）VR 技术应用于安全教育培训

VR 技术应用于安全教育培训，是现阶段较为成熟的一种用于提高培训效果的数字化手段。它可基于交互式的 VR 培训平台，有针对性地根据特定需要创建虚拟体验场景，通过 VR 技术改变传统说教式安全教育方式为沉浸式安全体验教育方式。

通过选择的安全体验场景内容，一般分为固定场景和动态场景，可体验施工阶段存在的六大伤害类型，例如：高处坠落、坍塌、物体打击、机械伤害、起重事故、触电等多项安全体验项目，甚至能够对火灾、飓风或地震等突发灾害应急处置进行体验，这在传统安全教育中是完全无法做到的（表 3-15）。

**VR 安全教育模块分类**　　表 3–15

| 目前分类 | 优势 | 劣势 | 适用性 |
|---|---|---|---|
| 固定模块 | 1. 项目不用建模、不用自己布置危险源<br>2. 可以体现成熟的案例工程 | 1. 与项目结合度不高<br>2. 模型不能修改及调整 | 1. 项目不具备建模能力或不想建模<br>2. 注重安全版块教育，是否与现场结合诉求不高 |
| 动态模块 | 1. 可导入项目 BIM 模型，反映现场工控<br>2. 根据项目情况可以随时调整 BIM 模型阶段 | 1. 需提前布设项目模型的危险源<br>2. 需要建模，有一定的工作量和制作周期，效果与 BIM 模型细度和渲染效果有关 | 1. 项目有自建模型<br>2. 对结合现场模型进行教育的诉求高 |

通过对事故过程的直观感受，让被教育者亲身感受事故发生的瞬间，提高体验者对安全事故的感性认识，这种方式可以增加项目管理人以及施工人员参加安全教育学习的兴趣，并掌握相应的防范知识以及应急措施。通过部分取代传统体验区还降低了项目的培训成本，改善了培训环境。

可在体现系统中植入考试、教育报表系统，并可自动统计分析，也可和劳务管理系统对接。

VR 技术在安全教育体验中的应用流程如图 3-68 所示。

VR 安全教育体验馆的场地，单人体验形式，需用最小建议面积为 5.4m × 3.6m，区分等候区、体验区和管理区；多人体验形式，需用最小建议面积为 3m × 6m，净高 2m 以上。如果要布置蛋椅或者行走平台等硬件，每件设备增加 5 ~ 6m$^2$。具体方案依据项目需求制定。可以安装在项目会议室，亦可以设置单独的培训体验馆（图 3-69）。

图 3-68　VR 技术在安全教育体验中的应用流程

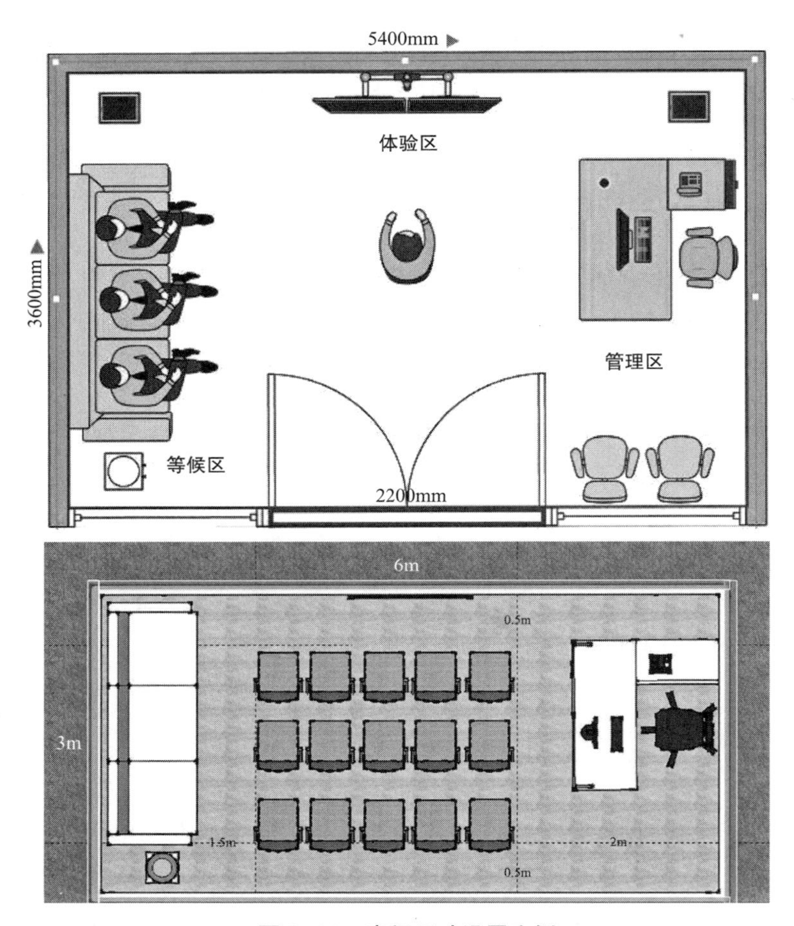


图 3-69　房间尺寸设置实例

在选择 VR 安全教育体验服务时，施工方的安全管理人员应充分参与。场景介绍的语言应采用行业安全用语。应能在触发事故时，明确事故发生前、事故触发、采取措施、事故后等环节，并针对现场实际作业情况为体验教育者系统讲述各岗位安全知识、事故原因及预防措施。最好能与对接劳务实名制系统对接，对于培训考试信息能自动生成；能形成包含时间、被培训者的信息、受教育内容等表单档案，存档记录。

（2）轻量化 VR 全景质量样板

施工技术方案交底流程中往往存在大量需要图纸或者模型去表现技术手段的情况，BIM 的三维可视化让传统的二维图纸更加全面、准确，而虚拟现实技术的介入，以其

身临其境的真实感可以进一步加深技术交底的效果，结合移动终端设备，让技术交底的接收场景扩大到室外质量样板区乃至整个施工现场。

制作全景 VR 图片的新型交底方式可以改善传统交底模式的弊端，通过渲染重点质量样板部分的模型，生成热点，同时链接图集、规范、CAD 图纸节点做法等图文，生成二维码后张贴至施工现场，使交底效果更便捷、更彻底，且具有较好的视觉效果和可操作性（图 3-70）。

明确制作流程中的模型及图片传递格式，保证参与制作全景图的所有软件都能无损传递目标内容信息。

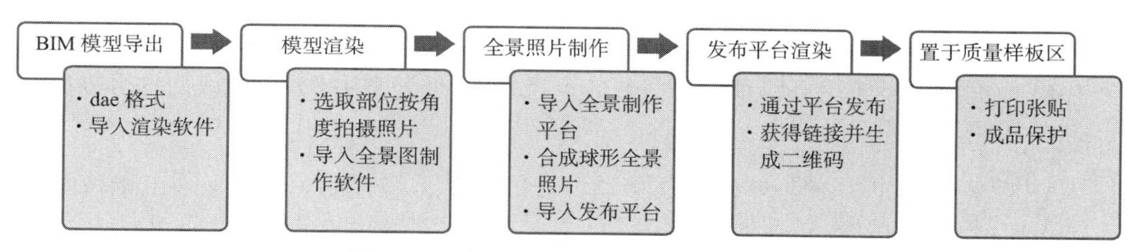


**图 3-70　轻量化 VR 全景质量样板流程**

制作球形全景图片时需保证多张照片的重叠率，保证不出现盲区死角而导致沉浸体验感降低。

若出现空白死角盲区，按需在软件对应功能选项处理或拖拽编辑个别图片，若盲区较大需重复模型渲染步骤重新生成图片，再进行全景照片合成。

在布置质量样板或现场重点施工方案部位的全景二维码时，注意二维码的成品保护，可采用覆膜、透明护罩等方式。

3. VR 在施工中的主要价值

施工团队基于 VR 内容制作软件端，结合项目自身实际使用需求，经过相关操作培训后，制作符合自身项目需要的虚拟现实交互效果，并根据自身的需求配置软硬件及人员来达到辅助工程管理的目的。该模式前期制作周期较长，对人员配置有一定要求，但能够培养自身的技术人才，为项目量身打造虚拟现实技术的解决方案。

（1）通过构建 BIM 模型及 VR 渲染，可以增强施工阶段深化设计的选择，还可以通过沉浸式查看模型的方式对项目策划阶段的 BIM 设计作合理性预判，帮助施工方了解施工过程，直观展示计划中的工程状态，降低质量、安全、进度等管理方面的风险，减少返工浪费，节约成本。

（2）相对传统的安全教育体验区、现场质量工艺样板区所占的面积更小，实体材料投入少，周转效率更高，普及推广成本更低，通过 BIM+VR 虚拟体验区的建立，可以更好地实现“五节一环保”的绿色施工的管理理念。

（3）能让施工方与设计方、建设方、分包方的沟通更有目标性，迅速直观地模拟最终效果，无论对于甲方快速选择样板方案还是施工方的各种策划、施工方案，都能在虚拟现实环境里沉浸式地模拟出来，为决策提供直观的依据，减少沟通成本。具体内容和应用场景都可以根据实施项目需求和实施方案进行制作，其应用维度可以往多方面扩展。

### 3.6.3 AR 技术

AR 技术本质上是一种实时地计算摄影机影像的位置及角度并加上相应图像、视频、3D 模型的技术，这种技术的目标是在屏幕上把虚拟世界套嵌在现实世界并进行互动。利用 AR 技术可将二维图纸与三维 BIM 模型无缝对接，充分发挥三维协同设计的优势，为 BIM 模型数据的应用开辟了一条全新的途径，BIM 模型中的大量建设信息得以更充分展示。

AR 呈现内容的方式主要是依靠移动设备的屏幕，如智能手机、平板电脑或者某些智能穿戴设备，如表 3-16 所示。

AR 场景和设备　　表 3–16

| 虚拟内容 | 现实场景触发 | 设备端 | 虚实交互 |
|---|---|---|---|
| 静态 BIM 模型 | 二维码 | 移动设备 | 查看模型（放大、缩小、旋转等） |
| BIM 动画 | 图纸 | AR 智慧桌面 | 动态互动 |
| 交互动作 | 任意设置触发图形 | AR 眼镜 | 模拟拼装 |
| — | — | AR 操作台 | 测量 |

1. AR 在施工中的应用模式

增强现实技术相较于虚拟现实和混合现实技术，对于设备的特殊要求较低，处理模型和数据的方式有较多互通的地方，目前行业内主要存在两种应用模式。

（1）移动端轻量化展示

AR 技术普遍对于模型有着轻量化的处理，展示设备也多为常用的移动模型，使用场景更加广泛，在预先设置好触发图形之后，使用多种移动设备如手机、平板等，均可以触发基于现实场景的增强现实效果。

（2）多设备组合

随着新技术的发展，目前行业内也出现了增强现实眼镜、增强现实操作台、智慧图模桌面等硬件设备，在 BIM 及交互设计平台的基础上，创造了多种应用场景。

2. AR 技术在施工中的应用

AR 技术在工程领域的应用主要是通过移动端来进行 BIM 模型的展示，可以达到在指定位置查看指定模型的目的，目前较为成熟的有以下几种应用。

（1）工法样板展示

项目上主要通过二维表达形式对各分部分项工程进行技术交底，目前很多复杂节点需要工人结合平面图、立面图和剖面图来读懂结构形式，容易造成理解误差。

随着 BIM 模型技术逐渐在实际施工项目中普及，很多项目都能够通过在会议室的大屏幕上展示三维模型，对工人进行可视化交底，使工人能快速理解复杂节点部位。

但在会议室的大屏幕上进行技术交底的方式仍存在一定缺陷，例如交底过后，工人无法再查看三维模型，而且工人一般手机配置较低，无法将模型导入到手机软件中查看，很容易造成三维技术交底的实施性不强。

利用 BIM 软件或者 3D 类软件，制作工法样板相关模型，然后制作工艺工序动画、配音。封装以后，制作成 APP 软件，由管理人员下载使用。可以以展板的形式，在工法样板展示区展示，以便扫描使用，让使用者了解所对应工法详细情况。也可以在方案中将插图作为识别点，扫描以后展示所扫描图片所描述工艺工法，方便使用者对方案进行理解。

AR 技术能够让携带智能手机、平板电脑等日常设备的人快速结合现实中的某些指定平面进行模型浏览，因此将纸质版的施工工艺方案作为 AR 触发载体，结合方案中涉及的 BIM 节点、流程动画等内容，能够起到提高交底可行性的作用。该应用方法简单，操作性强，性价比较高，适用于大部分项目（表 3-17）。

**AR 工艺内容分类**　　**表 3-17**

| 内容分类 | 展示内容 | 制作难度 | 互动操作 |
|---|---|---|---|
| BIM 模型 | 混凝土、钢筋、钢结构、机电管线等专业模型 | 简易。导入平台即可制作 | 放大、缩小、旋转查看、分图层查看 |
| 交互动画 | 施工进度模拟、工艺流程模拟 | 较难。需提前做好动作设计 | 放大、缩小、旋转查看 |

AR 技术在工艺展示中的应用流程如图 3-71 所示。

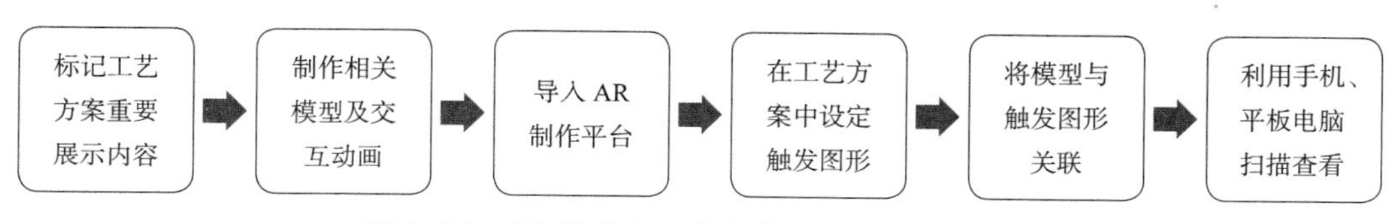


**图 3–71　AR 技术在工艺方案展示中的应用流程**

AR 工艺方案图本的载体可以是打印好的施工方案、施工图纸或者是专门制作的电子屏幕，取决于使用者的使用方式、习惯和内容需要。

对于图纸来说，在平台上将识别图与交底模型相关联，工人无需其他操作，只要扫描深化图纸便可查看对应的三维模型，因为深化图纸便于携带，工人可随时随地通过手机扫描查看。

对于专项工艺方案，则可以更加灵活地设置触发标志，形成一份多模型的二、三维图本方案，施工人员对交底方案能够更深地理解，而避免流于形式，具有较好的交底效果。

对于有特殊需求，如复杂工艺操作、多人展示或者观摩漫游等功能的项目，可以使用目前市面上的一些定制化设备，如 AR 智慧桌面、AR 操作台等作为模型和交底内容的载体，操作体验更逼真，展示效果更好（图 3-72）。

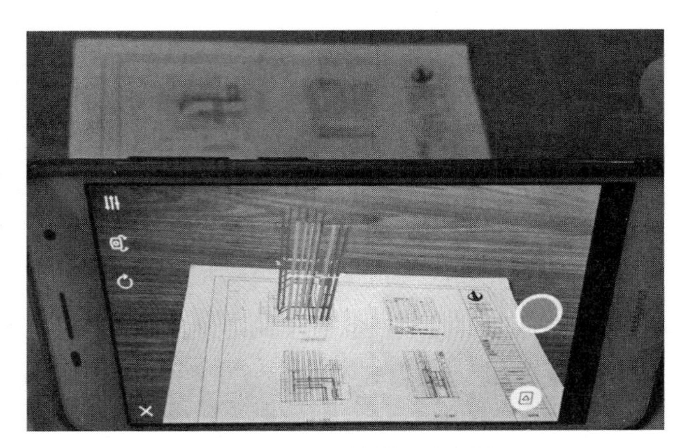

图 3–72　AR 算量图本实例

（2）AR 辅助施工现场综合管理

施工现场的环境条件较为复杂，传统生产方式中多是利用人眼、经验或借助尺量等工具进行施工，AR 技术基于智能设备对现场的快速分析和定位功能，能够在多项工作中发挥作用。

施工人员通常按照设计、深化的二维图纸进行施工，但由于二维图纸采用的平法标注一般不够精细，施工人员需要查看规范图集并手动计算来明确施工构造。如：通过 AR 技术辅助现场工人快速绑扎柱钢筋。现场柱钢筋绑扎前，技术人员将柱钢筋模型和其对应的识别图上传至 AR 平台，现场工人只需要扫描识别图，便可快速、直观地查看对应柱的钢筋模型（表 3-18）。

AR 辅助施工综合解决方案一览表　　表 3–18

| 目前分类 | 内容 | 制作难度 | 互动操作 |
|---|---|---|---|
| AR 施工样板 | 展示样板模型 | 简单。制作整理对应模型即可 | 对模型进行多维度查看 |
| AR 测量 | 利用移动设备进行长度、面积、垂直度测量 | 简单。有成熟的 APP | 对不易达到或尺量的部分进行测量 |
| AR 放线 | 图纸文件与实景叠合 | 较难。需要精准定位 | 分图层分专业在实景中查看、校核 |
| AR 漫游 | AR 定位全模型漫游、AR 信息查看、AR 质安问题标记 | 较难。①需精准定位；②需制作 UI 模型；③需云平台 | 多维模型查看，信息查看、信息输入等 |

应用流程如图 3-73 所示。

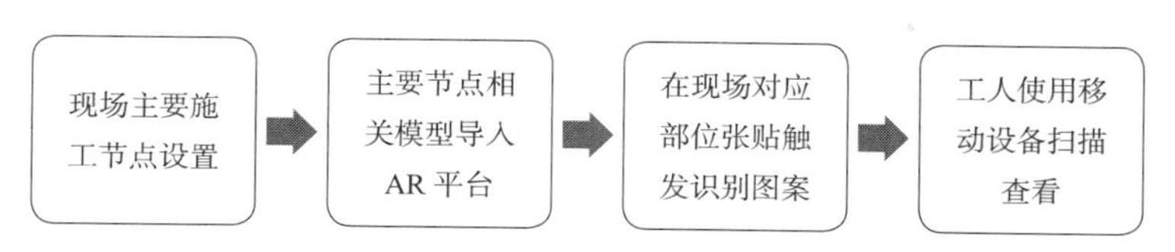


图 3-73　AR 辅助施工现场综合管理应用流程

现场的标识点布置应该根据需要展示的模型样板位置确定，使用较多的为二维码，识别度高，不易与周围环境混淆，同时也可以使用图纸、特殊图形等作为触发器，具体需要根据项目自身情况选择（图 3-74、图 3-75）。

图 3-74　现场使用二维码识别点

图 3-75　基础钢筋绑扎利用 AR 进行模型查看

3. AR 在施工中的应用价值

（1）轻量化

AR 技术展示不需要依托高配的 BIM 工作站或者专用佩戴设备，一般智能手机即可进行 AR 互动及展示，相较于其他类可视化技术，AR 技术互动性更好，使用成本也更低。

（2）精准化

AR 技术可以在现实场景下通过某个确定的触发器将虚拟设计的内容效果联系起来，使用 BIM 模型时能够更加直接地在放置触发器的位置将需要的模型或相关内容呈现出来，直接与工程本身联系起来，提高信息的传递准确性。

（3）高效化

应用 AR+BIM 技术与二维图纸相结合的方式进行交流和决策更加高效。在施工现场，原来从平面图纸提取施工数据，需要专业化素养非常高的现场人员来完成，而且容易出现误读等情况，通过 AR 技术加载虚拟的施工内容，可以减少由于对图纸的误读和信息传递失真所造成的巨大损失，减少施工人员反复读图、识图所耗费的时间。

### 3.6.4 MR 技术

MR 是一种使真实世界和虚拟物体在同一视觉空间中显示和交互的计算机虚拟现实技术，混合现实融合了人机交互、传统现实以及人的认知。一个典型的 MR 系统由虚拟场景生成器、头盔显示器、实现用户观察视线跟踪的头部姿态跟踪设备、虚拟场景与真实场景对准的定位设备和交互设备构成（图 3-76）。

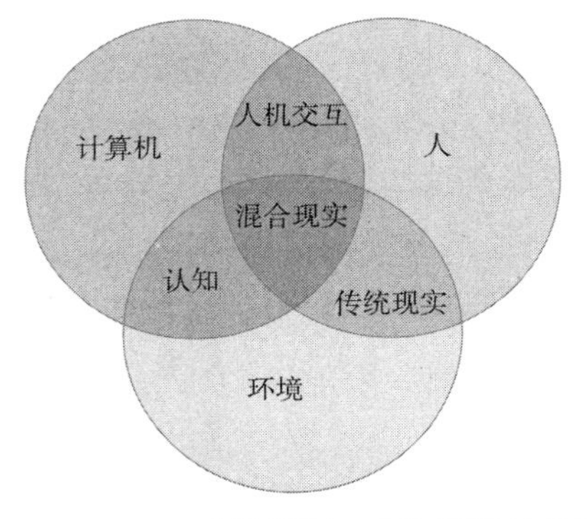


图 3-76　MR 中计算机、人和环境的关系

MR 是一种目前行业内更先进的混合技术形式。MR 技术通过人工智能可穿戴设备，将真实世界的所有环境和场景与 BIM 模型相叠加，从而实现全息影像和真实环境融合，是基于现实世界的虚拟体验。

MR 技术目前较新且正在逐步应用，交互功能较为单一，可用于施工深化设计、方案模拟、工序交底、异地协同管理等相关可视化应用，利用 MR 技术进行模拟和可视化可基于项目实际环境，真实性强，使用者与 BIM 模型之间的互动是实时性的，交换方式如表 3-19 所示。

基于 MR 技术的 BIM 模型交换方式　　表 3-19

| 虚拟内容 | 现实场景 | 混合呈现形式 | 交互方式（手势识别） |
|---|---|---|---|
| 静态 BIM 模型 | 室内方案研讨 | 图像叠加 | 查看模型（放大、缩小、旋转等） |
| 模型构件信息 | 室外方案校核 | | 信息查看 |
| 交互动作 | | | 尺寸测量 |

1. MR 在施工中的主要应用

MR 技术的兴起时间晚于其他虚拟现实类技术，且 MR 设备的技术集成含量更加复

杂，针对建筑行业的混合现实技术应用生态圈还未成形，因此目前主要为开发者应用模式，即在其设备本身的基础功能之上，联合有开发能力的软件服务企业进行定制化功能开发，有针对性地研发 BIM+ 混合现实技术对应于具体项目工程难点的解决方案。

MR 技术通过混合现实设备来实现混合现实技术与 BIM 技术的融合，让甲方、乙方或让不同地点、不同岗位、不同专业的工程建设者，不只是通过电脑屏幕观看三维效果，而是同时进入同一建筑模型，就像进入建筑实体中身临其境地体验和工作，比如进行设计变更、检查施工过程、实测实量等。混合现实技术与 BIM 技术的融合可节约工程管理沟通成本和工期，提高团队协作水平和工作效率。

MR 与 BIM 技术结合可通过下述方式实现：使用 Revit 软件建立信息模型，并在计算机中将模型轻量化处理后通过配套软件导入设备中，即可实现虚拟与现实的混合体验，应用流程如图 3-77、图 3-78 所示。

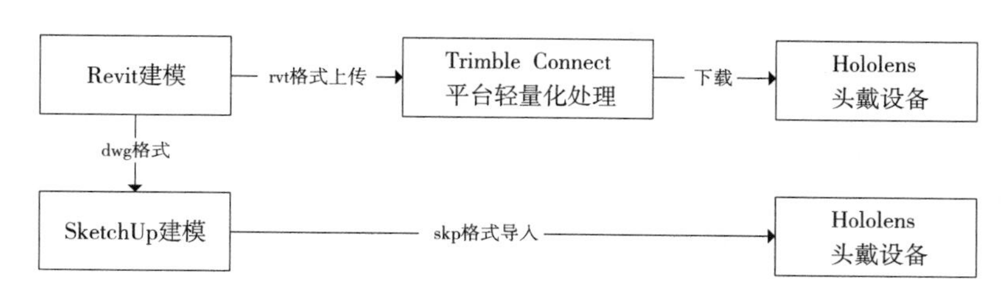


图 3–77　MR 技术应用流程

图 3–78　Revit 模型上传至 Trimble Connect 平台进行轻量化处理

通过 MR 技术将 BIM 模型与施工现场等比例叠加，在施工现场对模型设计细节进行推敲，如图 3-79 所示。

通过 MR 技术将 BIM 模型与施工现场等比例叠加，考虑隐蔽工程与真实环境间的互相影响，如图 3-80 所示。

图 3-79　应用 MR 对模型设计细节进行推敲

图 3-80　应用 MR 考虑隐蔽工程与真实环境间的互相影响

2. MR 在施工中的应用价值

BIM 技术与 MR 技术的集成应用主要包括虚拟场景、施工进度和复杂施工方案的模拟，施工质量、交互式场景漫游等方面。传统的二维、三维表现方式，传递的只是建筑物单一尺度的部分信息，MR 技术可以在观察者面前展示 BIM 模型并可以进行手势交互，同时可以将模型置于实际施工位置身临其境地查看模型任何部位的虚拟和现实信息，提高对模型和方案的理解。

（1）方案验证

混合现实技术由于其特殊的虚实结合特点，能够将 BIM 所模拟的模型方案呈现在现实施工场景中，对方案的设计合理性进行直观的检验，如图 3-81 所示。

（2）简化操作

混合现实技术的人机交互的主要方式为手势识别，不需借助过多复杂的设备，因此不同年龄、认知、岗位的建筑从业人员都可以快速上手。

（3）多人协同

MR 设备为一台具备扫描摄像头、语音通话、网卡及独立处理器的微型多功能计算机，技术集成含量高，能够在网络环境下基于同一个 BIM 体系进行协同沟通，提高远程工作效率，如图 3-82 所示。

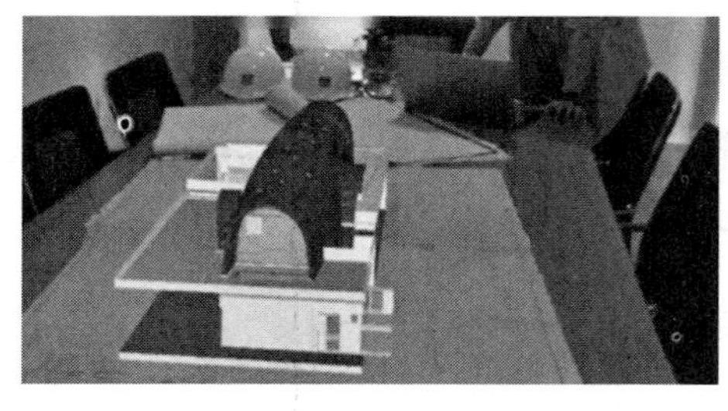

图 3-81　混合现实技术用于图纸立体呈现

图 3-82　通过 MR 技术实现多人联机协同

## 3.7 云计算技术

### 3.7.1 云计算技术基本概念与发展历程

云计算技术有狭义和广义两种定义。狭义的云计算是指 IT 基础设施的交付和使用模式，指通过网络以按需、易扩展的方式获得所需的资源（硬件、平台、软件等）；广义的云计算是指服务的交付和使用模式，指通过网络以按需、易扩展的方式获得所需的服务，这种服务可以是与 IT 基础设施和应用软件、互联网相关的，也可以是任意其他的服务。这里采用云计算的狭义定义。

提供资源的网络被称为“云”。“云”中的资源在使用者看来是可以无限扩展的，并且可以随时获取、按需使用、随时扩展、按使用付费。这种特性经常被称为像水电一样使用 IT 基础设施。

2006 年 8 月，云计算概念首次在搜索引擎会议上提出，成为互联网第三次革命的核心。近几年来，云计算也正在成为信息技术产业发展的战略重点，全球的信息技术企业都在纷纷向云计算转型。

美国将云计算技术和产业定位为维持国家核心竞争力的重要手段之一，在制定的一系列云计算政策中，明确指出加大政府采购，积极培育市场，通过强制政府采购和指定技术架构来推进云计算技术进步和产业落地发展。例如，美国军队（空军、海军）、司法部、农业部、教育部等部门都已应用了云计算服务。美国历届联邦政府都将推动 IT 技术创新与产业发展作为国家的基本政策，在 2011 年出台的《联邦云计算战略》中明确提出鼓励创新，积极培育市场，构建云计算生态系统，推动产业链协调发展。

欧盟委员会在 2012 年 9 月启动“释放欧洲云计算潜力”的战略计划，包括筛选和精简众多技术标准、为云计算服务制定安全和公平的标准规范等，同时明确市场政策，确立欧洲云计算市场，促使欧洲云服务提供商扩大业务范围并提供性价比高的在线管理服务。

英国、澳大利亚、韩国、日本等国家也相继发布了相应的目标和政策支持。

国外的大型 IT 企业，如亚马逊、微软、Google、IBM、甲骨文、惠普、苹果、戴尔、AT&T、思科等知名企业也相继推出了自己的云服务以及长期发展计划。

党中央、国务院高度重视以云计算为代表的新一代信息产业发展，发布了《国务院关于促进云计算创新发展培育信息产业新业态的意见》（国发 [2015]5 号）等政策措施。2017 年 3 月 30 日，结合“中国制造 2025”和“十三五”系列规划部署，工业和信息化部编制印发了《云计算发展三年行动计划（2017—2019 年）》，在政府积极引导和企业战略布局等推动下，经过社会各界共同努力，云计算已逐渐被市场认可和接受。

近些年来国内也涌现了一批云计算服务商，主要厂商包括：阿里巴巴、百度、浪潮、华为、腾讯、联想、中国移动、华云数据、易云捷讯、杭州华三通信等。

### 3.7.2 云计算技术分类和主要应用

1. 云计算技术的分类

按云计算提供的服务类型分为三类：软件服务（Software as a Service，SaaS）；平台服务（Platform as a Service，PaaS）；基础设施服务（Infrastructure as a Service，IaaS）。

（1）SaaS

提供给客户的服务是运营商运行在云计算基础设施上的应用程序，用户可以在各种设备上通过客户端界面访问，如浏览器。消费者不需要管理或控制任何云计算基础设施，包括网络、服务器、操作系统、存储等。

（2）PaaS

PaaS 介于 SaaS 与 IaaS 之间，为生成、测试和部署软件应用程序提供一个环境。PaaS 为用户提供云端的基础设施部署环境，用户不需要管理与控制云端基础设施（包含网络、服务器、操作系统或存储设备），但需要控制上层的应用程序部署与应用托管的环境。PaaS 抽象了硬件和操作系统细节，使用户（往往是软件开发人员和企业）只需要关注自己的业务逻辑，不需要关注底层。

（3）IaaS

提供给消费者的服务是对所有云计算基础设施的利用，包括处理 CPU、内存、存储设备、网络和其他基本的计算资源，用户能够部署和运行任意软件，包括操作系统和应用程序。消费者不管理或控制任何云计算基础设施，但能控制操作系统的选择、存储空间、部署的应用，也有可能获得有限制的网络组件（例如路由器、防火墙、负载均衡器等）的控制。

2. 云计算技术的主要应用

（1）服务器虚拟化

虚拟化是云计算最重要的核心技术内容之一，它为云计算服务提供基础架构层面的支撑，以虚拟资源为用户提供服务的计算形式。旨在合理调配计算机资源，使其更高效地提供服务。虚拟化的最大好处是增强系统的弹性和灵活性，降低成本、改进服务、提高资源利用效率。

从表现形式上看，虚拟化又分两种应用模式。一是将一台性能强大的服务器虚拟成多个独立的小服务器，服务不同的用户；二是将多个服务器虚拟成一个强大的服务器，完成特定的功能。这两种模式的核心都是统一管理，动态分配资源，提高资源利用率。

（2）分布式数据存储

为了保证数据的高可靠性，云计算通常会采用分布式存储技术，将数据存储在不同的物理设备中。这种模式不仅摆脱了硬件设备的限制，同时扩展性更好，能够快速

响应用户需求的变化。分布式网络存储系统采用可扩展的系统结构，利用多台存储服务器分担存储负荷，利用位置服务器定位存储信息，它不但提高了系统的可靠性、可用性和存取效率，还易于扩展。

（3）分布式并行处理

从本质上讲，云计算是一个多用户、多任务、支持并发处理的系统，高效、简捷、快速是其核心理念。它旨在通过网络把强大的服务器计算资源方便地分发到终端用户手中，同时保证低成本和良好的用户体验，使客户更高效地利用软、硬件资源，更快速、更简单地使用应用或服务。

（4）大规模数据管理

处理海量数据是云计算的一大优势。云计算不仅要保证数据的存储和访问，还要能够对海量数据进行特定的检索和分析。由于云计算需要对海量的分布式数据进行处理、分析，因此，数据管理技术必需能够高效地管理大量的数据。

（5）分布式资源管理

云计算采用了分布式存储技术存储数据，在多节点的并发执行环境中，各个节点的状态需要同步，并且在单个节点出现故障时，系统需要有效的机制保证其他节点不受影响。而分布式资源管理系统是保证系统状态的关键。

（6）高规格信息安全保护

云安全产业的发展，将把传统安全技术提升到一个新的阶段。软件安全厂商和硬件安全厂商都在积极研发云计算安全产品和方案，通过多层次、多维度的实时监控和离线分析，为应用提供业务安全、信息安全、运维安全三个层面的安全服务。这些安全服务已可以基本覆盖互联网应用的安全问题，可为应用提供可靠的安全防护，让应用可以精力于产品业务逻辑本身的开发和运营。

（7）云计算平台管理

云计算资源规模庞大，服务器数量众多并分布在不同的地点，同时运行着数百种应用，云计算系统的平台管理技术，需要具有高效调配大量服务器资源，使其更好协同工作的能力。其中，方便地部署和开通新业务、快速发现并且恢复系统故障、通过自动化、智能化手段实现大规模系统可靠的运营是云计算平台管理技术的关键。

### 3.7.3　云计算技术施工阶段主要用途和价值

在施工信息化的发展进程中，云计算作为基础应用技术是不可或缺的，无论是物联网、移动应用、大数据应用等，都需要搭建云服务平台，实现终端设备的协同、数据的处理和资源的共享（表3-20）。

云计算技术在施工中的主要应用包括以下方面。

建筑工程中常用的云服务 表 3-20

| | 国外 | 国内 |
|---|---|---|
| SaaS 服务 | Google、Salesforce、Oracle、Microsoft Azure 等 | 小库智能设计云平台、浩辰云建筑、协筑工程项目管理平台、施工图数字化联审云服务平台、元计算等 |
| PaaS 服务 | AWS、Microsoft Azure、Google 等 | 阿里云、腾讯云、华为云、新浪云、Ucloud 等 |
| IaaS 服务 | AWS、Microsoft Azure、IMB、Softlayer 等 | 阿里云、腾讯云、华为云、新浪云、Ucloud、中国电信、青云等 |

1. 工程资料管理

对施工单位以及设计单位来说，日常产出的数据、资料都是企业资产，甚至直接影响企业的未来，云存储可代替传统移动介质存储或 FTP 存储，有效消除个人计算机设备的硬件故障造成的损失，提供可靠、安全和高速的资源整合。

云存储是一个以数据存储和管理为核心的云计算系统，其横向扩展的方式让存储系统具有了无限扩展的能力，还能通过云端分布式储存、定期备份、多层次的实时监控和离线分析等方式保障数据安全。常用的云平台服务包括：ProjectWise、广联达协筑、百度网盘、PKPM BIMBox、Teambition 等。

云储存主要优势有以下方面。

（1）数据加密管理

完全部署在企业内部服务器，数据完全存储在企业内部的私有云中，不由第三方接触，让企业数据私密的同时也能享受到云存储时代带给企业办公的效率。数据存储在独有服务器的同时，私有云会自行给存储在服务器的数据进行安全加密，避免信息泄露。

对于企业职工来说，私有云存储也是保障用户数据安全、可靠的首选。私有云解决了传统存储方面和公有云提供服务方面的缺陷，可以通过合理监管数据，记录各项操作，有效保障企业数据的安全。

（2）文件分层管理

通过私有云让企业分散在每台个人电脑的文件数据集中管理，不用再担心电脑损坏和重装系统让企业数据丢失的困扰。私有云更是配备了强大的权限管理体系，让每个部门和每个职位的员工拥有不同的权限，使文档管理更加安全、合理。

（3）提高资源利用率，降低成本

将数据集中起来，用户可以在任何地点，依靠单机或是移动设备随时访问数据。实现网内资源共享和协同工作，减少了传统的资源交换，提高了资源的利用率，大大减少了移动存储设备的使用，降低了企业成本。

（4）管理信息记录

通过云平台进行细致的操作记录，记录每一天人员上传、下载、编辑和删除等办公记录。让每一个人员的办公痕迹自动记录，让每一位管理者了解企业人员的办公进度和办公效率。

（5）数据安全和分享

数据同步有效避免了介质存储数据造成丢失损坏的问题。同时，对服务器采用磁盘阵列和磁带脱机备份方式，保障了云存储的安全。根据服务器使用人数和空间及时扩展存储空间，不会影响前端用户的使用。

（6）储存速度快，安全性高

企业内部构建的私有云存储，依托高速局域网大大提高了访问、上传和下载的速度。私有云存储自主管理、数据物理安全和防泄密风险能力进一步增强。私有云存储是解决企业单机数据安全问题的最有效手段。应用云存储在保障单机数据物理安全的同时，企业可以全面禁止移动存储在企业内部的使用，文件交换都通过网络来实现。如用云存储、电子邮件、即时通信工具来交换信息，便于电子文件的日志管理，提高企业电子文档的可控性。用户可以实现数据随时、随地的访问，特别是解决了多地多机、移动办公的问题，可以大大提高工作效率；并在保障数据安全的同时，实现资源共享。

2. 云计算在工程造价中的应用

造价、采购信息变化较快，通过互联网云平台进行建材数据的采集、存储、处理、编制、分析和共享，帮助企业实现建材信息系统化、标准化管理，并进行快速询价，已成为行业需求。常用的云平台服务包括：鲁班软件云、广联达造价信息云、中建普联造价通、大匠通私有云等。

（1）工程造价模型分析云服务

工程造价计算依赖于造价模型的建立，部分算量软件推出了云模型检查功能，提供模型检查和模型分析服务，为模型提供合理性检查功能，核查模型错漏问题。云模型检查功能在云端可以即时更新，并为检查结果提供依据。

（2）工程造价信息指导

通过云平台整理企业材价库、料单计价库、供应商库以及通过互联网收集全国市场价数据库、全国信息价数据库、人工询价数据库、全国供应商库。通过云端的报价大数据，进行信息集成，对造价数据进行内部分析，预测造价变动，提高造价预测准确度。

（3）降低工程造价管理信息化成本

由于工程造价信息实用价值相对较大，因此造价领域中的不同参与方、不同从业人员均不会轻易分享有价值信息，从而出现造价行业中的关键信息资源被少数人掌控的现象。通过建设私有云或者混合云数据存储平台，对工程造价数据信息采用分类存储方式，参照保密级别创设等级差异性的访问权限，将基础性的人工劳务费、材料费用、机械价格费用及业内政策法规等信息存储于公有云中，为相关方访问提供便利。

（4）工程造价管理信息数据挖掘

数据挖掘具体是指从存储于数据库的海量数据中提取实用、新颖知识的过程，通常被细化为以下几个程序：数据准备、数据挖掘、结果呈现与诠释。分布式测算方法使云平台具备强大的计算能力，可以在多个数据库中进行数据挖掘，在互联网中迅速获取所需的造价数据信息，落实数据准备工作；找到造价和工程相关信息的相关性，为企业、项目节约成本。

3. 云计算在深化设计协同中的应用

协同设计是当下行业技术更新的一个重要方向，也是设计技术发展的必然趋势。其中，云计算主要分为云储存应用和云计算应用。

（1）设计资料管理

通过共享的云平台来储存项目的信息和文档，设置管理查看权限，让项目组的相关成员有效查看和利用资料，从而实现设计流程上下游专业间的“互提资料”。

可以通过协同设计建立统一的设计标准，包括图层、颜色、打印样式等，在此基础上，所有设计专业及人员在一个统一的设计软件上进行设计，从而减少各专业之间（以及专业内部）由于沟通不畅或沟通不及时导致的错、漏、碰、缺，实现所有图纸信息元的唯一性，实现一处修改其他自动修改，提升设计效率和设计质量。

也可以对设计项目的规范化管理起重要作用，包括进度管理、设计文件统一管理、人员负荷管理、审批流程管理、自动批量打印、分类归档等。

主要采用 SaaS 服务，常用的云平台服务包括：ProjectWise、广联达协筑、百度网盘、PKPM BIMBox 等。

（2）设计流程管理

基于网络云平台或手机 APP 终端实现 CAD 电子审图、BIM 模型审核，提高审图效率。与泛微 OA、ERP 对接和集成，实现组织架构、任务提醒等集成。

主要采用 SaaS 服务，常用的云平台服务包括：ProjectWise、广联达协筑、PKPM BIMBox、Teambition 等。

（3）数据结构化储存

提供详细的后台日志信息，确保所有记录可查，把项目数据结构化，把项目储存流程标准化，为后期的大数据挖掘和分析提供基础数据。

主要采用 SaaS 服务，常用的云平台服务包括：ProjectWise、广联达协筑、PKPM BIMBox 等。

（4）云渲染

云渲染即利用大量高性能的远程服务器群进行渲染，达到缩短渲染时间和提高渲染质量的目的。

用户在电脑中对软件程序进行控制，指令通过网络再传送至提供云渲染服务的远程服务器群，将渲染结果传回、显示于本地电脑的界面。工程师可在屏幕上随时变更设计方案和快速验证，来自各个国家或各个地区的工程师可以在同一个平台中进行设计，彼此直接交流看法并作出结论，共同验证修改后的设计。

主要采用 PaaS 服务，利用部署在云上的服务器进行软件运行，常用的平台提供商包括:阿里云、腾讯云、华为云等。也有针对该项应用的 SaaS 服务，常用的有:光辉城市、小库智能设计云平台、Autodesk A360、Renderbus 渲染农场等。

（5）云模拟

通过云计算，能够有效提高建筑能耗、自然通风和气流组织、城区风热环境、天然采光、噪声等方面性能模拟的速度和效率。

主要采用 PaaS 服务，利用可扩展的硬件性能进行计算，常用的平台提供商包括：阿里云、腾讯云、华为云等。也有针对该项应用的 SaaS 服务，常用的有：小库智能设计云平台、BuildSimHub 等。

（6）高性能计算

在高次超静定、多种结构形式组合在一起的复杂三维空间结构中，要进行内力和位移计算，就必须进行计算模型的简化，引入不同程度的计算假定。简化的程度视所用的计算工具按必要和合理的原则决定。云计算技术可以有效提高计算能力，相比个人计算机和服务器可以划分更密的网格进行模拟计算，并提高计算速度。

主要采用 PaaS 服务，利用可扩展的硬件性能进行计算，常用的平台提供商包括：阿里云、腾讯云、华为云等。

## 3.8　人工智能技术

### 3.8.1　人工智能技术基本概念和发展历程

人工智能（Artificial Intelligence，AI）是利用数字技术模拟、延伸和扩展人类智能，感知环境、获取知识并使用知识获得最佳结果的理论、方法、技术及应用系统。人工智能的概念诞生于 1956 年，经过 60 多年的演进，特别是在移动互联网、大数据、超级计算、传感网、脑科学等新理论、新技术以及经济社会发展强烈需求的共同驱动下，近年来加速发展，呈现出深度学习、跨界融合、人机协同、群智开放、自主操控等新特征。大数据驱动知识学习、跨媒体协同处理、人机协同增强智能、群体集成智能、自主智能系统成为人工智能的发展重点。

2016 年，由谷歌旗下人工智能公司 DeepMind 研发的计算机围棋程序“Alpha Go”，在围棋比赛中战胜了世界冠军李世石，人工智能再次引起公众关注，2016 年也被称为人工智能新纪元的元年。

2017 年 7 月，科技部副部长李萌在介绍《新一代人工智能发展规划》编制情况时指出，当前人工智能具有以下五个特点：一是从人工知识表达到大数据驱动的知识学习技术。二是从分类型处理的多媒体数据转向跨媒体的认知、学习、推理，这里讲的

“媒体”不是新闻媒体，而是界面或者环境。三是从追求智能机器到高水平的人机、脑机相互协同和融合。四是从聚焦个体智能到基于互联网和大数据的群体智能，它可以把很多人的智能集聚融合起来变成群体智能。五是从拟人化的机器人转向更加广阔的智能自主系统，比如智能工厂、智能无人机系统等。

### 3.8.2 人工智能技术组成及特点

人工智能主要涉及计算机视觉、智能语音处理、自然语言理解、生物特征识别、智能决策控制以及新型人机交互等技术领域。其中，计算机视觉技术在当前产业界尤其是建筑施工领域应用最为广泛。

计算机视觉的目标就是让计算机能够像人一样，通过视觉来认识和了解世界，它的核心任务就是对图像进行理解：包括对单幅图像、多幅图像及视频图像（图像序列）的理解。对于单幅图像的理解，主要应用场景包括分类、目标识别 / 图像分类、目标定位、目标检测、语义分割等；对于多幅图像的理解，主要研究三维重建；对于视频的理解则主要研究目标跟踪。技术特点如下。

1. 场景分类

场景分类的目标是判断图像属于哪类场景，如是室外还是室内场景，是室内的厨房还是起居室，是室外的山地还是城市。

2. 目标识别 / 图像分类

识别给定图像的类别，或者判断给定的图像是否存在某类目标或某类物体。

3. 目标定位

找出图像中给定目标的位置，通常针对图像中仅有一个目标的情形。

4. 目标检测

目标检测的任务是找到图像中单个或多个目标的位置，并识别目标的类别，其是定位和识别的结合。

5. 语义分割

语义分割可以看作是一种特殊的分类，也就是必须对给定图像的每一个像素点进行分类，给出每个像素点所属的目标类别。

6. 三维重建

三维重建是指根据单视图或者多视图的图像重建三维信息的过程。

7. 目标跟踪

目标跟踪，是基于对视频（序列）图像进行处理和分析，以从复杂背景中检测出运动目标，并且对目标的运动规律进行预测，来实现对目标进行准确、连续的跟踪。通过对目标进行跟踪，可以获得目标的位置、速度等运动参数。

### 3.8.3　人工智能施工阶段主要用途和价值

预计人工智能将对建筑施工行业的转型升级起到重要的推动作用。人工智能可以解决或优化质量管理、项目进展管理、设备管理、施工安全等各方面的问题。此外，诸如机器人、无人机等技术，也将推动建筑业进一步实现无人化及安全化生产，解决建筑业劳动力短缺的问题，同时避免建筑工人在复杂、危险的环境中施工等。

现阶段人工智能在建筑施工领域的应用，如表 3-21 所示，可以看出多数都是计算机视觉技术的应用。

人工智能在建筑施工领域的应用　　表 3–21

| 序号 | 类别 | 名称 | 应用场景 | 识别内容 |
|---|---|---|---|---|
| 1 | 物料清点 | 数钢筋 | 材料员在钢筋进场时用手机盘点 | 各直径钢筋数量 |
| | | 数钢管 | 材料员在模架钢管借还时使用手机进行拍照识别，输出钢管数量 | 钢管 |
| 2 | 物料识别 | 机电构件识别 | 构件类型自动识别，提升构件导入时的用户操作体验 | 构件类别 |
| | | 材料识别 | 材料员通过拍照可以看出进料类别 | 工字钢、角钢、空气砖等 |
| 3 | 车辆识别 | 车牌识别 | 过磅料车识别 | 车牌号 |
| | | 车脸识别 | 通过拍摄车辆，判定是否有偷换车辆，误导称量的现象 | 车牌、车型 |
| | | 陌生车辆监测 | 车辆进出场记录 + 车牌识别 | 车牌、车型 |
| 4 | 人员 | 安全帽佩戴监测 | 施工作业期间安全帽佩戴检查 | 工人，佩戴与未佩戴安全帽的人 |
| | | 周界入侵 | 禁止工人进入沉淀池、基坑周边、大型机械、配电箱等周围 | 人员 |
| | | 陌生人监测 | 帮助项目部控制陌生人进入项目部，进行偷窃 | 人脸检测，人脸库比对 |
| | | 步态识别 | 在人脸遮挡或角度差的条件下，识别工地人员身份 | 走路姿态，轮廓和身份 |
| | | ReID | 在人脸遮挡或角度差的条件下，识别工地人员身份 | 多视角下的身份 ID |
| | | 反光衣穿戴 | 检测工人反光衣穿戴情况 | 反光衣穿戴 |
| | | 徘徊检测 | 偷窃识别 | 人员徘徊 |
| | | 越界监测 | 沉淀池人员入侵 | 动态物体 |
| | | 吸烟检测 | 生活区、施工区防火 | 吸烟动作 |
| | | 群体性事件预警 | 钢筋加工棚出现事故以及工地打架等事件发生后的人员群聚 | 人数 |
| 5 | 环境 | 明火识别 | 及时发现工地配电箱、生活区火灾，及时扑救 | 火焰 |
| | | 烟雾识别 | 及时发现工地配电箱、生活区火灾，及时扑救 | 烟雾 |
| | | 物体停留 | 基坑周围物体识别 | 动态物体 |
| | | 混凝土非法注水 | 帮助质量员监控门外、地泵前排队的车辆是否非法注水 | 罐车和人员识别 |
| | | 动火隐患监测 | 安全员通过手机拍照或录像识别焊接人员用火是否有隐患 | 工人，反光衣穿戴，烟雾，灭火器，灭火水桶，氧气瓶，乙炔瓶，电焊用防护面罩，油漆桶 |
| | | 危险源识别 | 利用摄像头，识别影像中的危险源 | 各类危险源 |
| | | 安全隐患识别 | 利用摄像头，识别影像中的安全隐患 | 各类安全隐患 |

施工典型 AI 应用如下。

1. 施工材料清查（数钢筋）

建筑工地上有大量的物料需要清点，比如钢筋、水泥等，这些建筑材料的数量大、清点时间长、容易出错，应用 AI 技术，可以解决这类问题。针对这种情况，建筑施工行业的数钢筋软件可以较好地解决这类问题。在手机安装“数钢筋”APP 后，可通过手机拍照→目标检测计数→人工修改少量误检的方式智能、高效地完成此任务，如图 3-83 所示。

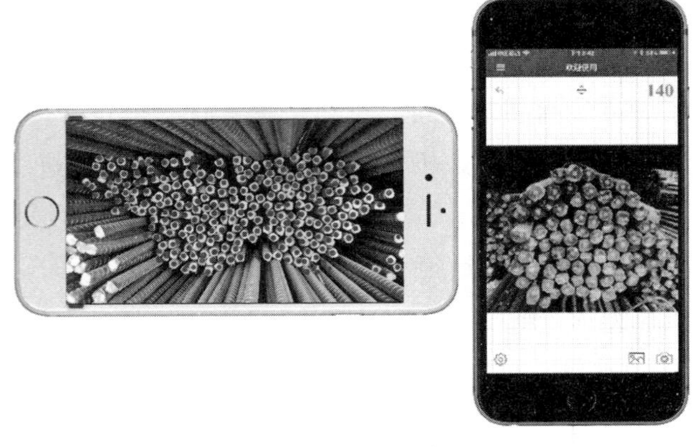


图 3–83 “数钢筋”手机端 APP

2. 安全隐患排查

通过 AI 算法实现视频的智能识别，可以智能化地发现安全隐患，包括指示牌不规范、消防及排水设施故障、工人没系安全带或没戴安全帽等常见的安全隐患，可以快速识别并进行提示，保障施工现场的安全。安全隐患识别，除了计算机视觉等 AI 技术之外，还需要建设施工安全知识库，包括施工操作规则、安全规则、机械设备安全参数等，还包括本企业积累创建的安全隐患库、对照片进行提前标注等。这些知识库提供行业规则、流程、资源规范等具体信息，为 AI 服务提供行业专家知识和经验（图 3-84）。

图 3–84 AI 可以识别工地内未佩戴手套的施工人员

3. 逆向建模

利用空中无人机或地面车辆等，对建筑物或工地拍摄图片，通过人工智能算法对

照片进行处理，可以快速逆向生成建筑模型，帮助建筑施工企业快速建立建筑或工地模型。通过扫描建筑物内部，也可以实现室内空间建模。通过计算机视觉及深度学习技术，对真实的室内环境进行物体识别，进行坐标的深度捕捉和物体分类标识，之后便可逆向建模（图 3-85）。

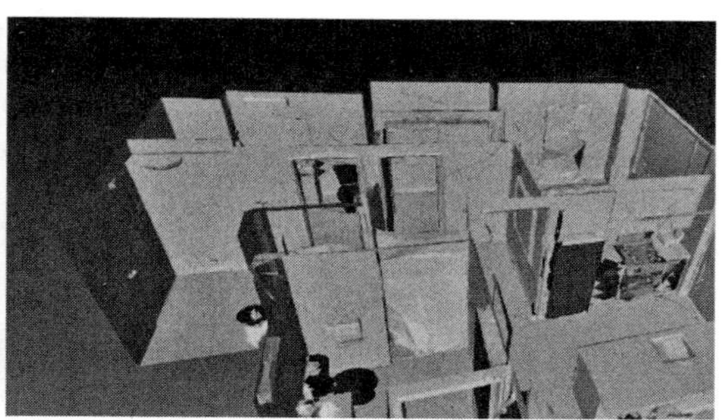

图 3–85　室内扫描建模

4. 质量检测

施工过程中的实际效果，经常与设计图不一致。通过 AI 技术可以迅速、准确地找到视觉错误和蓝图偏差。通过深度相机、360 相机或无人机等设备，捕捉室内三维空间并上传到云端，在云端通过利用卷积神经网络和计算几何算法，将三维重建的模型转化为 CAD 图纸。这一转化过程，主要依靠神经网络，对图像进行切割，对特征目标进行特征识别与捕捉，完成不同区域物体的识别过程，最终生成 CAD 图。通过该图纸与施工设计的 CAD 图纸进行自动对比，当出现不能完全匹配的情况时即被判定为有可能出错的地方。最后，检查员可以在此实现与承包商的沟通，最终可生成包括具体数据的报告。

## 3.9　大数据技术

### 3.9.1　大数据技术基本概念与发展历程

大数据技术是指对海量、高增长和多样化信息资产进行采集、存储和关联分析，从中发现新知识、创造新价值、提升新能力的信息技术。近年来，信息技术与经济社会的交汇融合引发了数据迅猛增长，数据已成为国家基础性战略资源，大数据技术正日益对全球生产、流通、分配、消费活动以及经济运行机制、社会生活方式和国家治理能力产生重要影响。

大数据技术起源于互联网，首先是网站和网页的爆发式增长，搜索引擎公司最早感受到了海量数据带来的技术上的挑战，随后兴起的社交网络、视频网站、移动互联网的浪潮加剧了这一挑战。互联网企业发现新数据的增长量、多样性和对处理时效的要求是传统数据库、商业智能纵向扩展架构无法应对的。在此背景下，谷歌公司率先于 2004 年提出一套分布式数据处理的技术体系，即分布式文件系统谷歌文件系统（Google File System，GFS）、分布式计算系统 MapReduce 和分布式数据库 BigTable，以较低成本很好地解决了大数据面临的困境，奠定了大数据技术发展的基础。受谷歌公司论文启发，Apache Hadoop 项目的分布式文件系统 HDFS、分布式计算系统 MapReduce 和分布式数据库 HBase，UC Berkley 大学的 Spark、Apache Flink 相继出现，经过 10 年左右的发展，大数据技术形成了以开源为主导、多种技术和架构并存的特点，2014 年之后大数据技术生态的发展进入了平稳期。

随着互联网、物联网、云计算、人工智能等新兴信息技术的发展，以及企业数字化转型的驱动，全球数据量呈现出爆炸式的增长，大数据愈发受到重视。大数据的数据来源、技术发展、应用场景、合规监管等是最受关注的几个主要方面。

1. 数据来源

内部生产数据和客户数据是企业大数据的两大数据来源，数据来源还包括内部经营管理数据、互联网公开数据、从外部购买数据、政府免费开放的数据等几个主要方面。

2. 技术发展

从数据在信息系统中的生命周期看，大数据技术生态主要有五个发展方向，包括数据采集与传输、数据存储、资源调度、计算处理、查询与分析。近年来，云计算、人工智能等技术的发展，还有底层芯片和内存端的变化，以及视频等应用的普及，都给大数据技术带来新的要求。未来大数据技术会沿着异构计算、批流融合、云化、兼容 AI、内存计算等方向持续更迭，5G 和物联网应用的成熟，又将带来海量视频和物联网数据，支持这些数据的处理也会是大数据技术未来发展的方向。

3. 应用场景

营销分析、客户分析、内部运营管理，是企业大数据应用场景最广泛的三个领域。

4. 合规监管

数据道德和隐私是个人、组织和政府日益关注的问题。2018 年 5 月，欧盟正式实施《通用数据保护法案》(简称 GDPR)，其中扩大了用户数据保护范围、以用户所在地确定数据管辖范围、规定用户享有数据遗忘权等，大大增强了对用户的数据保护，同时也增加了大数据公司的运营成本，并可能在未来助推数据垄断等。

### 3.9.2 施工大数据组成及特点

建筑施工行业是信息密集的产业，有着海量数据的积累和沉淀。在建筑施工的各阶段，不仅涉及建筑产品本身的数据，还涉及相关的人、财、物、进度、成本、质量、安全等多方面的数据，包括项目的工程量数据、建材价格数据、设备产品数据、企业资质数据、产品质量评估数据等。随着建筑施工行业信息化的发展，特别是近年来BIM 技术的应用，越来越多的信息被积累起来，这些信息如果能作为大数据加以利用，不仅可以提高建筑施工行业的监管和服务水平，也能够大大提高企业的管理水平，并带来显著的经济效益。建筑施工大数据具有大数据的“5V”特性，如表 3-22 所示。

**建筑施工具有大数据的“5V”特性**　　表 3–22

| 特征 | 描述 |
|---|---|
| 体量巨大（Volume） | 人、机、料等产生大量数据，包括视频、图片等非结构化数据 |
| 种类多样（Variety） | 数据来源广泛、数据类型丰富、数据形式多样 |
| 快速处理（Velocity） | 人员、机械、物料等变动大，强调时效性，需快速处理 |
| 低价值密度（Value） | 数据存在缺失、错误、冗余等现象 |
| 真实直观（Veracity） | 人员、机械、物料等真实发生且可视 |

在建筑施工领域的实际应用中，以下四类数据应用较多，如表 3-23 所示。

**建筑施工相关的大数据**　　表 3–23

| 分类 | 来源 | 数据名称 | 数据内容 |
|---|---|---|---|
| 业务数据 | 建设项目 | 项目信息 | 名称、编号、分类、投资额、建筑面积、抗震、车位数、可研、设计、勘察、监理、竣工报告 |
| | | 建筑模型 | 名称、高度、层数、层高、开工竣工日期、设计施工监理单位名称、面积、用途 |
| | | 构件信息 | 构件类型、编码、标高、施工单位、施工日期、保修日期 |
| | | 设备信息 | 设备序列号、型号、安装日期、保修单位、保修日期、资产标识 |
| | | 产品信息 | 名称、分类编码、型号、制造商、安装日期、保修日期、保修单位、资产标识 |
| | 施工过程 | 施工人员 | 考勤、工作量、进出场、人员基本信息 |
| | | 财务信息 | 人力成本、物料成本、收入利润、融资贷款 |
| | | 物料能源 | 钢筋、水泥、砖头的数量或重量、型号、消耗、水、电、燃气的运行监测、消耗 |
| | | 工程进度 | 施工进度、与计划差异 |
| 行业知识数据 | 行业规则 | 行业知识 | 设计规范、算量规则 |
| | 行业工艺 | 工艺工法 | 平纵线形、横断面、缝隙间距等 |
| | 政府监管 | 四库一平台 | 企业、项目、人员、征信等 |
| 物联网数据 | 人员 | 工地人员 | 安全隐患、位置、行动路径、事故隐患、求助 |
| | 机械 | 运输车辆、施工设备 | 车辆识别、载重、安全隐患；运行状态、故障检测、启动次数、运行时间、定位、轨迹、油耗、温度等 |
| | 环境 | 施工环境、自然环境 | 场地安全隐患、消防隐患、一氧化碳 / 瓦斯浓度、粉尘浓度<br>能见度、风向、光照、温度 |
| 用户数据 | 用户 | 用户反馈 | 用户的反馈数据、运维数据 |

1. 业务数据

在建筑设计、施工、运维的过程中，可以积累下来建筑图纸、建筑模型以及工程文件等，这些数据在经过授权和脱敏后，可以作为数据源来支撑大数据的研究以及在建筑施工领域中其他方面的应用。

2. 行业知识数据

建筑施工行业知识、标准和规范，是可以公开获得的数据，比如设计规范、算量规则等，也是建筑施工领域大数据、人工智能等功能开发的重要支撑。

3. 物联网数据

施工工地的视频监控、人车识别、设备机械传感器等物联网数据，经过汇总后集中展现，对施工场地管理、安全防范、进度安排等有着重要的支撑作用。

4. 用户数据

用户的反馈数据，可以通过系统反馈收集回来，作为产品设计、软件功能以及模型算法改进的输入。

目前，建筑施工领域的大数据应用还不成熟，主要有以下几个方面原因。

1. 建筑施工数据类型多，处理困难、交互效率低

建筑物的结构数据，造价的经济数据，安装工程的工艺数据，耗材的材料数据，建筑施工、运维期间的管理数据等不同类型的数据组成了建筑的全生命周期；还包括道路、隧道和桥梁等基础设施。这些建筑施工数据类型不同、格式不同，导致进行集中统一的存储、分析、应用、交互的技术难度较大；而且这些数据的交互不仅发生在各专业之间，也发生在项目的各个阶段之间，管理协同的难度也较大。

2. 建筑施工数据总量大

几十万种建筑材料的属性、价格、保存方式等信息，各种施工机械的使用、保养信息，各种传感器的读数信息等，这些信息的数字化将产生大量的数据。例如，2016 年的施工项目数量约 68 万，平均一个建筑生命周期产生 10 T 级别数据，一年产生 6.8EB 数据，这么大的数据量，依靠以前的数据存储、提取、装载技术难以满足需求。

3. 建筑施工数据收集难

由于建筑施工项目具有地域性的特征，地理上的隔离使得不同项目之间的数据统筹操作困难。建筑施工领域的数据种类繁多，每一种数据的产生和收集都需要对应专业的人员进行操作，各类数据由于专业上的记录形式，软件格式所造成的数据壁垒，使得同一个项目的不同数据只能分散生成和存储，对这些数据进行统一收集、汇总，比较困难。

4. 建筑施工数据需要面对不同区域的法律规范

除了国家级的建筑业法律法规与规范，各个省或地区也有着自己结合地方情况的法律法规和建筑业规范，这些规范和法规的不同，使得建筑施工数据进行汇总、分析、应用过程中，存在较大的困难。

### 3.9.3　施工大数据用途及价值

建筑施工行业的大数据应用，首先需要将所需施工数据收集、存储、分析等，需要建设一个类似建筑行业数据仓库的系统，对汇聚的建筑模型、BIM 模型、图纸数据、施工现场数据、用户数据等进行汇总、存储、清洗、比对、融合，形成一套完整、准确、融合、可用的大数据集。

建筑施工行业数据仓库建设之后，可以对其中的大数据进行应用及展示。将建筑施工数据汇总加工，形成不同的大数据主题应用，为施工项目管理提供支撑，如图 3-86 所示。这个大数据平台，可以对接多个厂商、多个设备、多个格式的数据源，满足项目观摩的需求，支持项目领导、项目管理人员、业务人员的日程管理需求。平台也支持移动端，领导层在手机等移动终端上可以进行浏览查看，同时项目一线人员可通过手机、终端设备直接采集数据，平台组件指标可随时更新。

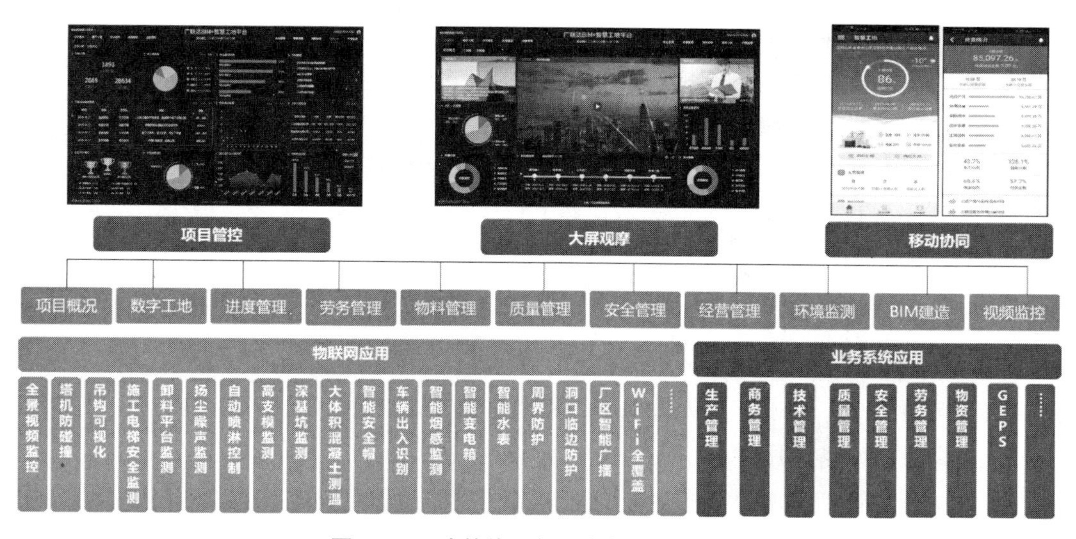


**图 3–86　建筑施工行业大数据应用平台**

从宏观、横向角度（行业、企业、产品）施工大数据的主要用途包括以下几方面。

1. 提升行业监管与服务水平

大数据的应用，可以推动建筑行业深化“放管服”改革，有助于建立基于大数据的建筑市场管理体系。在建筑施工行业的各项管理工作过程中，产生和积累了大量的企业数据、人员数据、工程项目数据和诚信数据，这些数据对于建设主管部门开展监管和服务工作具有重要价值。

2. 驱动企业数字化变革，增强经营管理能力

通过企业内部建立的数字化企业平台，将本企业项目的生产、管理等信息数据纳

入实时动态监控范围，增加项目透明性，对偏离目标的项目及时采取有效措施，在整个企业范围内实现资源有效配置、有问题快速解决，这有助于实现企业的数字化转型、生产的有效管理。大数据应用，将引领工程项目的全过程变革和升级，将有效提升项目管理水平和交付能力，实现建筑产品、建造过程的全面升级。

3. 数据产品与服务的商业化

建筑领域数据量大、分散，而且具有时效性、经常变动，数据的收集和整理比较困难。因此，对建筑领域某细分场景的数据进行收集整理，打包形成标准的产品与服务，进行商业化销售运营，将是一个潜在市场。

从微观、纵向角度（人、机、料、环、财等生产要素）施工大数据的主要用途包括以下几方面。

1. 提升劳务管理水平

将大数据应用在劳务管理中，通过信息系统、物联网设备等技术手段，对工人信息进行有效采集，并对积累的数据进行分析和应用，将极大地提升企业劳务管理水平。比如，工人进场时采集其基本信息，既满足行业管理部门现场实名制的管理要求，同时这些基本信息在后续项目管理过程中可以支撑深入应用。这些基本信息与出勤、工资发放信息结合，能支撑企业劳务结算，又能保障企业和工人双方利益，避免产生劳务纠纷；与安全教育、安全巡查、不良行为记录等信息结合，可以对工人的现场安全生产进行有效管控，避免和降低安全风险；与质量数据结合，能够掌握工人的生产结果信息，实现对工人的质量管控和有效追溯；与 BIM、进度、成本等进行结合，能积累企业的用工消耗数据，为编制企业定额提供人员消耗量支撑；与现场消费数据、行为数据进行关联，可形成人员的行为数据；综合所有信息可以全面完成工人评价体系，构建用工诚信体系，从根本上提升项目精细管理水平。

2. 提高机械设备利用率

在机械设备管理方面，很多企业面临设备、机械闲置的问题，包括设备闲置率高、内部的设备协同无法实现、无法透明化地在线交易、设备维护保养与项目的需求不对称、设备备件储备与实际需求不匹配、无法实现对社会上设备的再次使用等诸多问题。利用大数据技术，收集这些设备、机械的状态数据，结合行业知识，对大数据进行分析、治理与优化，可以有效地提高这些设备的利用率，从而节省企业设备购买租用费用、物流成本等。

3. 提高物料管理水平

在建筑工程成本构成比例中，物料成本占绝大部分。物料管理涉及的范围较广泛，精细化物料管理是企业物料成本控制、产品品质保障、综合效益提升的关键。大数据技术，由于有丰富的历史资料的支持以及强大的自我学习能力，能从物料进场、半成品加工、现场耗用及工程实体核算的整个生命周期中，卡住各个环节的关键点，排除人为因素、堵塞管理漏洞，从粗放管理向精细化方向迈进，用真实、准确的业务数据来支撑管理决策，助力成本管控。

4. 提升自然环境保护及施工环境安全监测

通过对施工环境的安全隐患监测，包括有害气体检测、安全隐患如消防隐患、施工设施安全隐患排查等，汇总这些大数据进行展示、预警，可以减少事故发生，保证施工人员安全等。大数据利用智能远程技术手段，成本更低、效率更高，更有助于项目管理者形成准确的判断，因而可以提高自然环境保护、施工安全环境保护的质量和效率。

5. 提升成本管控水平

通过建立财务大数据分析模型，充分利用项目成本相关的海量业务数据，按业务板块、地区、重大工程等维度进行分类、汇总，对“人、机、料”等核心成本要素进行分析，挖掘出关键成本管控指标并利用其进行成本控制，从而实现工程项目成本管理的过程管控和风险预警。随着成本数据库的数据采集，一方面可以作为成本数据保存，另一方面可以通过数据平台的各项分析，对标、验证和提炼各项数据，从而指导公司或个人做出正确决策，以达到更大限度的成本管控。

## 3.10　物联网技术

### 3.10.1　物联网技术基本概念与发展历程

物联网技术（Internet of Things，IoT）是指通过无线传感、射频识别、红外感应器、全球定位、传感器等，按约定的协议，把物品与互联网连接起来，进行信息交换和通信，以实现智能化识别、定位、跟踪、监控和管理的一种网络技术。物联网给物体赋予智能，实现人与物体的沟通和对话，也可以实现物体与物体互相间的沟通和对话。

从技术的角度物联网技术发展分为四个阶段：第一个阶段是单体互联，主要是射频识别（RFID）广泛应用于仓储物流、零售和制药领域；第二个阶段是物体互联，无线传感网络技术成规模应用，主要是应用于恶劣环境、环保和农业等领域；第三个阶段是半智能化，物体和物体之间实现初步互联，物体信息可以通过无线网络发送到手机或互联网等终端设备上，实现信息共享；第四个阶段是物体进入全智能化，最终形成全球统一的“物联网”。

### 3.10.2　物联网技术种类与特点

物联网技术应用于施工领域，其技术特点与其他行业有一定差异，主要包括以下几方面技术。

1. 射频识别技术

非接触式的无线射频识别（RFID）技术，由电子芯片、天线等重要部件组成，通常利用电子芯片存储标识对象的身份编码及属性，通过天线与阅读器进行信息交换，实现标识对象与系统之间的通信，完成身份识别。目前主要有低频、高频、超高频和微波等频段的电子标签，广泛应用于物流供应、产品追溯、电子防伪、生产制造、安防系统、人员跟踪、资产管理、建筑施工等众多领域。根据射频识别电子标签技术原理，又区分为有源、无源以及半有源标签。

2. 二维码技术

二维码又称二维条码，常见的二维码为 QR 码（Quick Response），是一个近几年来移动设备上非常流行的编码方式，它比传统的 Bar Code 条形码能存储更多的信息，也能表示更多的数据类型。建筑行业施工中，二维码在建筑原材料、装修装饰部品部件上面大量使用，使得上述被标识物品能够非常便捷地被识别。

3. 传感器技术

传感器是指能感受被测量并按照一定的规律转换成可用输出信号的器件或装置。建筑施工中大量应用的传感器如：结构安全监测（应变计、土压力、测斜、沉降等）传感器、机械设备运行状态监测传感器、环境监测传感器等。

4. 物联网终端设计技术

物联网终端是物联网中连接传感网络层和传输网络层，实现采集数据及向网络层发送数据的设备。物联网终端担负着数据采集、初步处理、加密、传输等多种功能。建筑行业施工中，大量使用终端设备，譬如塔式起重机监控主机、施工升降机监控主机、网络硬盘录像机、多通道结构安全监测采集终端等，将采用物联网终端设计技术，对传统设备进行升级改造，从而达到信息化施工要求。

5. 无线通信技术

无线通信（Wireless communication）是利用电磁波信号可以在自由空间中传播的特性进行信息交换的一种通信方式。受施工现场临时部署、布线不方便等因素影响，建筑行业施工中大量应用 2G/3G/4G 技术、无线网桥、WiFi 等无线通信技术传输相关数据。

6. 移动互联网技术

移动互联网，是指互联网的技术、平台、商业模式和应用与移动通信技术结合并实践的活动的总称，是将移动通信和互联网二者结合起来，成为一体。建筑施工过程中，项目管理人员以及施工人员等以移动式办公为主，因此，基于移动互联网技术设计的移动端项目管理软件、实测实量工具、项目浏览器工具等非常适合。

### 3.10.3 施工物联网典型设备

根据物联网技术的具体应用场景，典型设备有不同种类，且可以有不同的组合方式。

1. 有源 ID 芯片

安装于 PC 构件预埋槽里，为构件全过程监管提供可无线扫描的身份识别信号，且可以回收重复使用，如图 3-87 所示。

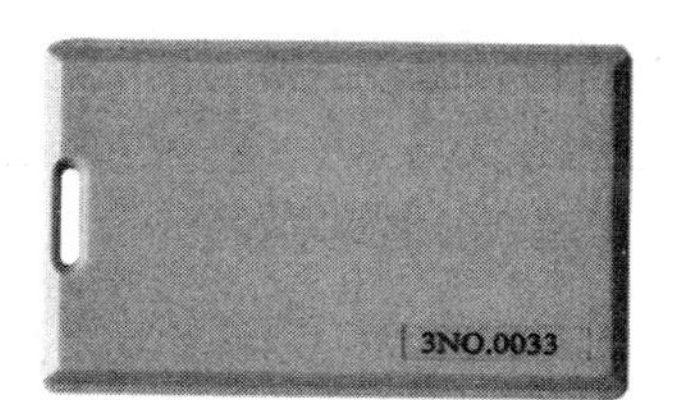


图 3-87　有源 ID 芯片

主要技术指标如表 3-24 所示。

有源 ID 芯片的主要技术指标　　表 3-24

| 序号 | 参数 | 数值 | 备注 |
|---|---|---|---|
| 1 | 可靠识别距离 | 最远 80m（可调） | |
| 2 | 工作频段 | 2.45 ~ 2.458GHz | |
| 3 | 射频功率 | ＜ 1mW | |
| 4 | 协议标准 | 自有协议 | |
| 5 | 工作模式 | 只读 | |
| 6 | 工作温度 | −30 ~ 70℃ | |
| 7 | 工作湿度 | ＜ 90% | |
| 8 | 材料 | ABS+PC | |
| 9 | 电池配置 | 扣式锂锰电池 | |

2. 可调式手持读写器

可调式手持读写器通过蓝牙接口与手机相连，用于无线扫描 PC 构件身份识别 ID 芯片信号，使得操作人员快速锁定或批量盘点附近构件，从而执行 PC 构件监管业务流程，如图 3-88 所示。

图 3-88　可调式手持读写器

主要技术指标如表 3-25 所示。

可调式手持读写器主要技术指标 表 3-25

| 序号 | 参数 | 数值 | 备注 |
| --- | --- | --- | --- |
| 1 | 可靠识别距离 | 最远 80m | |
| 2 | 工作频段 | 2.45 ~ 2.458GHz | |
| 3 | 协议标准 | 自有协议 | |
| 4 | 工作温度 | –30 ~ 70℃ | |
| 5 | 工作湿度 | < 90% | |
| 6 | 电池配置 | 可充电锂电池 | |
| 7 | 材料 | ABS+PC | |

3. 北斗定位终端

专用设备，能够直接与平台自动连接，随构件运输车辆，记录构件运输轨迹，如图 3-89 所示。

图 3–89 北斗定位终端

主要技术指标如表 3-26 所示。

北斗定位终端主要技术指标 表 3–26

| 序号 | 参数 | 数值 | 备注 |
| --- | --- | --- | --- |
| 1 | 工作电压 | DC3.7V | |
| 2 | 工作电流 | 60mA ~ 80nA@3.7V | |
| 3 | 定位方式 | 北斗 + 基站 | |
| 4 | 充电电压 / 电流 | 5V/500mA | |
| 5 | 定位误差 | < 10m（此数据供参考，定位误差与车辆所在区域地形及时间等因素有关联） | |
| 6 | 通信网络 | GPRS | |
| 7 | 通信方式 | TCP | |
| 8 | 工作温度范围 | –25 ~ 75℃ | |
| 9 | 电池工作时间 | 3 年 | |

4. 无源读写器

无源读写器广泛应用于原材料仓库、车间等场合，用于盘点无源电子标签标识的物品信息，如图 3-90 所示。

图 3-90　无源读写器

主要技术指标如表 3-27 所示。

无源读写器主要技术指标　表 3-27

| | | |
|---|---|---|
| 物理参数 | 尺寸 | 220mm × 150mm × 43mm |
| | 重量 | 1.1kg |
| | 基材 | 铝钣金 |
| | 安装方式 | 壁挂固定式，竖直安装 |
| | 电源输入 | DC12V，1.5A |
| | 功耗 | 15W（典型） |
| | LED 指示 | Power, Ant1-2, Run |
| | 处理器 | Freescale MPC8308 |
| | 内存 | 128MB |
| | Flash | 16MB |
| | 芯片组 | PHY：Impinj R2000<br>MAC: AT91SAM7S-256 |
| | 湿度 | 10% ~ 85%，不结露 |
| | 工作温度 | –20 ~ 55℃ |
| | 存储温度 | –45 ~ 85℃ |
| | IP 等级 | IP42 |
| RFID 数据采集功能 | 工作频率 | 840 ~ 960MHz（可配） |
| | 调制方式 | FHSS 或定频（可配） |
| | 发射功率 | 10 ~ 32.5dBm（可配） |
| | 协议标准 | EPC C1 Gen2/ISO18000-6C<br>ISO18000-6B |

续表

| RFID 数据采集功能 | 密集型读取管理 | 软件配置，自动事件触发及事件管理 |
|---|---|---|
| | 天线接头 | 4 个 N 型天线接头 |
| | 以太网 | 1 × 10/100M Base-T（RJ-45） |
| | 串口 | 1 × RS485 |
| | GPIO | 2 × 输入，2 × 输出（光耦隔离）兼容开关量电平量 |
| 开发环境 | 操作系统 | Linux |
| | 开发接口 | 二进制流，C/C++/C# |
| 标准配件 | | 电源适配器，软件 Fixed Tool |

5. 无源电子标签

无源电子标签可以用于建筑材料、设备、仪器等资产管理系统中，用于标识，并可以使用读写器或者手持机远距离读取，如图 3-91 所示。

图 3–91　无源电子标签

主要技术指标如表 3-28 所示。

无源电子标签主要技术指标　　表 3–28

| 空中协议 | EPC Class1Gen2；ISO 18000—6C |
|---|---|
| 工作频率 | 902 ~ 928MHz（同尺寸有欧标可选，也可根据应用定制频率） |
| 芯片类型 | ImpinjM4QT 芯片、或 R6 芯片 |
| 芯片存储 | M4QT 芯片：EPC128bits，用户区间 512bits |
| 读写性能 | 可读可写（客户可往芯片内重复写入内容） |
| 数据保存 | 50 年 |
| 质保 | 1 年 |
| 主材 | ABS/ 高分子材料 |
| 产品尺寸 | 85mm × 20mm × 11mm |
| 定位孔尺寸 | 用于产品固定的定位孔直径 4.03mm，定位孔中心间距 76.5mm |
| 工作温度 | -25 ~ +70℃ |
| 保存温度 | -40 ~ +70℃ |
| 保存湿度 | 5% ~ 95% |

续表

| 安装方式 | 磁铁、螺栓、铝质铆钉、强力胶、双面背胶（不标配，可选购） |
|---|---|
| 产品重量 | 10g/ 只 |
| 包装 | 纸箱包装 |
| 表面颜色 | 灰黑色（1 万只以上可定制表面颜色） |
| 跌落测试 | 1m 高 200 次跌落测试通过 |
| 酒精测试 | 95% 浓度酒精测试通过 |
| 汽油测试 | 92 号汽油擦拭通过 |
| 高低温交变测试 | –40 ~ +70℃ 7 次高低温交变循环，共计连续 2d 测试通过 |
| RoHS | 通过，材料通过 SGS 认证 |
| IP 等级 | IP67 |
| 固定式读写器（金属上） | 6m 以上（4WEIRP，采用 Alien9900 固定式读写器，若其他读写器，读距可能会有差别） |
| 手持式读写器（金属上） | 4m 以上（采用 Alien9011 手持式读写器在室外空旷场合下的读距，若采用其他手持机，读距可能会有差别） |
| 极化方式 | 线极化 |
| 射频性能 | 100% 测试及通过（采用芬兰 VoyanticTagformace 测试仪） |

6. 塔式起重机监控设备

塔式起重机监控设备广泛应用于建筑施工过程中监控塔式起重机实时运行状况，如图 3-92 所示。

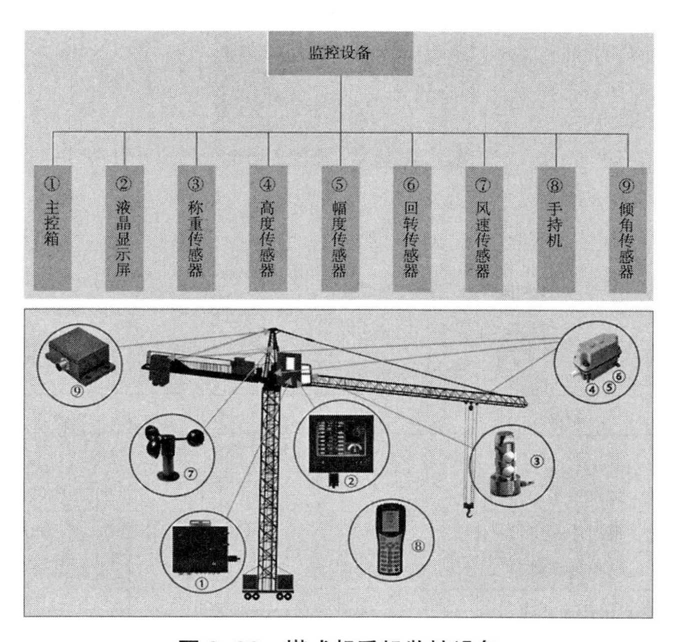


图 3–92　塔式起重机监控设备

塔式起重机监控设备主要技术指标如表 3-29 所示。

塔式起重机监控设备主要技术参数　　表 3-29

| | | |
|---|---|---|
| 主机 | 输入电压 | AC 100 ~ 240V |
| | 输入电流 | 0 ~ 1.5A |
| 报警控制 | 声光报警 | |
| | 16 路继电器输出控制 | |
| 称重传感器 | 额定载荷 | 300kg |
| | 灵敏度 | 1 ± 0.2mV/V |
| | 允许温度范围 | −10 ~ +80℃ |
| 高度、回转和幅度传感器 | 采用电位器行程传感器 | |
| | 传动比 | 1：46 / 1：274 / 1：453 |
| | 工作温度 | −40 ~ +55℃ |
| | 机械转角 | 360° 连续 |
| 风速传感器 | 测量范围 | 0 ~ 70m/s |
| | 分辨率 | 0 ~ 0.1m/s |
| | 启动风速 | ≤ 0.5m/s |
| | 工作温度 | −60 ~ +50℃ |

7. 自动采集单元

自动采集单元作为结构检测系统的自动采集终端，应用非常广泛，如图 3-93 所示。

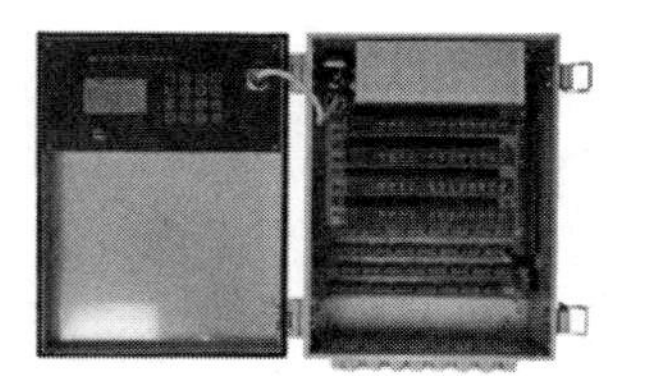

图 3-93　自动采集单元

主要技术指标如表 3-30 所示。

主要技术参数　　表 3-30

| 符号 | 名称 | 单位 | 最小 | 典型 | 最大 |
|---|---|---|---|---|---|
| 激励特性 | | | | | |
| Rout | 交流输出阻抗 | Ω | — | 0.4 | — |
| Ishort | 输出短路电流 | mA | 22 | 30 | 50 |
| Vpp | 输出电压峰值 | V | 13.5 | 15 | 16.5 |
| RL | 允许最小不失真负载 | Ω | 200 | 600 | ∞ |
| Tshout | 允许短路时间 | s | — | — | ∞ |

续表

<table>
<tr><th>符号</th><th>名称</th><th>单位</th><th>最小</th><th>典型</th><th>最大</th></tr>
<tr><td colspan="6">接收特性</td></tr>
<tr><td>Rin-1</td><td>负端输入阻抗</td><td>Ω</td><td>$10^4$—1.0%</td><td>$10^4$</td><td>$10^4$+1.0%</td></tr>
<tr><td>Rin-2</td><td>正端输入阻抗</td><td>Ω</td><td>$10^4$—1.0%</td><td>$10^4$</td><td>$10^4$+1.0%</td></tr>
<tr><td>Rin-3</td><td>差模输入阻抗</td><td>Ω</td><td>$2 \times 10^4$—1.0%</td><td>$2 \times 10^4$</td><td>$2 \times 10^4$+1.0%</td></tr>
<tr><td>Cin</td><td>输入电容</td><td>pF</td><td>—</td><td>15</td><td>—</td></tr>
<tr><td colspan="6">工作频率范围（Hz）</td></tr>
<tr><td>第一段</td><td>第二段</td><td colspan="2">第三段</td><td colspan="2">通扫</td></tr>
<tr><td>450 ~ 2000</td><td>2000 ~ 3000</td><td colspan="2">3000 ~ 5000</td><td colspan="2">450 ~ 4000</td></tr>
<tr><td colspan="2">电源电流</td><td colspan="4">100mA（典型值）</td></tr>
<tr><td colspan="2">单只传感器测量时间</td><td colspan="4">5s</td></tr>
<tr><td colspan="2">频率测量精度</td><td colspan="4">0.1Hz</td></tr>
<tr><td colspan="2">温度测量精度</td><td colspan="4">0.2℃（-50 ~ 70℃），1℃（70 ~ 90℃），2℃（90℃以上）</td></tr>
</table>

### 3.10.4 物联网技术施工阶段主要用途和价值

工程项目应推进物联网技术在施工阶段应用，进行实时数据采集、监测、跟踪、记录，随时随地获取相关信息。主要应用包括以下几个方面。

1. 预制构件全过程信息管理

从预制构件深化设计开始，基于物联网技术记录构件加工、工厂堆放、道路运输、现场堆放、现场安装，直至运营维护。

2. 塔式起重机监控

塔式起重机监控利用传感器技术、物联网终端设计技术、无线通信技术、大数据云储存技术，实时采集塔式起重机运行的载重、角度、高度、风速等安全指标数据，并将上述数据实时传输至系统，从而实现实时现场和远程超限报警、区域防碰撞及大数据分析功能。

3. 施工升降机监控

施工升降机安全监控基于传感器技术、物联网终端设计技术、无线通信技术、大数据云储存技术等技术研发，高效率地完整实现施工升降机实时监控与声光预警报警、数据远传功能，并在司机违章操作发生预警、报警的同时，自动终止施工升降机危险动作，有效避免和减少安全事故的发生。

4. 能耗监控

基于物联网技术，监管监控供电侧和用电侧数据，并通过对数据的计算和处理来分析判断，实现用电安全专业化和统一管理，在发生预警和故障时，及时断电并通知平台，起到及时发现电气隐患和避免火灾等更大险情的作用。

5. 安全监测

基于物联网技术，通过应变计、土压力盒、锚杆应力计、孔隙水压计、测斜仪等智能传感设备，实时监测在基坑开挖阶段、支护施工阶段、地下建筑施工阶段及竣工后周边相邻建筑物、附属设施的稳定情况，承担着对现场监测数据采集、复核、汇总、整理、分析与数据传送的职责，并对超警戒数据进行报警，为设计、施工提供可靠的数据支持。

6. 环境监控

基于物联网技术，构建工程环境监控系统，可有效监控建筑工地扬尘污染和噪声。环境监测主要包括项目现场 PM2.5、温度、噪声、风力等环境要素，并联动现场喷淋设备，实现自动喷淋。

## 3.11 建筑机器人

### 3.11.1 建筑机器人基本概念与发展历程

建筑机器人包括“广义”和“狭义”两层含义，广义的建筑机器人囊括了建筑物全生命周期，包括勘测、施工、运维、清拆、保护等相关的所有机器人设备，涉及面广泛，常见的保洁、递送、陪护等服务机器人，以及管道勘察清洗、消防等特种机器人都可纳入其中。狭义的建筑机器人指与建筑施工作业密切相关的机器人设备，其涵盖面相对较窄但具有显著的工程化特点，如测量机器人、砌墙机器人、切割机器人、焊接机器人、墙面施工机器人、3D 打印建筑机器人、可穿戴辅助施工机器人、混凝土喷射机器人、拆除机器人等。将机器人技术引进到建筑业，通过机器替代或协助人类的方式，达到改善建筑业工作环境、提高工作效率的目的，最终实现建筑物营建的完全自主化。本书讨论的是“狭义”建筑机器人。

建筑机器人的开发应用始于 20 世纪 80 年代，德国、美国、日本、瑞士、西班牙等国的建筑机器人发展迅速，此后，虽然欧美等发达国家对于建筑机器人的研究从未中断，但遗憾的是这些设备一直未能投入应用。直到近几年，才陆续有一些系统走出实验室，被应用于实际工程之中。世界上第一台建筑机器人诞生于墙体砌筑方面。1994 年，德国卡尔斯鲁厄理工学院研发了全球首台自动砌墙机器人 ROCCO。如今，建筑机器人已经初步发展成了包括测绘机器人、砌墙机器人、钢梁焊接机器人、混凝土喷射机器人、施工防护机器人、地面铺设机器人、装修机器人、清洗机器人、隧道挖掘机器人、拆除机器人、巡检机器人等在内的庞大家族。

随着建筑业产值逐年递增，建筑业所需人工多，劳动力短缺问题日趋严重，同时又面临着事故多发、施工标准一致性差、劳动力成本不断增加的压力，对建筑机器人的研发应用越来越受到人们的重视。

### 3.11.2　测量机器人

测量机器人是指用于工程测量环节，具备测量功能的机器人。一般来说，测量机器人特指 BIM 放样机器人，通过 BIM 模型高效完成放样作业。典型的用于测量行业的机器人还包括航测无人机、三维激光扫描仪等。

1. BIM 放样机器人

BIM 放样机器人是一种集自动目标识别、自动照准、自动测角与测距、自动目标跟踪、自动记录于一体的测量平台。其主要硬件包括全站仪主机、外业平板电脑、三脚架和全反射棱镜及棱镜杆。

BIM 放样机器人作为一种放样仪器，通过锁定和跟踪被动棱镜以控制测量数据，跟踪主要目标实现动态测量、放样和坡度控制。目前主要广泛用于工程施工的各专业领域，如土建、安装、钢结构等，包括控制放样、开挖线放样、混凝土模板和地脚螺栓放样、竣工核查、放样设计中的现场坐标点、放样排水管及通风管道和导管架的墙线等，主要技术性能如表 3-31 所示。

BIM 放样机器人的主要技术性能　　表 3-31

<table>
<tr><td>参数</td><td>角度测量精度（标准偏差）</td><td>角度显示（最小计数）</td><td colspan="2">距离测量精度（棱镜模式）</td><td colspan="2">距离测量精度（棱镜模式）</td><td colspan="2">距离测量精度（棱镜模式）</td><td colspan="2">距离测量精度（DR 模式）</td></tr>
<tr><td>性能大小</td><td>1"（0.3mgon）</td><td>0.1"（0.01mgon）</td><td colspan="2">$2mm+2\times10^{-6}$（标准）</td><td colspan="2">0.8mm+1ppm（标准偏差）</td><td colspan="2">5mm+2ppm（跟踪）</td><td colspan="2">$3mm+2\times10^{-6}$（标准测量）</td></tr>
<tr><td>参数</td><td>距离测量精度（DR 模式）</td><td>时间测量精度（棱镜模式）</td><td colspan="2">时间测量精度（棱镜模式）</td><td colspan="2">时间测量精度（棱镜模式）</td><td colspan="2">时间测量精度（DR 模式）</td><td colspan="2">时间测量精度（DR 模式）</td></tr>
<tr><td>性能大小</td><td>$10mm+2\times10^{-6}$（跟踪）</td><td>2.5s（标准）</td><td colspan="2">0.4s（跟踪）</td><td colspan="2">2.5s/ 每次测量（平均观测）</td><td colspan="2">3 ~ 15s（标准）</td><td colspan="2">0.4s（跟踪）</td></tr>
<tr><td>参数</td><td>测程（棱镜模式）</td><td>测程（棱镜模式）</td><td>测程（棱镜模式）</td><td>测程（棱镜模式）</td><td colspan="3">测程（DR 模式）白色卡 90% 反射</td><td colspan="3">测程（DR 模式）灰色卡 18% 反射</td></tr>
<tr><td>性能大小</td><td>3000m（单棱镜）</td><td>5000m（单棱镜长测程模式）</td><td>7000m（棱镜长测程模式）</td><td>1.5m（最短测程）</td><td>大于 150m（良好）</td><td>150m（正常）</td><td>70m（困难）</td><td>大于 120m（良好）</td><td>120m（正常）</td><td>50m（困难）</td></tr>
</table>

BIM 放样机器人在总放设点多、工期紧、精度要求高的大型项目优势明显。因为传统测量放线外业一般至少需要三人的测量小组，还需内业进行大量数据预处理，测量中需要进行多次安置，多次调平，费时费力，还无法保证精度。而使用 BIM 放样机器人后改变了外业工作方式和工作流程，只需一人独立完成，后台不需要大量的数据处理，同时还能保证测量精度。与普通全站仪相比，BIM 放样机器人初期设备投入增加，但使用效益显著，如表 3-32 所示。

BIM 放样机器人与普通全站仪效益对比表　　表 3-32

| 项目 | 仪器 | 效率 | 效益分析 |
| --- | --- | --- | --- |
| 内业取点 | 普通全站仪 | 算一个点并记录约 10min，CAD 标注并记录一个点约 1min，用 Revit 模型标注并记录一个点约 1min，且有约 1% 的一次错误率 | 内业取点可节约大量时间 |
| | 放样机器人 | 取点并导入，约 15 个点 /min，且没有错误 | |
| 放点放线 | 普通全站仪 | 三人小组平均每天（8h）放控制点 15 ~ 20 个 | 假设总放设点数为 10000，放点放线节约时间：10000/20–10000/50=300 工作日，且节约 1 个测量员 |
| | 放样机器人 | 两人小组平均每天（8h）放控制点 45 ~ 50 个 | |
| 测量 | 普通全站仪 | 三人小组平均每天（8h）放控制点 75 ~ 100 个 | 节约 1 个测量员 |
| | 放样机器人 | 两人小组平均每天（8h）放控制点 75 ~ 100 个 | |
| 偏差分析 | 普通全站仪 | 将数据导出后，人工将点坐标反馈到 CAD 图纸；1 个点 /min，且约有 1% 的一次错误率 | 偏差分析节约大量时间 |
| | 放样机器人 | 实际测量数据直接反馈到电子图纸：$n$（取决于实测点位梳理）点 /min，且没有错误 | |

BIM 放样机器人的工作原理如下：

（1）从 BIM 模型中设置现场控制点坐标和建筑物结构点坐标分量作为 BIM 模型复合对比依据，在 BIM 模型中创建放样控制点；

（2）在已通过审批的 BIM 模型中，设置点位布置，并将所有的放样点导入 BIM 放样机器人软件中；

（3）进入现场，使用 BIM 放样机器人对现场放样控制点进行数据采集，即刻定位放样机器人的现场坐标；

（4）通过平板电脑选取 BIM 模型中所需放样点，指挥机器人发射红外激光自动照准现实点位，实现“所见点即所得”，从而将 BIM 模型精确地反映到施工现场。

2. 航测无人机

无人机航测通过无人机低空摄影获取高清晰影像数据生成三维点云与模型，实现地理信息的快速获取。效率高，成本低，数据准确，操作灵活，可以满足测绘行业的不同需求，大大地节省了测绘人员野外测绘的工作量。

无人机按照飞行平台构型分，主要分为固定翼无人机、多旋翼无人机、复合翼无人机，如图 3-94 所示。固定翼相较于多旋翼续航时间长，飞行速度快，适合大面积作业，在农林、市政、水利、电力等行业应用更多，主要技术参数如表 3-33 所示；旋翼机较固定翼而言，起降场地限制小，适合需要高精度成果的行业，如交通规划、土地管理、建筑 BIM 等方面，主要技术参数如表 3-34 所示；复合翼无人机，又称垂直起降固定翼，兼具固定翼长航时、低噪声、可滑翔等优势和多旋翼飞机垂直起降的优势，主要技术参数如表 3-35 所示。

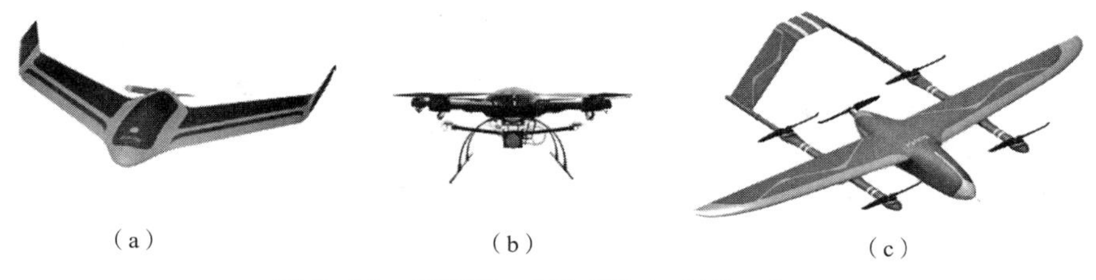

图 3-94　固定翼、多旋翼和复合翼无人机

（a）固定翼；（b）多旋翼；（c）复合翼

航测固定翼无人机一般技术参数　　表 3-33

| 相机 | 单相机（像素一般 2400 万，3600 万，4200 万） | | |
|---|---|---|---|
| 类型 | 固定翼 | 续航时间 | 不小于 90min |
| 机身长 | 1000mm | 翼展 | 1.5m |
| 机身高度 | 130mm | 巡航速度 | 80km/h |
| 包装尺寸 | 98cm × 36cm × 46cm | 最大航程 | 120km |
| 起飞重量 | 3.4kg | 精准伞降范围 | 10m 半径圆内 |
| 材质 | 航空 EPO | 抗风能力 | 不小于 6 级风 |
| 电池 | 单 6s 电池 | 海拔升限 | 4000m |
| 寻机模块 | GPS/GSM 寻机功能 | — | — |
| 飞行模式 | 手抛起飞（可弹射起飞），15m 超低空精准伞降，全自动驾驶自主飞行、驾驶仪辅助飞行、实时航点飞行、地图指点飞行、一键返航降落 | | |
| 故障保护 | GPS 失效报警 / 保护、电池低压报警 / 保护、通信中断报警 / 保护 | | |
| GNSS 接收机 | 卫星类型：L1/L2 GPS，L1/L2 Glonass，B1/B2 BeiDou<br>定位频率：20Hz<br>定位精度：5cm<br>信息频率：915M（FHSS）<br>安全通信距离：5 ~ 20km（视距范围）<br>发射功率：1W | | |
| 航测精度参数 | 标配相机：全画幅，4200 万像素<br>标配镜头：35mm 定焦<br>最大分辨率：1.5cm<br>无像控测绘成果绝对精度（典型），平面：5cm<br>高程：10cm<br>相对正射影图 /3D 模型精度<br>水平：1-3X GSD<br>垂直：1-5X GSD<br>成图精度：（比例尺）1 ： 500 ~ 1 ： 2000 | | |
| 最易用最高效的单兵航测无人机<br>关键特点（易用、高效、专业）<br>1. 可单人作业，手抛起飞，90min 续航，单次可飞 $60km^2$，每天可飞 $240km^2$。<br>2. 三系统七频 RTK/PPK，融合飞控数据，精度更高。<br>3. 超低空精准伞降，免除降落烦恼。<br>4. 超高姿态稳定度，降低重叠度需求，降低内业处理难度。<br>5. 模块化设计，维护方便 | | | |

航测六旋翼无人机一般技术参数　　表 3–34

| 类型 | 六旋翼 | 带标准载荷续航时间 | 不小于 55min |
|---|---|---|---|
| 相机 | 单镜头相机 | 双镜头相机 | 五镜头相机 |
| 轴距 | 1200mm | 带载起飞重量 | 不小于 6kg |
| 机架 | 碳纤维复合材料 | 巡航速度 | 5 ~ 10m/s |
| 机臂结构 | 伞折 + 快拆桨 | 最大平飞速度 | 15m/s |
| 外形尺寸 | 宽 1.76m × 高 0.4m | 海平面爬升率 | 2m/s |
| 特殊设计 | 双飞控 | 抗风能力 | 不小于 5 级风 |
| 电池组 | 单电或双电 | 海拔升限 | 2000m |
| 载荷重量 | 不小于 3kg | 自主巡航距离 | 不小于 10km |
| 云台 | 两轴或三轴或五镜头 | 遥控距离 | 3km |
| 飞行模式 | 自主 / 遥控起降、自主 / 遥控飞行、驾驶仪辅助飞行、实时航点飞行、地图指点飞行、遥控器飞行、一键返航降落 | | |
| Google 地图支持 | 是 | | |
| 故障保护 | GPS 失效报警 / 保护、电池低压报警 / 保护、通信中断报警 / 保护，含 GSM 寻机功能 | | |

航测复合翼无人机一般技术参数　　表 3–35

| 相机 | 单镜头、双镜头和五镜头等设备 | | |
|---|---|---|---|
| 类型 | 垂直起降固定翼 | 带标准载荷续航时间 | ≥ 150min |
| 机身设计 | 机长 1480mm，<br>翼展 2500mm | 最大起飞重量 | 12kg |
| 机架 | 玻璃钢碳纤维复合材料 | 最大速度 | 30m/s |
| 机臂结构 | 机臂快拆 + 快拆桨 | 巡航速度 | 20m/s |
| 航线控制精度 | ＜0.4m | 姿态角 | ＜5° |
| 轴距 | ≤ 1000mm | 抗风能力 | ≥ 10m/s |
| 差分 | 标配后差分 RTK/PPK | 海拔升限 | 5000m |
| 工作温度 | –20 ~ +75℃ | 单电池巡航半径 | ≥ 10km |
| 续航时间 | 单电池、标准任务载重，续航时间大于 50min；<br>空载续航不低于 60min | | |
| 设备特点 | 1. 一键起飞、一键降落、一键返航，以及指点飞行、绕点飞行；地面站系统可实现航线规划自主飞行；可一次规划任务分多架次飞行。<br>2. 可通过遥控器、地面站实时控制。<br>3. 高强度轻量化全碳纤维快拆快装机身，六轴架构，安全、稳定、高效。<br>4. 定制专用电机——稳定、可靠（7 × 24h 疲劳测试）。<br>5. 每组照片的高速连拍，支持市面上多款镜头相机（三镜头、五镜头等）。<br>6. 高集成度模块化设计，徒手短时间拆装，集成收纳，转运方便。<br>7. 任务续航时间 150min（轻型无人机单架次单电池倾斜任务续航时间），单架次航程业界领先，大于 175km | | |

航测无人机工作原理如下：

（1）现场勘察与像控点布设：现场勘察平原地区，布设像控点一般按照五点法、六点法、八点法进行；若是山区，像控点应布设在明显地带，采取较高区域加密像控点布设，其余均匀布设即可；若是河流地带，沿河道每隔一段距离均匀布设。

（2）航测范围确定：航线规划软件（地面站）的地图数据来源于谷歌地球，规划航线之前，在谷歌地球中确定项目航测范围，了解航测地貌，进行合理的飞行架次划分，优化航拍方案，提升作业效率。

（3）无人机航测作业：无人机搭载五镜头采集数据时，恒定速度拍照，采集数据包括 70% 重叠率的相片以及与之一一对应的 POS 数据，赋予相片丰富的信息，包括经纬度、高度、海拔、飞行方向、飞行姿态。

（4）航测数据后处理：采用 Smart 3D 软件完成后期的 GIS 数据处理。通过输入相机属性、照片位置、姿态参数、控制点等信息，在进行空中三角测量计算、模型重建计算后，输出相应 GIS 成果（包括正射影像、三维模型、点云等）。

（5）DP-Modeler、EPS 等模型精修及单体化处理。

通过无人机航测能快速得到下述成果：

（1）4D 生产数据（正射影像）：通过空三加密获得立体像对，之后使用三维眼镜进行立体采集，制作 DLG（数字线画图）比原先的人工测量效率提升了 5 ~ 15 倍，这是原先人工测量所无法实现的工作。

（2）实景建模：精确、形象地还原了现场施工状况，利于项目管理人员更全局观地掌握现场状况，为后续的工作安排和施工提供有效的数据分析，如：场地布置、道路规划方案比选分析、通视分析、敏感点影响分析等运用。这是原先人工测量无法获得的工作成果，划时代地更新了施工领域技术。

（3）土方施工量计算：通过无人机测绘可以快速得到山区、悬崖、戈壁、河网密布等危险、复杂区域的地形数据，快速、准确地得到项目面积、项目土方开挖量。避免了工作人员进入到危险区域进行人工数据测量，也节约了人工现场数据采集所需要的人员配置和时间成本。

（4）点云偏差数据监测：分时间段对基坑进行无人机航测，并生成三维点云数据模型，通过对不同时间段的三维点云数据模型进行比对，可快速得到基坑的变形数据，及时采取防护和修正措施。

无人机测量与传统 RTK 测量（实时差分定位）相比，精度也可达到 RTK 测量 3cm 的误差，初期投入设备较高，专业人员较少，但使用产生巨大效益，如表 3-36 所示。

无人机测量与传统 RTK 测量效益对比　　表 3-36

| 项目 | 仪器 | 效率 | 效益分析 |
|---|---|---|---|
| 外业测坐标 | 无人机 | 测 $0.25km^2$ 的地区任意 7000 个坐标点，航测外业半天、内业两天生成模型，模型上任意一个点坐标都会根据像控点定位生成 | 节约大概 12d，按测量员一天 200 元计算，节约 2400 元 |
| | RTK | 测 $0.25km^2$ 的地区，一个测量员利用 RTK 测量一个点坐标，大概 3min，7000 个点耗时 14.5d 左右 | |
| 山区测地形图 | 无人机 | 测量一座 200m × 200m × 300m 体积的山，并且生成地形图。外业 2d、内业 1d，共计 3d | 假设一个测区至少 5 座山头，一个山头平均节约 4d，共计 20d，测量员一天 200 元，节约 4000 元 |
| | RTK | 测量一座 200m × 200m × 300m 体积的山，测量员至少测 3000 个点，一个点 3min，加上爬山下山 0.5d，共计 7d | |
| 土方量测量 | 无人机 | $0.45km^2$ 航测中，无人机采集数据 0.5d，内业（生成模型、测量体积）2d，共计 2.5d | 节约 14d 左右，测量员一天 200 元，节约 2800 元 |
| | RTK | $0.45km^2$ 采集约 7000 个点坐标导入 CASS，测一个点 3min，内业 2d，共计约 16d | |

3. 三维激光扫描仪

三维激光扫描仪是通过发射激光来扫描获取被测物体表面三维坐标和反射光强度的仪器。三维激光扫描技术是通过三维激光扫描仪获取目标物体的表面三维数据，对获取的数据进行处理、计算、分析，进而利用处理后的数据从事后续工作的综合技术，具有快速、高密度扫描、多学科融合的特点。

三维激光扫描仪用电机作水平和垂直方向的旋转，用激光作为光源进行测距。在仪器内，通过一个测量水平角的反射镜和一个测量天顶距的反射镜同步、快速而有序地旋转，将激光脉冲发射体发出的窄束激光脉冲依次扫过被测区域，测距模块测量每个激光脉冲的空间距离，同时扫描控制模块控制和测量每个脉冲激光的水平角和天顶距，最后按空间极坐标原理计算出扫描的激光点在被测物体上的三维坐标。三维激光扫描技术可以直接获取各种实体或实景的三维数据，得到被测物体表面的采样点集合“点云”，具有快速、简便、准确的特点。基于点云模型的数据和距离影像数据可以快速重构出目标的三维模型，并能获得三维空间的线、面、体等各种实体数据。

三维激光扫描仪可以快速、精确地测得大体量、异形曲面、复杂外表、超高层、超深基坑等复杂环境的三维空间数据，主要技术参数如表 3-37 所示。基于该优势可以做下述几项工作：建筑信息逆向建模（BIM）、虚拟设计与施工技术（VDC）、建筑预制件质量控制测量、质量控制、古建筑维护与修复、变形监测、工厂设计与工业测量、快速土方量计算等。

三维激光扫描仪主要技术参数 表 3–37

| 扫描原理 | 水平旋转基础上的竖直旋转镜 |
|---|---|
| 激光类型 | 超高速脉冲激光 |
| 扫描速度 | 1000000 点 /s |
| 测程 | 最小测距 0.6m，最大测距 340m |
| 激光等级 | 1 类 |
| 激光波长 | 1.5μm，不可见 |
| 测距误差 | 在 120m 距离时，测距误差 < 2mm，高精度模式，2 ~ 80m 范围内，测距误差 < 1mm（反射率在 18% ~ 90% 范围内） |
| 扫描视场角 | 360° ×317° |
| 测角精度 | 80 微弧度 |
| 双轴传感器 | 分辨率 3″，测程 ±10′，精度 0.5″ |
| 数据存储 | 即插即用 64GB USB 3.0 超高速 U 盘，品牌金士顿，速率≥ 300MB |
| 主机尺寸 | 335mm × 386mm × 130mm |
| 重量 | 11.0kg，含三角基座和电池 |
| 每块电池扫描时间 | > 2h，标配四块 |
| 防尘防水等级 | IP54 |
| 光线条件 | 整个测程范围内所有室内、室外光线条件（无光线条件限制） |
| 操作 | 扫描仪操作简单，支持暂停扫描和延时扫描功能 |
| 相机 | 通过内置相机采集物体纹理信息，由配套软件自动拼合并着色 |
| 电池 | Tx8 专用锂电池：10.8V，8.7AH |
| 三脚架 | TX8 专用测绘类三脚架，黄色、品牌天宝、升高 > 1.7m |
| 主机设备运输箱 | 长：630mm、宽：500mm、高：380mm，材质：黄色亚光有机材料，内置软性泡沫结构，符合航空托运要求 |
| 电池组运输箱 | 长：370mm、宽：370mm、高：200mm，TrimbleTX8 电池组专用运输箱，黄色亚光有机塑料材质 |
| 目标球（扫描仪拼接球） | 直径 145mm，拟合精度≥ 0.5mm，磁性底座球体为白色亚光高强度硬塑料结构 |

### 3.11.3 砌墙机器人

砌墙机器人是指具备墙体砌筑功能，能够将程序设定的不同砖块类型，按照程序设定的堆砌方法，整齐、快速地将砖块堆砌成一面墙的智能系统，具有移动方便、堆砌效率高、操作简单、便于维修等特点。现有砌墙机器人大多基于工业机械手改装而成，一般具有“移动平台 + 递送系统 + 机械手本体系统”的体系结构。移动平台分轨道式和自主移动式，保证机器人的移动并在一定范围内完成砌筑作业。递送系统包括砖块进料进给和水泥浆进料进给系统。砖块进料进给系统能够将散乱堆放的砖，依次有序地传送到机器手抓取的指定位置。水泥浆进料进给系统能够将水泥等材料，搅拌均匀，并能够在机械手抓取完砖块后，均匀地涂抹上水泥浆。每次涂抹的水泥浆的量，可以通过程序设定更改。机械手本体系统需要主要完成的动作是通过现场空间位置校准后，能够将砖块进料进给系统传送的砖块抓起，并移动到水泥浆进料进给系统口，涂抹上水泥浆，然后按照程序设定将砖块放置在指定的位置，并压紧。

砌墙机器人系统的典型代表有 SAM（semi-automated mason）系统、In-situ Fabricator 系统以及 Hadrian 砌筑机器人系统。

SAM 砌筑机器人系统的核心是一具配备夹具的通用工业机械手、一套砖料传递系统以及一套位置反馈系统。机器人采用轨道式移动机构，由于工作轨道需事先人工铺设，故工作范围及灵活性受到一定限制。SAM 运作时还须有两名工人帮忙，其中一位负责将砖块放上传送带，机器人随后通过喷头将水泥涂到砖块上，再用机械臂把砖块砌到相应位置，而另一位工人负责将墙上多余的水泥抹掉。SAM 系统的设计初衷并非完全替代工人工作，而在于配合工人提高砌筑作业的效率，故采用了半自主化的工作模式。SAM 系统已经商业化，在英国投入使用，售价约为 50 万美元。SAM 系统砌筑效率在 3000 块 /d（国内工人一般砌筑效率为 500 块 /d），与工厂流水线生产东西的机器人类似，只需要提前把图纸输入计算机，就可以 24h 不分昼夜地工作。虽然效率很高，但是目前砌墙机器人还只能完成简单的砌筑类工作，复杂的工作还需人工辅助完成。

In-situ Fabricator 是一套用于非确定环境下砌筑作业的全自主机器人系统，其主体由一个汽油机驱动的履带式移动平台顶置一具 6 轴 ABB 工业机械臂组成（40kg 有效荷载，250Hz 的控制速率），机械臂前端配置吸盘式抓取装置。该系统通过配置于机械臂前端的 2D 激光雷达获取环境信息，用于监测砌筑进程、构建工作环境 3D 模型并实现机器人的自定位。该系统还集成了移动机器人的自主导航技术，使其能够工作于存在障碍物的复杂施工环境，其自主性和智能化程度得到了提升。In-situ Fabricator 系统还处于研发阶段，由瑞士苏黎世国家能力中心的科学家研制，可根据用户需要建造异形结构，该系统可以不通过建造工厂来预制建筑构件，是直接在建筑工地上制造建筑构件的环境感知移动建筑机器人。其使用的必要条件包括：①控制和场地预估：一是在末端提供 1 ~ 5 mm 的定位精度；二是可以在建筑现场的当地部分内运作，区域之外的障碍物、人和不断变化的场景在这儿不影响性能；三是可以在常规非平坦的工地中作业；四是可以在有限的人为干预下操作。②大小和工作区域约束：一是区域之外可以达到标准墙的高度；二是可以穿过标准门（80cm 宽）；三是可以装在面包车上。③多功能性和定制化：一是可以配备不同的工具或末端执行器以执行各种建筑任务；二是有足够的有效负载来处理沉重和高度定制的数字制造末端执行器；三是可在狭窄的非通风空间内工作。④电源：可插入标准主电源；为施工阶段提供足够的电力，即使没有外部电源的地方。

Hadrian 系统基于履带式挖掘机平台改装而成，配备一具长达 28m 的两段式伸缩臂，沿臂敷设有砖块递送轨道，其末端配备砖块自动夹取 / 砌筑装置，用于抓取砖块并按照设定堆砌。该机器人系统可基于 CAD 3D 模型自主完成建筑物的营建，3D 计算机辅助设计系统可绘制出住宅形状和结构，机器人自动计算出每块砖应放置的位置。

Hadrian 砌筑机器人系统是卡车级别的 3D 打印机，能够以每小时 1000 砖的速度建造房屋或砖结构建筑。区别于传统使用水泥的建筑方式，Hadrian 系统使用建筑胶进行粘合，可以使建筑速度达到最快，而且还提高了热效率和建筑结构的强度，最终建筑物的保暖性能也最佳。

### 3.11.4　切割机器人和焊接机器人

切割机器人和焊接机器人主要用于建筑钢结构方面。切割机器人主要指建筑钢结构中实现钢材切割的自动化和智能化的机器人设备。焊接机器人是典型的工业机器人，是指用于工程施工环节，具备焊接功能的机器人。焊接机器人一方面要能高精度地移动焊枪沿着焊缝运动并保证焊枪的姿态；另一方面要在运动中不断协调焊接参数，如焊接电流、电弧电压、焊接速度、气体流量、焊枪高度和送丝速度等。

1. 切割机器人

切割机器人主要指建筑钢结构中实现钢材切割的自动化和智能化的机器人设备。钢材的切割方法有机械切割、火焰切割、水刀切割、等离子切割、激光切割等。火焰切割是目前施工现场最常用的切割方法，但火焰切割的速度慢、热变形大、割缝太宽、材料浪费、适合粗加工等，主要应用于以人工参与为主的传统粗放型钢结构施工中，不适用于钢结构智能化施工。激光切割受激光器功率和设备体积的限制，只能切割中、小厚度的板材和管材，而且随着材料厚度的增加，切割速度明显下降。

等离子切割很好地满足了钢结构智能化施工的要求。等离子切割是利用高能量密度的极细而高温的等离子弧对被切割金属材料进行加热熔化和蒸发，并借助高速等离子的动量快速排除熔融金属以形成切割槽的一种切割技术。等离子切割适用于各种金属材料的切割，其优点是切割效率高、切割面光洁、割缝窄、热影响区和热变形小等。在钢结构智能化施工中，将等离子切割技术与工业机器人结合，即可成为能自动完成切割、开洞、开坡口和锁口等多个加工工艺的切割机器人。

等离子切割机器人的技术性主要由两部分决定，机器人性能和等离子电源性能，主要技术性能如表 3-38 和表 3-39 所示。

**机器人的主要技术性能**　　　　表 3-38

| 型号 | /12S | 12 | /7L | /8L | /10MS | /10M |
|---|---|---|---|---|---|---|
| 控制轴数 | 6 | | | | | |
| 可搬运质量 | 12kg | | 7kg | 8kg | 10kg | |
| 动作范围（$X$，$Y$） | 1098mm，1872mm | 1420mm，2504mm | 1632mm，2930mm | 2028mm，3709mm | 1101mm，1878mm | 1422mm，2508mm |
| 重复定位精度 | ± 0.03mm | | | ± 0.04mm | ± 0.03mm | |
| 机构部质量 | 130kg | | 135kg | 150kg | 130kg | |
| 安装方式 | 地面、顶吊、倾斜角 | | | | | |

等离子电源的主要技术性能　　表 3-39

| 型号 | 单位 | LG-125HA | LG-200HA |
|---|---|---|---|
| 输入电源 | V/Hz | 3 ~ 380V ± 15%<br>50/60Hz | 3 ~ 380V ± 15%<br>50/60Hz |
| 额定输入电流 | A | 36.7 | 57.3 |
| 额定输入功率 | kW | 18.0 | 33.4 |
| 额定输入容量 | kVA | 24.1 | 37.7 |
| 空载电压 | V | 320 | 360 |
| 功率因数 | — | 0.74 | 0.88 |
| 效率 | % | 89.5 | 90 |
| 额定负载持续率 | % | 100（40℃） | 100（40℃） |
| 额定切割电流电压 | A / V | 125/130 | 200/150 |
| 电流调节范围 | A | 30 ~ 125 | 40 ~ 200 |
| 引弧方式 | — | 非接触引弧 | 非接触引弧 |
| 使用保护气体 | — | 空气 | 空气 / 氮气 |
| 使用等离子气体 | — | 空气 | 空气 / 氮气 / 氧气 |
| 使用气体压力 | MPa | 0.4 ~ 0.6 | 0.4 ~ 0.6 |
| 质量切割厚度（低碳钢） | mm | 16 | 32（500mm/min） |
| 绝缘等级 | — | F | F |
| 等离子电源冷却方式 | — | 风冷 | 风冷 |
| 外壳防护等级 | — | IP21S | IP21S |

切割机器人对设备操作工提出了新的要求，传统的火焰切割技工已不能适应，需要对相关人员开展技术理论和现场实测培训。等离子切割与传统火焰切割相比，切割机器人初期设备投入较大，但使用更灵活和安全，切割质量好、加工效率高，综合效益明显，如表 3-40 所示。其中，火焰切割以一个班 8h 计算，每 8h 一瓶乙炔，2h 一瓶氧气，乙炔 80 元 / 瓶，氧气 15 元 / 瓶；等离子切割以 8kW 电源为例，割 20mm 以下板，成本每小时 8kW 用电，每班 62kW，以 0.6 元 /kWh 计，电费 37.2 元，电极和喷嘴每套 20 元左右（具体价格与所选用的等离子电源有关，国产电源价格便宜，进口等离子电源易损件价格相对高些），可工作 3h 左右。

切割机器人和火焰切割机对比表　　表 3-40

| 切割设备 | 特点 | 效率 | 成本分析 |
|---|---|---|---|
| 火焰切割机 | 速度慢、热变形大、割缝太宽、材料浪费等 | 切割速度为：500 ~ 600mm/min | 8h 工作成本：80 元 ×1 瓶 +15 元 ×4 瓶 =140 元 |
| 切割机器人 | 切割面光洁、割缝窄、热影响区和热变形小、切割效率高等 | 切割速度达到：700 ~ 3500mm/min | 8h 工作成本：62kW × 0.6 元 / kW+20 元 × 2.6=37.2 元 +52 元 = 89.2 元 |

2. 焊接机器人

焊接机器人根据其移动形式不同，可分为底座固定式和移动式两类。固定式焊接机器人（如焊接机械手）主要用于工厂车间内焊接作业，其特点是工作环境良好，操作及焊接任务简单，焊接质量容易保证，但焊接作业范围小，安装困难。移动式焊接机器人（如轨道焊接机器人和自主移动焊接机器人）既可用于工厂车间内，也可用于现场焊接作业，其特点是机构和控制复杂，工作环境恶劣，但机器人移动范围大，安装使用简单，搬运方便。

轨道焊接机器人是在固定轨道上移动并进行焊接作业的机器人，一般由固定轨道和移动焊接小车组成，轨道安装于焊接工件附近，焊枪固定于焊接小车上，实现焊接工件的自动焊接。根据轨道形式不同，可分为刚性导轨和柔性导轨焊接机器人。轨道焊接机器人轨迹重复好，调试方便，性能稳定，在国内外得到了广泛应用。但对于复杂形状的焊缝跟踪，轨道焊接机器人安装和调试困难，焊接效率低。

自主移动焊接机器人即无导轨焊接机器人在自动焊接过程中，不用预先安装导轨，焊接机器人根据焊缝跟踪传感器检测到的偏差信息，控制机器人的机构运动和焊缝跟踪。与轨道式焊接机器人相比，使用更方便，可以在各种工作表面自主移动，实现不同位置的自动焊接。目前，自主移动焊接机器人根据其行走机构不同，可分为履带式和轮式两大类。其中，轮式焊接机器人大多采用差速驱动，对工作环境要求较高，适应能力较差且负载能力小。但机器人机构简单，制造成本较低，运动灵活且控制精度高。履带式机器人多采用滑移转向，有些机器人为了增大吸附力，提高稳定性，增加了磁吸附装置，使机器人对工作表面的适应能力更强。但整个机器人机构及控制复杂，机器人运动灵活性较差，制造成本高。

焊接机器人的主要用途：一是满足技能要求的焊工短缺，人工成本高；二是高强度结构钢和大厚度钢材的广泛使用，对焊接工艺的要求越来越高，手工焊接或半自动焊接的质量一致性难以保证；三是钢结构制造存在波峰、波谷，机器人可以实现 24h 连续生产；四是通过提高效率、降低返修率、节约材料，机器人自动焊接可降低焊接的综合成本；五是机器人是实现制作过程自动化、信息化、智能化的有效手段。

焊接机器人的工艺特点可归纳为以下几个方面：①具有高度灵活的运动系统。能保证焊枪实现各种空间轨迹的运动，并能在运动中不断调整焊枪的空间姿态。②具有高精度的控制系统。其定位精度对弧焊机器人应至少达到 ±0.5mm，其参数控制精度应达到 1%。③可设置和再现与运动相联系的焊接参数，并能和焊接辅助设备（如夹具、转台等）交换相关信息。④能够方便地对焊接机器人进行示教，使产生的主观误差限制到很小的量值。

焊接机器人是一个具有高度自动化能力的系统，可以更多、更细致地控制参数变化，以便于取得良好的焊接质量。机器人焊接参数（表 3-41）主要包括两类：①常规的参数如电流、电压、焊接速度、送丝速度等，这类参数一般与自动焊接设备的要求相似，以工件现有的手工或自动焊参数为基础，进行必要的试验验证来取得。②机器人焊接中焊枪摆动参数可以自由设定，摆动参数设定内容丰富、灵活。摆动内容主要包括摆动频率、摆动方式、摆动幅度、停留时间、摆动角度等，其中如摆动方式中机器人可以设定圆摆动、一次函数、三角函数等多种摆动方式；摆动角包含了焊枪摆动开始相位、摆动平面与焊缝角度、焊枪倾斜角度等内容。

**焊接机器人的主要技术性能** **表 3–41**

| 型号 | | 湖南固运高机器人科技有限公司，KB1400-06 | 上海众平科技有限公司，M-10iA/12 | 川崎机器人（天津）有限公司，BA006N |
|---|---|---|---|---|
| 应用范围 | | 弧焊 | 弧焊 | 弧焊 |
| 安装方式 | | 地面、悬挂 | 地面、倒吊、倾斜安装 | 地面、悬挂 |
| 自由度 | | 6 | 6 | 6 |
| 最大负载 | | 6 kg | 12 kg | 6kg |
| 最大伸缩范围 | | 1400 mm | 1420 mm | 1445 mm |
| 重复定位精度 | | 0.05 mm | ± 0.08 mm | ± 0.05 mm |
| 运动范围 | J1 | ± 160° | 340° /360° | ± 165° |
| | J2 | +110°，–70° | 250° | +150°，–90° |
| | J3 | +65°，–120° | 445° | +45°，–175° |
| | J4 | ± 150° | 380° | ± 180° |
| | J5 | +105°，–110° | 380° | ± 135° |
| | J6 | ± 320° | 720° | ± 360° |
| 最大关节速度 | J1 | 201.9° /s | 230° /s | 240° /s |
| | J2 | 198.3° /s | 225° /s | 240° /s |
| | J3 | 198.3° /s | 230° /s | 220° /s |
| | J4 | 296.2° /s | 430° /s | 430° /s |
| | J5 | 197.5° /s | 380° /s | 430° /s |
| | J6 | 247.2° /s | 720° /s | 650° /s |
| 惯量（N · m） | J4 | 9.8 | 22 | 12 |
| | J5 | 9.8 | 22 | 12 |
| | J6 | 4 | 9.8 | 3.75 |
| 惯性力矩（kg · $m^2$） | J4 | 0.3 | 0.65 | 0.4 |
| | J5 | 0.3 | 0.65 | 0.4 |
| | J6 | 0.05 | 0.17 | 0.07 |
| 质量 | | 185 kg | 130 kg | 150 kg |
| 环节条件 | 温度 | 0 ~ 45℃ | 0 ~ 45℃ | 0 ~ 45℃ |
| | 湿度 | 20% ~ 80% | < 75% | 35% ~ 85% |

典型的钢构件机器人焊接系统如柱牛腿焊接系统，系统由两台弧焊机器人（天吊）、两台焊接电源、两台一轴笼式开口变位机、两台天吊三轴移动装置、一套离线编程系统、一套智能编程软件组成。系统采用双工位，可以实现一个工位组对、另外一个工位机器人焊接，减少装卸工件、组对等辅助时间，使机器人能够连续焊接。采用双机器人，可以提高单位占地面积的作业效率，并可以实现双机器人对称焊接、包角焊接，提高效率，减少焊接变形。与手工焊接相比，柱牛腿焊接系统效果明显，可以提高生产效率、降低焊接工人数量、节省生产费用。生产某工件效果对比分析如表 3-42 所示。

**柱牛腿焊接系统效果分析**　　　表 3-42

| 项目 | 1 根柱子的纯焊接时间（h） | 1 根柱子的生产时间（h） | 每月生产柱子数量（26d）（根） | 每月同产量需要的人工数（人） | 每月同产量需支付费用（元） |
|---|---|---|---|---|---|
| 两人手工焊接 | 2.6 | 6.5 | 63 | 8 | 64000 |
| 两台机器人焊接 | 2.6 | 3.25 | 130 | 2 | 49000 |

### 3.11.5　墙面施工机器人

墙面施工机器人是具备板材铺贴、喷涂、清洗等功能的机器人，典型代表如板材安装机器人、喷涂机器人、清洗机器人等。

1. 板材安装机器人

典型的板材安装机器人系统由搬运机械手、移动本体、升降台和板材安装机械手组成，采用超声波、激光测距仪、双轴倾角传感器、结构光视觉传感器等进行板材姿态检测与调整控制，可保证板材安装的精度和可靠性。可面向大尺寸、大质量板材的干挂安装作业，可满足大型场馆、楼宇、火车站与机场等装饰用大理石壁板、玻璃幕墙、天花板等的安装作业需求。由河北工业大学与河北建工集团有限责任公司联合研制的板材安装机器人主要技术性能如表 3-43 所示。

**典型板材安装机器人主要技术性能**　　　表 3-43

| 型号 | C-ROBOT-1 |
|---|---|
| 最大承载能力 | 2t |
| 满载平移速度 | 8 km/h |
| 最大安装高度 | 5 m |
| 最大可操作板材尺寸 | 1 m × 1.5 m |
| 可操作板材质量 | 70 kg |
| 安装精度 | 0.1 mm |
| 安装需求人员 | 2 人 |
| 工作效率 | 较传统作业方式可提高约 30 倍 |

2. 喷涂机器人

喷涂机器人又叫喷漆机器人（spray painting robot），是可进行自动喷漆或喷涂其他涂料的工业机器人。喷漆机器人主要由机器人本体、计算机和相应的控制系统组成，液压驱动的喷漆机器人还包括液压油源，如油泵、油箱和电机等。多采用 5 或 6 自由度关节式结构，手臂有较大的运动空间，并可作复杂的轨迹运动，其腕部一般有 2 ~ 3 个自由度，可灵活运动。较先进的喷漆机器人腕部采用柔性手腕，既可向各个方向弯曲，又可转动，其动作类似人的手腕，能方便地通过较小的孔伸入工件内部，喷涂其内表面。喷漆机器人一般采用液压驱动，具有动作速度快、防爆性能好等特点。

手工喷涂、往复式自动喷涂机和喷涂机器人的特性比较如表 3-44 所示。喷涂机器人的主要优点：①柔性大。工作范围大。②提高喷涂质量和材料使用率。③易于操作和维护。可离线编程，大大缩短现场调试时间。④设备利用率高。喷涂机器人的利用率可达 90% ~ 95%。

**手工喷涂、往复式自动喷涂机和喷涂机器人的特性比较　　表 3–44**

| 项目 | 手工 | 往复机 | 机器人 |
|---|---|---|---|
| 生产能力 | 小 | 大 | 中 |
| 被涂物形状 | 都适用 | 与喷枪垂直的面 | 都适用 |
| 被涂物尺寸大 | 不适用 | 适用 | 中 |
| 被涂物尺寸小 | 适用 | 不适用 | 适用 |
| 被涂物种类变化 | 适用 | 适用 | 需示数 |
| 涂抹的偏差 | 有 | 有 | 无 |
| 补漆的必要性 | 有 | 有 | 无 |
| 不良率 | 中 | 大 | 小 |
| 涂料使用量（产生的废弃物） | 小 | 大 | 小 |
| 设备投资 | 小 | 中 | 大 |
| 维护费用 | 小 | 中 | 大 |
| 总的涂装成本 | 大 | 中 | 小 |

喷涂机器人已在部分工程中得到应用，通过施工现场的实际应用，对比传统抹灰施工进行分析计算如下：

假定人工抹灰每班 6 个技工、4 个辅工，在 8h 工作、抹灰厚度 2mm 的作业条件下，按人均抹灰 70m$^2$/d 计算，施工效率为 70 × 6=420m$^2$/d。在相同工作时间、人员投入、抹灰面积和厚度的情况下采用机器人喷涂抹灰，根据设备 2.0m$^2$/h 的排量、连续喷涂率 80%，机械喷涂抹灰的工作效率为 2 × 8 × 80%/0.02=640m$^2$/d。

机器人喷涂抹灰较传统人工抹灰每天增加 220m$^2$，这相当于至少 3 个熟练技工一天的工作量，在提高生产效率的同时有效地节约人工。如果按单层面积 1680m$^2$ 折算，人工抹灰施工工期为 1680/420=4d，机器人喷涂抹灰工期约为 1680/640=2.6d，平均单层节约工期 1.4d 左右。由此可得出每万平方米抹灰面积可节约 1.4 ÷ 1680 × 10000=8.3d。

采用机器人喷涂抹灰技术，具有以下优势：

（1）节约砂浆运输的人工，减轻劳动强度，实现了砂浆运输的零损耗，节约了材料。

（2）设备的工作可由电阀或气阀控制，喷嘴处设置气阀。喷涂作业人员可以通过喷嘴处的气阀控制设备的工作状态，即关即停，即开即作，方便快捷。

（3）砂浆均匀高压喷射到墙面上，确保了墙面抹灰的密实度、粘结强度，解决了抹灰施工的空鼓、开裂等质量问题。

3. 爬壁清洗机器人

壁面清洗爬壁机器人属于移动式服务机器人的一种，可在垂直壁面或顶部移动，完成其外表面的清洗作业。建筑爬壁清洗机器人实现清洗作业的自动化，大大降低高层建筑的清洗成本，改善工人的劳动环境，提高生产效率，降低人工清洗危险性。机器人能够在壁面上自由移动并且进行作业，必须具备三大机能，即吸附机能、移动机能、作业机能，爬壁机器人主要按吸附和移动机能来进行分类。按照吸附机能分类，爬壁机器人可分为：真空吸附、磁力吸附和推力吸附三类，三种吸附方式的具体比较如表 3-45 所示。

**爬壁机器人三种吸附方式比较**　　表 3–45

| 吸附方式 | | 优点 | 缺点 |
|---|---|---|---|
| 真空吸附 | 单吸盘 | 结构简单，允许有一定程度的泄露 | 吸盘无冗余性，一旦断电本体将丧失吸附能力 |
| | 多吸盘 | 吸盘尺寸小，密封性好，断电时有一定的冗余度 | 壁面如有凹凸或裂缝，则将会有真空泄露 |
| 磁力吸附 | 永磁式 | 维护吸附力不需要耗电能，安全可靠 | 步行时磁体与壁面离合需很大的力 |
| | 电磁式 | 磁体与壁面的离合容易 | 维持吸附力需要耗电能，电磁体本身很重 |
| 推力吸附 | | 无泄露问题，对壁面形状、材质适应性强，越障容易 | 控制复杂、噪声大、体积大、效率低 |

真空吸附是通过真空发生装置，使吸盘内腔产生负压，机器人利用吸盘内外的压力差贴附在壁面上。真空吸附法由于不受壁面材质的限制，适应范围广，但当壁面凹凸不平时吸盘容易漏气，从而吸附力下降，承载能力降低。

磁力吸附法要求壁面必须是导磁材料，但它结构简单、吸附力大，对壁面的凹凸适应性强，不存在真空吸附法的漏气问题，因而当壁面材料导磁时，使用磁力吸附式爬壁机器人有它突出的优点，磁力吸附法又分为永磁体和电磁体两种产生磁力的方式。

推力吸附借鉴了航空技术，使用螺旋桨或涵道风扇产生合适的推力，使机器人稳定、可靠地贴附在壁面上，并在壁面上移动。这种吸附方式具有壁面适应性好、越障容易等优点，但控制系统复杂。

爬壁机器人常用的驱动方式有液压驱动、气压驱动和电机驱动三种类型。这三种方法各有所长，各种驱动方式的特点如表 3-46 所示。

**三种驱动方式的特点对照** **表 3–46**

| 内容 | 驱动方式 | | |
|---|---|---|---|
| | 液压驱动 | 气压驱动 | 电机驱动 |
| 输出功率 | 很大，压力范围为 50 ~ 140Pa | 大，压力范围为 48 ~ 60Pa | 较大 |
| 控制性能 | 利用液体的不可压缩性，控制精度较高，输出功率大，可无级调速，反应灵敏，可实现连续轨迹控制 | 气体压缩性大，精度低，阻尼效果差，低速不易控制，难以实现高速、高精度的连续轨迹控制 | 控制精度高，功率较大，能精确定位，反应灵敏，可实现高速、高精度的连续轨迹控制，伺服特性好，控制系统复杂 |
| 响应速度 | 很高 | 较高 | 很高 |
| 结构性能及体积 | 结构适当，执行机构可标准化、模拟化，易实现直接驱动。功率/质量比大，体积小，结构紧凑，密封问题较大 | 结构适当，执行机构可标准化、模拟化，易实现直接驱动。功率/质量比大，体积小，结构紧凑，密封问题较小 | 伺服电动机易于标准化，结构性能好，噪声低，电动机一般需配置减速装置，除 DD 电动机外，难以直接驱动，结构紧凑，无密封问题 |
| 安全性 | 防爆性能较好，用液压油作传动介质，在一定条件下有火灾危险 | 防爆性能好，高于 1000kPa（10 个大气压）时应注意设备的抗压性 | 设备自身无爆炸和火灾危险，直流有刷电动机换向时有火花，对环境的防爆性能较差 |
| 对环境的影响 | 液压系统易漏油，对环境有污染 | 排气时有噪声 | 无 |
| 在工业机器人中的应用范围 | 适用于重载、低速驱动，电液伺服系统适用于喷涂机器人、点焊机器人和托运机器人 | 适用于中小负载驱动、精度要求较低的有限点位程序控制机器人，如冲压机器人本体的气动平衡及装配机器人的气动夹具 | 适用于中小负载、要求具有较高的位置控制精度和轨迹控制精度、速度较高的机器人，如 AC 伺服喷涂机器人、点焊机器人、弧焊机器人、装配机器人等 |
| 成本 | 液压元件成本较高 | 成本低 | 成本高 |
| 维修及使用 | 方便，但油液对环境温度有一定要求 | 方便 | 较复杂 |

# 第4章　信息化施工工具软件

## 4.1　概述

信息化施工工具软件是指直接辅助软件使用人解决其专业、岗位或任务问题的软件。本书把常用信息化施工工具软件分为如下几个大类，后文按照用途和价值、主要功能、应用流程和操作要点等几个方面介绍每类软件，同时也简单介绍其中的常用软件。

1. 建模软件

工程信息模型是对项目进行分析、模拟、优化、决策的基础，建模软件是创建工程信息模型的软件，包括根据设计意图或图纸建模以及基于图像的实景建模两大类。

2. 可视化展示软件

项目信息可视化是高效、高质量辅助工程技术人员理解项目的有效手段，可视化展示软件包括图像、视频、虚拟现实成果输出等类型。

3. 深化设计软件

深化设计软件支撑工程技术人员结合现场实际情况，对设计方案、资料进行补充和完善，形成更具有可实施性的施工资料，指导现场施工。本书重点介绍基于BIM的深化设计软件，包括混凝土结构深化设计、装配式混凝土结构深化设计、钢结构深化设计、机电深化设计、幕墙深化设计、装饰装修深化设计等软件。

4. 施工场地布置软件

施工场地布置软件支撑工程技术人员对施工现场的道路交通、材料仓储、加工场地、主要机械设备、临时房屋、临时水电管线等作出合理的规划布置，并进行危险性分析、临建设施工程量计算、规范符合性检查等工作。

5. 施工模拟软件

施工模拟软件辅助工程技术人员建立施工模拟模型、设定模拟条件，对比分析模拟计算结果，预判施工条件、状况或问题。一般在施工难度大或采用新技术、新工艺、新设备、新材料时，应用施工模拟软件进行模拟和分析。

6. 工程量计算软件

工程量计算软件包括土建算量、钢筋算量、安装算量、钢结构算量、市政算量、装饰算量等软件。

7. 进度计划编制软件

进度计划编制软件支撑投标阶段和施工阶段的进度计划编制，一般具有横道图、双代号网络图、单代号网络图、一表双图等编制功能。

8. 施工安全计算软件

施工安全计算软件一般包括脚手架工程、塔式起重机基础、临时设施工程、混凝土工程、钢结构工程、降排水工程、起重吊装工程、垂直运输设施、土石方工程、冬期施工、基坑工程等安全计算功能。

9. 模板脚手架软件

模板脚手架软件一般包括结构建模、架体布置、计算复核、分析统计等功能。

10. 资料软件

资料软件包括智能评定、统计汇总、打印输出、云端协作等模块和功能。

## 4.2 建模软件

### 4.2.1 建模软件基本情况

建模软件是进行三维设计的重要辅助工具，将各类建筑构件通过三维形体表达出来，让设计人员、施工人员更容易理解设计目的以及建筑构件的空间关系。

建模软件基于三维图形技术，支持对三维实体进行创建和编辑，一般支持常见建筑构件库。BIM 建模软件包含梁、墙、板、柱、楼梯、管线、管件、设备等建筑构件，以及模架、塔式起重机、板房、围墙等施工机械设备和施工措施模型元素，用户可以应用这些内置或定制构件库进行快速建模。建模软件大都支持三维数据的信息交换，可以通过一定的数据交换标准或格式进行信息传递，使相关数据为其他软件所用。

随着复杂程度高、造型独特的工程项目越来越多，传统的二维设计图纸越来越不能满足施工深度的需要。通过建模软件将二维图纸变成三维模型或直接使用上游环节提供的三维模型，一方面可以通过三维定位信息充分表达工程实体；另一方面，从设计传递到施工，三维模型可以让施工人员更好地理解设计意图，减少施工过程中的偏差。同时，在施工建模的过程中，也可以发现设计过程中的问题，在复杂造型、复杂节点、管线集中等情形下，模型比图纸表达更直观。

现有的建模方式主要包括人工建模、CAD 识别建模和三维点云建模。

1. 人工建模

利用软件提供的建模功能手动进行模型的创建，主要用于在项目前期设计阶段、施工图纸未完成的阶段或者是没有电子 CAD 图纸的既有建筑，人工进行构件定位及整体模型的创建。还有一种情况是有 CAD 图纸，建模时间也比较充裕，也可以用人工建模的方式按照图纸进行建模，有利于理解图纸、发现问题、提高模型质量。

2. CAD 识别建模

利用 CAD 图纸识别的技术，将二维图纸信息转化为三维构件，此方式的建模效率会比手工建模高。但是此方式对图纸的规范性要求比较高，转化的模型准确性比人工建模低，需要人工进行模型的检查。因此，比较适用于有 CAD 图纸、项目建模时间比较紧的情况，可以提高建模效率，如项目投标阶段的建模。

3. 三维点云建模

通过激光扫描已经建成的建筑等方式，形成点云文件，然后通过对点云的处理创建成三维模型。此模型仅有外表皮，无法拆分成单独的构件，且没有附带模型信息。目前，常使用在无图纸的既有建筑建模，以及在施工过程中对已经施工完成的建筑部分进行定位扫描，与设计模型的定位进行对比，找出偏差部位，便于后续施工的纠偏。一般是用于钢结构、幕墙与混凝土结构定位的检查。

### 4.2.2 常用建模软件

按专业和建模方法划分，建模软件主要分为土建建模软件、机电建模软件、钢结构建模软件、幕墙建模软件、点云处理软件等，不同专业应用的软件各有特色。各类常用建模软件如表 4-1 所示。

常用建模软件　　表 4-1

| 专业软件 | 介绍 | 常用软件名称 |
| --- | --- | --- |
| 土建建模软件 | 三维建模软件，有直观可视化的特点，直接创建出墙、梁、板、柱、门窗、装饰等三维形体，包含模型创建、出图、计算、出实物量等功能，支持国际通用接口 IFC 文件。也可以进行简单的钢结构、幕墙模型的创建 | Revit、PKPM、品茗 HiBIM、Graphisoft Archi CAD、Bentley、鸿业 BIMspace |
| 机电建模软件 | 可以将管道、风管、桥架、设备等进行三维建模，直观体现各专业管线间的关系，包含建模、优化、出图、计算、出量等功能 | Revit、PKPM、Bentley、品茗 HiBIM、广联达 MagiCAD、鸿业 MEP-GPS、ReBro |
| 钢结构建模软件 | 针对钢结构的专业建模软件，可以创建钢结构模型，并且对节点进行细化，支持节点深化出图及钢材用量统计 | Tekla、Bentley Prosteel、Advance Steel |
| 幕墙建模软件 | 能够灵活创建异形形体，可以提取每个点位的三维坐标，方便施工定位，支持幕墙节点深化出图及材料工程量的统计 | Catia、Rhino |
| 点云处理软件 | 支持数码照片、无人机拍照和激光扫描等现实环境原始数字资源的处理，通过导入、查看、处理以及转换点云数据，创建三维点云数据或三角网 Mesh 模型，与其他 BIM 软件结合，为 BIM 应用提供更广阔的应用场景 | Autodesk Recap360、Bentley Pointools、天宝、Altizure、Photometric、Photoscan、PolyWorks |

建模软件可以根据项目特点和建造情况进行选择，既可以单机部署，也可以通过局域网进行协同工作。项目实施过程并不限于单一建模软件的应用，需要根据项目特点进行相应软件的选择，主要选用原则如表 4-2 所示。

项目建造情况分为三种：在建项目、拟建项目和既有建筑。针对这三种项目的模型创建，可以根据表 4-3 进行建模软件的选用。

依据项目特点选择建模软件的原则　　表 4-2

| 项目类型 | 项目建模复杂度 | 推荐选用软件 |
|---|---|---|
| 住宅 | 常规项目，建筑造型相对规整，建模难度低 | 土建建模软件、机电建模软件 |
| 商业综合体 | 无异形外立面的项目，建模难度低 | 土建建模软件、机电建模软件 |
| | 有异形外立面的项目，结构形式复杂（可能含钢结构、异形幕墙），建模难度高 | 土建建模软件、机电建模软件、钢结构建模软件、幕墙建模软件 |
| 公建 | 无异形外立面的项目，建模难度低 | 土建建模软件、机电建模软件 |
| | 有异形外立面的项目，结构形式复杂（可能含钢结构、异形幕墙），建模难度高 | 土建建模软件、机电建模软件、钢结构建模软件、幕墙建模软件 |

依据项目建造情况选择建模软件的原则　　表 4-3

| 项目类型 | 项目情况 | 推荐选用软件 |
|---|---|---|
| 在建项目 | 正在建造的项目，有 CAD 图纸 | 土建建模软件、机电建模软件、钢结构建模软件、幕墙建模软件 |
| 拟建项目 | 还未建造的项目，正在设计或者已有 CAD 图纸 | |
| 既有建筑改造 | 已经建好的项目，建造时间长，图纸不完整或不清晰 | 点云处理软件 |
| | 已经建好的项目，有 CAD 图纸 | 土建建模软件、机电建模软件、钢结构建模软件、幕墙建模软件 |

### 4.2.3 建模软件主要功能

1. 土建建模

土建建模软件主要包含以下功能：

（1）创建楼层标高，建立轴网进行辅助定位。

（2）通过手工建模或者 CAD 识别建模的方式，分别建立柱、墙、梁、板、门窗、基础、楼梯、坡道、电梯、粗装修等构件。

（3）对节点进行细化处理，添加模型构件信息，如材质、设计信息、施工信息、产品信息、构件特性等。

（4）对各层平面、立面、剖面、详图进行标注出图，如图 4-1 所示。

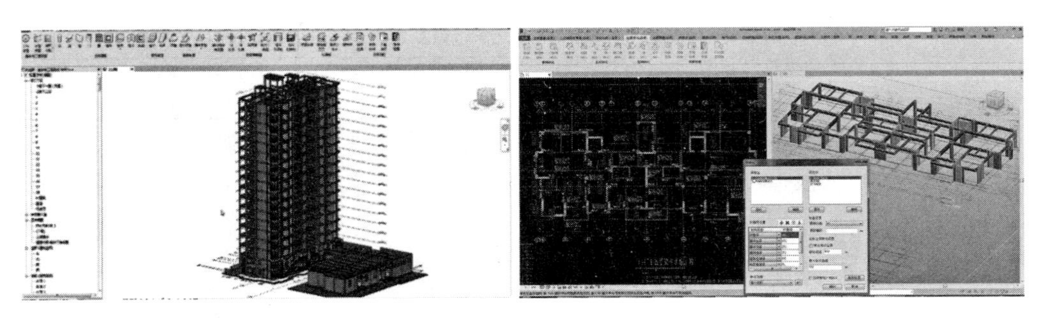

图 4-1　土建建模示例

2. 机电建模

机电建模分给水排水、暖通、电气专业进行模型创建，具体包含以下功能：

（1）创建楼层标高，建立轴网进行辅助定位。

（2）通过手工建模或者 CAD 识别建模的方式分专业建模。给水排水的管道、设备、管件、阀门附件等模型创建，暖通的风管、风口、风阀、风机、风管附件、设备等模型创建，电气的桥架、电缆、灯具、开关、插座、配电箱等模型创建。

（3）给水排水、暖通、电气等专业模型整合，进行管线综合优化。

（4）对综合平面和各专业平面进行标注出图，如图 4-2 所示。

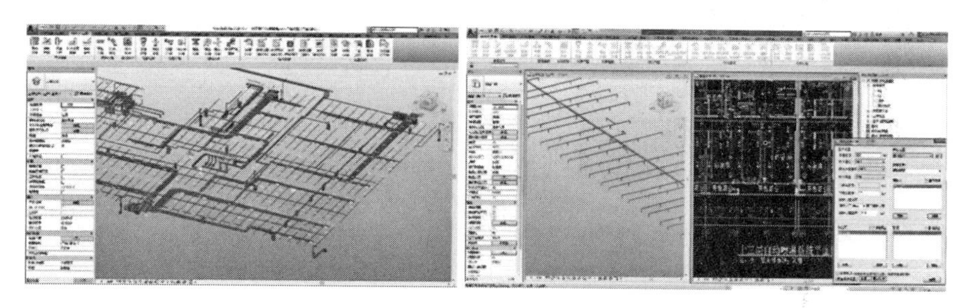

图 4–2　机电建模示例

3. 钢结构建模

钢结构建模的主要功能如下：

（1）确定结构整体定位轴线：建立结构的所有重要定位轴线，帮助后续构件建模快速定位。同一工程所有的深化设计必须使用同一个定位轴线。

（2）建立构件模型：每个构件在截面库中选取钢柱或钢梁截面，进行柱、梁等构件的建模，如图 4-3 所示。

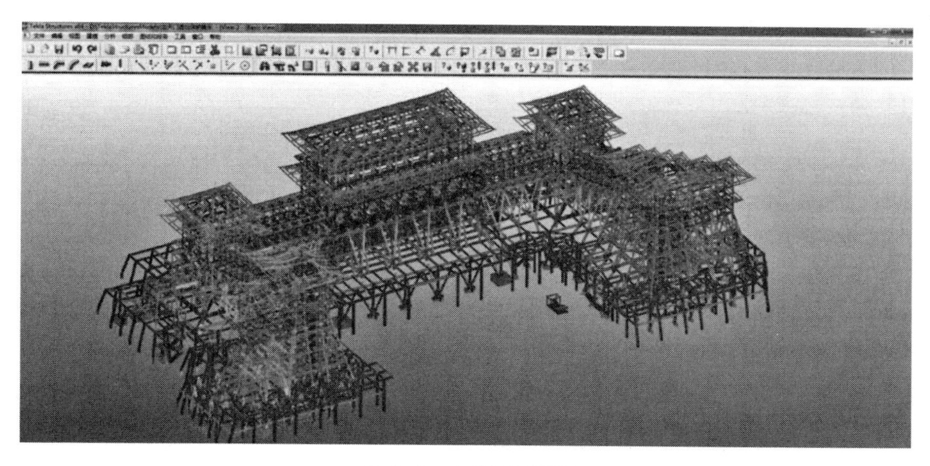

图 4–3　钢结构模型

（3）进行节点设计：钢梁及钢柱创建好后，在节点库中选择钢结构常用节点，采用软件参数化节点能快速、准确建立构件节点。当节点库中无该节点类型，而在该工程中又存在大量的该类型节点时，可在软件中创建参数化节点以达到设计要求。

（4）出构件深化图纸：软件能根据所建的三维实体模型导出图纸，图纸与三维模型保持一致，当模型中构件有所变更时，图纸将自动进行调整，保证图纸的正确性，如图 4-4 所示。

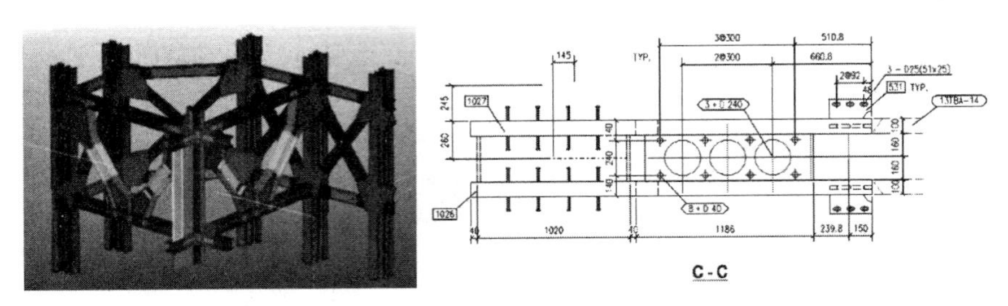


图 4–4　节点图和构件深化图纸示例

4. 幕墙建模

幕墙建模主要选择在土建模型的基础上进行细化补充设计及优化设计，如幕墙收口部位的设计、预埋件的设计、材料用量的优化、局部不安全及不合理做法的优化等。主要功能如下：

（1）根据形体创建幕墙表皮面，用表面分割功能对幕墙进行分割。软件提供的曲面创建工具，可以灵活生成各种曲面形式，通过参数调节可以快速实现幕墙分割。

（2）细化幕墙模块。根据幕墙构造形式对幕墙单元进行模型细化，包括龙骨节点、固定件等。同样节点细化可以拓展到相同的幕墙单元。

（3）幕墙节点位置输出。节点细化后固定节点位置，批量输出节点的三维坐标，用坐标法辅助指导施工。

（4）输出加工图。软件根据幕墙细化结果，直接生成加工图纸，如图 4-5 所示。

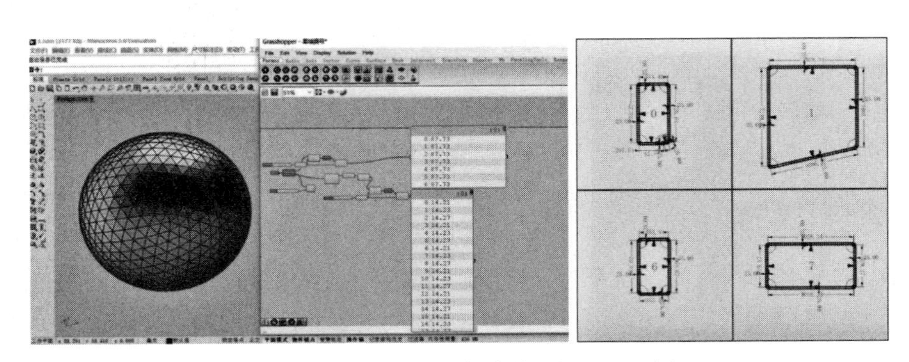

图 4–5　幕墙曲面和幕墙单元加工图示例

5. 点云处理

点云处理软件主要用于点云数据的处理及三维模型的制作。支持模型的对整、整合、编辑、测量、检测、监测、压缩和纹理映射等点云数据全套处理流程。主要功能如下：

（1）三维彩色图像可视化：三维图像的显示和隐藏、添加纹理和光照、消除三维图像显示阴影，对三维图像实现任意旋转、缩放、局部缩放等操作。

（2）三维图像的编辑与处理：对点云和模型进行多种选择、删除，对点云进行填补空洞、比例压缩数据、采样压缩、锁定数据、平滑数据（全部和局部）、消除噪声、整理数据内存、搜索边界、组整合、消除层差、镜像、缩放、调整坐标系等。

（3）三维图像的建模：采用三维点云型面数据进行拟合建模，主要建立的模型有特殊点、直线、坐标系、圆弧、平面、球面、柱面等。

（4）三维图像的计算：能够计算三维图像数据任意两点的距离（直线、弧面、投影），计算角度、半径，可以计算指定区域的体积和面积，能够获取任意方位一条或多条截面线，并能输出共用数据文件格式。

（5）三维图像的格式转化：针对不同需求的数据接口，能实现 ASC、IGS、STL、OBJ、WRL 等格式。这些文件能够在 Geomagic、Catia、3ds Max、UG、ProE、Imageware、PolyWorks、SolidWorks 等三维软件中编辑。

### 4.2.4　建模软件应用流程

1. 常用建模软件应用流程

建模软件主要操作流程如图 4-6 所示。

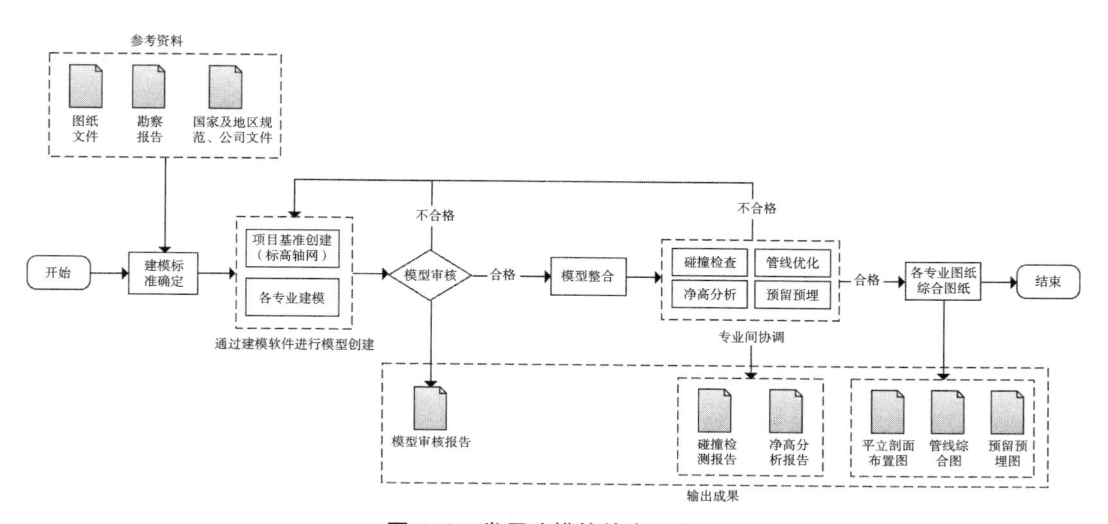


图 4-6　常用建模软件应用流程

建模软件操作要点如表 4-4 所示。

建模软件操作要点 表 4-4

| 主要步骤 | 操作要点 |
| --- | --- |
| 制定建模标准 | 制定项目整体的建模标准，主要包括模型的命名标准、审核标准及交付标准等。<br>选择适合项目的建模软件，确定软件及版本，提前做好规划，确保专业软件间兼容性，避免因兼容性问题而无法打开或丢失信息 |
| 各专业模型创建 | 创建项目基准，统一标准、轴网，方便模型整合。<br>根据项目大小和时间进度确定分工，按专业各自进行模型创建。<br>按照项目要求、设计规范等，进行土建、机电、钢结构、幕墙等专业模型的创建 |
| 模型审核 | 按照建模标准对各专业模型分别进行审核。<br>检查模型中不符合设计规范和施工要求的地方。<br>根据检查结果，整理模型审核报告，并进行模型修改 |
| 模型整合 | 选择较为通用的建模软件为整合软件，将各专业模型进行格式转换，确保模型信息和构件不会丢失。<br>将各专业模型导入整合软件时，确保基准点一致，按照项目基准进行模型整合。<br>整合完成后，检查模型的位置和标高是否正确，同时需检查各专业模型的构件和信息，确保模型完整地整合 |
| 专业间协调 | 碰撞检查：选择不同专业的模型进行碰撞检查，将有碰撞的地方进行修改，并整理成碰撞检查报告。<br>净高分析：主要是对楼层的净高进行检查，对不满足规范要求的地方进行优化，并整理成净高分析报告。<br>管线优化：将机电的各类管线进行排布优化，在满足规范和净高的前提下，对管线进行综合优化排布。<br>预留预埋：将管线优化好的机电模型和土建模型进行整合，确定洞口预留和套管预埋的位置。当机电模型有变动时，预留预埋的位置同时进行修改 |
| 出图 | 对各专业进行出图，包括平立剖面图、节点图及三维标注图。<br>根据管线优化结果，进行全专业的综合出图，确定各专业构件定位。<br>对预留预埋进行标注出图，注意套管类型和洞口定位。<br>导出以上各类图纸及相关模型 |

2. 实景建模软件应用流程

以 Altizure APP 软件的应用流程为例，介绍实景建模软件应用流程，如图 4-7 所示。

（1）数据采集

图像数据采集是指利用一系列传感器或者测量设备对三维立体的待测物体进行图像的数据采集，包含待测物体在地球坐标系中的空间位置等，如图 4-8 所示。支持图像数据采集的设备多种多样，如卫星摄影、无人机航测、相机、手机相机等一系列设备。在无人机航测方面，支持数据采集的软件有：Pix4D（Pix4D Capture）、Skycatch（Skycatch APP）、DroneDeploy（DroneDeploy APP）、Datumate（DatuFly）、PC GS Pro 以及 Altizure（Altizure APP）等。

（2）数据预处理

数据预处理是指将获取到的数据进行一系列的整理，比如影像拍摄时的 pose 数据要和图片准确对应、外方位元素的处理等，为三维建模计算过程做好准备，也就是如何准备输入数据的步骤。支持图像数据预处理的软件有 Inpho、Pix4D Mapper、Context Capture、PhotoScan 以及 Altizure 等。

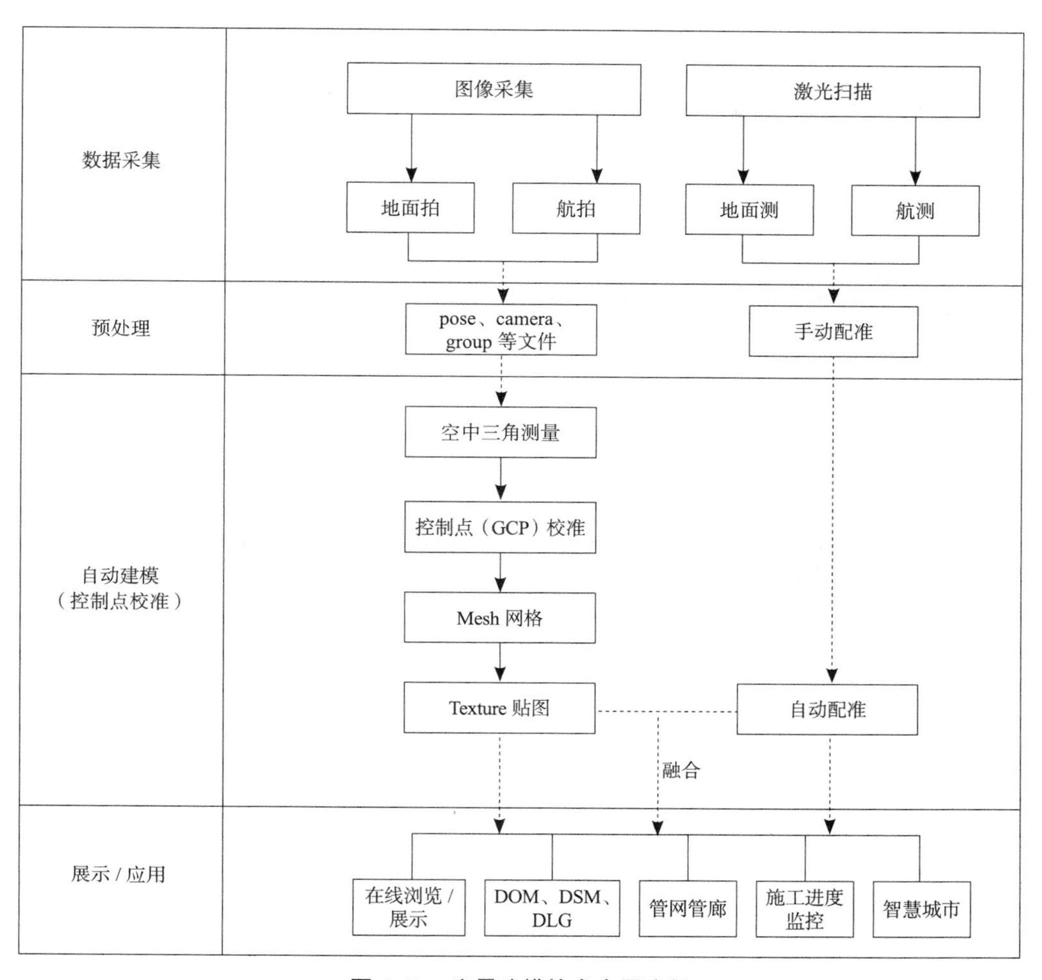


图 4–7　实景建模技术应用流程

图 4–8　Altizure APP 软件界面图

（3）自动三维建模

自动三维建模过程就是使用数据采集的图像，以及预处理后的空间位置信息的整合，根据摄影测量算法原理进行地物目标的三维实景重建，如图 4-9 所示。支持三维建模的常用软件有 Context Capture、Photoscan、Datumate 以及 Altizure 等。

图 4–9　三维重建

建模成果如图 4-10 所示。

图 4–10　自动建模成果展示

（4）控制点校准

为了提高模型的精度，可以选择在生成空三成果后，将地面像控点的坐标信息按要求整理好，导入地面像控点编辑器并进行粗略校准，如图 4-11 所示。支持控制点校准的三维建模软件有 Inpho、Pix 4D、Context Capture 以及 Altizure 等。

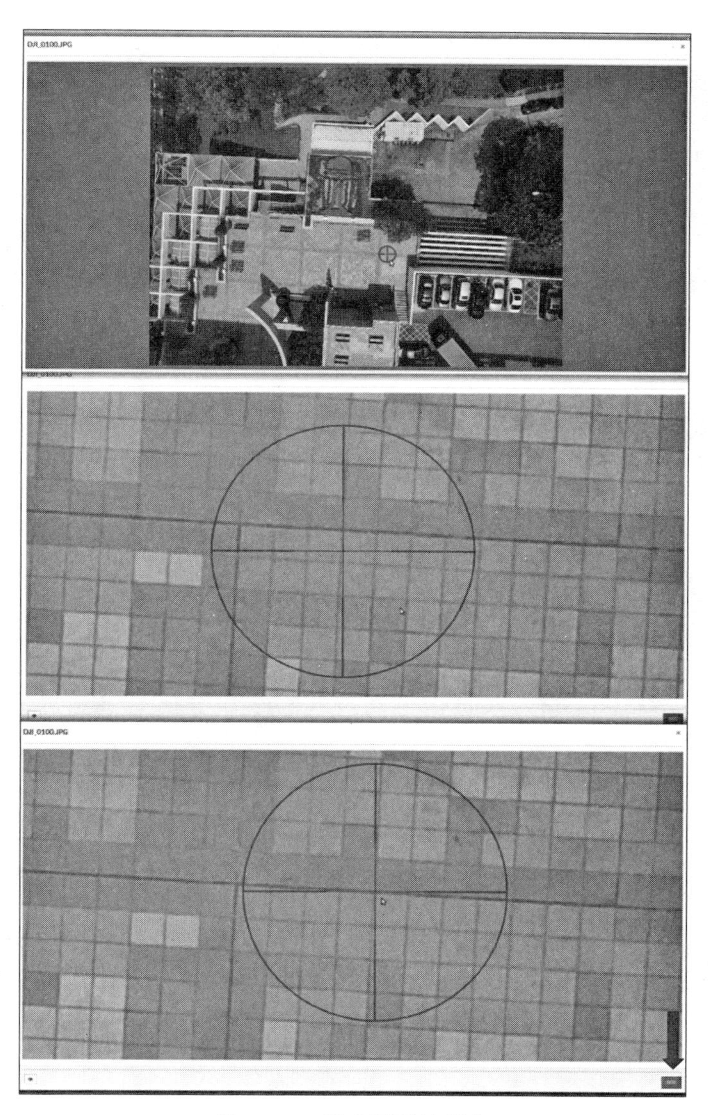

图 4–11　精确测量控制点

（5）二次开发与后期应用

二次开发与后期应用是指三维建模完成后，用户根据自己的需求，在已建成模型的基础上进行进一步的规划设计与实际场景应用模拟，如图 4-12 和图 4-13 所示。

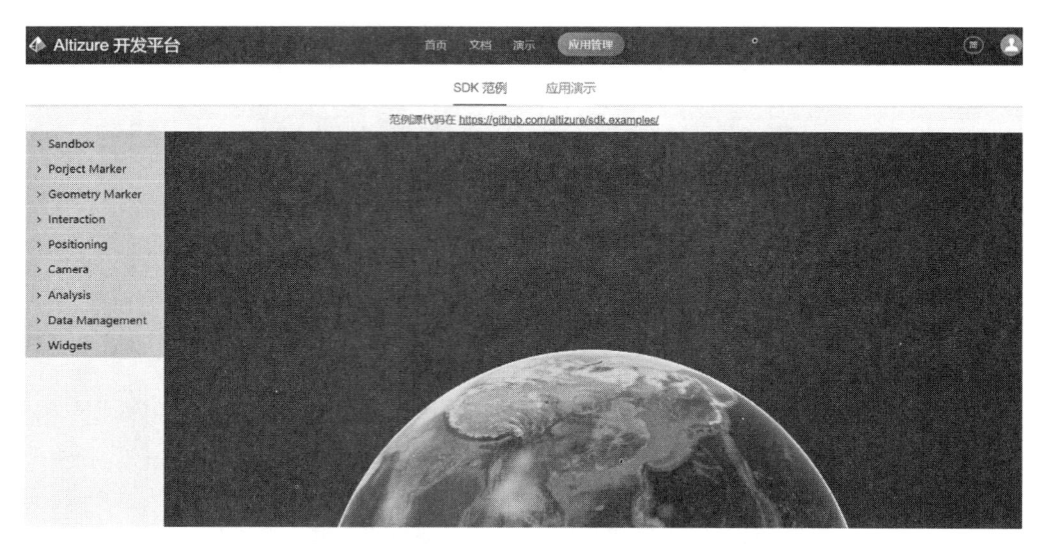


图 4–12　开发平台 SDK 范例

图 4–13　Altizure 画笔工具

## 4.3　可视化展示软件

### 4.3.1　可视化展示软件基本情况

可视化展示软件是指基于计算机图形学相关理论和技术，辅助工程技术人员将随时间和（或）空间变化的工程数据，转换成图表、图形、图像、动画等直观、易懂形式，通过屏幕（或相关设备）呈现在工程技术人员面前，并能与之进行交互的软件。

可视化展示软件主要用来辅助工程技术人员完成工程数据的处理和表示，进而辅助工程决策分析。形成的可视化信息，除了在计算机屏幕和移动设备屏幕上展示，也可在虚拟现实等设备上展示，呈现更加逼真的效果。

一般的辅助设计软件、建模软件、模拟分析软件、管理软件也具有一定的工程数据可视化展示功能，这里介绍的可视化展示软件特指那些可集成不同数据源，以可视化展示和成果输出为核心功能的软件。

### 4.3.2　常用可视化展示软件

常用可视化展示软件如表 4-5 所示。

常用可视化展示软件　　表 4–5

| 软件名称 | 介绍 |
| --- | --- |
| ACT-3D Lumion | ACT-3D Lumion 是一款实时三维可视化软件，支持现场演示，支持生成高品质的视频和图像 |
| Autodesk 3ds Max | Autodesk 3ds Max 是一款三维动画渲染和制作软件，支持动画视频制作，支持效果图制作 |
| Autodesk Navisworks | Autodesk Navisworks 是一款以建筑信息模型整合和校审为核心功能的软件，支持以可视化方式对项目信息进行分析、仿真和协调，支持 4D 模拟和动画、照片制作 |
| Bentley Navigator | Bentley Navigator 是一款综合设计检查产品，支持不同设计文档的读取和数据查询，支持碰撞检查、红线批注、进度模拟、吊装模拟、渲染动画等 |
| Dassault DELMIA | Dassault DELMIA 是一款施工过程精细化虚拟仿真和相关数据管理软件，支持用户优化工期和施工方案，支持不同精细度的施工仿真需求，支持人机交互级别的仿真 |
| Fuzor | Fuzor 是一款将 BIM、VR 技术与 4D 施工模拟技术深度结合的综合性平台级软件，支持 BIM 模型到虚拟现实环境的转换 |
| Synchro PRO | Synchro PRO 是一款以工程进度管理为核心的软件，辅助工程技术人员进行施工过程可视化模拟、施工进度计划安排、高级风险管理、设计变更同步、供应链管理以及造价管理等功能 |
| Trimble Connect | Trimble Connect 是一款建筑信息模型沟通和协作软件，支持多专业模型导入和碰撞检查 |

### 4.3.3　可视化展示软件主要功能

1. 可视化场景创建和数据整合

可视化展示软件一般支持可视化展示模型创建和编辑（如设定光源，增加贴图和材质等），特别是整合其他格式的数据源，整合成统一、集成的数据模型，进而支持工程数据的可视化展示（图 4-14）。这些不同格式的数据源既包括工程技术人员创建的二维、三维工程数据（例如：图纸、模型等），也包括通过设备采集的工程数据（例如：摄影图片、点云模型等）。

图 4–14 整合后的可视化展示模型

2. 辅助展示工具

可视化展示软件一般提供一些辅助展示工具，例如：

（1）测量工具：如测量距离、角度和面积等，用以支持可视化展示模型的细节展示、审核和优化，如图 4-15 ~图 4-17 所示。

图 4–15　距离测量工具示意

图 4–16　角度测量工具示例

图 4–17　面积测量工具示意

（2）截图生成工具：支持生成截面图和剖面图等，如图 4-18 所示。

图 4–18　截图生成工具示例

（3）视图管理工具：支持不同视角视图的保存、组织和共享，方便快速浏览，如图 4-19 和图 4-20 所示。

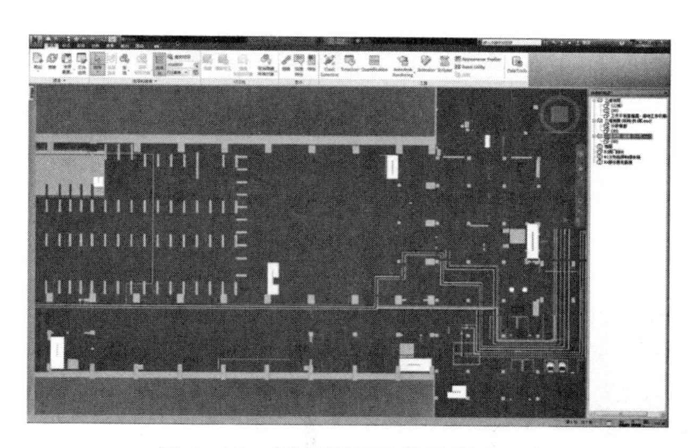

图 4–19　视图管理工具示意（一）

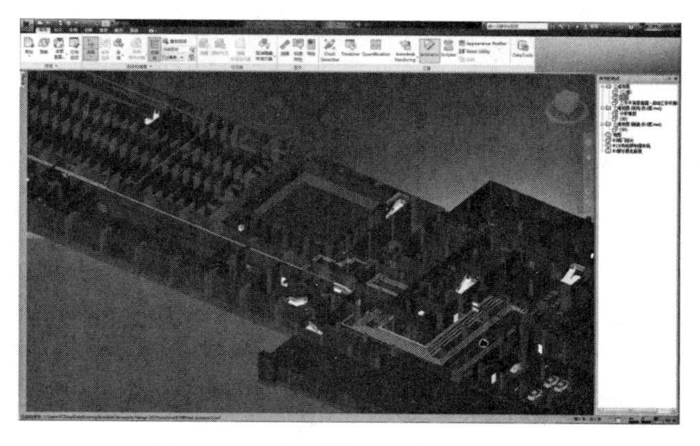

图 4–20　视图管理工具示意（二）

（4）标注工具：支持在可视化展示模型的特定视点上添加标注，表达工程意图，支持团队协作，如图 4-21 所示。

图 4-21　标注工具示例

3. 信息浏览和实时漫游工具

模拟第一人称或第三人称视角，在可视化展示模型中移动。某些软件支持创建交互式脚本，链接至特定的事件、触发器或重要命令上，实现用户与可视化展示模型的互动，如图 4-22 所示。

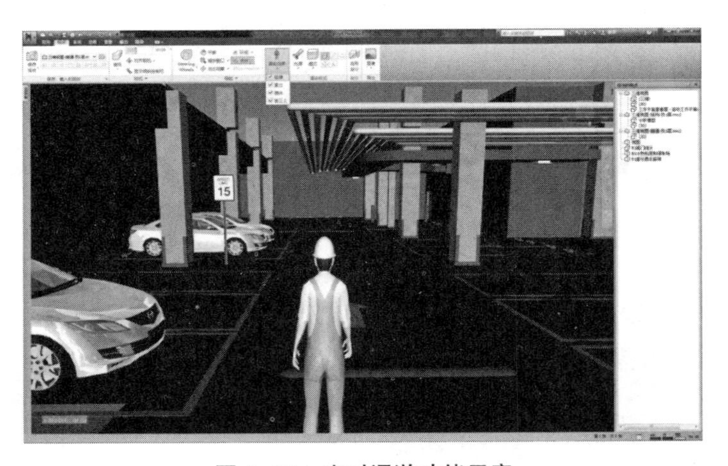


图 4-22　实时漫游功能示意

4. 渲染和信息发布

一般可视化展示软件具有高质量图片或动画渲染功能（图 4-23），并支持将可视化信息以通用格式（如模型格式 ifc、dwf，视频格式 avi、wmv，图片格式 jpg、png，文档格式 doc、pdf 等）发布。

图 4–23　渲染效果示意

### 4.3.4　可视化展示软件应用流程和操作要点

在创建和编辑模型时，一般是按照“建模（或导入模型）→增加贴图和材质→设定效果（如光源）→调试→输出”的顺序反复进行。

可视化展示软件操作要点：

（1）选择可视化展示软件时应提前做好规划，统一软件及版本。避免出现因版本兼容性问题而无法打开文件或丢失信息。

（2）在导入三维模型之前，应统一上下游软件尺寸单位，防止出现因为尺寸单位不同导致模型导入后过大或过小的情况。

（3）在整合其他格式的数据源时，由于要整合、集成多种来自不同软件的数据源，而每种可视化软件承载数据的上限各不相同，所以应在开始进行可视化处理之前进行测试，尽量避免出现三维模型面数过大导致软件无法运转、不同类构件材质混杂等情况。

（4）进行面数测试。先把整体模型拆分为若干个区域，逐个进行导入，借此观察软件对模型面数的承载能力。如果整体模型面数严重超过软件的承载能力（帧速率降至每秒一帧以下），且整个模型必须保存于同一文件中时，可以考虑使用隐藏部分模型的方式来实现。

（5）进行材质分组。三维模型应该本着按设计图同一类构件使用相同材质的原则创建，但实际操作中这点经常被忽略，针对材质分组的检查可以避免在可视化软件中重新逐一为模型分配材质的额外工作量。

## 4.4 深化设计软件

### 4.4.1 深化设计软件基本情况

BIM 深化设计软件支持将各类建筑构件通过二维图形或三维模型表达出来，进而辅助设计人员进行调整优化（对图纸或模型进行细节编辑修改）、尺寸详细信息标注、多专业协调检查、图纸输出等。一般也支持数据交换，通过标准格式（如 IFC）输出，为其他软件使用。

通过深化设计软件协调多专业综合校审，可暴露出各专业的空间冲突，从而指导设计人员优化设计，避免因图纸问题造成的返工等资源浪费。另外，BIM 深化设计软件作为三维可视化的设计工具，能够通过计算机实现对工程建设全过程的模拟、全面检测各专业间空间冲突，从而暴露出深化设计图中的深层次问题，提前进行设计图的修正优化，实现最优设计。通过深化设计软件对结构、管线、设备等进行精确的工程量统计，可迅速获取各个方案的建造成本，为设计方案比选提供决策依据。

随着计算机算力的显著提升、云计算服务的普及以及 BIM 技术的广泛应用，深化设计软件越来越朝着三维可视化、智能化、参数化的方向发展。

智能化、参数化的深化设计软件将深化设计工程师从繁复的重复工作中解放出来，如二次结构一键排布、房间分格的参数化设计、管线综合的自动优化调整等。未来在深化设计过程中，对具有明确逻辑规则的工作，计算机将智能加快人工操作并提升操作质量。另外，三维可视化使深化设计师更容易理解建筑空间关系，并且随着 XR 技术的越来越成熟，支持基于 XR 的三维沉浸式深化设计也将成为未来深化设计软件的发展趋势。云服务使得深化设计工作的多专业协同越来越方便，深化设计软件也从单专业向多专业综合发展。综合深化设计平台下，多专业协同深化设计也是未来深化设计软件发展的一种趋势和方向。

### 4.4.2 常用深化设计软件

BIM 深化设计软件按照专业应用范围通常分为现浇混凝土结构深化设计软件、装配式混凝土结构深化设计软件、钢结构深化设计软件、机电深化设计软件、幕墙深化设计软件、装饰装修深化设计软件等。

常用深化设计软件如表 4-6 所示。

### 4.4.3 深化设计软件主要功能

深化设计软件的基本功能包括：对图纸、模型及其细部节点进行编辑修改；尺寸详情等信息标注；对图纸、模型进行叠加、调整；多专业空间协调、冲突检查；深化结果模拟；工程量统计；输出深化设计图等。

常用深化设计软件　　表 4-6

| 名称 | 功能 | 软件或厂商 |
| --- | --- | --- |
| 混凝土结构深化设计 | 节点设计、孔洞预留设计、预埋件设计、二次结构设计、模型碰撞检查、深化设计图生成等 | Autodesk、Graphisoft、Bentley、鲁班、PKPM（建研科技）、盈建科、迈达斯、品茗、鸿业、天正、中望、浩辰等 |
| 装配式混凝土结构深化设计 | 预制构件拆分、预制构件设计计算、节点设计计算、预留洞预埋件设计、模型碰撞检查、深化设计图生成等 | Autodesk、PKPM（建研科技）、ReBro、Bentley、Tekla、品茗、鸿业等 |
| 钢结构深化设计 | 钢结构节点设计、钢结构零部件设计、预埋件预留孔洞设计、深化设计图生成等 | Autodesk、Bentley、Tekla、鲁班、PKPM（建研科技）、盈建科、迈达斯等 |
| 机电深化设计 | 管线综合设计、参数复核计算、支吊架选型及布置、碰撞检查、深化设计图生成等 | Autodesk、广联达、Bentley、鲁班、ReBro、PKPM（建研科技）、品茗、鸿业、天正、中望、浩辰等 |
| 幕墙深化设计 | 幕墙构件平立面设计、幕墙连接设计、构件安装设计、安装模拟、深化设计出图等 | Catia、Rhino、Autodesk、Bentley 等 |
| 装饰装修深化设计 | 平面布置、地面铺装、顶棚、墙面及门窗、机电末端设计、深化设计出图等 | Autodesk、Graphisoft、Bentley、品茗、天正、中望、浩辰等 |

注：表中所列软件排名不分先后。

深化设计软件的应用覆盖各个不同专业，包括现浇混凝土结构深化、装配式混凝土结构深化、钢结构深化、机电安装深化、幕墙深化、装饰装修深化等。

1. 现浇混凝土结构深化设计

在现浇混凝土结构深化设计工作中，深化设计软件可以实现节点设计、孔洞预留设计、预埋件设计、二次结构设计、模型碰撞检查、深化设计图生成等，如图 4-24 所示。

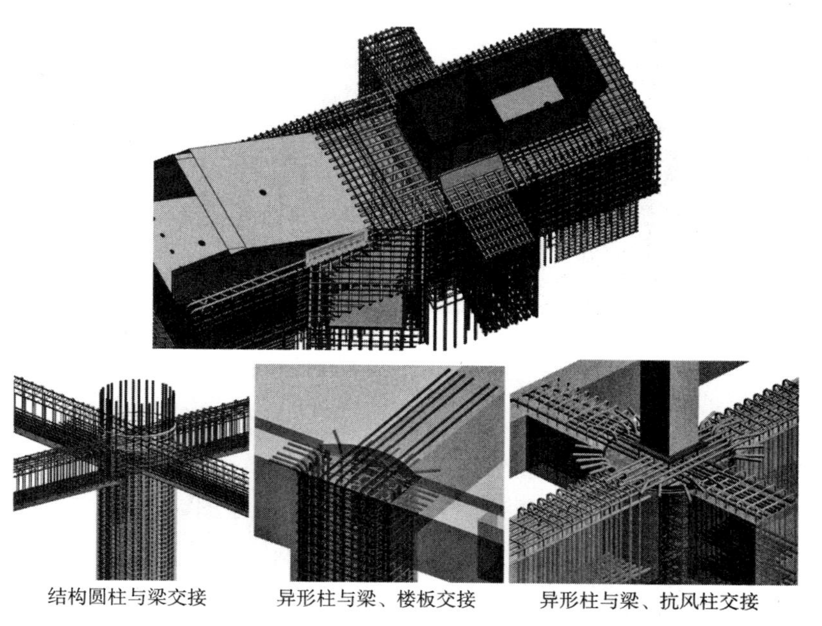

结构圆柱与梁交接
异形柱与梁、楼板交接
异形柱与梁、抗风柱交接


图 4-24　钢筋节点深化设计

（1）节点深化设计

对节点处钢筋、型钢、预埋件、混凝土等绘图或建模，标注或包含位置、排布、几何尺寸信息，以及钢筋、型钢、预埋件等材料信息。

（2）预埋件及预留孔洞深化设计

对预埋件、预埋管、预埋螺栓以及预留孔洞等绘图或建模，标注或包含位置、几何尺寸信息以及材料类型等信息。

（3）二次结构深化设计

对构造柱、过梁、反坎、女儿墙、填充墙、隔墙等进行绘图或建模，标注或包含位置、几何尺寸信息以及材料类型等信息。

2. 装配式混凝土结构深化设计

在装配式混凝土结构深化设计工作中，深化设计软件可以实现预制构件拆分、预制构件设计计算、节点设计计算、预留洞预埋件设计、模型碰撞检查、深化设计图生成等，如图 4-25 所示。

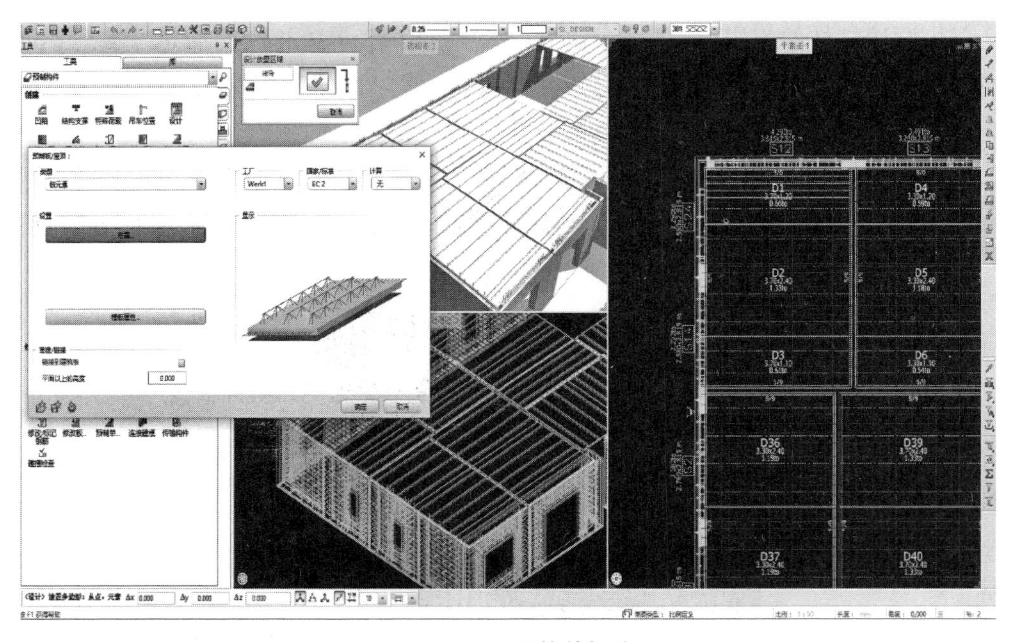


图 4–25　预制构件拆分

（1）预制构件拆分深化设计

对各预制墙、板、柱、楼梯、阳台等构件进行拆分绘图或建模，标注或包含各构件位置、几何尺寸信息以及材料信息；并能够进行构件设计计算。

（2）预埋件及预留孔洞深化设计

对预埋件、预埋管、预埋螺栓以及预留孔洞等进行绘图或建模，标注或包含位置、

几何尺寸信息以及材料类型等信息。

（3）节点连接深化设计

对节点各组成构件进行绘图或建模，标注或包含位置、排布、几何尺寸，以及材料、连接方式、施工工艺等信息，并能够进行施工工艺的三维模拟。

3. 钢结构深化设计

在钢结构深化设计工作中，深化设计软件可以进行钢结构节点设计、钢结构零部件设计、预埋件预留孔洞设计、深化设计图生成等，如图 4-26、图 4-27 所示。

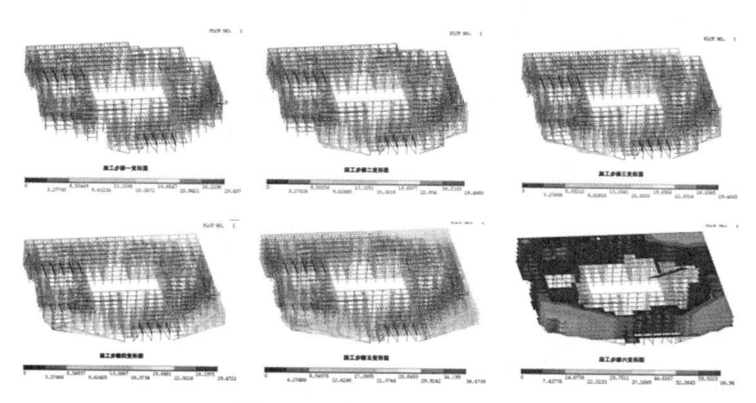

图 4–26　钢结构受力计算

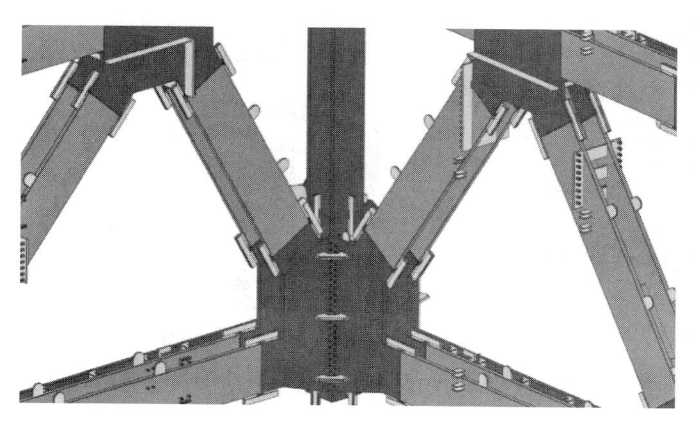

图 4–27　钢结构节点设计

（1）钢结构节点深化设计

对钢结构节点处的钢结构、连接板、加劲板以及螺栓等各组成构件进行绘图或建模，标注或包含位置、尺寸、材料规格以及焊缝等加工处理等信息；对钢结构构件节点进行结构受力计算。

（2）预埋件及预留孔洞

对预埋件及预留孔洞进行绘图或建模，标注或包含位置、尺寸以及材料属性信息等。

4. 机电深化设计

在机电深化设计工作中，深化设计软件可以进行管线综合设计、参数复核计算、支吊架选型及布置、碰撞检查等，如图 4-28 所示。

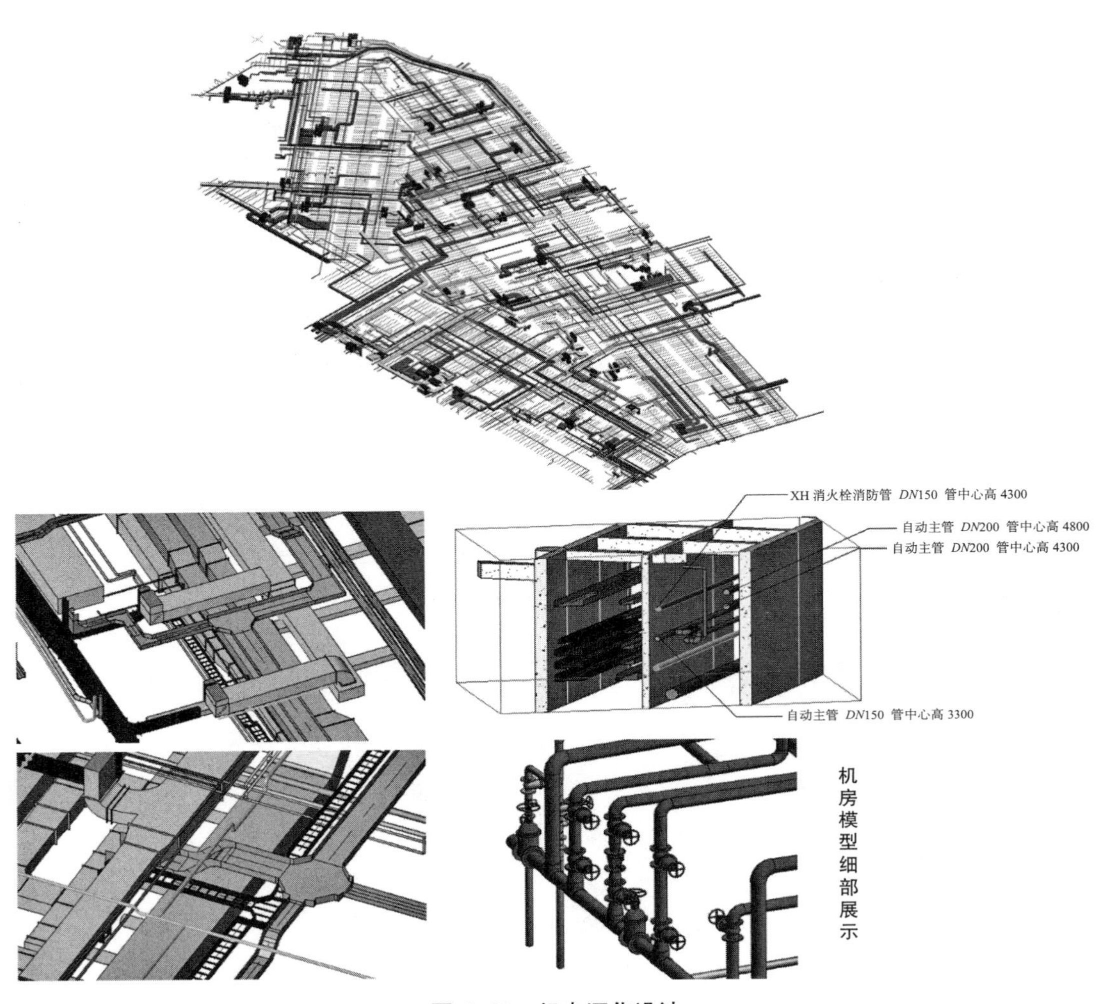


图 4–28 机电深化设计

（1）给水排水深化设计

对给水管、排水管、消防管、管件、阀门、仪表、卫浴器具、消防器具、机械设备、支吊架等进行绘图或建模，标注或包含各管件构件位置、尺寸信息及各管件设备规格、材料、技术参数、安装施工工艺等信息。

（2）暖通空调深化设计

对风管、管件、阀门、仪表、机械设备、支吊架等进行绘图或建模，标注或包含各管件构件位置、尺寸信息及各管件设备规格、材料、技术参数、安装施工工艺等信息。

（3）电气深化设计

对桥架、配件、母线、机柜、照明设备、开关插座、机械设备、支吊架等进行绘图或建模，标注或包含各管件构件位置、尺寸信息及各管件设备规格、材料、技术参数、安装施工工艺等信息。

（4）管线综合

对给水排水、暖通、电气等专业进行图层叠加或合模，多专业碰撞检查并输出碰撞检查报告。

5. 幕墙深化设计

在幕墙深化设计工作中，深化设计软件可以进行幕墙构件平立面设计、幕墙连接设计、构件安装设计、模拟等，如图 4-29、图 4-30 所示。

图 4–29　幕墙整体外观

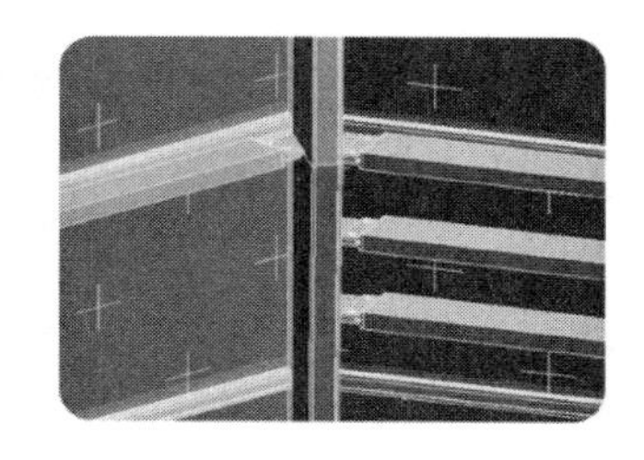
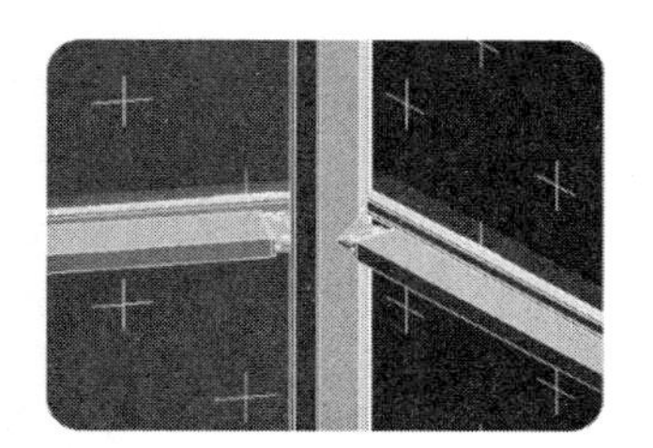
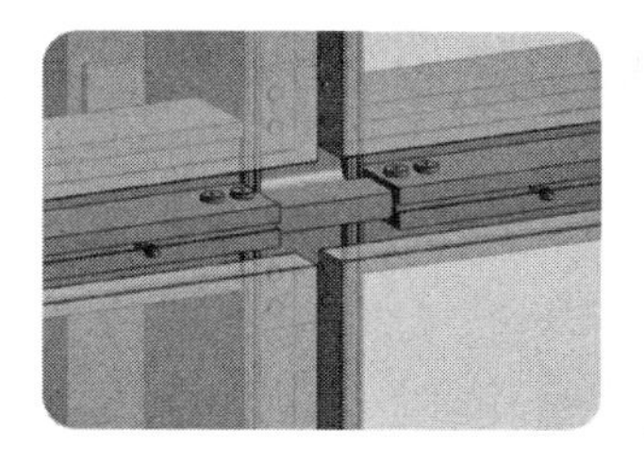
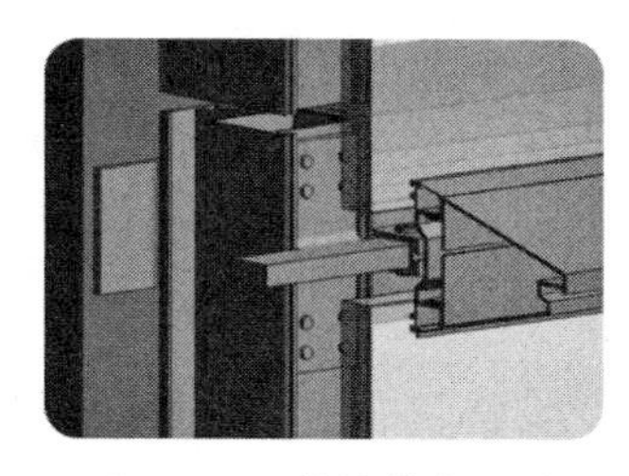
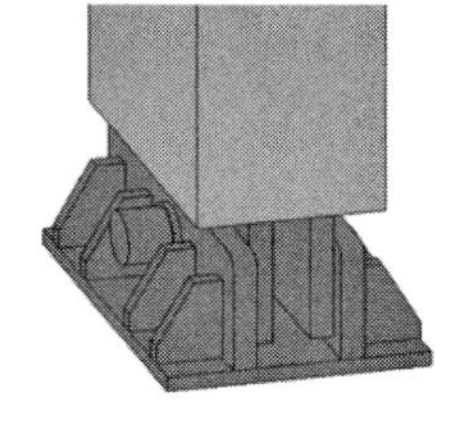
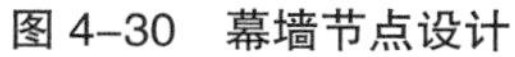

图 4–30　幕墙节点设计

（1）幕墙构件平立面设计

对幕墙墙面、门窗洞口、横竖向龙骨等进行绘图或建模，标注或包含各构件位置、尺寸及墙面材料、龙骨或钢索材料型号等信息。

（2）幕墙连接设计

对幕墙墙材与龙骨、龙骨间、龙骨与主题结构的连接构件以及预埋件进行绘图或建模，标注或包含构件位置、尺寸、连接件材料品种型号以及安装施工工艺等详细信息。

6. 装饰装修深化设计

在装饰装修深化设计中，深化设计软件可对平面布置、地面铺装、顶棚、墙面及门窗、机电末端进行深化设计，如图 4-31 ~图 4-33 所示。

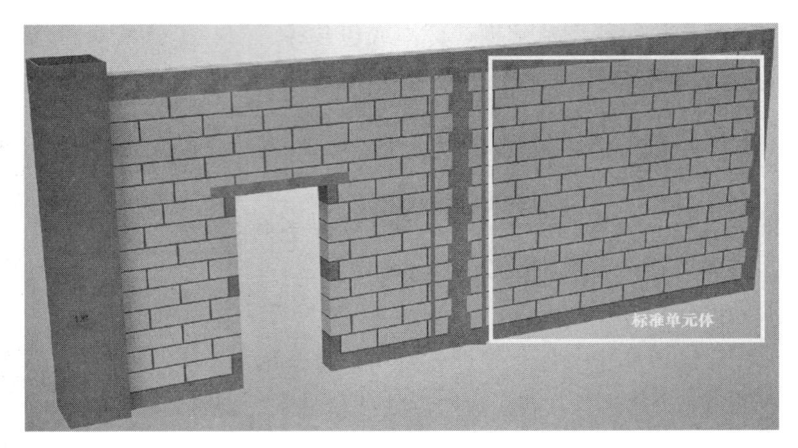


图 4-31　砌体排板设计

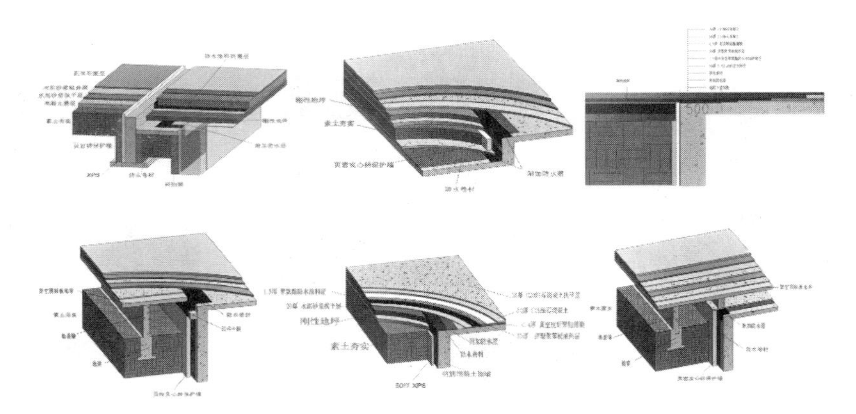


图 4-32　建筑做法设计

图 4-33　室内装修效果

（1）平面布置

对家具、洁具、小五金进行绘图或建模，标注或包含位置、尺寸信息，及其材料品牌、规格等。

（2）地面及顶棚

对地面铺装及顶棚造型、排板、纹理、收口进行绘图或建模，标注或包含位置、尺寸、材料及施工工艺等内容。

（3）墙面及门窗

对墙面造型、排板、纹理及门窗进行绘图或建模，标注或包含位置、尺寸、材料及门窗编号等信息。

（4）机电末端

对消火栓、喷淋设施等末端点位进行绘图或建模，标注或包含位置、尺寸以及设备规格、型号等信息。

### 4.4.4　深化设计软件应用流程和操作要点

选择深化设计软件时应提前做好规划，统一软件及版本，避免出现因版本兼容性问题而无法打开或丢失信息。

1. 现浇混凝土结构深化设计软件应用流程和操作要点

深化设计软件在现浇混凝土结构深化设计流程中，前期主要在二次结构设计、预埋件设计、节点设计、预留孔洞设计等过程中对图纸、模型进行编辑修改，后期应用于碰撞检查、深化设计图纸输出等环节，如图 4-34 所示。

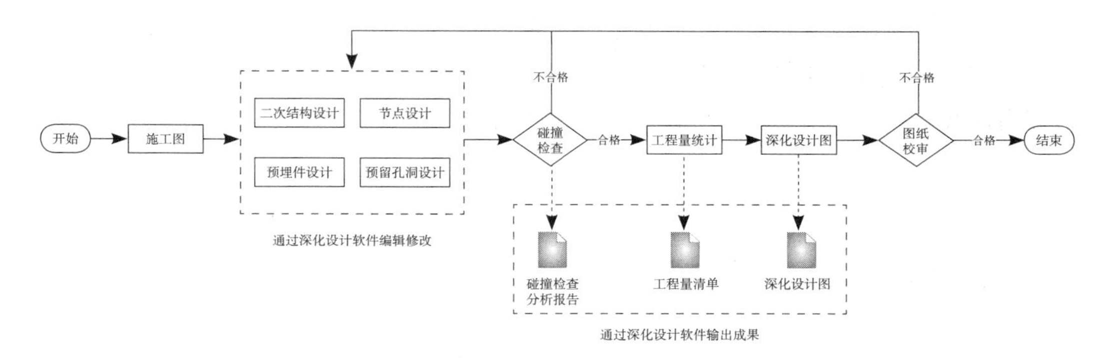


图 4–34　现浇混凝土结构深化设计软件应用流程

结构深化设计师根据结构图纸复杂程度及项目实际需要选择深化设计软件进行图纸深化或三维展示；对于具有智能化设计功能的软件，如二次结构一键排布，应根据软件成本、软件成熟度及工作效率等多方面综合考虑，选择最经济、适用的软件。

深化设计软件进行深化设计，应提前规定好制图、建模标准，避免后期输出打印深化设计图样式混乱，造成重复工作。

2. 装配式混凝土结构深化设计软件应用流程和操作要点

深化设计软件在装配式混凝土结构深化设计流程中，前期主要在预制构件拆分、节点设计、预制构件设计等过程中对图纸、模型进行编辑修改，后期应用于碰撞检查、深化设计图纸输出等环节，如图 4-35 所示。

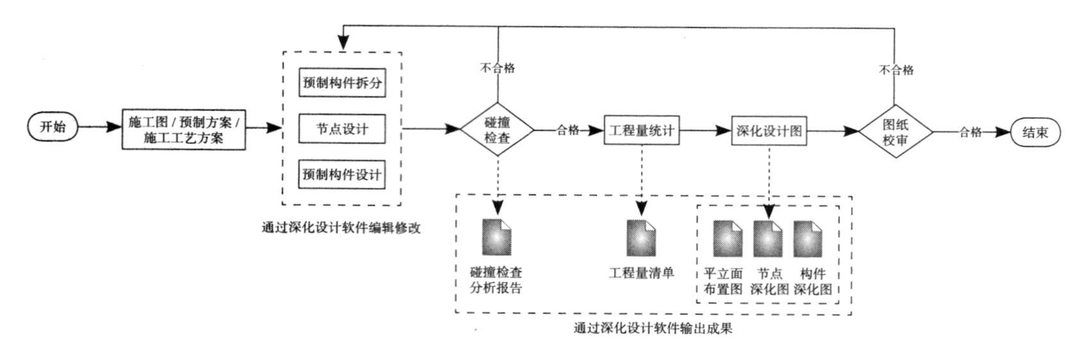


图 4-35 装配式混凝土结构深化设计软件应用流程

结构深化设计师根据结构图纸复杂程度及项目实际需要选择深化设计软件进行图纸深化或三维展示；另外，深化设计需考虑设计成果及输出数据与装配式构件生产线对于构件数据的要求，需保证数据格式的兼容。深化设计软件及功能的选择，综合考虑设计形式、软件成熟度、与生产线的匹配等，选择最经济、适用的软件。

装配式混凝土结构深化设计软件进行深化设计时，对预制构件的拆分需要进行构件设计计算；宜进行工艺模拟，以保证现有机械设备能够有效地进行安装。

3. 钢结构深化设计软件应用流程和操作要点

深化设计软件在钢结构深化设计流程中，前期主要在节点设计中对图纸、模型进行编辑修改，后期应用于碰撞检查、深化设计图纸输出等环节，如图 4-36 所示。

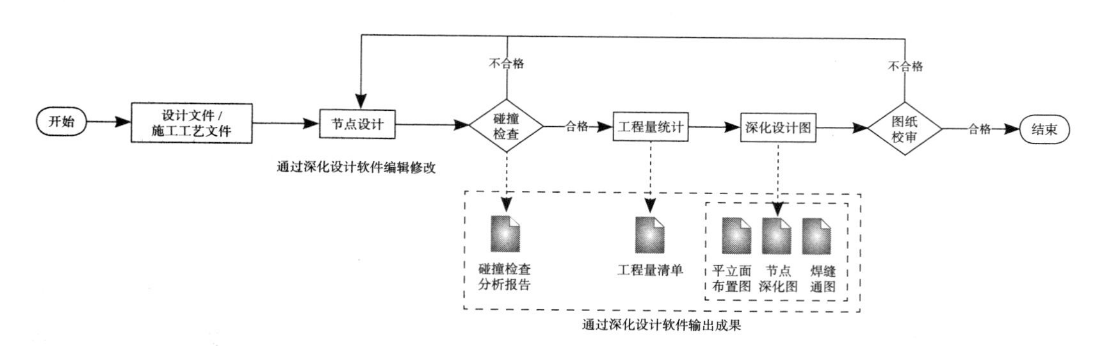


图 4-36 钢结构深化设计软件应用流程

钢结构深化设计师根据结构图纸复杂程度及项目实际需要选择深化设计软件进行图纸深化或三维展示；另外，钢结构深化设计软件的选择过程中需重点考虑受力计算、安装工艺等内容。深化设计软件及功能的选择，综合考虑钢结构形式、软件成熟度、受力计算等，选择最经济、适用的软件。

钢结构深化设计软件进行深化设计时，注意进行节点部位钢结构、螺栓、焊缝等的受力计算；以及进行安装、机械操作等施工模拟。

4. 机电深化设计软件应用流程和操作要点

深化设计软件在机电深化设计流程中，前期主要在给水排水、暖通、电气等各专业设计中以及机电综合设计对图纸、模型进行编辑修改，后期应用于碰撞检查、深化设计图纸输出等环节，如图 4-37 所示。

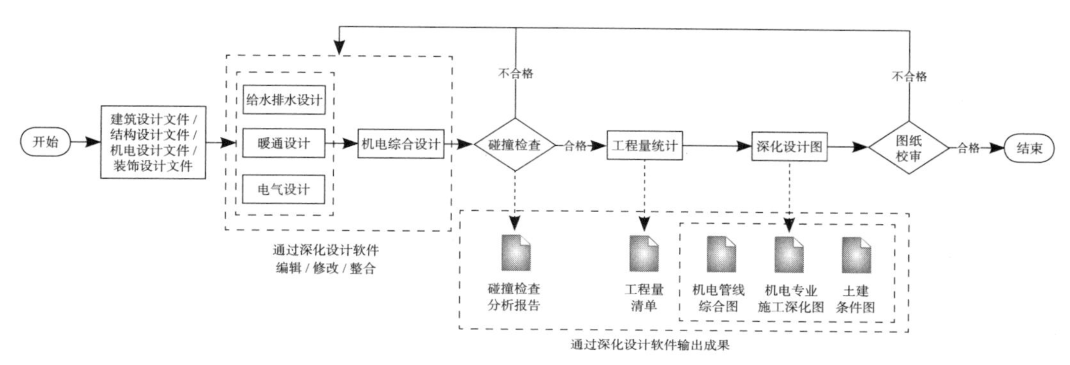


图 4–37　机电深化设计软件应用流程

机电深化设计师根据结构图纸复杂程度及项目实际需要选择深化设计软件进行图纸深化或三维展示；对于具有智能化设计的软件功能，如管线自动优化、一键开洞等，应根据软件成本、软件成熟度及工作效率等多方面综合考虑，选择最经济、适用的软件。

机电综合等涉及多专业协同深化设计时，综合设计软件需要兼容其他专业的绘图、建模平台，并且具有统一轴网及原点，以方便最终图纸叠加或模型合成。

5. 幕墙深化设计软件应用流程和操作要点

深化设计软件在幕墙深化设计流程中，前期主要在幕墙构件平立面设计、幕墙连接设计过程中对图纸模型进行编辑修改，后期用于安装模拟、碰撞检查以及深化设计图纸输出等环节，如图 4-38 所示。

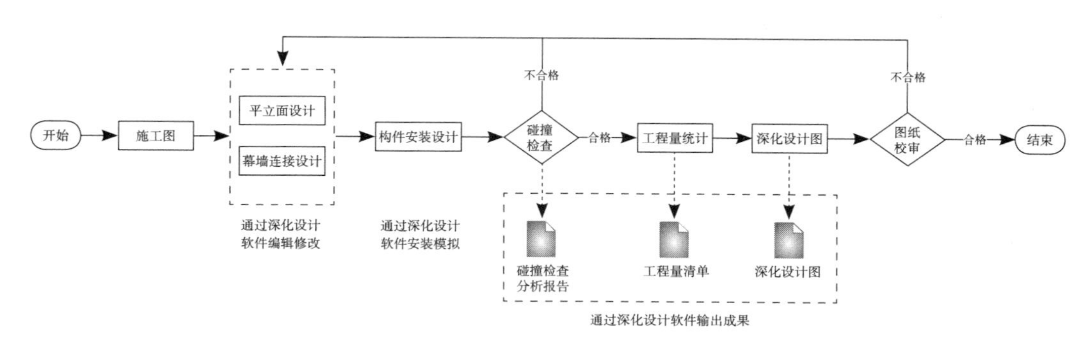


图 4–38　幕墙深化设计软件应用流程

幕墙深化设计师根据结构图纸复杂程度及项目实际需要选择深化设计软件进行图纸深化或三维展示；对于异形幕墙结构，选择深化设计软件时，需重点考虑软件是否能够清楚表达构件内容、空间关系以及图形绘制效率等。应根据软件成本、软件成熟度及工作效率等多方面综合考虑，选择最经济、适用的软件。

幕墙深化设计需随时注意结构深化设计对幕墙专业预埋件的影响，因结构调整造成预埋件位置改变时需相应地调整幕墙连接件深化设计内容。

6. 装饰装修深化设计软件应用流程和操作要点

深化设计软件在装饰装修深化设计流程中，前期主要在平面布置、地面铺装、顶棚、墙面及门窗、机电末端设计过程中对图纸模型进行编辑修改，后期用于效果图输出、深化设计图纸输出等环节，如图 4-39 所示。

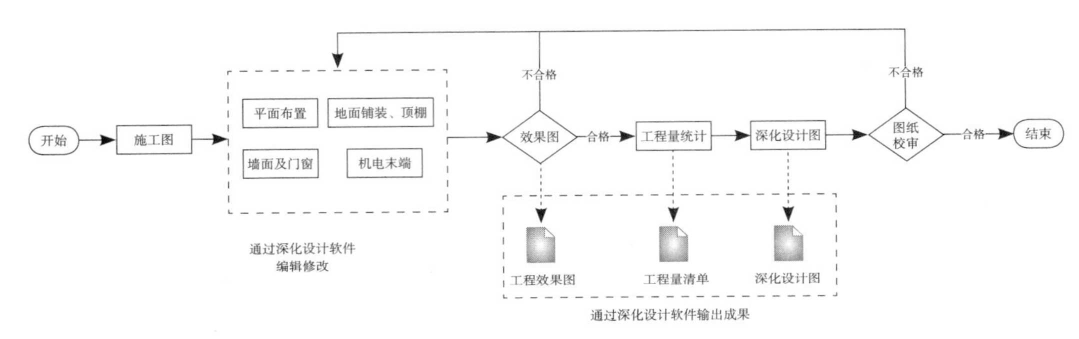


图 4–39　装饰装修深化设计软件应用流程

装饰装修深化设计师在选择深化设计软件时，应重点考虑深化设计表达方式、装修效果图等成果输出；综合考虑软件成本、效果图输出质量、工作效率等方面，选择经济、适用的软件。

装饰装修深化设计过程中，对材质、色调、纹理及方向应表现详尽，注意合理选用材料规格、优化排版设计。

## 4.5　施工场地布置软件

### 4.5.1　施工场地布置软件基本情况

场地布置软件基于建筑三维信息模型的建模和可视化技术，提供内置的或可扩展的构件库，按照施工方案和施工进度的要求，快速建立场地三维模型，对施工现场的道路交通、材料仓库、加工场地、主要机械设备、临时房屋、临时水电管线等作出合理的规划布置。场地布置软件可辅助工程人员提高现场机械设备的覆盖率，降低运输费用及材料二次搬运成本；提升管理人员对施工现场各施工区域的了解，提高沟通效率，确保施工进度；提升对现场布局规划的合理性、科学性，达到绿色施工、节能减排的预期目标。

内置的、可拓展的构件库是场地布置软件的重要组成部分，构件库提供施工现场的场地、道路、料场、施工机械等构件，用户可以和工程实体设计软件一样，使用这些构件库在场地上布置并设置参数，快速建立模型。

场地布置软件一般支持三维数据交换标准，可以通过三维数据交换导入拟建工程实体，也可以将场地布置模型导出到后续的其他 BIM 工具软件中。

从行业需求及技术发展看，未来场地布置软件的数据将与项目管理信息系统进行紧密集成，实现项目精细化管理；与物联网、移动技术、云技术进行集成应用，将现场实际数据与场布软件的数据进行关联，以提高施工现场协同工作效率；与 GIS 集成应用，直接在场布软件中快速生成施工现场的周边环境，用于快速分析施工现场相关的数据；与云技术、大数据进行集成应用，提高模型构件库等资源复用能力。

### 4.5.2　常用场地布置软件

目前，国内可以用来做三维场地布置的软件有很多，包括很多非专业场布的基础建模工具，比如 Revit、SketchUp、Autodesk 3ds Max 等。下面列举的，为目前国内常用的、专业并且用户量比较大的三维场地布置软件，包括品茗三维施工策划软件、广联达三维场地布置软件、PKPM 场地布置软件等（软件排名不分先后，如表 4-7 所示）。

常用的场地布置软件　　表 4–7

| 软件主要功能 | 功能说明 | 软件产品和厂商 |
|---|---|---|
| 软件平台 | 自主平台：软件的基础平台为软件厂商自主研发 | 广联达三维场地布置软件、鲁班场布、PKPM 三维现场平面图软件 |
| | 基于 CAD 平台：利用 CAD 作为软件的场地布置的基础平台 | 品茗三维施工策划软件 |
| | 基于 Revit 平台：利用 Revit 作为软件的场地布置的基础平台 | 智多星建模大师（施工） |
| 模型创建与编辑（含模型编辑） | CAD 识别建模：支持导入 CAD 图纸，并基于图纸进行识别转化建模 | 品茗三维施工策划软件、广联达三维场地布置软件、鲁班场布、PKPM 三维现场平面图软件、智多星建模大师（施工） |
| | 构件库建模：利用软件内置的场地布置构件库或者可拓展构件库内的构件进行建模 | 品茗三维施工策划软件、广联达三维场地布置软件、鲁班场布、PKPM 三维现场平面图软件、智多星建模大师（施工） |
| | 地形环境建模：软件可通过高程点、等高线或者手动编辑等方式创建地形 | 品茗三维施工策划软件、广联达三维场地布置软件、鲁班场布、PKPM 三维现场平面图软件、智多星建模大师（施工） |
| | 倾斜摄影：利用倾斜摄影模型进行现场周边环境还原建模 | 品茗三维施工策划软件 |

续表

| 软件主要功能 | 功能说明 | 软件产品和厂商 |
| --- | --- | --- |
| 浏览观察 | 三维观察：生成三维模型并可自由拖动、旋转与缩放模型进行观察 | 品茗三维施工策划软件、广联达三维场地布置软件、鲁班场布、PKPM 三维现场平面图软件、智多星建模大师（施工） |
| | 自由漫游：支持在软件内以第一人称或第三人称视角按操作自由进行移动观察 | 品茗三维施工策划软件、广联达三维场地布置软件、鲁班场布、PKPM 三维现场平面图软件 |
| | 路径漫游：支持设置路径，在软件内以第一人称或第三人称视角按指定路径进行漫游观察 | 品茗三维施工策划软件、广联达三维场地布置软件、鲁班场布、PKPM 三维现场平面图软件 |
| | 全景漫游：支持生成三维全景图，并生成场景，在软件内或者上传到云端使用浏览器进行浏览观察 | 品茗三维施工策划软件 |
| | VR 观察：软件自身支持或者模型支持传递到支持 VR 的渲染软件内，通过 VR 设备进行浏览观察 | 品茗三维施工策划软件、广联达三维场地布置软件、鲁班场布、PKPM 三维现场平面图软件、智多星建模大师（施工） |
| 分析统计 | 危险性分析：通过施工模拟或者软硬碰撞检查分析软件内的塔式起重机、施工电梯、临边防护等的危险性 | 品茗三维施工策划软件、鲁班场布、广联达三维场地布置软件、PKPM 三维现场平面图软件、智多星建模大师（施工） |
| | 工程量计算：通过场布模型分析和统计临建设施材料的工程量 | 品茗三维施工策划软件、广联达三维场地布置软件、鲁班场布、PKPM 三维现场平面图软件、智多星建模大师（施工） |
| | 规范符合性检查：通过内置规范内容检查和识别不符合规范要求的布置项 | 品茗三维施工策划软件、广联达三维场地布置软件、鲁班场布、智多星建模大师（施工） |
| | 性能分析：根据设备型号或者设施参数属性及结构信息自动验算分析设备性能是否满足施工要求 | 品茗三维施工策划软件 |
| 数据共享 | Obj：软件支持导入或者导出 obj 格式模型数据 | 品茗三维施工策划软件、广联达三维场地布置软件 |
| | Skp：软件支持导入或者导出 Skp 格式模型数据 | 品茗三维施工策划软件、广联达三维场地布置软件 |
| | 3ds：软件支持导入或者导出 3ds 格式模型数据 | 广联达三维场地布置软件、PKPM 三维现场平面图软件 |
| | IFC：软件支持导入或者导出 IFC 格式模型数据 | 建模大师（施工） |
| | FBX：软件支持导入或者导出 FBX 格式模型数据 | 鲁班场布、建模大师（施工） |

### 4.5.3 场地布置软件主要功能

目前的场地布置软件主要部署方式为单机，构件库、全景查看和数据互通功能涉及云部署，软件的主要功能如表 4-8 所示。

1. 场地布置软件的地形环境建模功能

施工现场真实地形及周边地形环境，可以应用倾斜摄影和三维地形建模等信息技术，场地布置软件一般支持通过倾斜摄影技术获得施工现场及周边环境的实景模型导入建模，如图 4-40 所示。在没有实景模型的情况下，可通过已有的地形高程点或者现场测绘资料，手动进行地形及地貌的建模，如图 4-41 所示。

**场地布置软件的主要功能**　　　　表 4-8

| 阶段 | 功能 | 描述 |
| --- | --- | --- |
| 建模 | 地形环境建模 | 通过导入倾斜摄影模型或者地形手动编辑建模 |
| | 基坑及围护建模 | 通过绘制或者转化建立基坑和围护模型 |
| | 场内外建筑物建模 | 通过导入其他软件建立的建筑模型或者通过软件进行转化生成、手动绘制的方式创建模型 |
| | 临建设施建模 | 通过现场场地建立施工所需的临建设施模型 |
| | 场地内外交通道路 | 通过场地外的道路和施工需要组织规划场地内道路交通模型 |
| | 加工场地及材料堆场布置 | 根据施工需要进行加工场地及材料堆场模型 |
| | 施工垂直运输设备布置 | 根据施工需要进行垂直运输设备建模 |
| | 临水临电及消防设施布置 | 根据施工需要进行临水、临电及消防设施建模 |
| 浏览 | 三维观察 | 支持进行三维渲染观察 |
| | 漫游观察 | 支持采用漫游方式进行查看 |
| | VR 观察 | 采用 VR 设备观察 |
| | 全景查看 | 支持全景浏览方式 |
| 分析 | 危险性分析 | 群塔作业防碰撞分析，与周边软碰撞分析 |
| | 工程量计算 | 临建设施材料工程量计算 |
| | 规范符合性检查 | 预警不符合规范布置 |
| | 性能分析 | 设备及材料性能验算 |

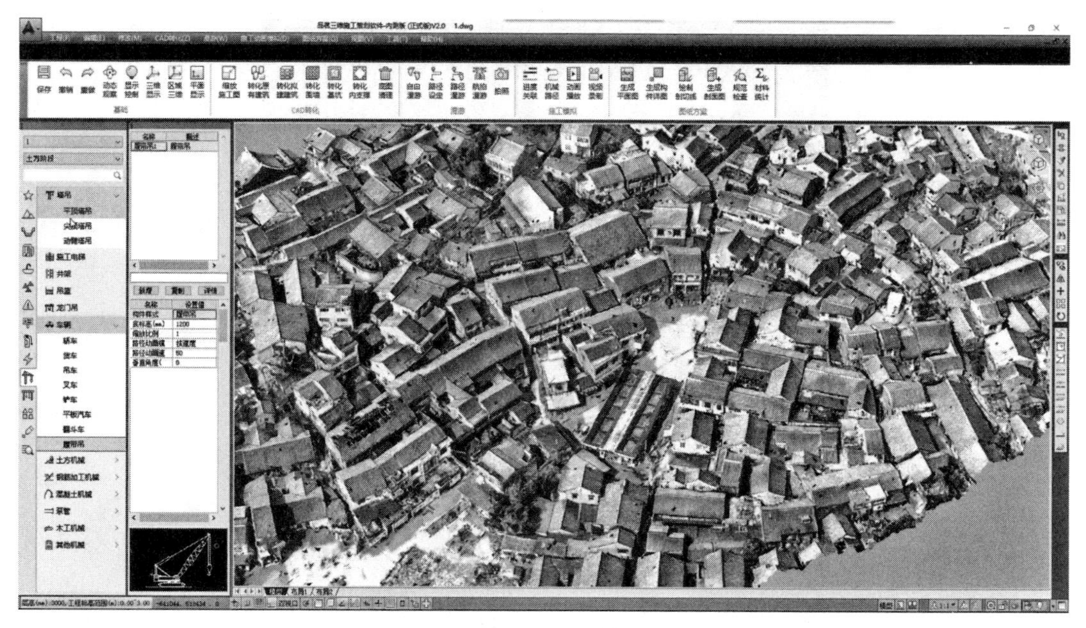

图 4-40　实景模型

图 4-41　地形建模

2. 场地布置软件的临建设施建模

施工现场的场地布置工作可以应用参数化模型和三维模型等方法（图 4-42），场地布置软件基于现场场地及施工需要，可对构件进行参数化设置，实现二、三维尺寸同步改变，通过高保真三维模型的生成，来达成施工现场临建设施的布置优化与调整，并可通过材质和参数调整落实企业的 CI 标准，提前预览真实的现场布置效果（图 4-43）。

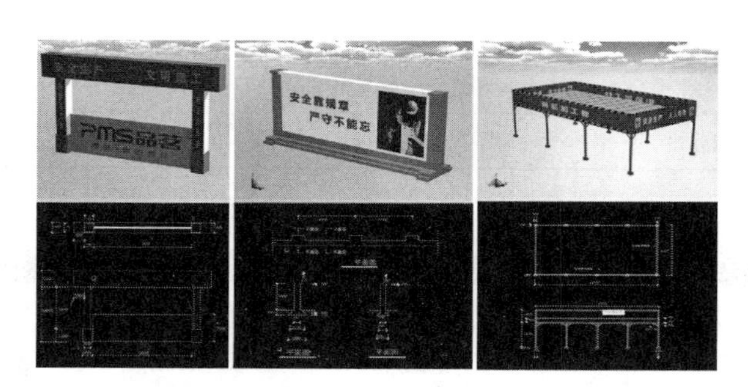


图 4-42　构件参数化编辑

图 4-43　高保真临建三维

3. 场地布置软件的基坑及围护建模

施工土方开挖方案编制工作可以应用三维沙盘和方案模拟展示等方法。场地布置软件基于现场场地及设计要求，结合工程规模和特性，地形、地质、水文、气象等自然条件，施工导流方式和工程进度要求，施工条件以及可能采用的施工方法等，研究选定开挖方式。通过真实的三维基坑及围护结构的建模，直观反映施工流程和危险源位置，从而定制更加合理的土方开挖方案、基坑降排水方案及基坑围护方案，辅助方案策划和土方施工，如图 4-44 所示。

图 4–44　土方开挖阶段场布模型

4. 场地布置软件的施工垂直运输设备建模

施工现场垂直运输能力设计工作可以应用参数化模型和碰撞模拟等方法，如图 4-45 所示。垂直运输设施是指担负垂直输送材料和施工人员上下的机械设备和设施，它是施工技术措施中不可缺少的重要环节，也是场地布置的一个重要内容。现场常用的垂直运输设备主要有塔式起重机和施工电梯、井架等设备。其中，塔式起重机是建筑工程施工中广泛使用的一种基础设备，尤其在一些规模比较大的施工场地内，需要多台塔式起重机同时运行，群塔作业是施工现场安全管理的重大危险源之一。塔式起重机的布置需要考虑其吊运范围、顶升附墙的规划、现场施工的加工运输需要、结构的平面及空间上的变化等因素，对施工现场的塔式起重机安全管理以及施工工期和成本有很大的影响。场地布置软件可以通过三维模型提前对塔式起重机布置的各项影响因素进行观察和选择，能够结合立体空间上的变化，极大地提升布设的合理性，该方式对施工电梯和井架等其他垂直运输设备的布置同样具有重大的帮助。

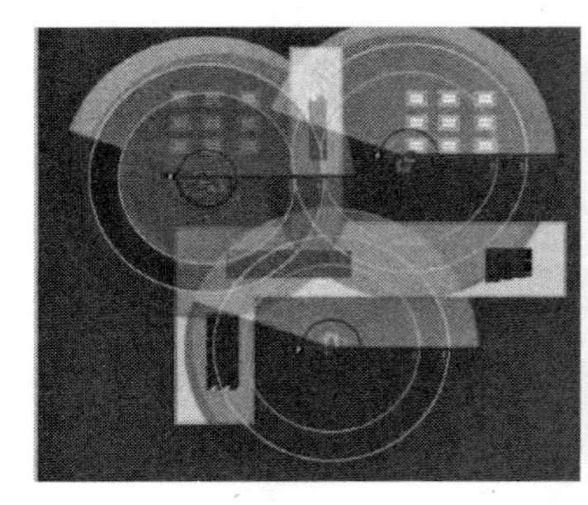
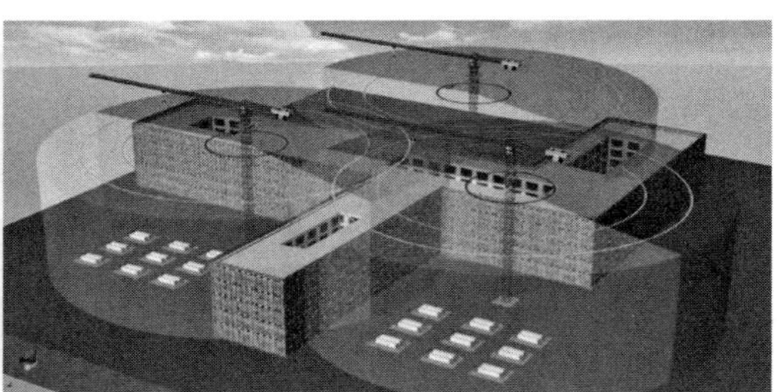

图 4-45　群塔作业模拟模型

5. 临时用电和临时用水及消防系统建模

施工现场临时用电和临时用水及消防系统设计工作可以应用参数化建模和二、三维转化等方法，如图 4-46、图 4-47 所示。施工现场临时用电是指临时电力线路、安装的各种电气、配电箱提供的机械设备动力源和照明，虽然看起来是临时性质，但在触电事故中，由这些临时用电引起的事故占到了绝大部分。同样地，临时用水也涉及现场的消防安全和施工生产生活的用水，也是施工场布的重要组成部分。场地布置软件可模拟施工现场临水临电布置，比平面的绘制更多地考虑到楼层空间的变化及使用需要，通过软件内置的规范符合性检查，对于临时用电设置是否符合规范要求的 TN-S 系统配电要求，以及消防用水的设置是否符合要求进行自动检测和报警，从而提高临水临电设计的准确性和可靠性。

6. 场地布置软件的模型浏览

施工场地布置成果审核及分享工作可以应用三维全景、三维漫游、VR 浏览等信息技术，如图 4-48、图 4-49 所示。场地布置软件完成建模之后，需要对已经建立的模

型进行观察，从而分析判断场地布置的合理性。常规的三维观察之外一般还可以通过漫游和全景分享的功能浏览模型，除此之外还可以结合 VR 设备进行浏览观察，根据现实中的活动范围查找不合理及需要调整的部位。

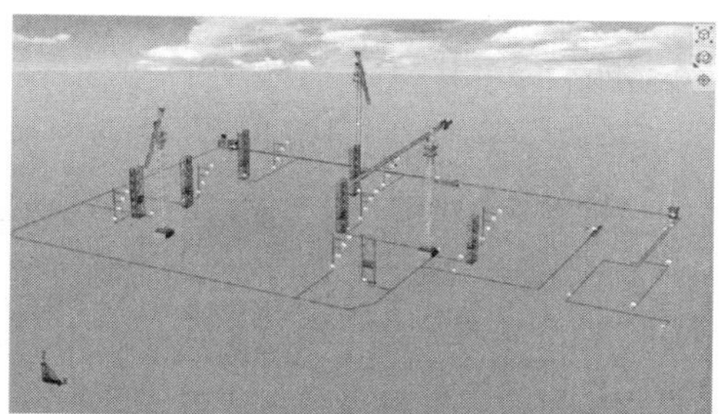

图 4-46　临时用电设计模型

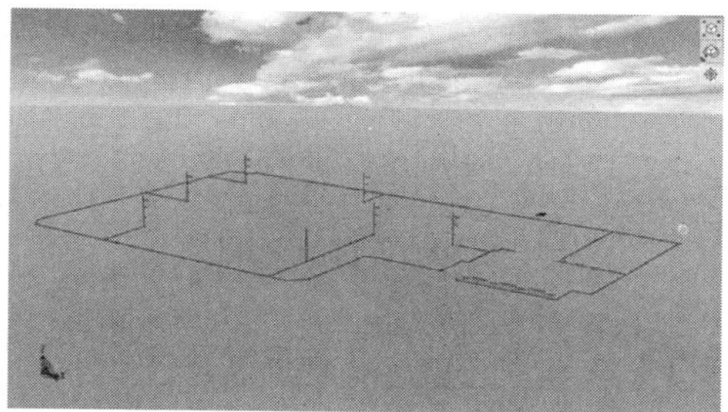

图 4-47　施工及消防临时用水设计模型

图 4-48　全景分享功能

图 4-49　场地漫游展示

7. 场地布置软件的场地布置统计分析

施工场地布置分析统计工作可以应用三维空间碰撞、材料统计等方法。场地布置软件可以对已经完成的场地布置进行智能分析，从而获取不同的分析报告，为场地布置的优化和调整提供切实可行的依据。常见的统计分析如表 4-9 所示。

**常用的场地布置统计分析** **表 4–9**

| 统计分析项 | 说明 |
|---|---|
| 工程量统计 | 根据软件中已经布置的构件，自动分类汇总统计，获取软件中各构件的数量、面积、体积、长度等汇总信息，结合构件单价可以进行场地布置临时设施材料费用统计。统计结果可以按整体、分阶段、构件分类等不同形式进行展示，如图 4-50 所示 |
| 安全检查分析 | 结合安全检查规范内容，利用软件的软碰撞功能，自动识别不满足规范要求的构件布置项，并提供不符合项报告及定位追踪和修改功能 |
| 消防检查分析 | 结合消防规范要求，利用软件的软碰撞功能，自动识别不符合消防规范要求的施工场地布置项，并提供不符合项报告及定位追踪和修改功能，如图 4-51 所示 |
| 群塔碰撞检查分析 | 利用塔式起重机的碰撞及软碰撞功能，自动识别群塔之间的站位平面碰撞以及作业和顶升高度的高差合理性碰撞检查 |
| 危险源分析 | 利用软件的智能识别功能，智能分析基坑临边、建筑临边、洞口等危险源部位，根据机械设备提供相应的设备危险源，根据临电设施识别施工用电危险源等 |
| 场内道路行车分析 | 利用车辆模拟行驶，自动识别相关道路的转弯半径、道路宽度、道路回车状况等是否能够满足现场实际施工需要 |
| 塔式起重机吊装能力分析 | 利用塔式起重机吊装能力参数，以及构件自身的重量，自动判断塔式起重机覆盖范围内的吊装能力是否满足要求。如果能力不满足要求还可以根据需要推荐适合的塔式起重机型号 |
| 场地布置空间合理性分析 | 利用软件的三维显示功能，协助用户快速鉴别因为楼层结构造型变动导致的上部外凸区域、降板、斜坡等不适宜设备布设区域或者对塔式起重机等设备布置合理性有影响的部分，验证场地布置方案的空间合理性 |

分阶段统计

总量统计 分阶段统计

| 序号 | 构件名称 | 规格 | 工程量 | 单位 | 时间(天) | 备注 |
|---|---|---|---|---|---|---|
| 1 | ⊟ 土方阶段 | | | | | |
| 2 | ⊟ 外脚手架 | | 0 | m | | |
| 3 | 外脚手架1 | 0mm | 0 | m | 1 | 外脚手架 |
| 4 | 外脚手架3 | 0mm | 0 | m | 1 | 外脚手架 |
| 5 | 外脚手架4 | 0mm | 0 | m | 1 | 外脚手架 |
| 6 | 外脚手架7 | 0mm | 0 | m | 1 | 外脚手架 |
| 7 | ⊟ 砌体围墙 | | 911.348 | m | | |
| 8 | 砌体围墙1 | 240mm | 778.448 | m | 1 | 砌体围墙 |
| 9 | 砌体围墙2 | 240mm | 132.9 | m | 1 | 砌体围墙 |
| 10 | ⊟ 矩形门梁大门 | | 2 | 个 | | |
| 11 | 矩形门梁大门 | 7000mm | 2 | 个 | 1 | 矩形门梁大门 |
| 12 | ⊟ 拱形门梁大门 | | 1 | 个 | | |
| 13 | 拱形门梁大门 | 7000mm | 1 | 个 | 1 | 拱形门梁大门 |
| 14 | ⊟ 拟建建筑 | | 8 | 个 | | |
| 15 | 基坑地面1 | | 1 | 个 | 1 | 拟建建筑 |
| 16 | 拟建建筑1 | | 1 | 个 | 1 | 拟建建筑 |
| 17 | 拟建建筑2 | | 1 | 个 | 1 | 拟建建筑 |
| 18 | 拟建建筑3 | | 1 | 个 | 1 | 拟建建筑 |
| 19 | 拟建建筑4 | | 1 | 个 | 1 | 拟建建筑 |
| 20 | 拟建建筑5 | | 1 | 个 | 1 | 拟建建筑 |
| 21 | 拟建建筑6 | | 1 | 个 | 1 | 拟建建筑 |
| 22 | 拟建建筑7 | | 1 | 个 | 1 | 拟建建筑 |
| 23 | ⊟ 原有建筑 | | 16 | 个 | | |
| 24 | 原有建筑2 | | 1 | 个 | 1 | 原有建筑 |

+ − 导出Excel

图 4–50 工程量统计功能示意

检查结果

安全检查标准JGJ59-2011 | 消防安全技术规范GB50720-2011

| 阶段 | 问题描述 | 判断依据 | 整改意见 | 构件 |
|---|---|---|---|---|
| ⊟ 土方阶段 | | | | |
| 1 | 未按规定悬挂安全标志 | 3.1.4-4 | 施工现场入口处及主要施工区域、危险部位应设置相应 | 安全警示牌、安全警示灯 |
| 2 | 未设置封闭围挡 | 3.2.3-1 | 市区主要路段的工地应设置高度不小于2.5m的封闭围挡 | 围墙 |
| 3 | 未设置门卫室 | 3.2.3-2 | 施工现场进出口应设置大门，并应设置门卫值班室 | 岗亭 |
| 4 | 未设置车辆冲洗设施 | 3.2.3-2 | 施工现场出入口应标有企业名称或标识，并应设置车辆 | 洗车池 |
| 5 | 未采取防尘措施 | 3.2.3-3 | 施工现场应有防止扬尘措施 | 防扬尘喷洒设施 |
| 6 | 施工现场除基坑范围外未布置排水沟 | 3.2.3-3 | 施工现场应设置排水设施，且排水通畅无积水 | 排水沟 |
| 7 | 未采取防止泥浆、污水、废水污染环境措施 | 3.2.3-3 | 施工现场应有防止泥浆、污水、废水污染环境的措施 | 沉淀池 |
| 8 | 未设置吸烟处 | 3.2.3-3 | 施工现场应设置专门的吸烟处，严禁随意吸烟 | 茶水亭/吸烟室 |
| 9 | 材料码放未标明名称、规格 | 3.2.3-4 | 材料应码放整齐，并应标明名称、规格等 | 标志标识牌 |
| 10 | 施工现场消防通道、消防水源的设置不符合规范要求 | 3.2.3-6 | 施工现场应设置消防通道、消防水源，并应符合规范要 | 消防栓 |
| 11 | 施工现场灭火器材布局、配置不合理 | 3.2.3-6 | 施工现场灭火器材应保证可靠有效，布置配置应符合规 | 灭火器 |
| 12 | 生活区未设置供作业人员学习和娱乐场所 | 3.2.4-1 | 生活区内应设置供作业人员学习和娱乐的场所 | 健身器材 |
| 13 | 未设置淋浴室 | 3.2.4-3 | 应设置淋浴室，且能满足现场人员要求 | 浴室 |
| 14 | 基坑边沿周围地面未设排水沟或排水沟设置不符合规范要 | 3.11.3-3 | 基坑边沿周围地面应设排水沟 | 排水沟 |
| 15 | 基坑底四周未设排水沟和集水井 | 3.11.3-3 | 基坑底四周应按专项施工方案设排水沟和集水井，并应 | 排水沟、集水井 |
| 16 | 基坑内未设置供施工人员上下的专用梯道 | 3.11.3-6 | 基坑内应设置供施工人员上下的专用梯道 | 施工斜道 |
| 17 | 在建工程的孔、洞未采取防护措施 | 3.13.3-5 | 在建工程的预留洞口、楼梯口、电梯井口等孔洞应采取 | 水平洞口防护 |
| 18 | 未搭设防护棚 | 3.13.3-6 | 应搭设防护棚且防护严密、牢固 | 安全通道 |
| 19 | 未设置出入口防护棚 | 3.16.3-3 | 地面出入通道防护棚的搭设应符合规范要求 | 施工电梯 |
| 20 | 任意两台塔式起重机之间的最小架设距离不符合规范要求 | 3.17.3-5 | 任意两台塔式起重机之间的最小架设距离应符合规范要 | 塔吊 |
| 21 | 钢筋加工区未设置作业棚 | 3.19.3-4 | 钢筋加工区应按规定设置作业棚，并应具有防雨、防晒 | 钢筋加工机械 |
| ⊟ 结构阶段 | | | | |
| 1 | 未按规定悬挂安全标志 | 3.1.4-4 | 施工现场入口处及主要施工区域、危险部位应设置相应 | 安全警示牌、安全警示灯 |

导出到Excel　确定　取消

图 4–51　规范检查功能示意

## 4.5.4　场地布置软件应用流程和操作要点

施工现场布置软件的主要操作流程如下：

（1）导入二维场地布置图。本步骤为可选步骤，导入场地布置图可以帮助快速、精准地定位构件，大幅度提高工作效率。

（2）利用内置构件库快速生成三维现场布置模型。内置的场地布置包括场地、道路、施工机械、临水临电布置。

（3）进行合理性检查，包括塔式起重机冲突分析、违规提醒等。

（4）输出临时设施工程量统计、各阶段平面布置图、三维模型等（图 4-52）。

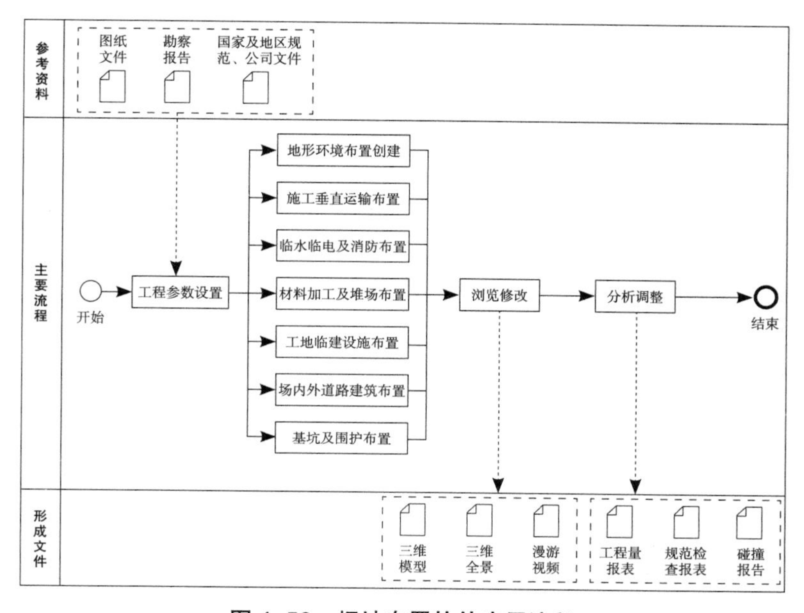


图 4–52　场地布置软件应用流程

利用场地布置软件进行施工现场场地布置，其流程与传统的平面布置图有一些区别，可以参考表 4-10，主要功能的操作要点可参考表 4-11。场地布置软件的功能有很多，可根据实际编制目的来进行选择，参照表 4-12 选用。

场地布置软件应用前后流程区别　　表 4-10

| 对比流程项 | 使用前 | 使用后 |
|---|---|---|
| CAD 图纸处理 | 1. 手动修改总平面图，删除无效的图层或者图元，保留有用部分<br>2. 复制导入其他需要的图纸元素 | 1. 需要先复制图纸到软件里面，一般要求图纸不能离坐标原点过远<br>2. 要求修改图纸比例到 1 : 1<br>3. 复制的底图在最后可以直接删除 |
| 阶段设置 | 1. 复制修改处理好的底图为多个不同阶段的平面图，再按需要调整图纸内容<br>2. 每个阶段为一张独立的 CAD 图 | 1. 通过设置阶段参数来实现<br>2. 各阶段构件都是相同构件，只是通过阶段参数进行控制 |
| 场地布置 | 1. 利用已有的图块<br>2. 手动绘制线条图样<br>3. 利用颜色填充等来示意 | 1. 布置二、三维对应的参数化构件<br>2. 转化生成二、三维对应的参数化构件<br>3. 导入已有的标准模型 |
| 成果浏览 | 1. 查看 CAD 或者打印的场地平面布置图<br>2. 修改需要在 CAD 里调整 | 1. 可以查看原有的 CAD 二维平面图<br>2. 可以浏览三维模型<br>3. 可以浏览全景模型<br>4. 可以 VR 浏览<br>5. 可以漫游浏览模型 |
| 统计分析 | 1. 工程量手动清点测量汇总<br>2. 手动查看规范，人工逐条进行安全检查分析<br>3. 手动查看规范，人工逐条进行消防检查分析<br>4. 绘制不同的顶升立面及平面，进行群塔碰撞检查分析<br>5. 结合经验，人工进行平面图上的危险源分析，有关空间立面上的需要结合其他图纸<br>6. 手动计算，进行场内道路行车分析<br>7. 人工查阅塔式起重机说明书，绘制塔式起重机吊装能力范围，并进行手动对比拟吊构件重量，进行塔式起重机吊装能力分析<br>8. 需要结合楼层图纸，凭借经验进行场地布置空间合理性分析 | 1. 工程量自动统计<br>2. 安全检查分析<br>3. 消防检查分析<br>4. 群塔碰撞检查分析<br>5. 危险源分析<br>6. 场内道路行车分析<br>7. 塔式起重机吊装能力分析<br>8. 场地布置空间合理性分析 |

场地布置软件主要功能操作要点　　表 4-11

| 主要功能 | 操作要点 |
|---|---|
| CAD 图纸导入 | 复制或导入 CAD 图纸；<br>检查导入图纸比例，调整图纸比例至合适 |
| 地形创建 | 通过导入高程点 Excel 创建地形；<br>直接在软件内绘制地形网格，通过三维编辑功能创建地形 |
| 二维建模 | 根据导入的 CAD 图纸进行转化建模；<br>设置构件属性进行手动建模 |
| 图纸输出 | 根据软件功能生成平面图及构件详图；<br>绘制剖切线，生成土方开挖剖面图 |
| 三维观察 | 自由旋转和剖切观察查看三维；<br>设置拍照模式，输出高清渲染图片 |

续表

| 主要功能 | 操作要点 |
| --- | --- |
| 漫游观察 | 长按相应按钮进行自由漫游；<br>绘制漫游路径进行路径漫游；<br>插入关键帧，进行航拍漫游；<br>布置相机位置，进行全景漫游 |
| 工程量计算 | 设置或导入构件单价；<br>统计各阶段工程量，实时显示刷新材料统计表 |
| 规范符合性检查 | 按照内置规范检查工程；<br>输出检查结果 Excel 表格 |
| 施工模拟 | 按照施工进度计划设置主体构件以及临时构件的工期；<br>设置构件的动画样式；<br>生成模拟动画输出视频 |

场地布置软件功能适用参考表　　表 4-12

| 软件功能 | 适用范围 |
| --- | --- |
| 地形环境建模 | 建筑施工场地周边地形如果存在江河池塘、山地地形或者城市市区等周边环境地形复杂的区域可以优先考虑 |
| 基坑及围护建模 | 项目中存在基坑、内支撑等施工项目的，可以优先选用 |
| 场内外建筑物建模 | 场地内建筑（如拟建建筑）如果有外部模型可以导入的，可以不绘制。<br>场地外的建筑物如果跟现场设备没有碰撞和影响的，可以不绘制 |
| 临建设施建模 | 临建设施是场地布置的核心内容之一，必须用。需要结合所需的临建设施选用相关构件 |
| 场地内外交通道路 | 场地内外交通道路是场地布置的核心内容之一，必须用 |
| 加工场地及材料堆场布置 | 加工场地及材料堆场是场地布置的核心内容之一，必须用 |
| 施工垂直运输设备布置 | 施工垂直运输设备是场地布置的核心内容之一，必须用 |
| 临水临电及消防设施布置 | 临水临电及消防设施是场地布置的核心内容之一，水源和电源必须用。其余可以根据需要选择布置 |
| 三维观察 | 场地布置软件中三维观察是必须进行的，不管是技术标还是施工等都需要对应的三维图片 |
| 漫游观察 | 在需要漫游视频时该功能必须使用，否则可以不使用 |
| VR 观察 | 在需要 VR 教育或者交底时该功能必须使用，否则可以不使用 |
| 全景查看 | 在需要分享或者宣传时该功能可以选用，否则可以不使用 |
| 危险性分析 | 在技术标编制时可以不选用，但是施组和专项方案编制时可以选用 |
| 工程量计算 | 项目临建费用有控制指标时可以选用 |
| 规范符合性检查 | 场地布置完成后可以选用 |
| 性能分析 | 场地布置完成后对于设备设施的性能选择复核，该功能可以选用 |

## 4.6 施工模拟软件

### 4.6.1 施工模拟软件基本情况

施工模拟软件辅助工程技术人员建立模拟模型、设定模拟条件、对比分析模拟计算结果，支持工程技术人员对决策模拟过程与结果进行剖析和评价，辅助工程技术人员明确工程实施时需要的补充条件或应特别引起注意的问题等。

一般在施工难度大或采用新技术、新工艺、新设备、新材料时，应用施工模拟软件进行模拟和分析。施工模拟软件与其他软件密切相关，为其他软件的应用提供基础数据和条件，特别是可视化展示软件，模拟分析的结果往往通过可视化展示功能呈现给工程技术人员。

### 4.6.2 常用施工模拟分析软件

常用施工模拟分析软件如表 4-13 所示。

常用施工模拟分析软件　　表 4–13

| 软件名称 | 介绍 |
|---|---|
| Autodesk Navisworks | Autodesk Navisworks 是一款以建筑信息模型整合和校审为核心的软件，辅助工程技术人员以可视化方式对项目信息进行分析、仿真和协调，支持 4D 模拟和动画、照片制作，辅助用户 |
| Bentley Navigator | Bentley Navigator 是一款综合设计检查产品，支持不同设计文档的读取和数据查询，支持碰撞检查、红线批注、进度模拟、吊装模拟、渲染动画等 |
| Dassault DELMIA | Dassault DELMIA 是一款施工过程精细化虚拟仿真和相关数据管理软件，支持用户优化工期和施工方案，支持不同精细度的施工仿真需求，支持人机交互级别的仿真 |
| Fuzor | Fuzor 是一款将 BIM、VR 技术与 4D 施工模拟技术深度结合的综合性平台级软件，支持 BIM 模型到虚拟现实环境的转换 |
| Synchro Pro | Synchro Pro 是一款以工程进度管理为核心的软件，辅助工程技术人员进行施工过程可视化模拟、施工进度计划安排、高级风险管理、设计变更同步、供应链管理以及造价管理等功能 |
| Trimble Connect | Trimble Connect 是一款建筑信息模型沟通和协作软件，支持多专业模型导入和碰撞检查 |

### 4.6.3 施工模拟软件主要功能

1. 工程数据输入、整合和发布

一般施工模拟软件支持多种格式工程数据的输入，如：二维和三维几何数据、BIM 模型数据、激光扫描数据等。通过将设计、施工和其他项目数据组合到统一的模拟模型中，支持模型聚合、分析，以及可视化、漫游和模型发布等（图 4-53）。

2. 施工组织模拟

在工序安排、资源配置、平面布置、进度计划等施工组织工作中，基于施工图设计模型或深化设计模型、施工组织设计方案等创建施工组织模型，将工序安排、资源配置和平面布置等信息与模型关联，输出施工进度、资源配置等计划，指导和支持模型、视频、说明文档等成果的制作与方案交底，如图 4-54 所示。

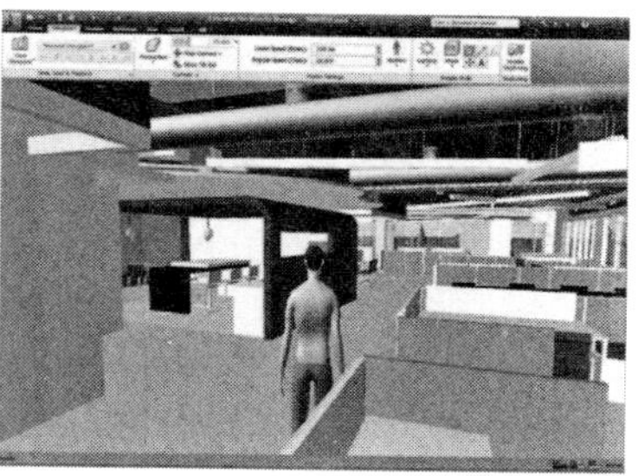

图 4-53　模型可视化与实时漫游功能示意

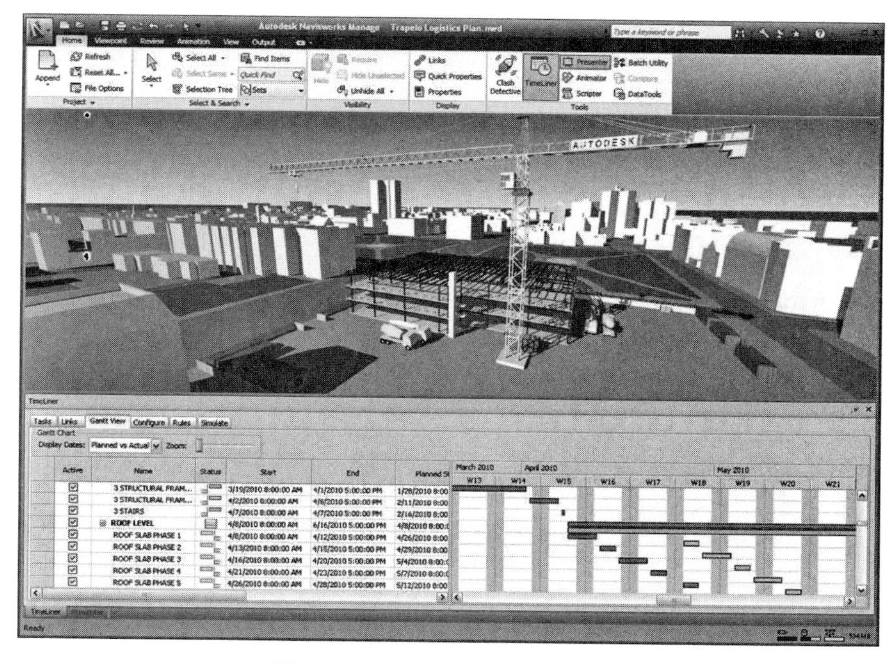


图 4-54　施工组织模拟功能示意

3. 施工工艺模拟

在土方工程、大型设备及构件安装、垂直运输、脚手架工程、模板工程等施工工艺模拟中，可基于施工组织模型和施工图创建施工工艺模型，并将施工工艺信息与模型关联，输出资源配置计划、施工进度计划等，指导模型创建、视频制作、文档编制和方案交底。

通过施工过程和工艺精细化虚拟仿真，支持施工人员优化工期和施工方案，降低工程风险。如根据施工组织的需求，精确模拟 3D 对象的运动方式，从而进行精细化的施工工艺仿真分析；模拟 3D 机械模型（例如塔式起重机）运转，以模拟计划执行的活动，并且分析运作过程；模拟具有活动能力的人体模型模拟工人操作过程，例如拾起物体、行走、操作设备等。用于评估人员操作效率和安全性，如图 4-55 所示。

图 4-55　施工工艺仿真功能示意

4. 模拟分析辅助工具

一般施工模拟软件包含测量距离、面积和角度等工具，支持施工模拟数据的审核和优化。部分施工模拟软件支持创建交互式脚本，将动画链接至特定的事件、触发器或重要命令，制作动画并与模型交互，从而更好地进行施工模拟。部分施工模拟软件包括红线标示、视点管理、注释标注等简单的、支持团队协作的工具。

## 4.6.4　施工模拟软件应用流程

1. 施工组织模拟流程

施工组织模拟软件典型应用流程如图 4-56 所示。

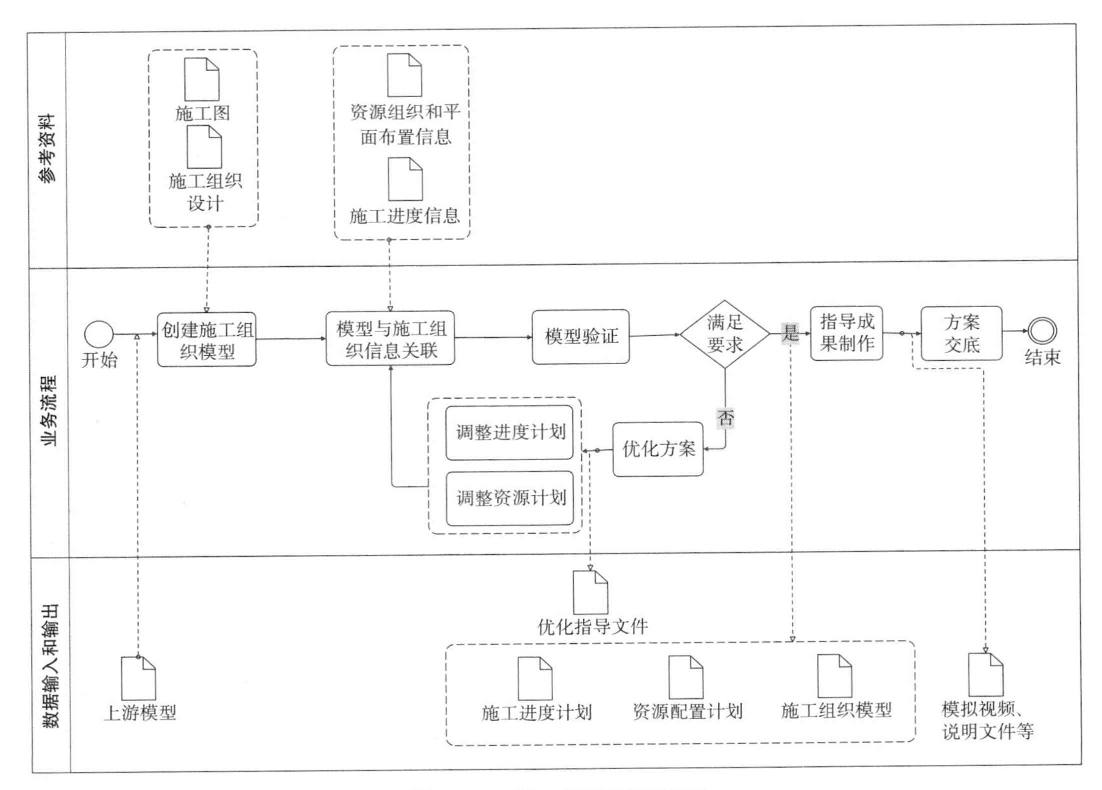


图 4-56　施工组织模拟流程

施工组织模拟软件的操作要点如下：

（1）施工组织模拟前制订工程项目初步实施计划，形成施工顺序和时间安排。

（2）根据模拟需要将施工项目的工序安排、资源配置和平面布置等信息附加或关联到模型中，并按施工组织流程进行模拟。

（3）根据施工内容、工艺选择及配套资源等模拟工序安排，明确工序间的搭接、穿插等关系，优化项目工序安排。

（4）根据施工进度计划、合同信息以及各施工工艺对资源的需求等模拟资源配置，优化资源配置计划。

（5）结合施工进度安排模拟平面布置，优化各施工阶段的垂直运输机械布置、现场加工车间布置以及施工道路布置等。

（6）施工组织模拟过程中，及时记录工序安排、资源配置及平面布置等存在的问题，形成施工组织模拟分析报告等指导文件。

（7）施工组织模拟完成后，根据模拟成果对工序安排、资源配置、平面布置等进行协调和优化，并将相关信息更新到模型中。

2. 施工工艺模拟

施工工艺模拟软件应用流程如图 4-57 所示。

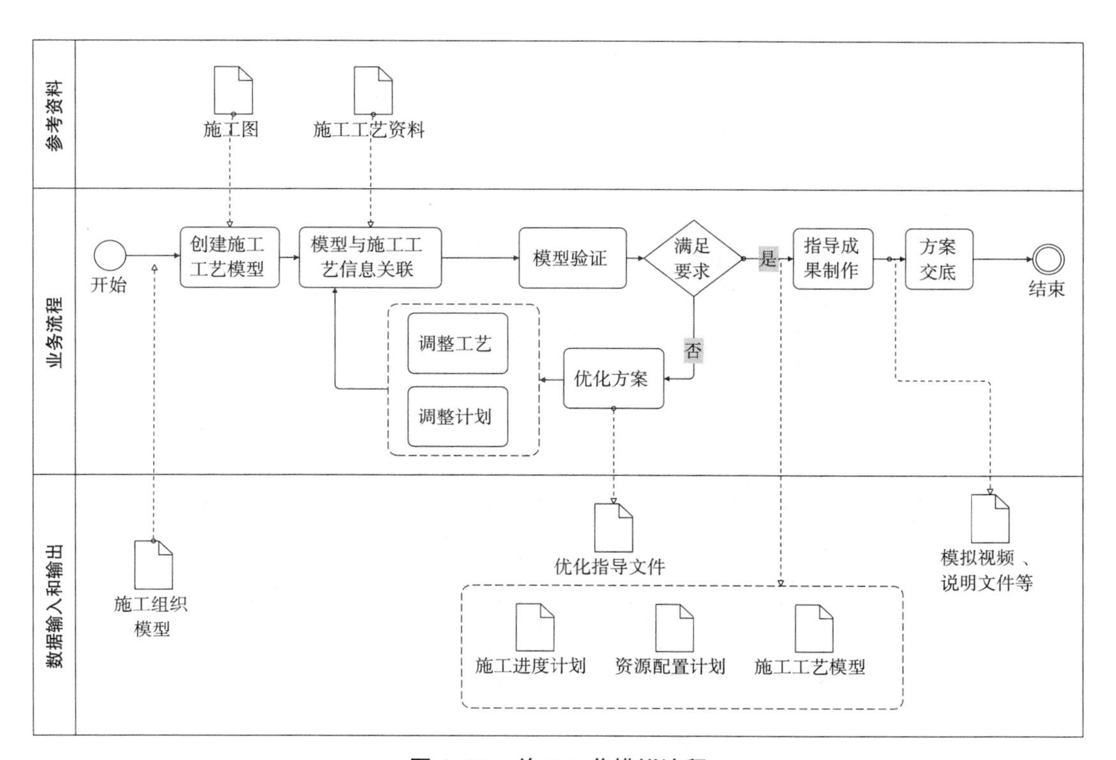


图 4-57　施工工艺模拟流程

（1）在施工工艺模拟前，完成相关施工方案的编制，确认工艺流程及相关技术要求。

（2）根据开挖量、开挖顺序、开挖机械数量安排、土方运输车辆运输能力、基坑支护类型及换撑等因素模拟土方工程施工工艺，优化土方工程施工工艺，如图 4-58 所示。

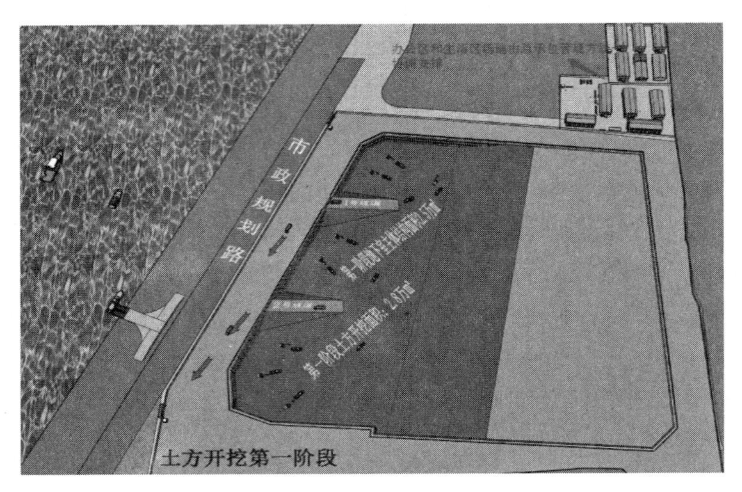


图 4–58　土方工程量计算

（3）通过模板工程施工工艺模拟，优化模板数量、类型，支撑系统数量、类型和间距，支设流程和定位，结构预埋件定位等，如图 4-59 所示。

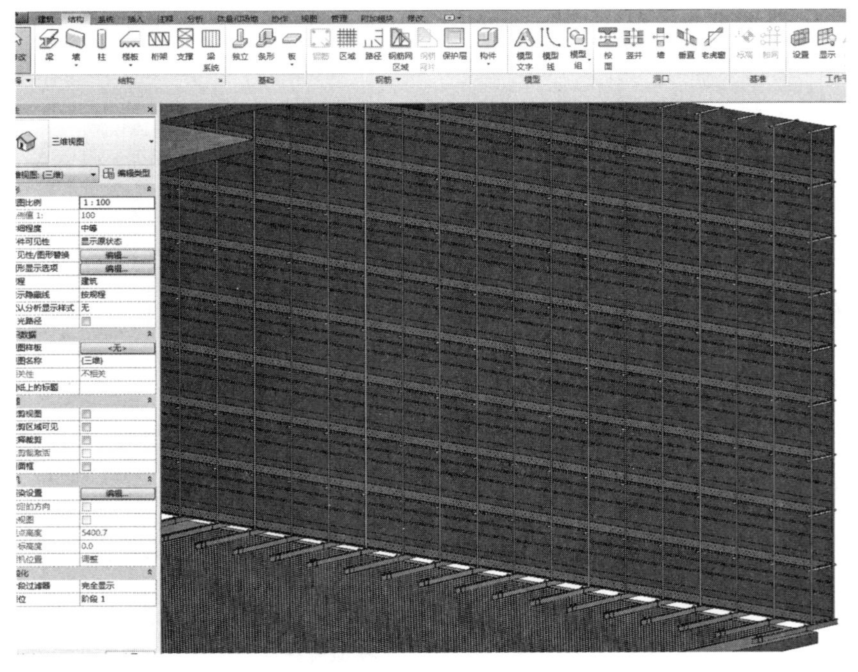

图 4–59　悬挑脚手架施工方案架体模型

（4）通过临时支撑施工工艺模拟，结合支撑布置顺序、换撑顺序、拆撑顺序，优化临时支撑位置、数量、类型、尺寸，如图 4-60 所示。

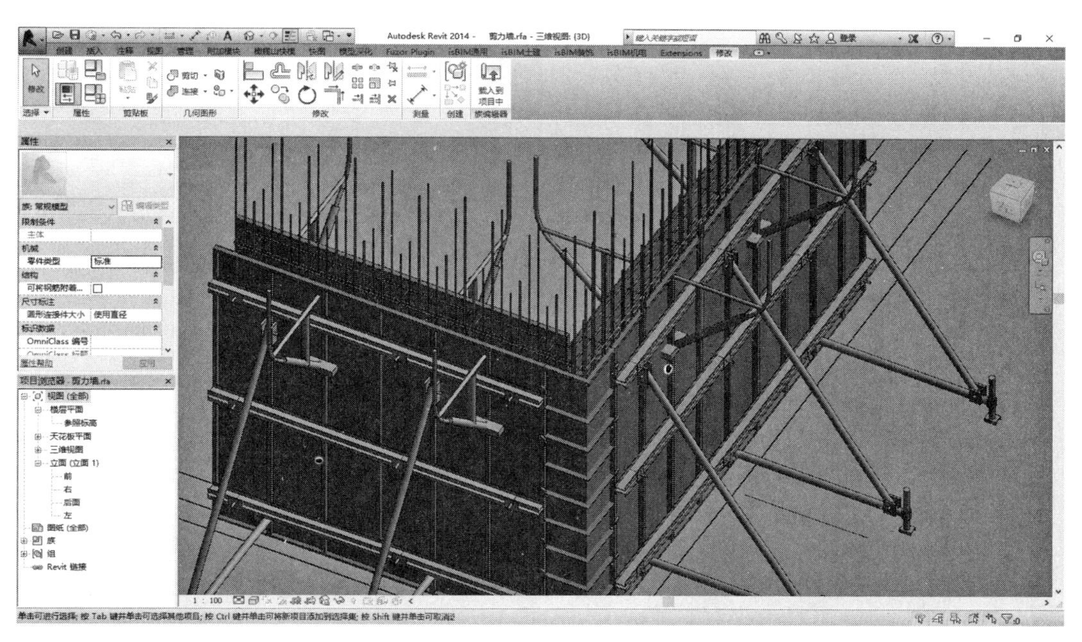


图 4–60　临时支撑施工工艺模拟

（5）通过大型设备及构件安装工艺模拟，综合分析柱梁板墙、障碍物等因素，优化大型设备及构件进场时间点、吊装运输路径和预留孔洞等，如图 4-61 所示。

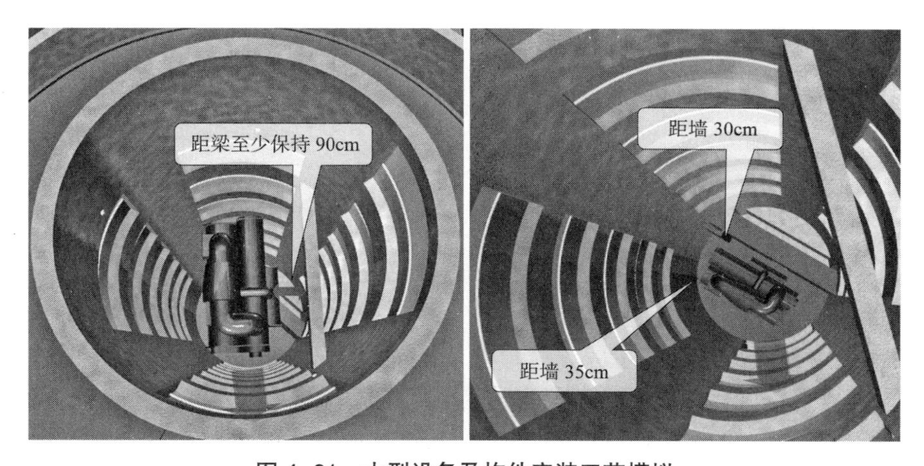


图 4–61　大型设备及构件安装工艺模拟

（6）通过复杂节点施工工艺模拟，优化节点各构件尺寸、各构件之间的连接方式和空间要求，以及节点施工顺序。

（7）通过垂直运输施工工艺模拟，结合施工进度优化垂直运输组织计划，综合分析运输需求、垂直运输器械的运输能力等因素，如图 4-62 所示。

图 4-62　模拟方案和实际施工现场对比图

（8）通过脚手架施工工艺模拟，综合分析脚手架组合形式、搭设顺序、安全网架设、连墙杆搭设、场地障碍物、卸料平台与脚手架关系等因素，优化脚手架方案，如图 4-63 所示。

（9）通过预制构件拼装施工工艺模拟，综合分析连接件定位、拼装部件之间的连接方式、拼装工作空间要求以及拼装顺序等因素，检验预制构件加工精度，如图 4-64 所示。

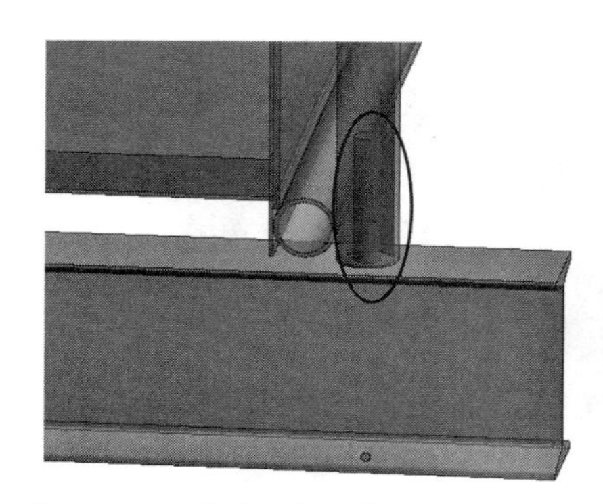

图 4-63　悬挑脚手架立杆底部限位措施

图 4-64　预制构件拼装施工工艺模拟

（10）在施工工艺模拟过程中，将涉及的时间、人力、施工机械及其工作面要求等信息与模型关联。

（11）在施工工艺模拟过程中，及时记录出现的工序交接、施工定位等存在的问题，形成施工模拟分析报告等方案优化指导文件。

（12）根据施工工艺模拟成果进行协调优化，并将相关信息同步更新或关联到模型中。

（13）施工工艺模拟模型可从已完成的施工组织模型中提取，并根据需要进行补充完善，也可在施工图、设计模型或深化设计模型基础上创建。

（14）施工工艺模拟前应明确模型范围，根据模拟任务调整模型。模拟过程涉及空间碰撞的，应确保足够的模型细度及工作面；模拟过程涉及与其他施工工序交叉时，应保证各工序的时间逻辑关系合理。

## 4.7　工程量计算软件

### 4.7.1　工程量计算软件基本情况

工程建设实施工程量清单计价规范后，工程量的计算发生了很大变化。工程量计算软件是建筑业数字化招、投标交易和施工管理过程中不可缺少的一类软件工具。由于算量软件充分考虑现代建筑的独特造型、复杂的结构和装饰特点等因素，对比传统的手工模式下的工程量计算，工程量计算软件具有算量速度快、准确性高、工程量核对争议少和数据易于存储等优点。

随着数字建筑技术的快速发展，BIM 技术在工程项目上应用越来越广泛，基于 BIM 的算量软件正在逐步替代传统的图形算量工具软件。BIM 算量软件的主要优势是三维可视化操作和数据共享，降低了工程计算过程中的漏项、缺项以及工作量。同时，工程量算量模型与 BIM 基础软件、平台软件集成、协同应用，实现数据共享和相互调用，预算人员实现对工程量的一键提取、一键报量工作，将预算人员从烦琐的、机械的算量计算、统计和成本控制工作中解放出来，节省更多的时间和精力用于更有价值的工作。

### 4.7.2　常用工程量计算软件分类

工程量计算软件主要应用于投标报价、过程报量、竣工交付等施工节点。常用工程量计算工具软件按应用结果的呈现形式分为表格算量软件、三维图形算量软件等；按专业应用范围分为土建算量软件、钢筋算量软件、安装算量软件、钢结构算量软件、市政算量软件、装饰算量软件等。

目前，市面上应用较为广泛的工程量计算工具软件有广联达、PKPM、鲁班、神机妙算、品茗、清华斯维尔，以及装饰算量软件酷家乐等，如表 4-14 所示。

常用工程量计算工具软件　　表 4–14

| 名称 | 软件厂商 |
| --- | --- |
| BIM 土建、钢筋算量软件 | 广联达、PKPM、鲁班、神机妙算、清华斯维尔、品茗等 |
| BIM 安装算量软件 | 广联达、鲁班、神机妙算、清华斯维尔、品茗等 |
| BIM 钢结构算量软件 | 广联达、鲁班、PKPM 等 |
| BIM 市政算量软件 | 广联达、Autodesk 等 |
| BIM 装饰算量软件 | 广联达、三维家、酷家乐等 |

### 4.7.3　工程量计算软件主要功能

基于 BIM 的工程量计算软件通过导入三维设计模型、CAD 图纸、Revit 模型、PDF 图纸、图片等，以及纸质图纸扫描等方式，实现快速创建构件的算量模型，软件运用自动计算和汇总功能提取工程量，并通过软件的关联的清单和定额计价功能，完成编制工程投标报价、工程进度报量和工程结算等，一般软件功能如图 4-65 所示。

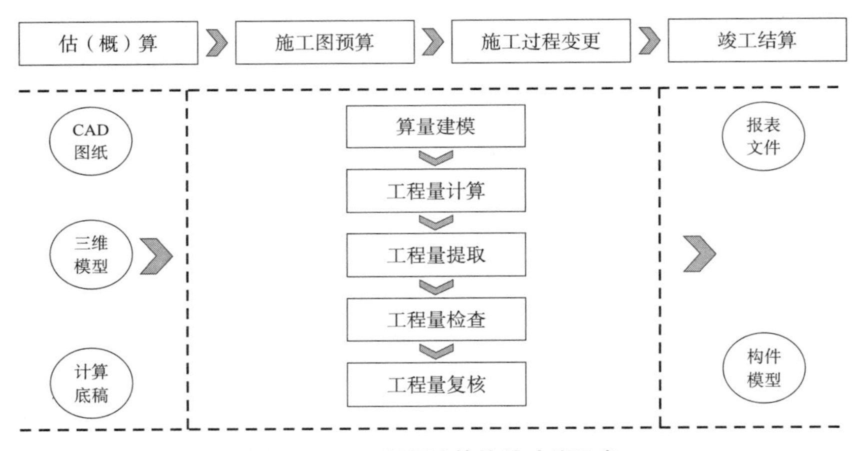


图 4–65　工程量计算软件功能示意

1. 内置计算规则，自动按规则扣减

工程量计算工具软件通过内置国家规范、规则、工艺和常用施工做法，在创建工程项目最开始时就设置了工程量清单规则、定额规则以及与它们相对应的清单库和定额库，如图 4-66 所示。一般预算人员不需考虑各类规则的不同，也无需考虑各种构件之间复杂的扣减关系。预算人员只需要设置正确的计算模式（清单或定额）和计算规则后，工程量计算软件会按照内置的规则自动扣减，从而保证工程量计算的准确性。

2. 清单规则和定额规则平行扣减

基于工程招、投标阶段需要准确编制招标工程量清单和标底，由于工程清单模式

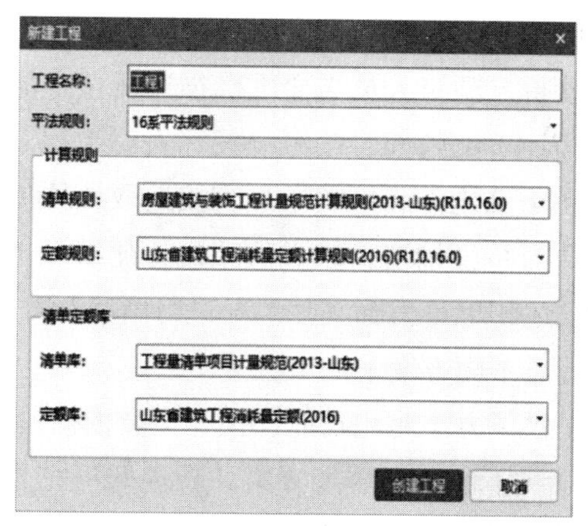

图 4–66　工程量计算软件内置规则示意

和定额计价模式的不同，预算人员需要同时计算清单量和定额量。应用工程量计算工具软件，预算人员只需要在创建算量文件时，同时选择清单和定额规则，软件会自动按照两种规则平等扣减，画一次图同时得出两种工程量，即：实体清单工程量和定额计价工程量（实际施工内容工程量），实现一图两算、一图两用的目的，提升工程量计算的效率。

3. 按图读取构件属性，自动按构件完整数据计算工程量

传统工程量计算过程中，预算人员需要考虑因为构件的尺寸、材质等各种信息都是原始数据，除了自身计算还要参与其他构件的扣减，会直接影响计算结果的准确性。应用工程算量软件时，预算人员只需按自己熟悉的顺序创建算量构件模型，基于软件内置的构件属性选择性地填入参数即可，属性创建完成后图纸上所有构件的数据会被软件自动全部读取，不会产生遗忘和疏漏。如图 4-67 所示。

| | | | |
|---|---|---|---|
| 13 | 柱类型 | (中柱) | ☐ |
| 14 | 材质 | 现浇混凝土 | ☐ |
| 15 | 混凝土类型 | (普通混凝土) | ☐ |
| 16 | 混凝土强度等级 | (C30) | ☐ |
| 17 | 混凝土外加剂 | (无) | |
| 18 | 泵送类型 | (混凝土泵) | |
| 19 | 泵送高度(m) | | |
| 20 | 截面面积(m²) | 0.16 | ☐ |
| 21 | 截面周长(m) | 1.6 | ☐ |
| 22 | 顶标高(m) | 层顶标高 | ☐ |
| 23 | 底标高(m) | 层底标高 | ☐ |
| 24 | 备注 | | ☐ |
| 25 | + 钢筋业务属性 | | |
| 42 | + 土建业务属性 | | |
| 49 | + 显示样式 | | |

属性列表

| | 属性名称 | 属性值 | 附加 |
|---|---|---|---|
| 1 | 名称 | KZ-3 | |
| 2 | 结构类别 | 框架柱 | ☐ |
| 3 | 定额类别 | 普通柱 | ☐ |
| 4 | 截面宽度(B边)(mm) | 400 | ☐ |
| 5 | 截面高度(H边)(mm) | 400 | ☐ |
| 6 | 全部纵筋 | | ☐ |
| 7 | 角筋 | 4Φ22 | ☐ |
| 8 | B边一侧中部筋 | 3Φ20 | ☐ |
| 9 | H边一侧中部筋 | 3Φ20 | ☐ |
| 10 | 箍筋 | Φ10@100/200 | ☐ |
| 11 | 节点区箍筋 | | ☐ |
| 12 | 箍筋肢数 | 4*4 | |

图 4–67　构件属性设置示意

4. 内置清单规范，自动形成完善的清单报表

基于工程清单规范计价，预算人员需要准确描述所包含的项目特征和主要工作内容，避免因工程清单的描述不清晰而直接影响投标人对工程量的风险评估。应用工程量计算软件，预算人员在定义构件属性时通过直接选取该构件的清单项，软件会自动列出该清单项规范上的所有特征描述，只需从项目特征值备选框中选择相应的名称明细即可完成项目特征的描述，也可根据实际情况进行增减和补充。

5. 定义施工方案，查看不同方案下的工程量

工程量计算软件中提供了方案对比功能，预算人员依据实际施工方案和技术水平，在属性定义中设定同一项目下的不同施工方案，软件即可完成在不同方案下不同工程量的计算和输出。如：基坑开挖过程中的放坡系数和工作面的预留，对实际的报价影响也不相同，预算人员通过将不同的施工方案参数定义在构件属性中，软件即可完成不同方案的工程量计算和汇总。

6. 自动识别导入的 CAD 图纸或设计模型

工程量计算软件是依靠图形来完成算量工作，所以必须将图形绘制到软件中才会算出工程量。基于算量软件的导图功能或模型导入功能，软件可以将 CAD 设计文件或设计模型导入，自动识别出文件中的图形并将该文件的数据转换成算量模型。同时，在导入的过程中构件的属性和图形位置等也一并导入，软件自动完成工程量的计算。

7. 自动识别清单工程量，计算施工方案工程量

投标人通过工程量算量软件导入招标文件的工程量清单工程量，在定义构件属性的同时，复核招标人提供的清单工程量，通过对每一条清单项按实际的施工方案匹配相应的消耗量定额，软件自动按照两种规则同时计算定额施工方案量和清单量，实现一图两算，让投标方同时审核清单量和计算组价方案量。

8. 精确计算复杂构件、多变节点的工程量

随着现代建筑的个性化建造，建筑的结构、立面围护或装饰趋于复杂和多样，传统的手工算量无论是计算清单工程量还是定额工程量都是比较费时费力的，这类构件若在过程中发生变更，工程量的计算更是无法复用，只能重新计算。基于工程量计算软件，利用其可视化算量的功能进行复杂构件建模和工程量统计，通过利用建筑物本来的整体关联性和计算机的计算能力，可以准确实现复杂构件和多变节点的建模计算和工程统计。

### 4.7.4 工程量计算软件应用流程

工程量计算工具软件一般已事先内置了各种算法、规则、工程量清单或定额规则等，其典型应用流程如图 4-68 所示。

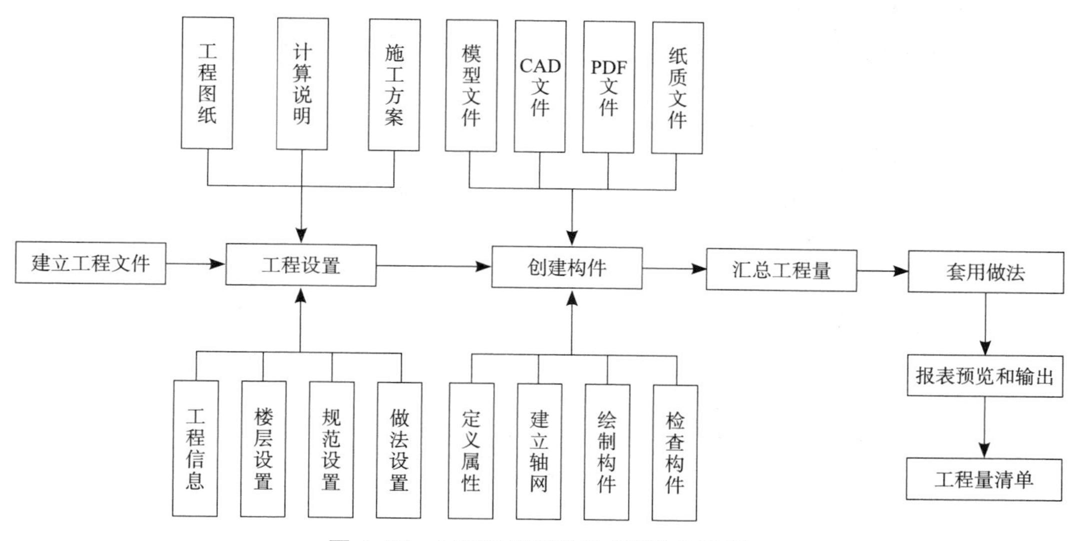


**图 4-68　工程量计算软件典型应用流程**

当前，在工程建设领域较为广泛且成熟应用的工程算量软件中，主要应用软件有土建和钢筋工程、安装工程、钢结构工程、市政工程、装饰工程等算量软件，软件通过导入设计模型、二维 CAD 电子版图纸文件自动完成数据分析，部分专业算量软件也支持 PDF 或纸质扫描文件格式的算量导入。软件结合各个专业工程领域的设计规范、算量规则和工艺做法等，完成自动算量和套用做法。工程量通过汇总计算后，在电脑上直观预览呈现报表，预算人员也可按需求调整和修改报表，并输出报表或工程量清单。具体操作要点如下。

1. 算量图纸检查和命名

对照工程设计图纸与电子版 CAD、PDF 图纸，查看图纸是否完整，重点查看分系统图纸、分楼层或平面图纸、节点详细设计图纸，确保图纸完整。

2. 确认适用标准

查看图纸设计总说明、分项说明以及节点做法说明等，确认算量所适用的标准和计算规则。新建工程时，需要在软件中预先设置参数和相关信息，如图 4-69 所示。按设计说明和结构设计说明的图纸信息，完成工程量计算中所需要的参数设置，一般包括：

（1）工程信息：包括建设地点、结构形式、建筑面积、地震等级等信息。

（2）楼层设置：包括地上、地下建筑面积，楼层高度、层数等信息。

（3）规范设置：工程量计算适用的规范和规则等信息的设置。

（4）做法设置：包括施工方案、施工节点详细做法及适用图集等。

（5）其他参数设置：包括建设单位、施工单位、监理单位以及图纸设计单位等信息。

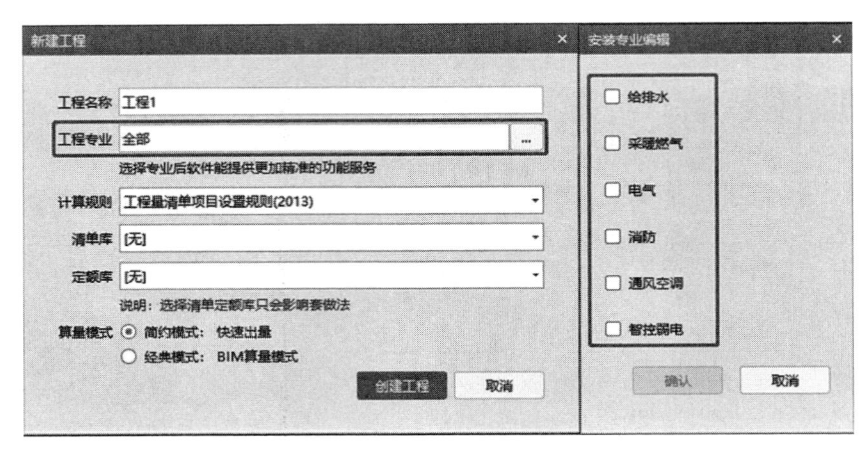


图 4–69 工程设置应用示意图

3. 创建构件

构件绘制是算量软件建立算量模型状态的主要内容，通过定义轴网、导入电子版图纸、构件识别、检查或显示、编辑等工作，完成算量构件的输入。同时，部分安装工程算量软件也支持表格输入的方式，完成工程量计算工作。

（1）定义轴网：在算量软件的绘图操作中必须完成轴网的建立，通过新建轴网或自定义轴网，设置轴网参数值完成一个简洁的轴网，以便导入图纸时各楼层或位置的电子图纸定位。

（2）导入 CAD 电子图：在算量软件的绘图操作完成轴网的建立后，通过导入图纸操作，软件自动导入对应楼层的 CAD 电子版图纸，通过图纸定位将 CAD 图纸定位到相应的轴网位置，如图 4-70 所示。

图 4–70 CAD 图纸导入应用示意图

（3）CAD 图纸识别：算量软件导入电子版图纸后，由于设计的完整性不同，需要预算人员手动选择算量软件所要计算专业的构件类型进行 CAD 图纸识别，并根据图纸设计要求修改相应的误差值，确保构件模型与图纸设计规范一致。

4. 工程量汇总和套用做法

汇总计算专业工程量并结合专业 CAD、PDF 图纸信息，对汇总后的工程量进行集中套用。算量软件导入电子版图纸后，由于设计的完整性不同，需要预算人员手动选择算量软件所要计算专业的构件类型进行 CAD 图纸识别，并根据图纸设计要求修改相应的误差值，确保构件模型与图纸设计规范一致。通过软件完成工程量算量模型的创建和识别，软件自动完成构件工程量的计算和汇总工作，如图 4-71 所示。

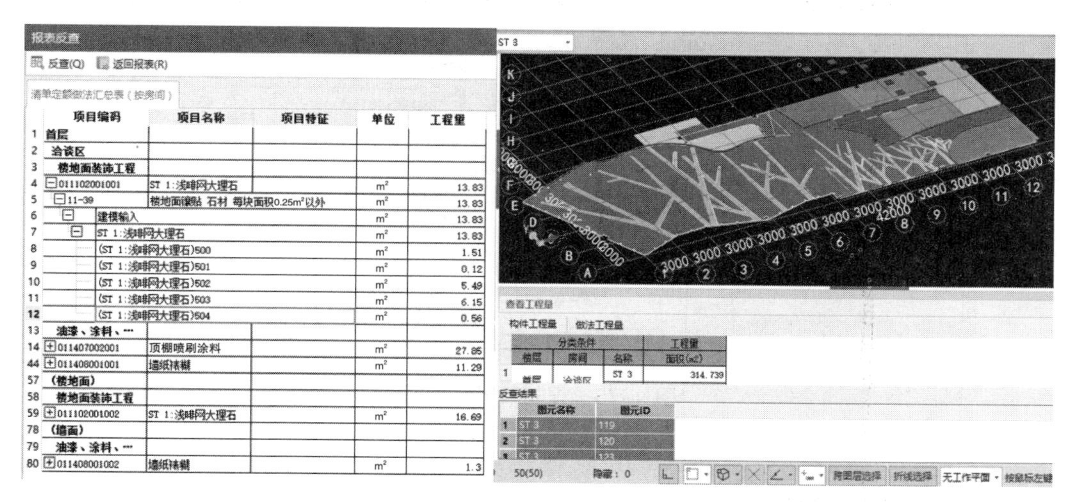


图 4–71　工程量汇总示意图

按照工程量清单的使用要求，选择清单或定额，按照设置的规范自动完成做法套用，完成工程量做法表，内容包括：手动套用清单或定额；自动套用清单。

通过构件属性分类设置后，进行工程整体或批量统一套用做法，做法套用完成后，在工程对量过程中通过反向查询清单或定额，可以快速查找到相应的清单或定额子目，如图 4-72 所示。

5. 工程量清单调整和输出

基于工程量汇总和做法的套用，按工程量清单计算规范添加清单项目特征描述，形成完整的专业工程工程量清单表并输出工程量清单表格。一般软件自动完成新建工程的全部工程量的汇总计算和套用的做法后，通过报表预览即可看到输出的报表，如图 4-73 所示。

| 分类条件 | | | | | 工程量 | |
|---|---|---|---|---|---|---|
| 楼层 | 房间 | 名称 | | | | |
| | | 顶棚工程 | | | | |
| | | 顶棚 | 600mm×600mm 硅钙板 | 600mm×600mm 硅钙板 | 投影面积（$m^2$） | 83.313 |
| | | | | | 面层面积（$m^2$） | 137.297 |
| | | | EP-2 纤维石膏板吊顶 | EP-2 纤维石膏板吊顶 | 投影面积（$m^2$） | 180.716 |
| | | | | | 面层面积（$m^2$） | 191.749 |
| | | | 油炭灰色乳胶漆 | 油炭灰色乳胶漆 | 投影面积（$m^2$） | 27.854 |
| | | | | | 面层面积（$m^2$） | 27.854 |
| | | | EP-1a 防水石膏板吊顶 | EP-1a 防水石膏板吊顶 | 投影面积（$m^2$） | 103225.207 |
| | | | | | 面层面积（$m^2$） | 19.112 |
| | | | VWD-1 木饰面 | VWD-1 木饰面 | 投影面积（$m^2$） | 11.073 |
| | | | | | 面层面积（$m^2$） | 11.073 |
| | | 通风口 | 600mm×600mm 方形送风口 | | 面积（$m^2$） | 2.88 |
| | | | | | 数量（个） | 8 |
| | | | 600mm×600mm 方形回风口 | | 面积（$m^2$） | 2.88 |
| | | | | | 数量（个） | 8 |

图 4-72　套用做法示意图

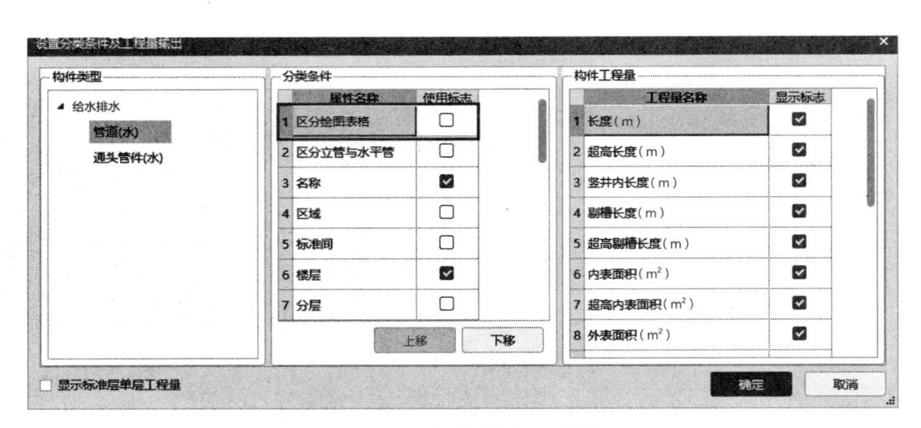


图 4-73　报表输出示意图

## 4.8　进度计划编制软件

### 4.8.1　进度计划编制软件基本情况

进度计划编排软件是通过信息化手段，科学、合理地把施工进度计划用数字化的方式全面呈现的一种软件工具。通过总进度计划为主线的指导性数据，结合各类资源数据和设置控制性目标，在统一的级别、标准、逻辑关系、子目等维度下，突出关键线路，展现全面相关数据，用单独或结合的横道图、网络图、里程碑、前锋线等呈现方式清晰、合理地反映施工进度计划。进度计划编排软件的应用范围主要有以下几种。

1. 投标阶段施工进度计划编制

多数招标项目的有效编标时间较短，没有较为具体、明确的开工、竣工日期或中间节点日期，是投标阶段区别于施工阶段进度计划的主要特点。相对来说，在对投标项目编制深度有限且编制计划时间紧迫的情况下，须选派总体规划能力强、经验丰富、流程熟悉、操作熟练的人员结合进度计划软件编制进度计划。

在投标阶段，进度软件的选用首先要响应招标文件要求，其次要符合编制者的使用习惯。除了使用专业进度编排软件外，还常用 Excel、CAD、BIM、三维动画等作为进度编制的辅助手段。由于招标文件要求的进度表现形式多样，在选用软件工具时，要尽量考虑功能强大，有丰富的计算功能，图文编辑功能有利于进度计划表达，且能与 Project 可以相互映射、相互对导的软件工具，这种结合使用可大大提高效率。

2. 项目施工阶段进度计划编制

在项目施工阶段，首先需编制工程总控制进度计划，在总控制进度计划指导下，分别编制施工各节点计划（二级进度计划含各分包、专业计划），作为施工进度的控制依据。以控制关键日期（里程碑）为目标，滚动计划为链条，建立动态的计划管理模式。然后，根据分阶段进度计划，将施工任务分解到每个月。在每月月末，将本月的施工进度计划及时交给各施工队和专业分包，以便其安排周计划、日计划。

在施工阶段，进度计划软件首先要满足采用横道图和双代号网络图相结合的方法编制施工计划，充分反映各施工工序间的相互逻辑关系，确定关键线路，便于实施及检查，保障工期。

### 4.8.2　常用进度计划编排软件

常用进度计划编排软件如表 4-15 所示。

常用进度计划编排软件　　表 4-15

| 软件名称 | 介绍 | 适用范围 |
|---|---|---|
| 广联达斑马进度 | 通过双代号网络图 + 横道图 + 关键线路 + 前锋线，辅助项目制定合理的进度计划，打通 PDCA 循环，实现计划动态跟踪管控与优化 | 工程领域进度管理 |
| Project | 微软开发的以项目管理为核心的软件，协助项目制订计划、为任务分配资源、跟踪进度、管理预算和分析工作量 | 通用<br>项目管理 |
| P6 | P6 是在大型关系数据库 Oracle 和 MS SQL Server 上构架起企业级的、包含现代项目管理知识体系的、具有高度灵活性和开放性的，以计划—协同—跟踪—控制—积累为主线的企业级工程项目管理软件 | 企业级<br>项目管理 |

### 4.8.3　进度计划编排软件主要功能

1. 横道图编制

横道图是按时间坐标绘出的，横向线条表示工程各工序的施工起止时间先后顺序，整个计划由一系列横道线组成。它的优点是易于编制、简单明了、直观易懂，特别适合于小而简单的项目现场施工管理，但是横道图编制一页只能显示 20 ~ 30 项任务，不能全方位查看，容易导致逻辑关系缺失，关键线路可能不完整，无法清晰看到有几条关键线路。另外，在执行情况偏离原来计划时，横道图不能迅速而简单地进行调整和控制，也无法实现多方案的优选。

2. 双代号网络图编制

双代号网络图是由箭线和节点、线路组成的，用来表示工作流程的有向、有序的网状图形。横轴是时间标尺，简单理解就是一个个工作与工作之间的逻辑关系组成了一条条有向的线路，组成了一个网络图。

双代号网络图可以用更小的图幅展现更多的任务，便于从全局的角度看待整个计划，总工期和里程碑一目了然，逻辑关系清楚、直观，是一个完整封闭的数学模型，逻辑关系严谨。双代号网络图关键线路清楚、直观、准确，同时支持父子结构，让计划更有层次感，也可以展现任务细节，比如任务名称、任务工期、计划开始时间、计划完成时间，以及六个时间参数的信息（任务总时差、自由时差、最早开始时间、最晚开始时间、最早结束时间、最晚结束时间），高峰期任务机动时间直观，有利于集中力量抓主要矛盾。双代号网络图对任务变动反应灵敏，关键线路实时计算，任务变动对总工期影响清晰、直观。另外，网络图自动评分，便于计划优化，通过合理调整非关键工作的时间，降低项目管理难度，过程中方便记录，便于后期索赔维权，如图 4-74 所示。

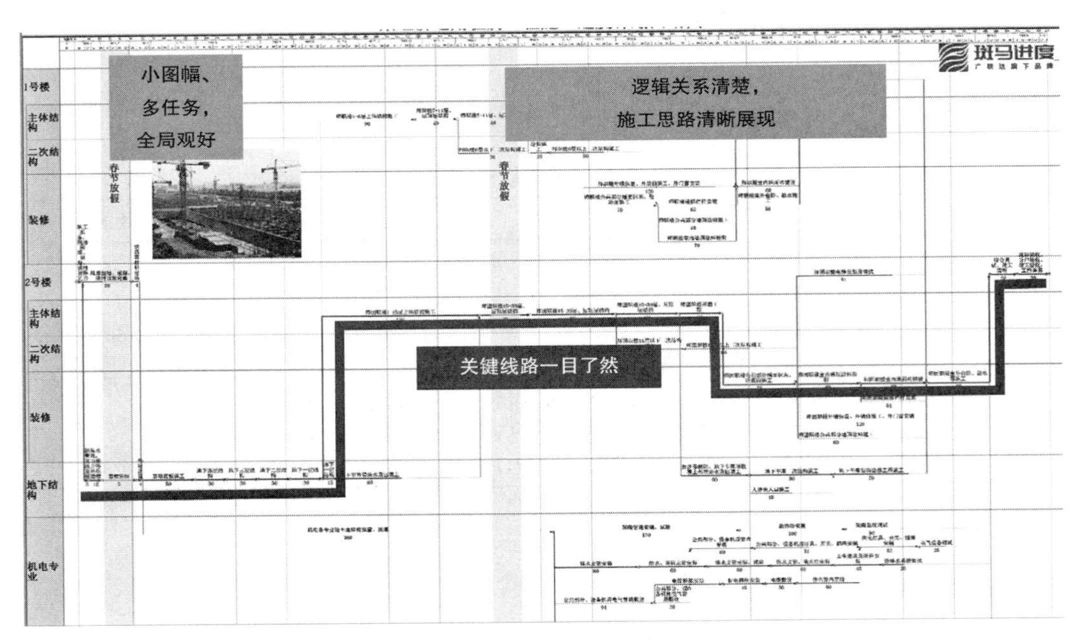

图 4–74　带有父子结构的双代号网络图

3. 单代号网络图编制

单代号网络图是以节点及其编号表示工作，以箭线表示工作之间逻辑关系的网络图，并在节点中加注工作代号、名称和持续时间。

单代号网络图作图简便，图面简洁，由于没有虚箭线，产生逻辑错误的可能较小；单代号网络图用节点表示工作，没有长度概念，不够形象，不便于绘制时标网络图。

4. 一表双图编制

一表双图是左边支持表格式编辑，右侧双代号网络图和横道图同步生成（图 4-75、图 4-76），其表现形式可以快速进行 WBS 工作结构分解，输入工作名称、工期、逻辑关系等信息；时间依据逻辑关系和工期自动计算，任务可以随时按照父子结构折叠展开；双代号网络图和横道图也同步自动生成，通过双代号网络图实时检查逻辑关系和关键线路的正确性。

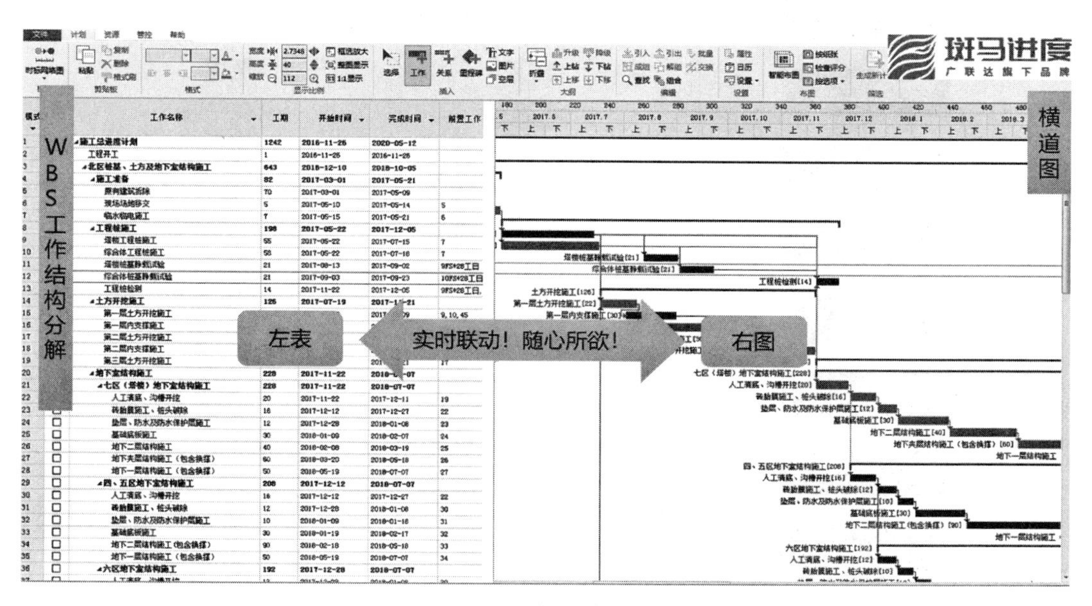


图 4–75　左边表格，右边横道图

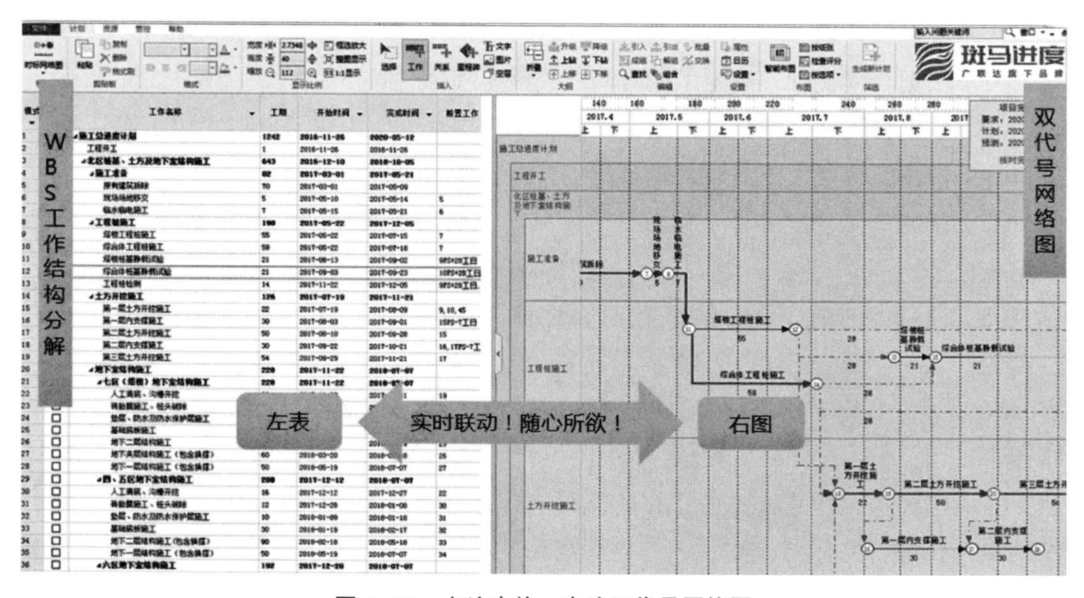


图 4–76　左边表格，右边双代号网络图

### 4.8.4 进度计划编排软件应用流程

在软件中编制进度计划一般分为以下几个步骤：新建或导入计划—建立工作分解结构（WBS）—先接任务（定义活动）—估算任务工期—连接逻辑关系—估计资源需求—制订和优化进度计划—计划的动态跟踪与控制，如图 4-77 所示。

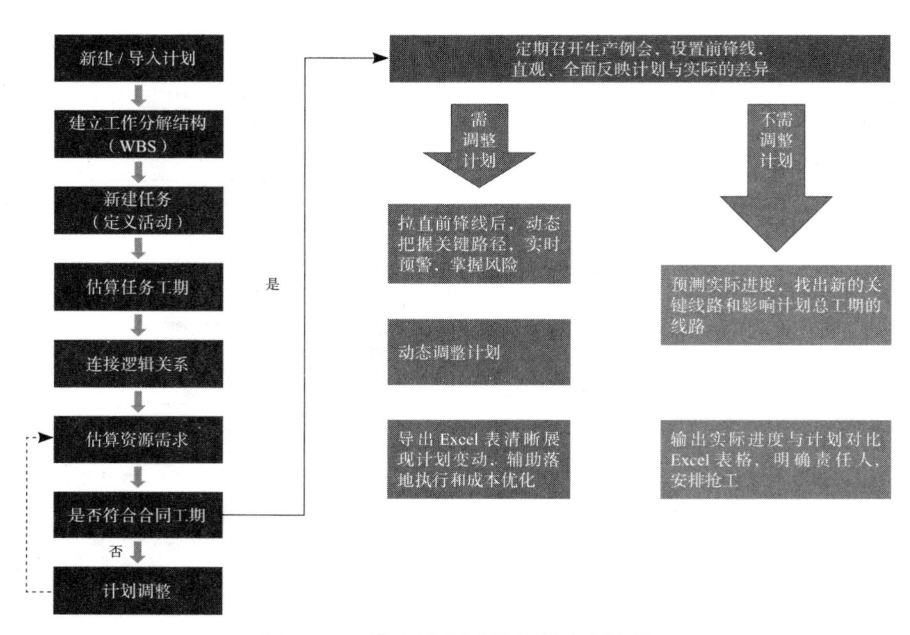


**图 4–77 进度计划编排软件应用流程**

1. 工程进度计划编制的方式

（1）依据合同文件，确定工期时间、关键里程碑时间。

（2）依据合同文件与施工图纸，确定施工内容，并使用树形进行工作结构分解。

（3）依据工程量、工效、拟定资源配置对工作时长进行计算。

（4）按施工工艺顺序，应用双代号网络计划将所有工作通过建立逻辑关系进行合理组合。

（5）通过计划中分项工程内存在的自由时差，建立施工组织逻辑关系，以合理规避窝工。

（6）对各子分部开始点，进行全面计划管理，将子分部所需“人机料法环”在网络图中采用“逆推法”配置完整，如图 4-78 所示。

（7）标注关键里程碑；主要的里程碑节点计划包括但不限于土方开挖完成、主体结构出正负零、主体结构封顶、外立面亮相、联调联试、专项验收、作业面移交、售楼节点等。

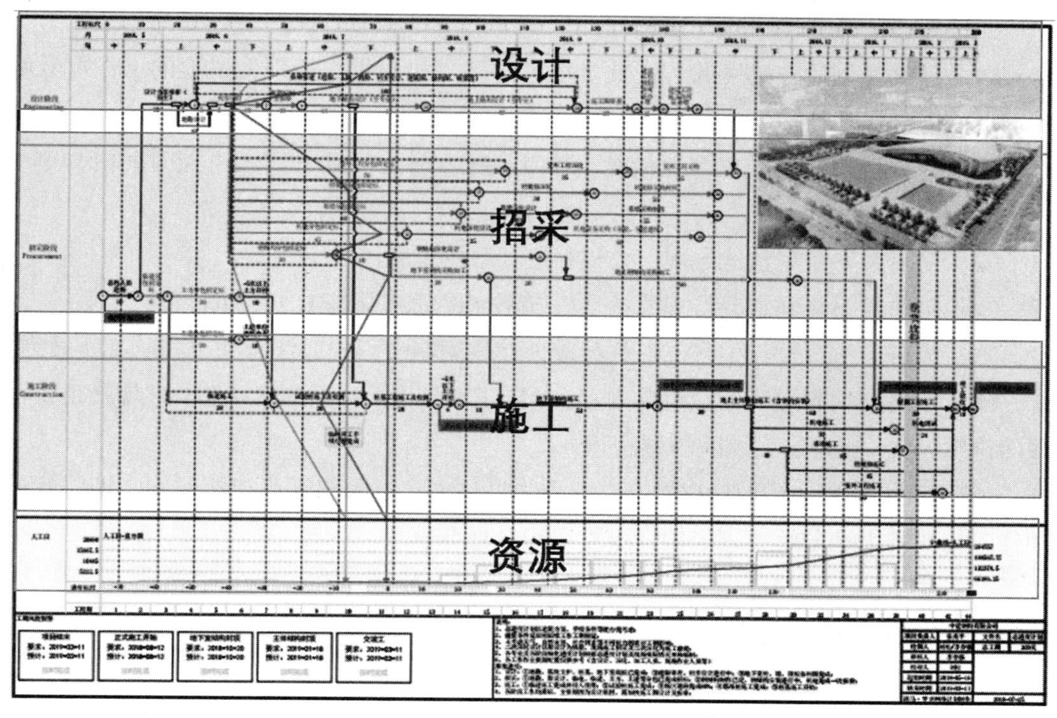


图 4–78　设计、招采、施工全面计划管理

（8）计划初步成形后，应对比合同工期确定工期风险。

（9）对判定存在工期风险的，应采用“快速穿插”“增加平行作业”“压缩关键工作工期”的方法进行调整优化（图 4-79），并及时向项目决策层汇报，以确定可行性。

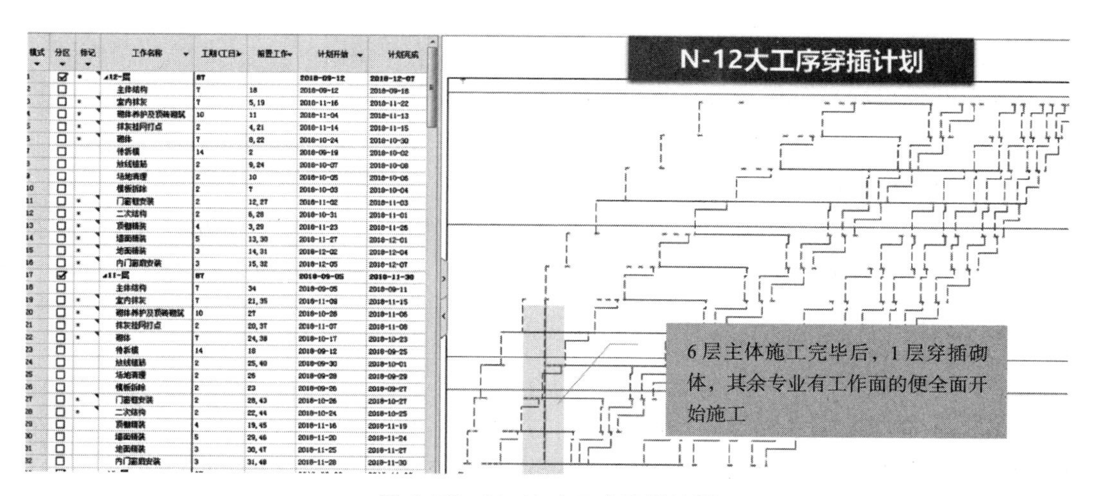


图 4–79　N–12 大工序穿插计划

（10）对工期存在风险，无法消除的，应及时上报项目经理与公司职能部门。

2. 工程进度计划编制的要求

（1）进度计划应按进度管理需要分解到工序、检验批，特别低风险的工作可分解到分项或子分部。

（2）为项目执行期间更好地检查、控制，把项目的问题暴露在可控时间内，单个工作不应超过 10d。

（3）逻辑关系要完整地体现“人机料法环”的依赖。

（4）工作如不能确定调整资源数量，则不允许任意调整工作工期。

（5）为避免执行过程中出现意见分歧，计划编制过程中应注意项目团队工作原则。

（6）网络图编制说明中应包含内容：合同工期要求；穿插施工说明；常规施工将存在的进度风险；规避进度风险的做法。

如项目为 EPC，或类似 EPC，或工程体量过大，可采取逐步求精原则，即将开始的任务需要精细地分解，未来的任务可以粗放地分解。

## 4.9 施工安全计算软件

### 4.9.1 施工安全计算软件基本情况

施工安全计算软件是将施工安全技术和计算机科学有机结合，依据国家、地方有关规范、标准和文件的规定，针对建设工程施工中存在危险性较大、技术性较强的分部分项工程，结合施工现场工况，快速建立计算模型，分析生成计算书、施工方案、技术交底文档以及施工图、危险源辨识资料、应急预案等多个成果的软件。

施工安全计算软件应具备以下特性。

1. 专业性

各项安全设施计算严格遵循现行国家、地方有关规范、标准和文件的规定，理论分析科学严谨，数据翔实可靠。

2. 及时性

紧随国家、地方有关规范、标准和文件发布，软件及时响应，更新升级，紧跟行业趋势、新技术，及时增加相关计算模型。

3. 准确性

计算结果准确无误。

施工安全计算软件适用于房屋建筑、公路、桥梁、市政、电力等工程建设领域，作为工程技术人员编审安全专项施工方案和安全技术管理的施工安全措施分析计算工具。按照分部分项工程划分，分为脚手架工程、模板工程、桥梁支模架、顶管施工、临时围堰、地基处理、塔式起重机基础、临时设施工程、混凝土工程、钢结构工程、降排水工程、起重吊装工程、垂直运输设施、土石方工程、冬期施工、基坑工程等功能模块，涵盖从危险源辨识、设计计算、方案编制、施工图绘制到检查验收等施工方案全过程的应用。

施工安全计算软件能解决大部分常规性安全措施计算，满足专项方案编审要求。随着社会的发展，异形复杂项目越来越多，安全施工形势越发严峻，施工安全计算软件向着更加专业化、智能化、形象化的方向发展，更好地解决施工现场的复杂问题，带来更高的实际价值。

### 4.9.2 常用施工安全计算工具软件

目前，常用的施工安全计算工具软件如表 4-16 所示。

常用施工安全计算工具软件 表 4–16

| 计算内容 | 说明 | 软件产品 |
|---|---|---|
| 脚手架工程 | 主要针对落地式脚手架、悬挑式脚手架、工具式脚手架、现场操作平台、安全防护等外脚手架的安全计算 | 品茗建筑安全计算软件、PKPM 建筑施工安全设施计算软件、建科研安全设施计算及管理软件 |
| 模板工程 | 主要针对墙模板、柱模板、梁模板、板模板、叠合楼板等临时支撑的安全计算 | 品茗建筑安全计算软件、PKPM 建筑施工安全设施计算软件、建科研安全设施计算及管理软件 |
| 塔式起重机基础 | 主要针对板式和十字形基础、桩基础、组合式基础、塔式起重机附着等塔式起重机基础相关安全计算 | 品茗建筑安全计算软件、PKPM 建筑施工安全设施计算软件、建科研安全设施计算及管理软件 |
| 临时设施工程 | 主要针对施工现场临时用电、临时用水、临时供热等设施安全计算 | 品茗建筑安全计算软件、PKPM 建筑施工安全设施计算软件、建科研安全设施计算及管理软件 |
| 混凝土工程 | 主要针对大体积混凝土配合比、温度控制、钢筋支架等相关措施安全计算 | 品茗建筑安全计算软件、PKPM 建筑施工安全设施计算软件、建科研安全设施计算及管理软件 |
| 钢结构工程 | 主要针对施工现场临时钢结构杆件、节点、基础等相关安全计算 | 品茗建筑安全计算软件 |
| 降排水工程 | 主要针对集水明排、截水、管井降水、井点降水等降排水措施安全计算 | 品茗建筑安全计算软件 |
| 起重吊装工程 | 主要针对汽车式起重机、履带式起重机、桅杆式起重机相关工况稳定性及吊装构配件等安全计算 | 品茗建筑安全计算软件 |
| 垂直运输设施 | 主要针对施工升降机、格构式井架、龙门架基础及防护等安全计算 | 品茗建筑安全计算软件、PKPM 建筑施工安全设施计算软件 |
| 土石方工程 | 主要针对土石方爆破、挖填方量计算、开挖运输机械配置等安全计算 | 品茗建筑安全计算软件 |
| 冬期施工 | 主要针对混凝土工程冬期施工所采用的蓄热法、综合蓄热法、电极加热法、暖棚法、成熟度法等相关措施的安全计算 | 品茗建筑安全计算软件、建科研安全设施计算及管理软件 |
| 基坑工程 | 主要针对土方放坡、土钉墙支护、水泥土墙、悬臂桩支护、锚杆等浅基坑支护安全计算 | 品茗建筑安全计算软件、建科研安全设施计算及管理软件 |

### 4.9.3 施工安全计算软件主要功能

当前，施工安全计算软件主要采用单机安装方式进行部署，软件使用对象包括：施工单位的总工、技术负责人、技术员等；项目部的项目经理、项目技术负责人、施工员、安全员、项目工程师等；监理单位的项目监理、总监等。

施工安全计算工具软件的主要功能如表 4-17 所示。

施工安全计算工具软件的功能 表 4–17

| 序号 | 功能 | 描述 | 成果格式 |
| --- | --- | --- | --- |
| 1 | 危险源辨识与评价 | 通过危险源的筛选，运用 LEC 法和指数矩阵法等，量化评定危险源的等级 | rtf、doc |
| 2 | 生成计算书 | 结合现场工况，通过工程参数的设置，生成相应设置模型的计算书 | rtf、doc |
| 3 | 生成计算审核表 | 根据施工方案审核需要，支持生成与计算书一致的计算审核表 | rtf、doc |
| 4 | 生成界面参数表 | 支持生成与计算书一致的界面参数表 | rtf、doc |
| 5 | 材料优化 | 划分安全、经济评定标准等级，支持生成材料优化评价表 | rtf、doc |
| 6 | 生成应急预案 | 提供应急预案素材，并根据危险源辨识防范的需要支持编制应急预案 | Yjya、pdf |
| 7 | 生成节点详图集 | 支持导入、查看并导出节点详图库 | dwg、jpg |
| 8 | 生成施工图 | 通过工程参数设置，生成施工图 | dwg |
| 9 | 生成施工方案 | 结合现场工况，生成与计算书一致、合乎专项方案格式要求的施工方案 | doc |
| 10 | 技术交底 | 根据施工方案交底的需要，支持生成与方案、计算书一致的技术交底文件 | rtf、doc |
| 11 | 生成检查管理用表 | 根据施工方案落实需要，支持生成检查验收管理用表 | rtf、doc |

1. 危险源辨识和评价

施工安全计算软件对构成重大危险源的要素，依据其特点和规律进行动态的归类和分析，通过危险源的筛选，快速对应控制措施和可能导致的伤害类型，依据危险源的辨识结果，运用 LEC 法和指数矩阵法等，量化评定危险源的等级，将重大危险源纳入充分而科学地辨识、全面而有效地控制、迅速而可靠地应急的全方位掌控之中，如图 4-80 所示。

2. 生成计算书

安全设施专项方案编制涉及规范众多，计算步骤繁杂，施工技术人员依靠手算或借助简单的计算工具进行编制时，需要通过多次试算和调整。不仅花费大量时间，而且选择材料、方案的盲目性大，造成浪费或潜在危险在所难免。对于复杂体系而言，大量的手算工作还极易产生计算错误，即使经过多层审核，也难以避免。施工安全计算软件的核心功能就是计算书，依据现行规范标准，结合现场工况，通过工程参数的设置，生成相应设置模型的包含详细计算过程及结果的计算书，如图 4-81 所示。

项目策划阶段危险源辨识结果列表

| 作业项目 | 危险源 | 对策 | 伤害类型 |
| --- | --- | --- | --- |
| 施工准备 | 脚手架施工无专项方案或脚手架方案未审批，高大脚手架[illegible] | 项目经理部管理人员编制脚手架专项[illegible] | 综合事故 |
| | 脚手架方案编制人员、验算人员、审批人员[illegible] | 对编审人员进行培训，合格后方可上岗[illegible] | 坍塌 |
| | 脚手架方案错误，未进行计算、无验算结果[illegible] | 专项方案编制人员进行编审，并经上级[illegible] | 坍塌 |
| | 脚手架与母体结构连接点间距设计超过规范要求 | 严格按照JGJ130-2011标准进行纠正 | 坍塌 |
| 材料储存运输 | 脚手架钢管堆放时[illegible] | [illegible] | 坍塌 |
| | [illegible] | [illegible] | 物体打击 |
| | 脚手架钢管及扣件运输及起吊过程中，无人监护 | 设专人监护 | 高处坠落 |
| 人员 | 进行脚手架搭拆作业的人员无证上岗操作[illegible] | 检查队伍资质和人员上岗证[illegible] | 综合事故 |
| | 脚手架搭拆作业的人员未经过相关安全培训和技术交底 | [illegible] | 坍塌 |
| | 脚手架搭拆作业的人员不正确使用安全带等防护设施 | [illegible] | 高处坠落 |
| 材料 | 脚手架钢管外径、壁厚达不到规范要求[illegible] | 材料进场入库执行严格的检验制度[illegible] | 坍塌 |
| | 脚手架钢管存在裂缝[illegible] | 材料进场入库执行严格的检验制度[illegible] | 坍塌 |
| | 脚手架材料不合格[illegible] | 现场检查[illegible] | 坍塌 |
| | 脚手架扣件表面存在[illegible] | 材料进场入库执行严格的检验制度[illegible] | 坍塌 |
| | 扣件有夹砂现象 | [illegible] | 坍塌 |
| | 扣件的螺栓[illegible]不符合国家标准的要求 | 对不符合要求的扣件及时更换[illegible] | 坍塌 |
| | 焊接钢管作为立杆 | 现场检查，焊接钢管不得作为立杆使用 | 坍塌 |
| | [illegible] | 材料进场入库执行严格的检验制度[illegible] | 坍塌 |
| | 脚手架用木脚手板[illegible] | 材料进场入库执行严格的检验制度[illegible] | 高处坠落 |
| | 脚手架用木脚手板[illegible] | 材料进场入库执行严格的检验制度[illegible] | 高处坠落 |
| | 脚手架防护网[illegible] | [illegible] | 高处坠落 |
| 施工过程 | 脚手架搭设[illegible] | 现场检查验收，按照JGJ130-2011标准[illegible] | 坍塌 |
| | 脚手架搭设完成后未进行验收即使用 | 按照JGJ130-2011标准要求，经过检查[illegible] | 坍塌 |
| | 落地脚手架高度超过30m未经计算 | [illegible] | 坍塌 |
| | [illegible] | 按照JGJ130-2011标准要求，经过检查[illegible] | 坍塌 |
| | [illegible] | 按照JGJ130-2011标准要求，经过检查[illegible] | 坍塌 |
| | [illegible] | 按照JGJ130-2011标准及相关[illegible] | 坍塌 |
| | [illegible] | [illegible] | 坍塌 |
| | [illegible] | 按照JGJ130-2011标准要求，经过检查[illegible] | 坍塌 |
| | [illegible] | 按照JGJ130-2011标准要求，经过检查[illegible] | 坍塌 |
| | 立杆[illegible]不符合规范要求 | 按照JGJ130-2011标准要求，经过检查[illegible] | 坍塌 |
| | 立杆的间距不符合安全要求 | 按照JGJ130-2011标准要求，经过检查[illegible] | 坍塌 |

行高： 字体 报表

危险源辨识 ◉ 项目策划阶段 ○ 项目施工阶段 → 风险评价 → 返回

图 4-80 危险源辨识和评价示例

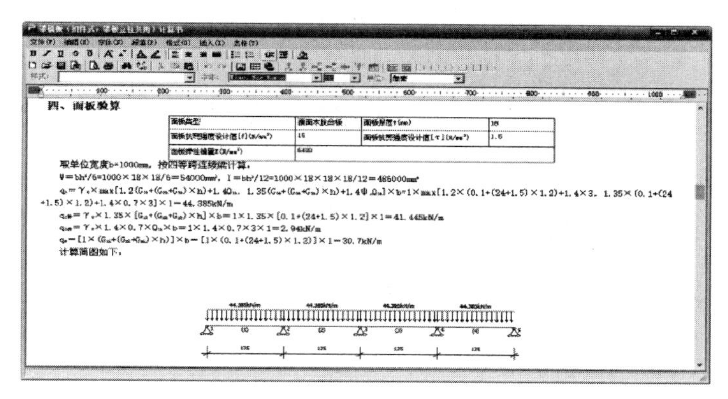


图 4-81 计算书示例

3. 生成计算审核表

当下专项方案篇幅过长，计算部分比重过大，专项方案中计算内容审核工作量大，严重影响工作效率。施工安全计算软件通过列举主要参数的取值和计算条件，提取关键计算要点的公式和结果，生成计算审核表（图 4-82），以此达到篇幅简洁又符合验算要求的需要，便于快速审查计算结果。

| 2 | 小梁 | | [illegible]N/mm²≤[τ]=1.232N/mm² | |
| --- | --- | --- | --- | --- |
| | | 挠度 | $\nu_1$=q′l₁⁴/(8EI)=4.411×250⁴/(8×7040×256×10⁴)=0.048mm≤[ν]=2l₁/250=2×250/250=1.6mm | 满足要求 |
| 3 | 主梁 | 抗弯 | σ=M_max/W=0.885×10⁶/4730=77.089N/mm²≤[f]=205N/mm² | 满足要求 |
| | | 抗剪 | τ_max=2V_max/A=2×6.099×1000/450=27.104N/mm²≤[τ]=125N/mm² | 满足要求 |
| | | 挠度 | ν_max=0.130mm≤[ν]=l/250=400/250=1.6mm | 满足要求 |
| 4 | 可调托座 | 最大支力N=15.981kN≤[N]=30kN | | 满足要求 |
| 5 | 立杆 | 长细比λ=max[l₀₁，l₀₂]/i=2712/15.9=170.566≤[λ]=210 | | 满足要求 |
| | | f₂=N₂/(φA)+M_w/W=16547.974/(0.188×450)+0.007×10⁶/4730=197.091N/mm²≤[f]=205N/mm² | | 满足要求 |
| 6 | 高宽比验算 | H/B=4/20=0.2≤3 | | 满足要求 |
| 7 | 架体抗倾覆验算 | [illegible] | | 满足要求 |
| 8 | 地基基础 | 压力p=110.315kPa≤f_ak=190.8kPa | | 满足要求 |
| 结论 | 符合要求 | | | |
| 审核人 | | 总监理工程师 | | |
| 编制人 | | 审核时间 | | |

注：此表数据来源于计算书，详细计算过程请查阅计算书。

图 4-82 计算审核表示例

4. 生成界面参数表

专项施工方案应当由施工单位技术负责人审核签字、加盖单位公章，并由总监理工程师审查签字、加盖执业印章后方可实施。计算书内容多，审核时不便于快速收集设计参数，交底时不便于作业人员理解设计参数。施工安全计算软件通过提取设计计算参数并生成参数报表，技术参数一览无余，如图 4-83 所示。

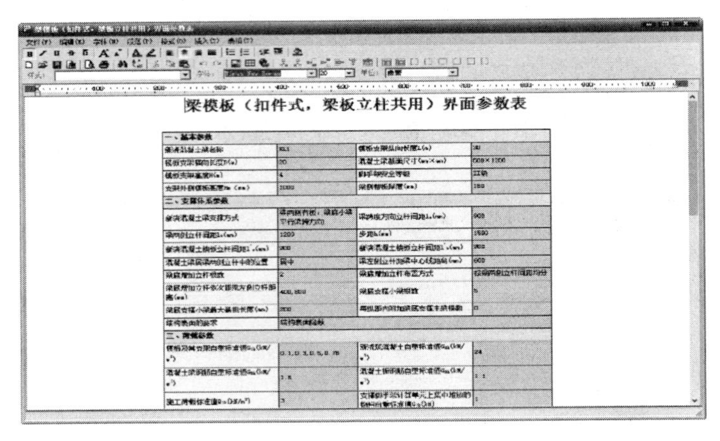
梁模板（扣件式，梁板立柱共用）界面参数表

图 4–83　界面参数表示例

5. 材料优化

科学的方案应该是既满足施工安全要求，还满足成本节约的需要。施工安全计算软件可根据材料使用性能比例范围划分安全、经济评定标准等级，结合当前计算模型中各构件的性能分析，形成材料优化评价表（图 4-84），引导用户编制既考虑经济又满足安全的方案。

| | | | | | | |
|---|---|---|---|---|---|---|
| 2 | 小梁 | 强度验算 | σ=10.133N/mm² | [f]=11.44N/mm² | 88.575 | 4D |
| | | 抗剪 | τmax=1.126N/mm² | [τ]=1.232N/mm² | 91.386 | 4D |
| | | 挠度 | ν1=0.837mm | [ν]=3.6mm | 23.24 | 3C |
| | | 挠度 | ν2=0.049mm | [ν]=1.6mm | 3.059 | 1A |
| 3 | 主梁 | 强度验算 | σ=77.089N/mm² | [f]=205N/mm² | 37.604 | 3C |
| | | 抗剪 | τmax=27.104N/mm² | [τ]=125N/mm² | 21.684 | 3C |
| | | 挠度 | νmax=0.138mm | [ν]=1.6mm | 8.651 | 1A |
| 4 | 可调托座 | 可调托座验算 | Rmax=15.981kN | [N]=30kN | 53.27 | 3C |
| 5 | 立杆 | 长细比 | λ=170.566 | [λ]=210 | 81.222 | 4D |
| | | 稳定性验算 | f=197.081N/mm² | [f]=205N/mm² | 96.137 | 4D |
| 6 | 高宽比验算 | 高宽比 | H/B=0.2 | [H/B]=3 | 6.667 | 1A |
| 7 | 架体抗倾覆验算 | 抗倾覆验算 | 3γ0Mok=18.554 | [f]=466.667 | 3.976 | 1A |
| 8 | 地基基础 | | p=110.319kPa | fak=190.82kPa | 57.813 | 3C |
| 编制人 | | | 编制时间 | | | |
| 审核人 | | | 审核时间 | | | |

注：
1、当0%< 材料使用性能<20%，1(安全性极高)，A(经济性极差)
2、当20%< 材料使用性能<80%，3(安全性合理)，C(经济性合理)
3、当80%< 材料使用性能<105%，4(安全性低)，D(经济性好)
4、此表数据来源于计算书，详细计算过程请查阅计算书。

图 4–84　材料优化示例

6. 生成应急预案

施工现场重大危险源辨识后，应编制针对性的应急预案，并进行应急演练。施工安全计算软件可提供各类事故和预防的应急预案典型素材、相关法律法规及教材进行参考，根据素材快速调整编制有针对性的应急预案，提高应急预案编制水平，如图 4-85 所示。

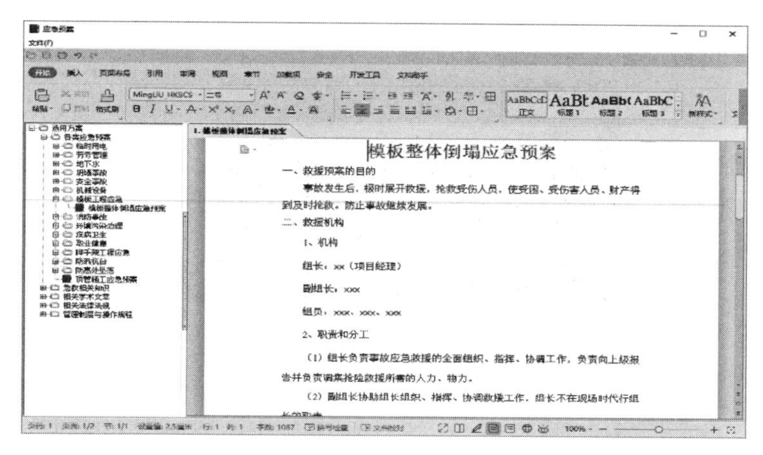


图 4–85　应急预案示例

7. 生成节点详图集

技术交底中增加节点详图，照图施工，使交底更加直观，更能指导施工。施工安全计算软件可提供 CAD 和图片格式的现场节点图库，图库可自行维护，导出节点图，减少了常规性节点图的重复绘制，导出的 CAD 格式图形可自行编辑，提升了绘图效率，如图 4-86 所示。

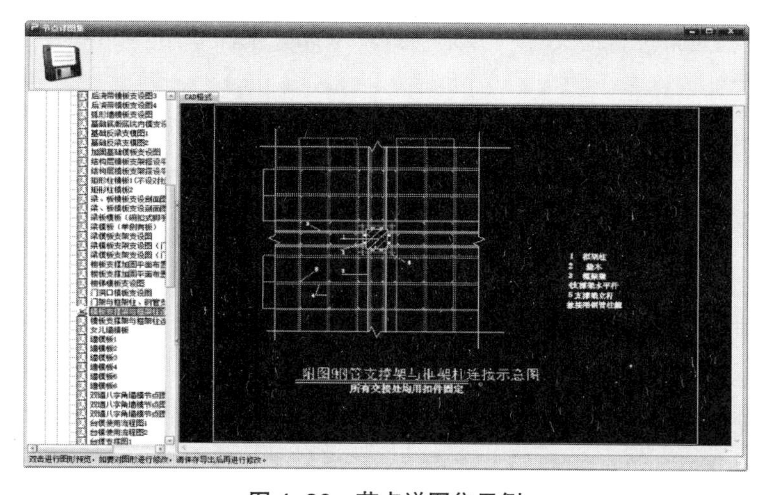


图 4–86　节点详图集示例

8. 生成施工图

施工图纸作为施工方案的主要内容，是施工方案最直观的表达，便于作业人员理解方案意图，其应符合有关标准规范。施工安全计算软件采用参数化绘图模式，通过工程参数的设置，快速绘制详细、专业的施工图纸（图 4-87），提升了绘图效率，保障了施工图纸的完整。

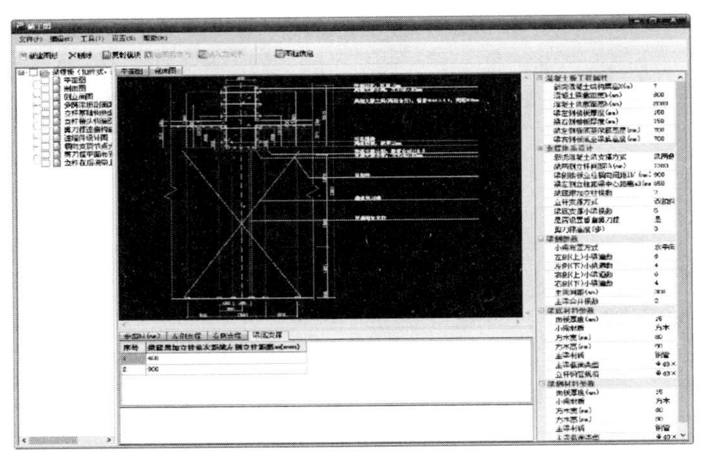

图 4–87　施工图示例

9. 生成施工方案

住房和城乡建设部 37 号令等规定，施工单位应当在危大工程施工前组织工程技术人员编制专项施工方案。对于超过一定规模的危大工程，施工单位应当组织召开专家论证会对专项施工方案进行论证，论证通过后才能使用。施工安全计算软件能生成与计算书中的部分参数和计算结果一致的合乎专项方案格式要求的方案文档，在文档中显著位置设置了提示提醒内容，引导用户完成符合工程特点的专项方案的编制，保障方案文档内容的完整性，避免专项方案与计算毫无关系，如图 4-88 所示。

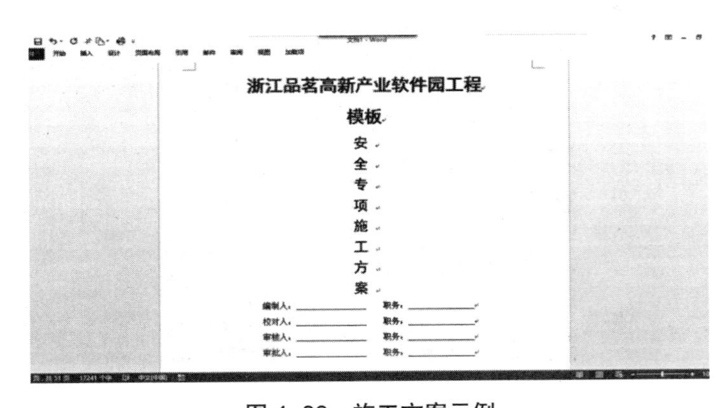


图 4–88　施工方案示例

10. 技术交底

施工方案实施前，应由方案编制人员向全体操作人员进行安全技术交底。安全技术交底内容应与施工方案统一，必须具体、明确，要有针对性和指导性，交底的重点为施工参数、构造措施、操作方法、安全注意事项等，安全技术交底应形成书面记录，交底方和全体被交底人员应在交底文件上签字确认。施工安全计算软件能生成包括主要搭设参数、搭设示意图、工艺流程、质量要求、安全注意事项、文明施工、节点详图等内容的详细交底，保证交底内容与方案、与计算书的一致性和完整性，便于有效地指导现场施工，如图 4-89 所示。

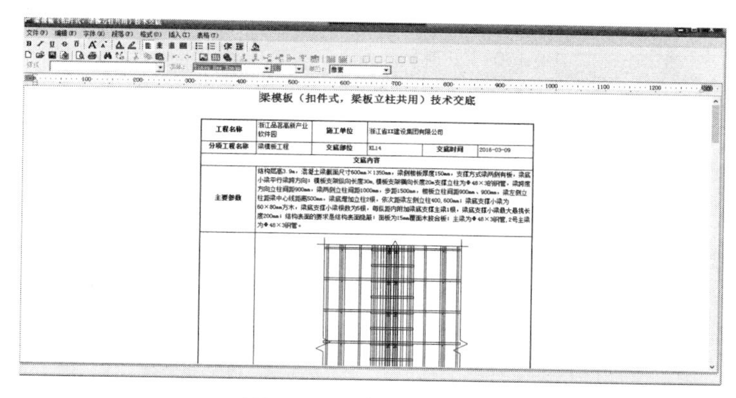


图 4–89　技术交底示例

11. 生成检查管理用表

对于按照规定需要验收的危大工程，施工单位、监理单位应当组织相关人员进行验收。验收合格的，经施工单位项目技术负责人及总监理工程师签字确认后，方可进入下一道工序。施工安全计算软件可提供相关规范和文件的检查验收表（图 4-90），直接导出使用，作为专项方案落实的最后环节，引导用户完成专项方案的最终使命。

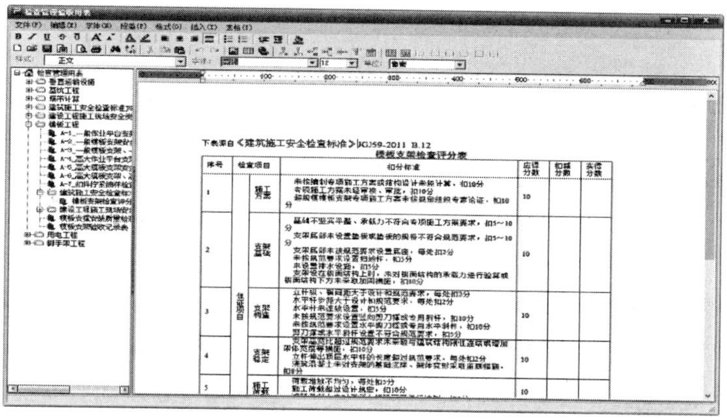

图 4–90　检查管理用表示例

### 4.9.4 施工安全计算软件应用流程

施工安全计算软件的应用流程如图 4-91 所示。

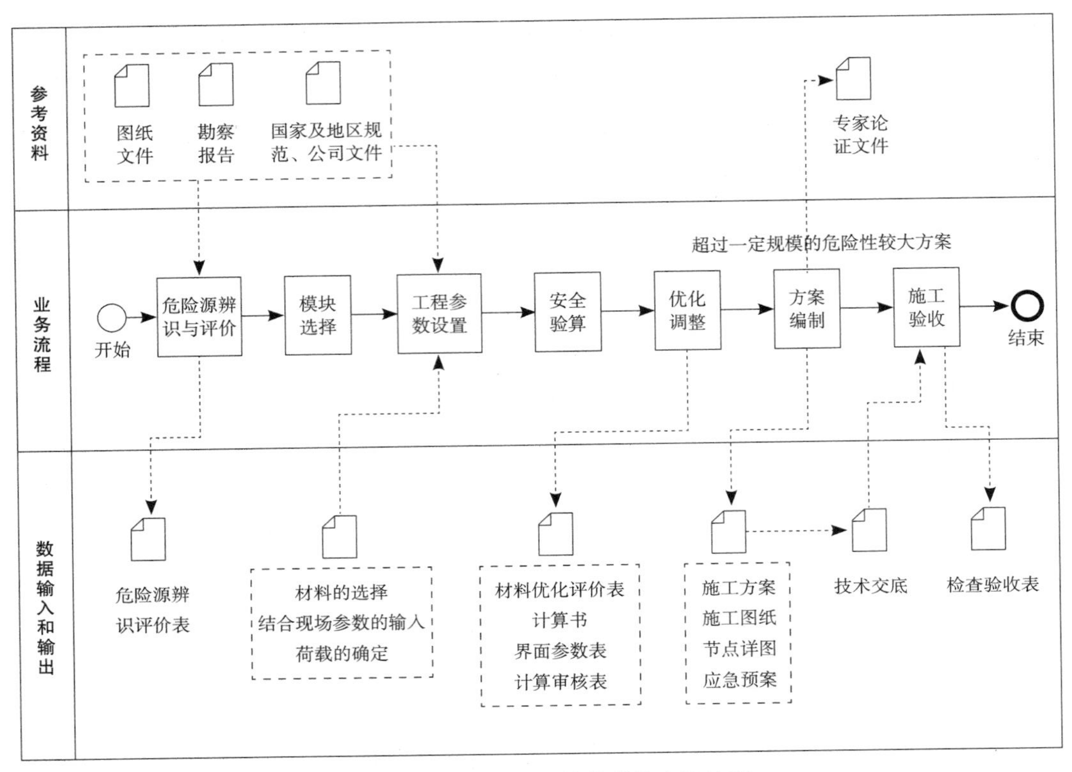


图 4-91　施工安全计算软件的应用流程

施工安全计算软件的操作要点如下：

（1）结合企业现状、施工现场实际情况及国家有关规范、标准、文件的要求，筛选确定危险源，量化评定危险源等级，并输出危险源辨识与风险评价表。结合危险清单，编制输出对应的应急预案。

（2）根据危险源辨识清单、计划技术方案，选择相应计算模块。

（3）模块创建完成后，根据工程的实际情况，确定现场相关参数，选定材料种类、大小规格，确定荷载大小，智能生成相应的计算模型。

（4）计算模型智能生成后，软件对计算模型进行核校，各项指标均满足要求后，结合当前计算模型的安全性及各构件的性能分析，对计算模型进行优化，并输出计算书、界面参数表、计算审核表及材料优化评价表。

（5）根据标准及规范要求，结合工程现场情况、计算书输出施工方案及施工图纸，对超过一定规模的危险性较大的分部分项工程的施工方案，需进行专家论证，通过专家论证后形成最终的施工方案。

（6）结合计算书、施工方案等输出技术交底；方案实施前，对施工技术人员、现场劳务人员进行技术交底和安全交底，并形成交底文件资料。

（7）现场严格按照技术交底及安全交底的内容，进行施工并组织验收，验收需满足施工方案及国家有关规范、标准、文件的要求，并输出检查验收表。

（8）在危险源辨识中，应结合施工现场环境、企业技术水平、历史事故经验、施工技术资料等进行危险源辨识分析、预防，确定重大危险源，做好重点防控；不同施工阶段、状态、作业面，应不断调整、更新危险源。

（9）在参数设置中，应根据临时设施策划方案，选择合适的计算模块；严格依据相关规范、标准进行参数设置；结合现场工况，据实设置材料、设备、环境、荷载等参数；不断优化调整参数，计算结果不得超出规范、标准要求。

（10）在编制应急预案时，通过危险源辨识分析，针对重大危险源，结合施工现场环境、条件，编制有针对性的、可实施的应急预案，并进行应急演练。

（11）在施工图绘制时，应结合施工方案、计算模型，绘制直观可视化的方案施工图，将计算模型的 CAD 示意图导出，并深化调整成方案施工图；在节点详图集中选择类似的、可参照的图纸导出，并进行有针对性的修改；进行参数化图形绘制并导出。

（12）在方案编制、交底时，通过软件导出的施工方案、技术交底，应结合项目现场实际情况，进行相关内容调整、完善，最终形成完整的、有针对性的、可实施性的施工方案、技术交底。

（13）在检查验收中，根据不同的临时设施要求，选择导出合适的检查验收用表，在方案实施过程中严格按照验收表格要求进行相关检查验收。

## 4.10 模板脚手架软件

### 4.10.1 模板脚手架软件基本情况

当前，模板脚手架软件按照施工图纸或 BIM 模型快速建立结构三维模型，并利用软件内置计算和布置引擎，按照模板支架和脚手架施工规范的要求，快速智能生成模板支架和脚手架，完成模板支架和脚手架工程的安全计算，有效提高模板支架以及外脚手架设计的效率以及方案的可靠性。软件可对杆件布置、材料管控等方面进行合理优化，减少实际施工过程中不必要的返工，提升施工效率和材料的利用率，加强工程管理人员对实际施工的进程管控和材料精细管控。

从行业需求和政策支持来看，未来模板脚手架软件将模板脚手架软件的数据与项目管理信息系统进行集成，实现项目精细化管理，并与云技术、大数据集成应用，提高模型构件库等资源复用能力，而 AI 技术的深入应用将进一步提升智能布置的合理性。

### 4.10.2 常用模板脚手架软件

目前，国内常用的模板脚手架软件包括品茗 BIM 模板设计软件、品茗 BIM 脚手架设计软件、广联达 BIM 模板脚手架设计软件、PKPM 模板设计软件、PKPM 专业脚手架设计软件等，如表 4-18 所示。

常用模板脚手架软件 表 4-18

| 软件名称 | 说明 |
| --- | --- |
| 品茗 BIM 模板设计软件、品茗 BIM 脚手架设计软件 | 该软件分为模板设计及脚手架设计软件，两款软件均基于 CAD 开发，支持 CAD 所有快捷命令，支持二维图纸识别建模，支持与品茗其他 BIM 软件有数据交换接口，目前仅可导出 obj 和 skp 格式，不支持 IFC 标准。<br>脚手架设计软件支持落地式和悬挑式多种样式的脚手架三维模型，支持多种型钢悬挑锚固方式，支持智能布置脚手架，支持生成架体平面布置图，支持生成脚手架立面图，支持生成脚手架节点详图；支持生成材料统计表，支持生成计算书，支持配架，提供多种脚手架施工方案模板。<br>模板设计软件支持盘扣式、碗扣式、扣件式模板支架的智能布置及计算。支持生成模板支架剖面图，支持生成模板支架节点详图；支持生成材料统计表，支持生成计算书，支持配模配架，提供多种施工方案模板 |
| 广联达 BIM 模板脚手架设计软件 | 该软件支持二维图纸识别建模，也可以导入广联达算量产生的实体模型辅助建模。具有自动生成模架、设计验算及生成计算书功能。不支持 IFC 标准 |
| PKPM 模板设计软件、PKPM 专业脚手架设计软件 | 该软件分为模板设计软件及脚手架设计软件。脚手架设计软件可建立多种形状及组合形式的脚手架三维模型，生成脚手架立面图、脚手架施工图和节点详图；并可生成用量统计表；可进行多种脚手架形式的规范计算；提供多种脚手架施工方案模板。<br>模板设计软件适用于大模板、组合模板、胶合板和木模板的墙、梁、柱、楼板的设计、布置及计算。能够完成各种模板的配板设计、支撑系统计算、配板详图、统计用表及提供丰富的节点构造详图。不支持 IFC 标准 |

### 4.10.3 模板脚手架软件主要功能

当前，主要的模板脚手架软件一般是单机软件，其主要功能如表 4-19 所示。

模板脚手架软件的主要功能及成果 表 4-19

<table>
<tr><th>阶段</th><th>功能</th><th>描述</th><th>成果</th></tr>
<tr><td>建模</td><td>结构建模</td><td>根据图纸创建墙、梁、板、柱等结构模型</td><td>三维结构模型</td></tr>
<tr><td rowspan="3">架体布置</td><td>智能布置</td><td>参数化布置架体</td><td rowspan="3">三维架体模型</td></tr>
<tr><td>手动布置</td><td>参数化布置架体</td></tr>
<tr><td>架体编辑</td><td>杆件绘制及编辑</td></tr>
<tr><td>计算复核</td><td>安全复核</td><td>通过软件内置的计算引擎复核架体的安全性</td><td>计算书</td></tr>
<tr><td rowspan="4">分析统计</td><td>搭设方案</td><td>输出立杆落点、横杆连接等架体方案</td><td>搭设参数平面图、立杆平面图等方案图纸</td></tr>
<tr><td>材料用量</td><td>统计各类材料用量</td><td>材料统计表</td></tr>
<tr><td>模板配置方案</td><td>分析模板切割、拼接方案</td><td>模板配置图表</td></tr>
<tr><td>架体配置方案</td><td>分析架体搭接方案</td><td>架体配置图表</td></tr>
</table>

1. 结构建模

模板脚手架软件结构建模采用手动建模和图纸转换两种方式。手动建模是根据施工图纸，手动完成轴网、墙、柱、梁、板等构件布置进行结构建模。图纸转换是利用已有电子图纸结合制图规范，自动识别图纸中的梁、板、墙、柱以及轴线等信息从而完成结构建模，如图 4-92 所示。

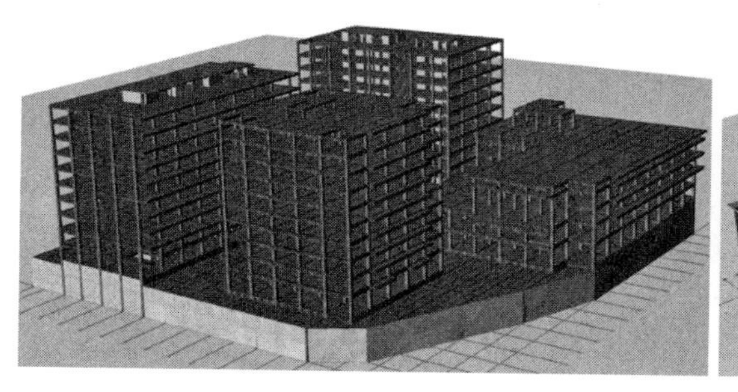
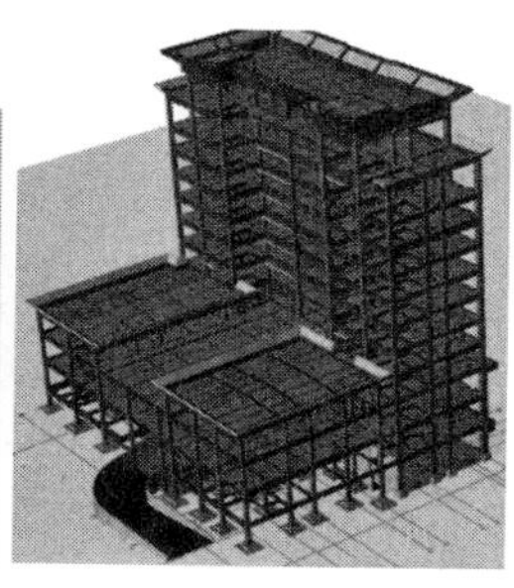

图 4–92　结构三维模型

2. 架体布置

模板脚手架软件的架体布置功能是利用结构模型，根据杆件参数的范围，如纵横距、立杆距结构的距离等参数，通过软件内置的智能计算和智能布置引擎，在保证架体安全性的前提下，寻找最优的立杆平面布置方式，完成三维架体的布设，如图 4-93 和图 4-94 所示。同时，在智能布设不能完全满足要求时，软件提供手动布置和编辑的功能，允许手动调整各部分架体杆件的具体参数，软件按照这些参数分别布置架体或者直接绘制架体的立杆、横杆、剪刀撑等杆件，再经过软件内置引擎的优化完成各部分架体的协调拉通。

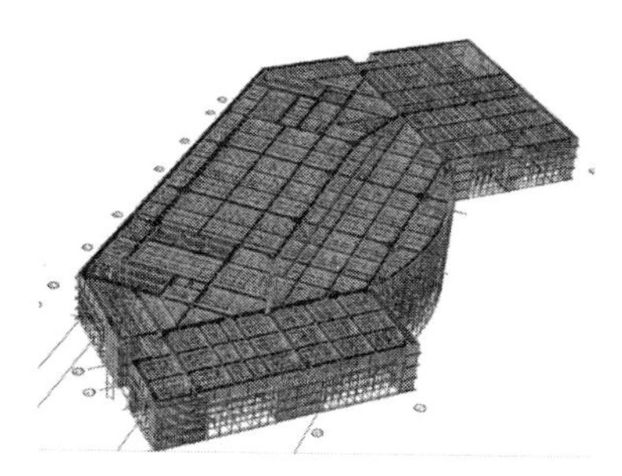

图 4–93　模板支撑架三维模型

图 4–94　脚手架三维模型

3. 计算复核

模板脚手架计算复核工作可以应用智能计算和模型分析等信息技术。模板脚手架软件的计算复核功能是利用软件内置的智能计算引擎对通过手动绘制编辑参数生成的架体进行受力分析，根据相关架体规范、杆件材料的力学参数，完成架体安全性的复核，如图 4-95 所示。或者根据需要，对相关构件生成计算书（图 4-96），计算书包含：计算参数、计算简图、计算过程、判定结论以及调整意见等内容。

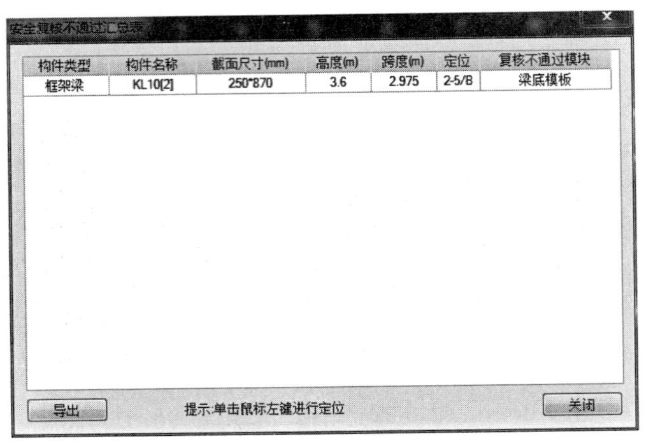


图 4–95　架体安全复核

单扣件在扭矩达到40～65N·m且无质量缺陷的情况下，单扣件能满足要求！

**八、立杆验算**

| 立杆钢管截面类型(mm) | Φ48×3.5 | 立杆钢管计算截面类型(mm) | Φ48×3.5 |
|---|---|---|---|
| 钢材等级 | Q345 | 立杆截面面积A(mm²) | 489 |
| 回转半径i(mm) | 15.8 | 立杆截面抵抗矩W(cm³) | 5.08 |
| 支架立杆计算长度修正系数η | 1.2 | 悬臂端计算长度折减系数k | 0.7 |
| 抗压强度设计值[f](N/mm²) | 300 | 支架自重标准值q(kN/m) | 0.15 |

**1、长细比验算**

$h_{max}$=max(ηh, h'+2ka)=max(1.2×1500, 1000+2×0.7×500)=1800mm

λ=$h_{max}$/i=1800/15.8=113.924≤[λ]=150

长细比满足要求！

查表得，Φ=0.386

**2、稳定性计算**

$R_1$=6.638kN，$R_2$=7.121kN

立杆最大受力N=max[$R_1$，$R_2$+$N_{边}$]+1.2×0.15×(3.57-0.87)=max[6.638，7.121+[1.2×(0.5+(24+1.1)×0.12)+1.4×2.5]×(1.2+1.2-0.6-0.25/2)/2×1.2]+0.486=15.36kN

f=N/(ΦA)=15.36×10³/(0.386×489)=81.376N/mm²≤[f]=300N/mm²

满足要求！

**九、高宽比验算**

根据《建筑施工承插型盘扣式钢管支架安全技术规范》JGJ231-2010 第6.1.4：对长条状的独立高支模架，架体总高度与架体的宽度之比不宜大于3

H/B=3.57/10.565=0.338≤3

满足要求，不需要进行抗倾覆验算！

**结论和建议：**

1. 小梁抗弯验算，不满足要求！请减小梁跨度方向立杆间距或调整梁底支撑小梁悬挑长度！
2. 小梁抗剪验算，不满足要求！请减小梁跨度方向立杆间距或调整梁底支撑小梁悬挑长度！
3. 主梁抗弯验算，不满足要求！请减小梁跨度方向立杆间距，或调整梁底支撑小梁悬挑长度，或增加梁底支撑立杆，或优化调整梁底增加立杆的位置，或选择合适的主梁材料类型等！
4. 主梁挠度验算，不满足要求！请减小梁跨度方向立杆间距，或调整梁底支撑小梁悬挑长度，或增加梁底支撑立杆，或优化调整梁底增加立杆的位置，或选择合适的主梁材料类型等！

图 4–96　计算书示例

## 4. 分析统计

模板脚手架分析统计工作可以应用模型穷举和模型分析等信息技术。模板脚手架软件可以根据结构模型和布置的架体进行相关的分析统计。材料用量统计就是其中一

种，软件可以统计工程中各类材料的使用量，以表格形式输出，包括混凝土量、杆件数量及其余辅材的用量。另外，软件可以配模配架分析，在设定好模板的周转次数、模板可利用的最小尺寸、杆件搭接长度、水平杆自由端可利用长度等参数后，软件自动分析并生成模板的切割、拼接方案及架体杆件的搭接方案，同时支持手动模板切割拼接方案和架体搭接方案（图 4-97），方案可以模板架体配置图表的形式输出（图 4-98、图 4-99）。

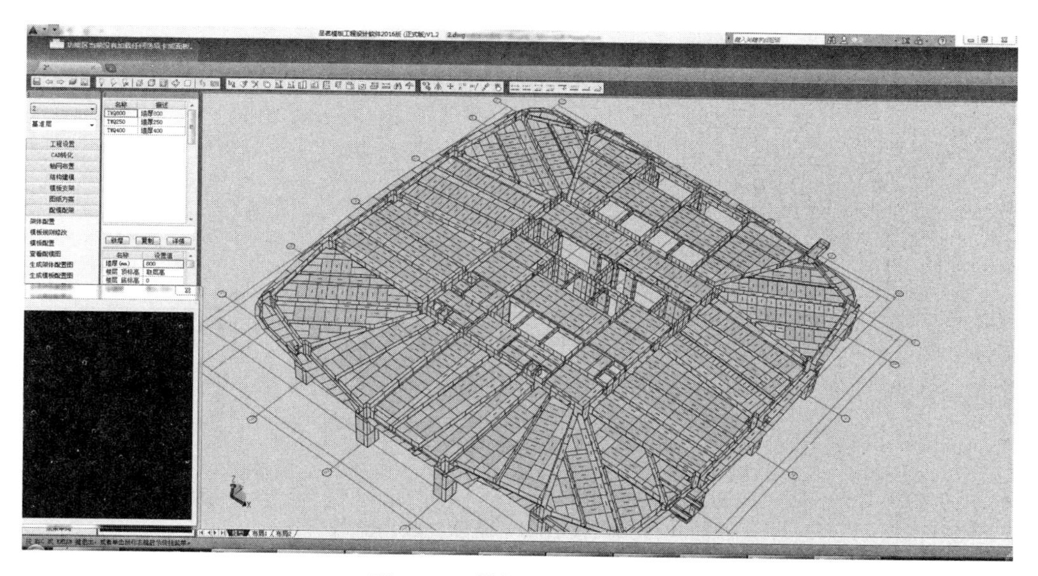

图 4–97　模板配置方案示例

展开　导出Excel

| | 序号 | 构件名称 | 单位 | 工程量 |
|---|---|---|---|---|
| 1 | 1 | 立杆 | | |
| 2 | 1.1 | B-LG-3000 | 根 | 2524 |
| 286 | 1.2 | B-LG-2500 | 根 | 109 |
| 335 | 1.3 | B-LG-300 | 根 | 310 |
| 455 | 1.4 | B-LG-500 | 根 | 228 |
| 553 | 1.5 | B-LG-1000 | 根 | 250 |
| 628 | 1.6 | B-LG-1500 | 根 | 134 |
| 676 | 1.7 | B-LG-2000 | 根 | 34 |
| 700 | 2 | 横杆 | | |
| 701 | 2.1 | A-SG-900 | 根 | 6773 |
| 987 | 2.2 | A-SG-1200 | 根 | 1932 |
| 1191 | 2.3 | A-SG-300 | 根 | 299 |
| 1265 | 2.4 | A-SG-600 | 根 | 530 |
| 1414 | 2.5 | L-150 | 根 | 933 |
| 1548 | 2.7 | L-600 | 根 | 10 |
| 1567 | 2.9 | L-200 | 根 | 19 |
| 1593 | 2.10 | L-240 | 根 | 20 |
| 1624 | 2.11 | L-270 | 根 | 5 |
| 1636 | 2.12 | L-180 | 根 | 2 |
| 1642 | 2.13 | L-60 | 根 | 4 |
| 1666 | 2.16 | L-450 | 根 | 9 |
| 1693 | 2.17 | L-300 | 根 | 24 |
| 1711 | 3 | 水平剪刀撑 | | |
| 1712 | 3.1 | L-600 | 根 | 58 |
| 1718 | 3.2 | L-450 | 根 | 24 |
| 1725 | 3.3 | L-120 | 根 | 4 |
| 1731 | 3.4 | L-300 | 根 | 4 |

图 4–98　架体配置表示例

| 序号 | 构件信息 | 单位 | 工程量 |
|---|---|---|---|
| 1 | 砼量 | | |
| 1.1 | 砼强度[C25] | m3 | 331.526 |
| 1.1.1 | 框架梁 | m3 | 103.792 |
| 1.1.1.1 | 1层 | m3 | 30.124 |
| 1.1.1.1.1 | 其他 | m3 | 30.124 |
| 1.1.1.1.1.1 | KL7[2] | m3 | 1.364 |
| 1.1.1.1.1.2 | KL8[2] | m3 | 1.017 |
| 1.1.1.1.1.3 | KL6[2] | m3 | 2.928 |
| 1.1.1.1.1.4 | KL9[2] | m3 | 3.112 |
| 1.1.1.1.1.5 | KL13[2] | m3 | 5.55 |
| 1.1.1.1.1.6 | KL1[2] | m3 | 1.165 |
| 1.1.1.1.1.7 | KL2(1) | m3 | 0.54 |
| 1.1.1.1.1.8 | KL2[2] | m3 | 1.151 |
| 1.1.1.1.1.9 | KL12[2] | m3 | 4.318 |
| 1.1.1.1.1.10 | KL10[2] | m3 | 1.196 |
| 1.1.1.1.1.11 | KL11[2] | m3 | 0.484 |
| 1.1.1.1.1.12 | KL5[2] | m3 | 2.514 |
| 1.1.1.1.1.13 | KL5A[2] | m3 | 2.514 |
| 1.1.1.1.1.14 | KL3[2] | m3 | 0.907 |
| 1.1.1.1.1.15 | KL4[2] | m3 | 1.364 |
| 1.1.1.2 | 2层 | m3 | 27.761 |
| 1.1.1.3 | 3层 | m3 | 32.447 |
| 1.1.1.4 | 4层 | m3 | 13.46 |
| 1.1.2 | 砼柱 | m3 | 96.882 |
| 1.1.3 | 现浇平板 | m3 | 116.506 |
| 1.1.4 | 砼内墙 | m3 | 11.97 |
| 1.1.5 | 连梁 | m3 | 2.01 |
| 1.1.6 | 次梁 | m3 | 0.366 |
| 2 | 模板 | | |
| 3 | 立杆 | | |
| 4 | 横杆 | | |
| 5 | 剪刀撑 | | |
| 6 | 主梁 | | |
| 7 | 小梁 | | |
| 8 | 对拉螺栓 | | |
| 9 | 固定支撑 | | |
| 10 | 可调托座 | | |
| 11 | 底座\垫板 | | |
| 12 | 扣件 | | |

图 4–99　材料统计表示例

### 4.10.4 模板脚手架软件应用流程

模板脚手架软件的应用流程如图 4-100 所示。

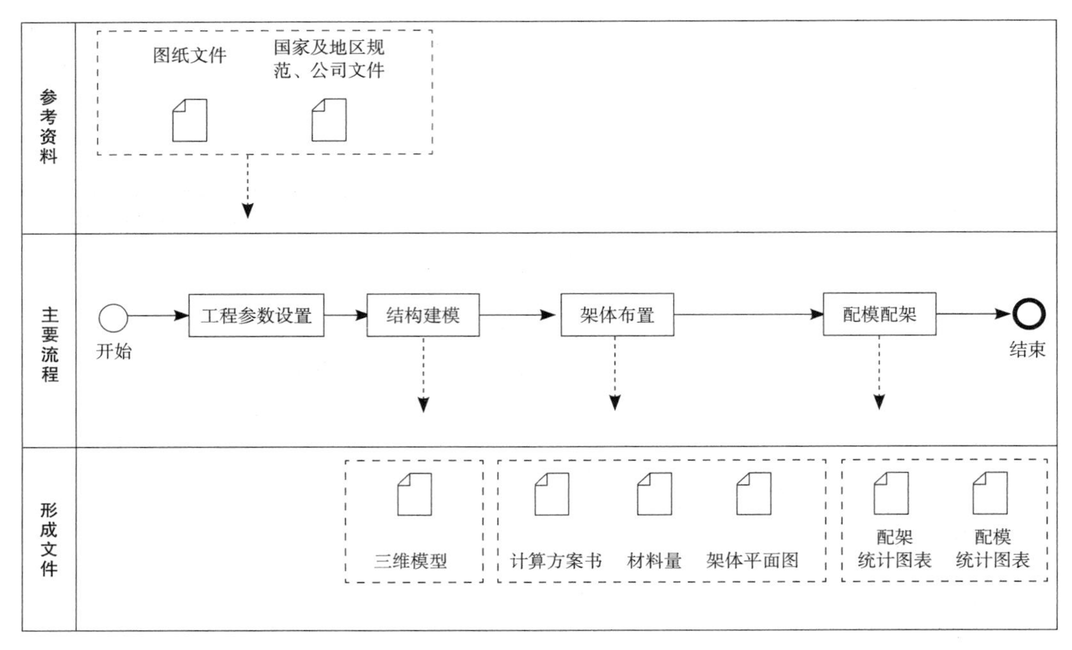


图 4-100 模板脚手架软件应用流程

利用模板脚手架软件进行模板脚手架设计时，其流程与传统的手动布置有一些区别，可以参考表 4-20，主要功能的操作要点可参考表 4-21。模板脚手架软件的功能有很多，可根据实际编制目的来进行选择，参照表 4-22 选用。

模板脚手架软件应用前后流程区别 表 4-20

| 对比流程项 | 使用前 | 使用后 |
|---|---|---|
| CAD 图纸处理 | 1. 手动删选统计分类构件<br>2. 手动删选统计层高等信息 | 1. 需要先复制图纸到软件里面，一般要求图纸不能离坐标原点过远<br>2. 要求修改图纸比例到 1∶1<br>3. 复制的底图在最后可以直接删除<br>4. 绘制或转化图纸为三维模型 |
| 高支模鉴别 | 手动计算分析代表性构件 | 依托模型全工程全数智能分析 |
| 架体参数 | 1. 在安全计算软件里，选择计算构件输入参数<br>2. 获取计算结果，不合适的反复手动调整 | 1. 设置各构件拟采用的参数范围<br>2. 设置各构件材料样式参数<br>3. 手动调整部分构件参数 |
| 架体布置 | 根据计算出的合格的结果手动布置架体平面 | 1. 智能分析计算排布架体<br>2. 手动布置后，智能优化排布<br>3. 手动调整架体排布 |

续表

| 对比流程项 | 使用前 | 使用后 |
|---|---|---|
| 架体计算书 | 由安全计算软件按设置参数生成 | 1. 选定需要生成的构件自动生成计算书<br>2. 所有架体全数拥有计算书 |
| 架体图纸 | 1. 手动绘制剖面图<br>2. 手动绘制平面图<br>3. 手动绘制立面图<br>4. 手动绘制节点详图 | 1. 自动生成剖面图<br>2. 自动生成平面图<br>3. 自动生成立面图<br>4. 自动生成节点详图 |
| 材料统计 | 手动统计计算 | 自动统计计算 |
| 配模配架 | 1. 手动配模配架<br>2. 手动绘制配模图 | 1. 自动配模<br>2. 自动生成配模图 |

**模板脚手架软件主要功能操作要点**　　**表 4–21**

| 主要功能 | 操作要点 |
|---|---|
| CAD 图纸处理 | 1. 将冗余的线条、填充及图层删除，仅保留与结构构件有关的部分<br>2. 将图纸中的块炸开，以方便后续操作 |
| 模型创建 | 模型创建完成后仔细检查模型，确保构件的尺寸、位置、强度等信息正确 |
| 高支模鉴别 | 1. 根据规范及工程实际情况选择合适的高支模辨识规则<br>2. 将未鉴别、又重点关注的构件手动添加至高支模列表 |
| 架体参数 | 1. 选择合适的规范<br>2. 设置合适的荷载参数，选择合适的材料并确认材料的力学参数<br>3. 按照构造要求及工程要求设置相关架体参数，参数设置需合理，满足规范要求和现场实际需要 |
| 架体布置 | 仔细检查软件自动生成的架体，对不合理处或明显错误的地方手动编辑修改 |
| 架体计算书 | 选择重点部位或者受力较大的部位生成架体计算书 |
| 架体图纸 | 除软件自动生成的图纸外，选择工程中重点部位手动生成图纸 |
| 配模配架 | 根据工程情况设置配模配架的具体规则 |

**模板脚手架软件功能适用参考表**　　**表 4–22**

| 软件功能 | 适用范围 |
|---|---|
| 结构建模 | 模板脚手架软件必须结构建模，建模方式可以使用手动绘制、自动转化、外部模型导入 |
| 智能布置 | 模板脚手架快速生成的方式，基本必须使用，也可以选择全数手动布置 |
| 手动布置 | 手动布置是对局部架体的调整，可以选择使用 |
| 架体编辑 | 架体编辑是对参数异常位置的修正，可以选择使用 |
| 安全复核 | 安全复核是对手动布置架体及参数异常架体修改后的复核，可以选择使用 |
| 搭设方案 | 软件内置方案模板，可以选择使用 |
| 材料用量 | 软件内生成模板支架材料统计，可以选择使用 |
| 模板配置方案 | 用于精细管理模板材料用量，可以选择使用 |
| 架体配置方案 | 用于精细管理钢管材料用量，可以选择使用 |

## 4.11 工程资料软件

### 4.11.1 资料软件基本情况

工程资料软件是根据当地建设相关部门发布的建筑施工管理规程、规范编制的一种资料整理软件。国内建设工程资料软件形态多样，包含单机版、网页版、网页软件结合版等，目前以单机版为主。每个省份都有专门对应的建设工程地方规范及标准，也形成地域化的资料软件。同时，为配合各建设行业生产管理需要，水利、电力、公路、铁路、石油化工、土地开发、国家电网、轨道交通、冶金、市政工程、抗震加固工程等也有专门的资料软件。

住房和城乡建设部自 2013 年 10 月 1 日发布《建筑工程施工质量验收统一标准》GB 50300—2013 以来，各项验收规范逐步更新，对现场资料验收工作提出了更高的要求，如原始记录的填写、抽样点数的计算等问题也一直困扰着现场资料员。

通过多年的发展和应用，工程资料软件不仅改变了过去落后的手工资料填写方式，提高了资料员的工作效率，并且制作的资料样式美观、归档规范，还在专业规范解读方面，提供了填表规范说明及工程范例，以便资料员学习自我提升，更好地指导现场验收。

随着科技的发展，施工管理的进步，未来的资料管理工作将不仅是资料员的资料整理工作，还将进一步向“数字化”档案管理发展，实现数据直传自动记录，云端多方协同管理，归档数据直达城建档案馆，完成资料数据从产生到归档的闭环。

### 4.11.2 常用工程资料软件

目前，国内应用范围及用户量较大、有定期更新维护的工程资料软件包括品茗施工资料管理软件、筑业资料管理软件、恒智天成建设工程资料管理软件、PKPM 工程资料管理软件等，如表 4-23 所示。

常用的资料软件 表 4-23

| 名称 | 功能及说明 | 软件名称 |
|---|---|---|
| 专业及地域覆盖 | 覆盖建筑、市政、安全、水利、电力、公路等 5 个以上专业，20 省级以上地域 | 品茗施工资料管理软件、筑业资料管理软件、恒智天成建设工程资料管理软件、PKPM 工程资料管理软件 |
| 智能评定 | 验收规范超偏评定、混凝土强度评定等 | 品茗施工资料管理软件、筑业资料管理软件、恒智天成建设工程资料管理软件、PKPM 工程资料管理软件 |
| 统计汇总 | 分部子分部分项汇总、安全评分汇总等 | 品茗施工资料管理软件、筑业资料管理软件、恒智天成建设工程资料管理软件、PKPM 工程资料管理软件 |
| 打印输出 | 支持 Excel、PDF 通用文件格式导出，表格批量打印 | 品茗施工资料管理软件、筑业资料管理软件、恒智天成建设工程资料管理软件、PKPM 工程资料管理软件 |
| 云端协作 | 工程资料云端存取，多人协同编制管理 | 品茗施工资料管理软件、筑业资料管理软件、PKPM 工程资料管理软件 |

### 4.11.3　资料软件主要功能

资料软件的部署方式主要为单机，主要功能如表 4-24 所示。

**资料软件单机版的主要功能**　　　　表 4–24

| 阶段 | 功能 | 描述 |
| --- | --- | --- |
| 新建工程 | 模板选择 | 覆盖建设工程所需的资料表格模板，通过模板预览快速确定所需模板，并支持多模板导入整合编制 |
| | 工程概况 | 通过一次输入所有工程概况信息，实现所有表格表头信息自动导入，并通过导入导出实现工程概况信息保存为 Excel 格式，方便其他工程使用 |
| | 新建子单位 | 可以进行多个子单位工程资料的同步创建，以及复制已经做好的子单位工程资料，同时自动刷新相关表头及示例数据 |
| 新建表格 | 新建表格 | 多种新建表格方式，支持从模板或工程节点新建 |
| | 关联表格 | 自动生成附属报审表，关联检验批匹配的施工配套用表，供快速选择创建 |
| | 生成部位 | 通过楼层、轴线、构件信息的排列组合生成批量部位 |
| | 快增加 | 根据已完成的某表进行快速表格复制型增加，同时自动刷新相关表头及示例数据 |
| 表格编辑 | 基础编辑 | 基础字体、字号、行列、公式、加锁及文本编辑功能 |
| | 填表说明及范例 | 新国标（新地标）系列检验批表格，逐张匹配填表说明（即相应验收规范）指导表格填写，同时匹配范例表格，可一键复制范例做表 |
| | 容量计算 | 根据用户输入检验批容量自动计算生成最小抽样数量，支持多容量细分填写计算 |
| | 原始记录 | 一键式生成原始记录，相关表头及编号，验收项目等信息自动填写 |
| | 示例数据 | 根据客户自定义设置生成检验批的示例数据，为客户提供检验批随机数据生成，方便学习编制 |
| | 自动评定 | 对检验批数据是否合格进行自动评定，超偏数据自动生成三角符号，并自动生成评定结果 |
| | 试块评定 | 混凝土、砂浆试块强度自动计算评定 |
| | 插入图片 | 多种插入图片的方式，支持各种图片格式直接插入到单元格中；独创的插入 CAD 图方式，可对已插图片进行二次修改 |
| | 汇总统计 | 一键式对分部子分部分项进行统计评定，若有数据变更，汇总表中也能再次汇总刷新 |
| 打印输出 | 表格打印 | 支持单表打印和批量打印；批量打印中可以设置是否打印附件、续表，打印份数，并能按照制作日期搜索表格并打印 |
| | 导出 PDF | 支持将表格文件以 PDF 格式导出，以便归档及查阅 |
| 数据存储 | 云存储 | 将工程文件数据自动同步上传至云端，异地也可随时存取 |

随着建筑业信息化的发展，对资料管理工作也提出了更高的协同要求，资料软件也逐步实现了与政府、企业系统数据共享，主要功能如表 4-25 所示。

资料软件网络版的主要功能　　表 4-25

| 阶段 | 功能 | 描述 |
|---|---|---|
| 协同管理 | 资料同步 | 将工程文件数据自动同步上传至系统对应服务器，工程相关多位管理人员可随时存取，协同编制 |
| | 资料流转 | 根据工程管理人员班子，按各类表格审批签名要求，逐一提交流转至各管理人员，并将审批成果及时反馈至软件 |
| | 电子签名 | 通过在线手签或第三方电子签名机构授权方式，对资料进行电子签名 |

1. 单机版资料图软件

资料软件核心作用之一就是辅助资料员进行资料编制。为更好地响应规范更新、提高资料编制技能，一般软件都具有填表说明及范例、容量计算、原始记录等实用功能（图 4-101），结合自动评定、汇总统计等功能，减少了大量的重复计算整理工作，提高了资料编制的准确性，也提升了建筑行业资料编制的整体水平。

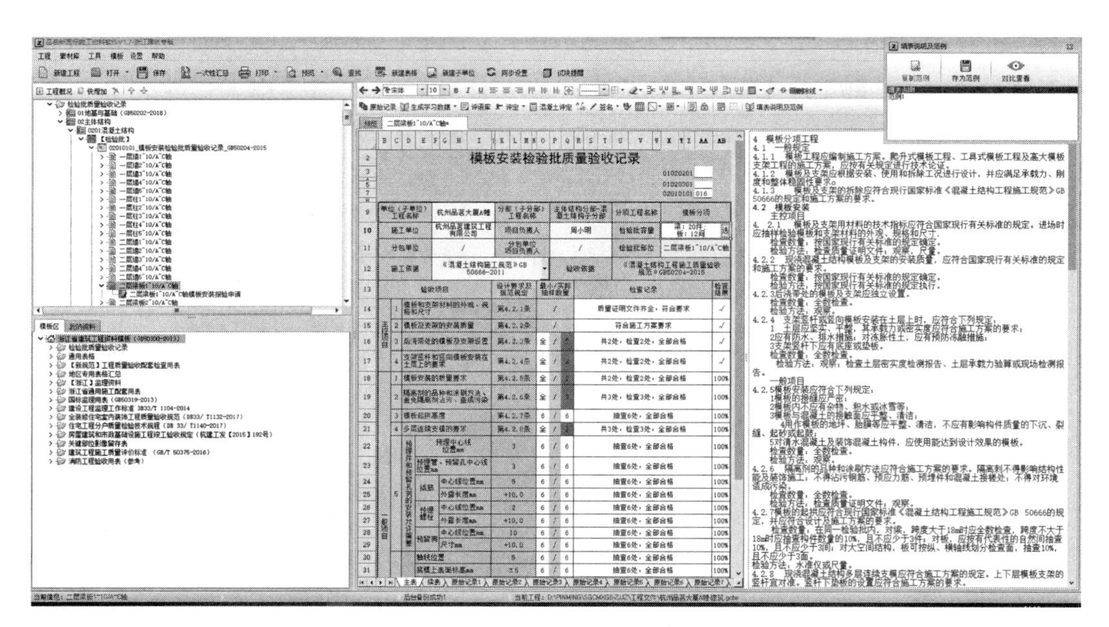


图 4-101　资料软件界面

2. 云版资料软件

基于资料软件及云端技术，将工程文件数据自动同步上传至云端，异地也可随时存取，如图 4-102 所示。

3. 资料管理系统

随着建筑信息化的深入，政府及企业对现场施工资料过程管理的需求日趋强烈，催生了资料软件与网页结合的资料管理系统，如图 4-103 所示。软件端根据工程管理

人员班子，按各类表格审批签名要求，通过流转方案方式，逐一提交至各管理人员，如有数据错误亦可回收资料重新修改提交；网页端相关人员实时审阅施工过程资料，及时处理待办审批并电子签名，如发现问题可打回资料、指明错误、协助修改，对已完成验收资料进行锁定封存，以便后续归档。

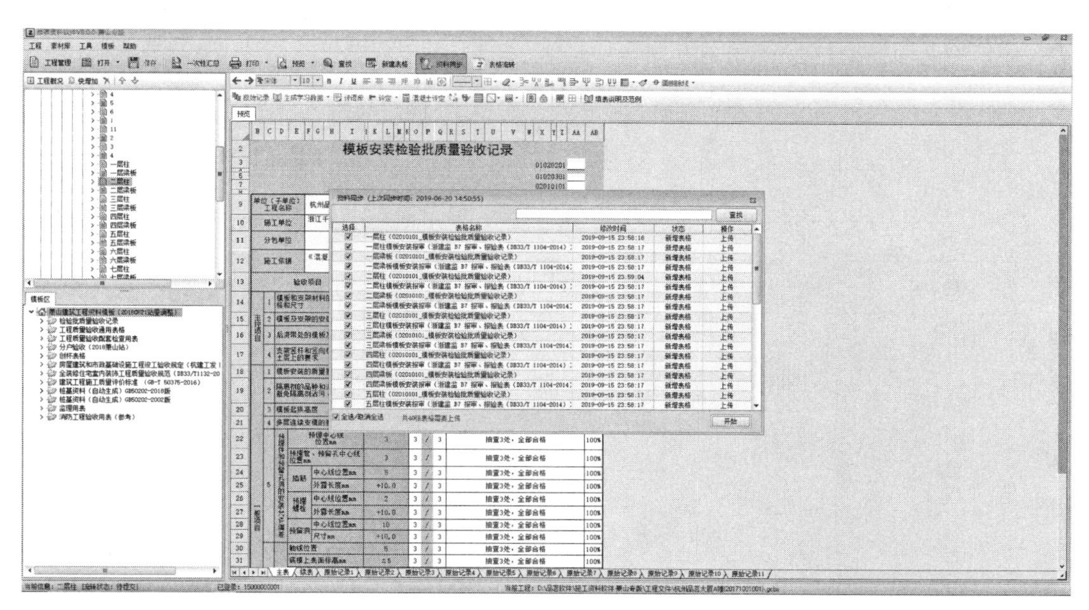


图 4-102　资料云端同步界面

杭州市萧山区智慧建设云平台　协同办公　质量监管　质量验收　安全监管　起重机械　智慧工地　系统管理

首页　已验收的项目

输入关键字查询　查询

| | 表格名称 | 工程名称 | 建表人 | 提交时间 | 最后修改时间 | 操作 |
|---|---|---|---|---|---|---|
| 81 | 钻孔灌注桩隐蔽工程验收记录表(钻孔灌注桩隐蔽工程验收记录表) | 新塘街道D-17地块建设公共租赁用房 | [illegible] | 2019-09-17 11:19:51 | 2019-09-17 14:58:16 | 查看 |
| 82 | 钻孔灌注桩隐蔽工程验收记录表(钻孔灌注桩隐蔽工程验收记录表) | 新塘街道D-17地块建设公共租赁用房 | [illegible] | 2019-09-17 11:19:51 | 2019-09-17 14:58:16 | 查看 |
| 83 | 钻孔灌注桩隐蔽工程验收记录表(钻孔灌注桩隐蔽工程验收记录表) | 新塘街道D-17地块建设公共租赁用房 | [illegible] | 2019-09-17 11:19:51 | 2019-09-17 14:58:16 | 查看 |
| 84 | 钻孔灌注桩隐蔽工程验收记录表(钻孔灌注桩隐蔽工程验收记录表) | 新塘街道D-17地块建设公共租赁用房 | [illegible] | 2019-09-17 11:19:51 | 2019-09-17 14:58:16 | 查看 |
| 85 | 钻孔灌注桩隐蔽工程验收记录表(钻孔灌注桩隐蔽工程验收记录表) | 新塘街道D-17地块建设公共租赁用房 | [illegible] | 2019-09-17 11:19:51 | 2019-09-17 14:58:16 | 查看 |
| 86 | 钻孔灌注桩隐蔽工程验收记录表(钻孔灌注桩隐蔽工程验收记录表) | 新塘街道D-17地块建设公共租赁用房 | [illegible] | 2019-09-17 11:19:51 | 2019-09-17 14:58:16 | 查看 |
| 87 | 泥浆护壁成孔灌注桩检验批质量验收记录（I）及原始记录(泥浆护壁成孔 | 新塘街道D-17地块建设公共租赁用房 | [illegible] | 2019-09-17 11:19:51 | 2019-09-17 14:58:10 | 查看 |
| 88 | 泥浆护壁成孔灌注桩检验批质量验收记录（I）及原始记录(泥浆护壁成孔 | 新塘街道D-17地块建设公共租赁用房 | [illegible] | 2019-09-17 11:19:51 | 2019-09-17 14:58:10 | 查看 |
| 89 | 泥浆护壁成孔灌注桩检验批质量验收记录（I）及原始记录(泥浆护壁成孔 | 新塘街道D-17地块建设公共租赁用房 | [illegible] | 2019-09-17 11:19:51 | 2019-09-17 14:58:10 | 查看 |
| 90 | 泥浆护壁成孔灌注桩检验批质量验收记录（I）及原始记录(泥浆护壁成孔 | 新塘街道D-17地块建设公共租赁用房 | [illegible] | 2019-09-17 11:19:51 | 2019-09-17 14:58:10 | 查看 |
| 91 | 泥浆护壁成孔灌注桩检验批质量验收记录（I）及原始记录(泥浆护壁成孔 | 新塘街道D-17地块建设公共租赁用房 | [illegible] | 2019-09-17 11:19:51 | 2019-09-17 14:58:10 | 查看 |
| 92 | 泥浆护壁成孔灌注桩检验批质量验收记录（I）及原始记录(泥浆护壁成孔 | 新塘街道D-17地块建设公共租赁用房 | [illegible] | 2019-09-17 11:19:51 | 2019-09-17 14:58:10 | 查看 |
| 93 | 泥浆护壁成孔灌注桩检验批质量验收记录（I）及原始记录(泥浆护壁成孔 | 新塘街道D-17地块建设公共租赁用房 | [illegible] | 2019-09-17 11:19:51 | 2019-09-17 14:58:10 | 查看 |
| 94 | 泥浆护壁成孔灌注桩检验批质量验收记录（I）及原始记录(泥浆护壁成孔 | 新塘街道D-17地块建设公共租赁用房 | [illegible] | 2019-09-17 11:19:51 | 2019-09-17 14:58:10 | 查看 |
| 95 | 报审表(报审表) | 新塘街道D-17地块建设公共租赁用房 | [illegible] | 2019-09-17 11:19:51 | 2019-09-17 14:58:10 | 查看 |
| 96 | 报审表(报审表) | 新塘街道D-17地块建设公共租赁用房 | [illegible] | 2019-09-17 11:19:51 | 2019-09-17 14:58:10 | 查看 |
| 97 | 钻孔灌注桩隐蔽工程验收记录表(钻孔灌注桩隐蔽工程验收记录表) | 新塘街道D-17地块建设公共租赁用房 | [illegible] | 2019-09-17 11:19:51 | 2019-09-17 14:58:03 | 查看 |
| 98 | 钻孔灌注桩隐蔽工程验收记录表(钻孔灌注桩隐蔽工程验收记录表) | 新塘街道D-17地块建设公共租赁用房 | [illegible] | 2019-09-17 11:19:51 | 2019-09-17 14:58:03 | 查看 |

20　第 5 共37974页

| 分包单位 | / | 分包单位项目负责人 | / | 检验批部位 | 10#楼屋顶层梁板、女儿墙 |
|---|---|---|---|---|---|
| 施工依据 | 《混凝土结构工程施工规范》GB 50666-2011 | 验收依据 | 《混凝土结构工程施工质量验收规范》GB50204-2015 | | |

| | | 验收项目 | | 设计要求及规范规定 | 最小/实际抽样数量 | 检查记录 | 检查结果 |
|---|---|---|---|---|---|---|---|
| 主控项目 | 1 | 钢筋弯折的弯弧内直径 | | 第5.3.1条 | 8 / 8 | 抽查8处，全部合格 | √ |
| | 2 | 纵向受力钢筋的弯折 | | 第5.3.2条 | 8 / 8 | 抽查8处，全部合格 | √ |
| | 3 | 箍筋、拉筋的末端弯钩 | | 第5.3.3条 | 3 / 3 | 抽查3处，全部合格 | √ |
| | 4 | 盘卷钢筋调直后应进行力学性能和重量偏差检验 | | 第5.3.4条 | / | 试验合格，报告编号：JEL1900831、JEL1901370、JEL1901435 | √ |
| 一般项目 | 1 | 钢筋加工的形状、尺寸 | 受力钢筋沿长度方向的净尺寸mm | ±10 | 8 / 8 | 抽查8处，全部合格 | 100% |
| | | | 弯起钢筋的弯折位置mm | ±20 | / | / | / |
| | | | 箍筋外廓尺寸mm | ±5 | 8 / 8 | 抽查8处，全部合格 | 100% |
| 施工单位检查结果 | | | 合格 | 专业工长：[illegible] 项目专业质量检查员：[illegible] 2019年09月17日 | | | |

显示81到100,共759468记录

图 4-103　资料管理系统界面

### 4.11.4 资料软件应用流程

工程资料软件的应用流程如图 4-104 所示。

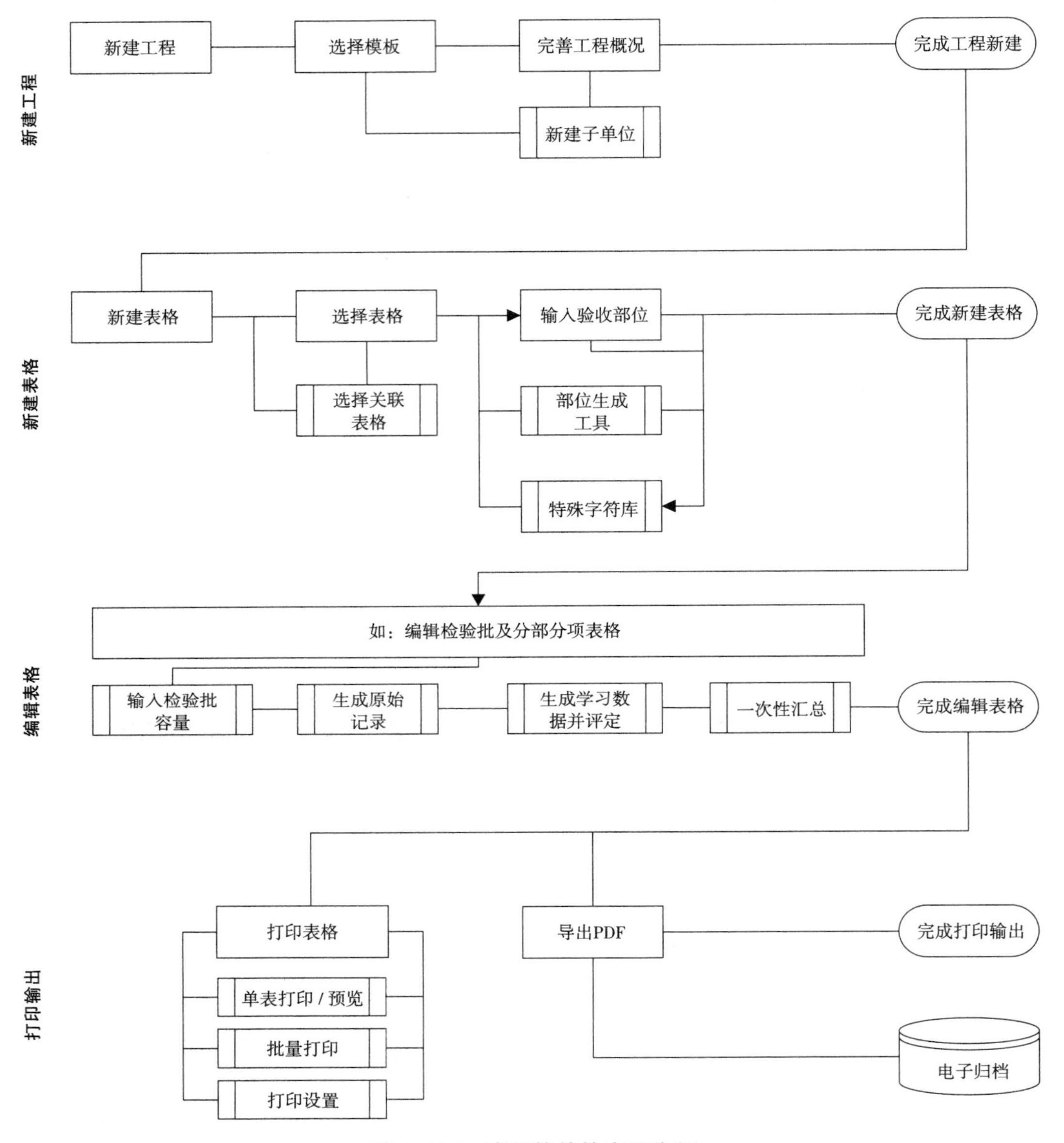


图 4-104　资料软件的应用流程

利用资料软件进行施工现场资料管理，其流程与传统的手动编制管理有一些区别，可以参考表 4-26，主要操作要点可参考表 4-27。资料软件的功能有很多，可根据实际编制目的来进行选择，参照表 4-28 选用。

资料软件应用前后流程区别　　表 4-26

| 对比流程项 | 使用前 | 使用后 |
| --- | --- | --- |
| 模板选择 | （1）到各政府网站下载相关表格<br>（2）自己零散收集一些表格<br>（3）根据规范自己手动制作表格<br>（4）购买纸质规范样表 | （1）软件统一模板提供，各种表格齐全<br>（2）规范更新后，模板表格自动升级更新 |
| 表格编辑 | （1）逐份打开表格文件，逐项手动填写<br>（2）纸质样表逐项手动填写 | （1）工程概况信息自动填写<br>（2）报审表，原始记录一键式生成填写<br>（3）特定纸质表样套打打印 |
| 填表规范 | 网上下载规范或购买规范书逐页手动查找 | 表格关联规范条文一键查看 |
| 范例 | （1）网上搜索相似表格，参考手动填写<br>（2）按自己工作经验积累，存放部分范例资料 | （1）提供范例工程全局学习参考，支持局部复制引用<br>（2）单表逐一关联范例，一键存取引用<br>（3）自己积累资料可直接存为范例，便于后续引用 |
| 数据计算 | （1）容量抽样对照各规范逐项理解，手动计算<br>（2）混凝土、砂浆等试块强度对照规范手动计算<br>（3）施工测量数据逐项记录，手动计算是否超偏<br>（4）安全评分表手动计算得分 | （1）容量输入后自动计算各项最小抽样数量<br>（2）混凝土、砂浆等试块强度录入后一键式自动评定，填写计算结果<br>（3）施工测量数据逐项记录或参考示例数据，自动评定标记超偏，生成评定结果<br>（4）安全评分表自动计算得分 |
| 汇总统计 | （1）对各分部、子分部、分项、检验批逐一统计，手动排序填写，每个工程一般不少于 3000 项<br>（2）隐蔽记录、技术复核记录等施工资料，逐一统计，手动排序填写，每个工程一般不少于 1000 项<br>（3）安全得分表逐一统计，手动计算填写安全评分汇总表 | （1）分部、子分部、分项、检验批自动排序，一键生成相应数据完整的汇总表<br>（2）隐蔽记录、技术复核记录一键生成相应数据完整的汇总表<br>（3）一键生成相应数据完整的安全评分汇总表<br>（4）以上支持数据修改后重新汇总 |
| 成果输出 | （1）筛选文件，逐份打开进行打印<br>（2）电子文件手动整理排序 | （1）按工程批量打印，支持已打印或分类筛选，按需打印<br>（2）支持一键式打包导出 PDF 文档，以便电子归档 |

资料软件的操作要点　　表 4-27

| 软件功能 | 操作要点 |
| --- | --- |
| 模板选择 | 按照项目情况选取对应地区、专业的模板 |
| 工程概况 | （1）按照项目情况，逐项填写项目名称、施工单位名称等基本工程概况信息，以便后续表格中能直接引用<br>（2）涉及部分信息如规范等存在多项的，可添加行后逐项填写<br>（3）工程概况更新后，可同步更新表格中引用的工程信息 |
| 新建子单位 | （1）按照项目情况新建子单位工程可细分管理，逐个维护工程信息<br>（2）可选择已有类似子单位工程进行复制创建<br>（3）各子单位类似表格可同步一并创建 |
| 新建表格 | （1）根据所需可选择多张相关表格，如检验批、施工记录、报审表等成套新建<br>（2）同类表格也可输入多组验收部位同时新建 |

续表

| 软件功能 | 操作要点 |
| --- | --- |
| 关联表格 | 同上，在新建检验批表时，可选关联的施工记录、报审表等 |
| 生成部位 | （1）根据项目输入层数、轴线、构件等基本信息<br>（2）选择层数、轴线、构件组合方式<br>（3）批量生成验收部位以供快速填写 |
| 快增加 | （1）同类表格优先填写完善一份样表<br>（2）选择样表快增加，即可快速复制样表获取其他同类表格，相关特性数据自动差异化处理 |
| 基础编辑 | （1）选择所需输入的单元格进行文本输入<br>（2）注意字体、字号等尽量统一<br>（3）若文字较多、显示不全时，可适当缩小字号或换行、调整行高列宽 |
| 填表说明及范例 | （1）选择所需参考的表格，进行填表说明或范例查看，支持对比查看获取更优的界面查看效果<br>（2）通过复制范例可直接将已有范例复制到表格<br>（3）也可通过存为范例将已填表格存入，以便下次同类表格复用 |
| 容量计算 | （1）点击检验批容量右侧“选”字进入细分构件容量填写<br>（2）逐项填写本检验批所需构件及容量值<br>（3）存在多类材料共用表格的还需勾选本次验收材料<br>（4）软件根据专业规范，自动计算填入最小 / 实际抽样数量，涉及全数检查的，需自行填入实际抽样数量 |
| 原始记录 | （1）软件根据检验批中实际数量，自动生成原始记录并填写相关检查项目<br>（2）根据实际抽查情况，自行填写检查部位、检查情况<br>（3）如涉及抽样数量、检查项目变更的，可重新生成原始记录填写 |
| 示例数据 | （1）涉及实测项目，可自动生成符合规范的随机示例数据以供参考<br>（2）可通过设置调整示例数据超偏个数及生成范围 |
| 自动评定 | （1）实测项目自行填写实测值后可自动评定是否超偏，如有超偏，作三角标示<br>（2）对全表数据进行评定，自动给出评定结论<br>（3）安全评分表自行输入扣减分数后，自动评定计算总计得分 |
| 试块评定 | （1）根据试块类型及养护方式选择对应的混凝土或砂浆评定表格<br>（2）选择试块相应的强度等级<br>（3）根据检测中心试验报告填写各组强度值<br>（4）若组数较多可追加复制页继续填写<br>（5）软件试块评定自动得出计算结果及评定结论 |
| 插入图片 | （1）根据图片类型选择合适的插图方式<br>（2）如普通照片可直接插入图片或截图<br>（3）如 CAD 图片需调用 CAD 软件辅助图片截取 |
| 汇总统计 | （1）待检验批表格填写完成后，可一键式自动填写分部分项汇总统计结果<br>（2）如有检验批表格数据变更，可再次汇总重新统计 |
| 表格打印 | （1）首次使用先设置打印机<br>（2）单表打印即选即打<br>（3）批量打印选择所需表格及打印数量等参数调整后，一并打印 |
| 导出 PDF | 选择所需节点导出 PDF 即可 |
| 云存储 | （1）保证网络畅通<br>（2）有效账号登录<br>（3）按需管理云存储中工程资料，如上传、下载、删掉等 |

资料软件功能适用参考表　　表 4–28

| 软件功能 | 适用范围 |
| --- | --- |
| 模板选择 | 根据项目类型选择对应专业模板，必须用 |
| 工程概况 | 项目基本信息采集，后续表格直接引用，必须用 |
| 新建子单位 | 根据工程情况，如需细分管理，可优先选用 |
| 新建表格 | 从模板中复制表格进行创建，必须用 |
| 关联表格 | 创建检验批表格时可选择推送的相关施工监理表格，可自行选用 |
| 生成部位 | 通过楼层、轴线、构件信息的排列组合生成批量部位，可优先选用 |
| 快增加 | 同类型表格快速复用，可优先选用 |
| 基础编辑 | 表格内容填写，相关格式调整，可自行选用 |
| 填表说明及范例 | 制作表格时可参考填表说明或引用范例，可自行选用 |
| 容量计算 | 检验批填写容量时自动触发，必须用 |
| 原始记录 | 根据检验批验收项目需要填写原始记录时，可优先选用 |
| 示例数据 | 涉及检验批等项目超偏数据填写时，可优先选用 |
| 自动评定 | 涉及检验批等项目超偏数据是否合格验算时，可优先选用 |
| 试块评定 | 涉及混凝土、砂浆等试块强度数据是否合格验算时，可优先选用 |
| 插入图片 | 涉及表格中需要插入 CAD、现场照片等图片时，可自行选用 |
| 汇总统计 | 涉及分部分项、安全评分等汇总计算时，可优先选用 |
| 表格打印 | 从软件中打印纸质表格，必须用 |
| 导出 PDF | 从软件中输出 PDF 电子文件时，可优先选用 |
| 云存储 | 经常更换电脑、异地办公时，可优先选用 |

# 第 5 章　信息化施工管理系统

## 5.1　概述

施工过程中，涉及不同参与方的协作与决策，需要一个管理系统作为支撑。信息化施工管理系统是指充分利用计算机硬件、软件、网络通信设备以及其他设备，对施工信息进行收集、传输、加工、储存、更新、拓展和维护的协同工作系统。

信息化施工管理系统融合了工程建造理论、组织理论、会计学、统计学、数学模型、经济学与信息技术，与工程实施组织结构和人员之间相互影响。新系统引进或系统更新可能导致组织结构的变化和调整，而现存的组织结构又对系统的分析、设计、引进的成功与否产生重要影响。信息化施工管理系统对工程企业的影响包括组织环境、组织战略、组织目标、组织结构、组织过程和组织文化，所以既是技术系统，也是社会系统。同时，信息化施工管理系统也是单项技术和软件的集成系统，集成信息化施工技术、软件应用过程中所产生的信息。

信息化施工管理系统既可以是针对单项施工业务内容的管理系统，如施工环境监测系统、物资材料管理系统等，也可以是将若干单项业务的管理系统进行集成的协同工作集成管理系统。一般功能包括：

（1）数据处理功能。包括工程数据收集和输入、数据传输、数据存储、数据加工和输出。

（2）预测功能。运用现代数学方法、统计方法和模拟方法，根据过去的工程数据，预测未来的工程状况。

（3）计划功能。根据提供的工程约束条件，合理地安排各职能部门的计划，按照不同的管理层次，提供不同的管理计划和相应报告。

（4）控制功能。根据各职能部门提供的数据，对施工计划的执行情况进行检测，比较执行与计划的差异，对差异情况分析其原因。

（5）辅助决策功能。采用各种数学模型和所存储的大量施工数据，及时推导出施工有关问题的最优解或满意解，辅助各级施工管理人员进行决策，以期合理利用人财物和信息资源，取得较大的经济效益。

广义的施工管理系统也应该包括办公自动化系统、通信系统、交易处理系统等，本部分主要介绍与施工过程管理（人机料法环管理，施工质量、安全、进度、成本等）

密切相关的业务管理系统，以及对前述单一功能系统进行集成的集成管理系统。

## 5.2　合同管理系统

### 5.2.1　合同管理系统基本情况

传统合同管理，由于涉及的部门众多，需要管理的合同要素也各不相同，因此造成信息不集中，实时性不强，导致各部门协作、业务流程组建、监控制度执行等方面效率不高，主要表现为：合同文档管理困难、执行进度控制困难、信息汇总困难，以及缺少预警机制。

合同管理系统基于现代企业的先进管理理念，一般具备合同基础数据设置、合同在线起草、合同审批、合同结算以及履约全过程监控等功能，支持相关人员及时了解合同信息及执行情况，提高各参与方的协作效率，为企业提供决策、计划、控制与经营绩效评估等辅助。

在施工管理领域，提供合同管理系统的厂商包括新中大、PKPM、万润、用友、浪潮、同望等。

### 5.2.2　合同管理系统主要功能

合同管理系统对合同订立、履约结算、合同款项支付等过程环节进行重点管控，降低履约风险。其核心功能一般应包括合同模版管理、合同在线评审、合同台账管理、合同执行与监督管理、合同付款管理、合同履约管理、合同统计分析等。

1. 合同模版管理

可按照专业分包、劳务、材料采购、设备租赁等不同的合同类型建立合同模版库，规范合同条款，项目部可以直接调用公司统一制定的模版进行合同创建，使用人员在此基础上，只需填写合同关键性要素（如甲乙方名称、付款条件、违约条款等）即可自动生成合同文档，进行合同拟定评审。

2. 合同在线评审

基于流程引擎，可对合同进行在线评审。由拟稿人发起合同评审，系统根据流程定义自动进行评审流转，在评审过程中，各评审人可在线对合同正文进行修订、批注，流程应支持同意下发、退回拟稿人修改、不同意退回以上节点、跳转发送等操作。

3. 合同台账管理

在合同文档的基础上生成承包合同台账、分包合同台账、材料采购合同台账、设备购置合同台账及其他合同台账，提供合同台账的查询、检索与维护。进行合同归档管理，提供合同档案信息的查询与统计。

4. 合同执行与监督管理

合同管理人员在合同执行过程中，可依据公司对合同管理实际流程实现关键环节的审批，如：合同拟定、合同生效、合同变更和合同结算等。同时，系统包含对操作人员待办事项提醒功能，对于出现的合同变更，需要发起合同变更评审流程。对执行完成的合同设置为执行结束状态，并能在合同台账中进行查询。

5. 合同付款管理

从合同文本中提取每个合同的付款时间和金额等信息，建立合同资金付款台账，在合同付款时，可在系统内填写合同支付单，发起付款流程进行审批，合同执行完成后，系统可提供按照时间、项目、单位等多种维度的汇总分析统计报表。

6. 合同履约管理

在合同执行过程中，可通过此功能对合同文本中说明的责任、完成情况进行监控。如合同时间、合同范围、合同付款等可能存在的风险等。

7. 合同统计分析

在合同统计分析管理中可按不同维度获取到各类统计数据。一般系统提供合同台账查询、对上对下结算对比表、项目收付款分析、单价对比、合同结算支付一览表、合同情况分析等功能。

8. 合同评价和合作伙伴信息管理

在合同执行结束后，企业可基于合同履约评价标准，完善合同履约记录信息，完善合作伙伴信息数据库，其中包含黑名单。

9. 移动应用

系统的移动办公功能包括：将业务过程中的待办事项、收付款和审批等信息，通过短信及时提醒给操作人员；操作人员可及时在移动设备上登录合同管理信息系统进行相关业务处理。

### 5.2.3 合同管理系统应用流程

合同管理的流程实质上是以合同履约全过程中，合同流转过程为管理主线，在流转过程中伴随着大量的信息流、资金流的融合和控制。每一流程从合同模版发起，至合同归档而结束，系统把合同流转过程与相伴随的信息流、资金流有机结合成一体，将整个合同管理归纳为一个全程、全网的闭环工作流程，并在此基础上建立一个完全基于工作流的工作管理体系，从而实现合同管理工作流转的自动化，以及对合同履约的过程实施监控与跟踪（图 5-1）。

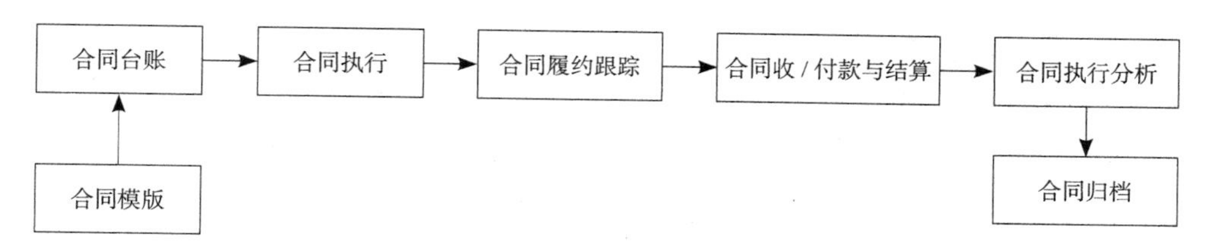


图 5-1　合同管理功能流程

## 5.3　人员管理系统

### 5.3.1　人员管理系统基本情况

人员管理管理系统通过信息化的技术手段，实时监测用工情况，解决人员流动大、信息无法管理等传统问题，杜绝有风险的人员进入现场施工。通过人员管理系统劳动效能的分析，掌握施工队伍的真实效率，为劳务成本控制提供依据，支持企业确定合作优秀劳务队伍。

通过人员管理系统也可切实保证建筑企业和劳务工人的合法权益，有效防范欠薪隐患，缓和劳资矛盾，减少劳资纠纷，为营造和谐的建筑行业氛围和健康的劳资关系，提供有力的支持，为企业创造更多的经济收益，实现劳资双方互惠共赢。

### 5.3.2　人员管理系统主要功能

一般人员管理系统依据应用场景分为管理端、项目现场端、劳务工人端和大屏显示端（表 5-1）。

人员管理系统主要应用场景　　表 5-1

| 场景 | 主要内容及用途 |
|---|---|
| 管理端 | 主要包括项目管理、参建单位管理、参建单位班组管理、参建单位工人管理、黑名单管理、报表管理、系统配置等。管理端适应于企业管理层人员（集团公司、分子公司等管理人员），应用于项目前期管理、数据标准化以及数据分析，其应用适应于项目前期管理，截止于项目分包合同签订完成 |
| 项目现场端 | 主要包括项目班组管理、进退场管理、项目工人管理、门禁管理、考勤管理、安全教育培训管理、劳务人员工资管理、统计分析、系统配置等。项目现场端主要通过工人实名制实现建筑工人全职业周期管理；以标准化的基础数据，实现信息联动和共享、实现全过程数字化管理。系统通过硬件设备采集实名制及考勤信息，确保信息的准确率和采集效率，实现数字信息化管理，方便管理人员及时查看与跟进 |
| 劳务工人端 | 主要包括参建项目、实名认证、考勤记录、工资信息等 |
| 大屏展示端 | 主要包括项目信息、项目人数、项目实名制总人数、项目当前在场人数、进退场双拆线对比图、工程分布、人员分布图、考勤详情柱状图等 |

人员管理系统的主要功能包括以下方面。

1. 项目基础信息维护

通过自主建立项目，分类考勤班组，完善项目基础信息，建立标准化数据，细化项目管理。工程项目基本信息数据主要包括项目基础信息、建设单位、总包单位、施工图审查信息、合同备案信息、施工许可信息以及竣工验收备案等关键基础数据。

2. 分包合同管理

分包合同（劳务分包、专业分包等）管理实现对分包合同的全过程管理，相关部分功能描述可参照合同管理系统部分。

3. 劳务人员入场管理

根据分包合同，将劳务人员归属于相应的项目班组中，建立项目、参建单位、班组及劳务人员级联关系，入场劳务人员需从对应的参建单位中选择关联，对未实名认证人员进行实名认证，否则无法进行入场备案。同时，要进行“黑名单认证”，如果认证不通过则不允许进行入场备案。一般，实名认证是一项独立系统功能，通过对接公安部实名认证体系，获取实名认证结果后记入系统，可服务于工程管理人员、现场入场备案、劳务工人个人。

4. 劳动合同签订

通过建立劳务公司与劳务工人劳务关系，确定工人薪酬及计价方式，为劳务人员工资发放提供计价依据。合同有限期为入场之日起，退场后截止，一般劳务合同采用线上签订方式，劳务公司加盖电子章，劳务工人手写签名后生效。

5. 生成考勤凭证

根据项目实际考勤设施，设置人员考勤凭证，一般根据项目实际情况分为两种考勤方式（定点考勤、范围考勤），对于施工现场规范、固定及范围可控的工地，采用固定地点闸机考勤方式；对于现场比较分散及施工现场开阔的可采用 GPS 定位范围考勤方式。

定点闸机考勤凭证：闸机考勤可提供三种类型的凭证，卡片、二维码、人脸识别，如果采用卡片刷卡考勤方式，需要给工人发放考勤门禁卡；二维码考勤不需要发放硬件设备，系统会根据工人身份证、项目施工许可证以及工人所属参建单位统一社会编号为工人生成唯一识别凭证，并记入系统，工人利用移动端 APP 在闸机处扫描即可，一般二维码是动态获取，会根据系统配置中的更新间隔进行动态更新，也就是说别人再次拿这个二维码扫描可能就已失效；人脸识别无需发放硬件设备，可根据人员实名认证时的照片在闸机处扫描考勤，如果人员认证时间较长，人员面部变化较大，可在人员信息处重新录入面部图像。

GPS 定位考勤：一般系统内置地图功能（如百度地图），可对项目施工班组设置考勤范围，可分别为不同的班组设置不同的考勤范围，劳务人员在考勤时采用人脸 + GPS 定位考勤。

6. 工资发放

根据考勤及薪酬计价方式，生成劳务工人工资单，由劳务公司（参建单位）按标准对劳务工人工资进行发放，工资发放完毕后由劳务工人在工人端进行签字确认。

7. 教育培训

通过对工人进行安全教育及培训，实时查看工人安全作业测试成绩，提高安全作业水准。

### 5.3.3　人员管理系统应用流程

人员管理系统的操作流程以项目为单位，从分包合同签订开始，结合现场闸机考勤等方式，及时掌握劳动力情况，发现问题及时采取措施，降低劳务纠纷风险（图 5-2）。

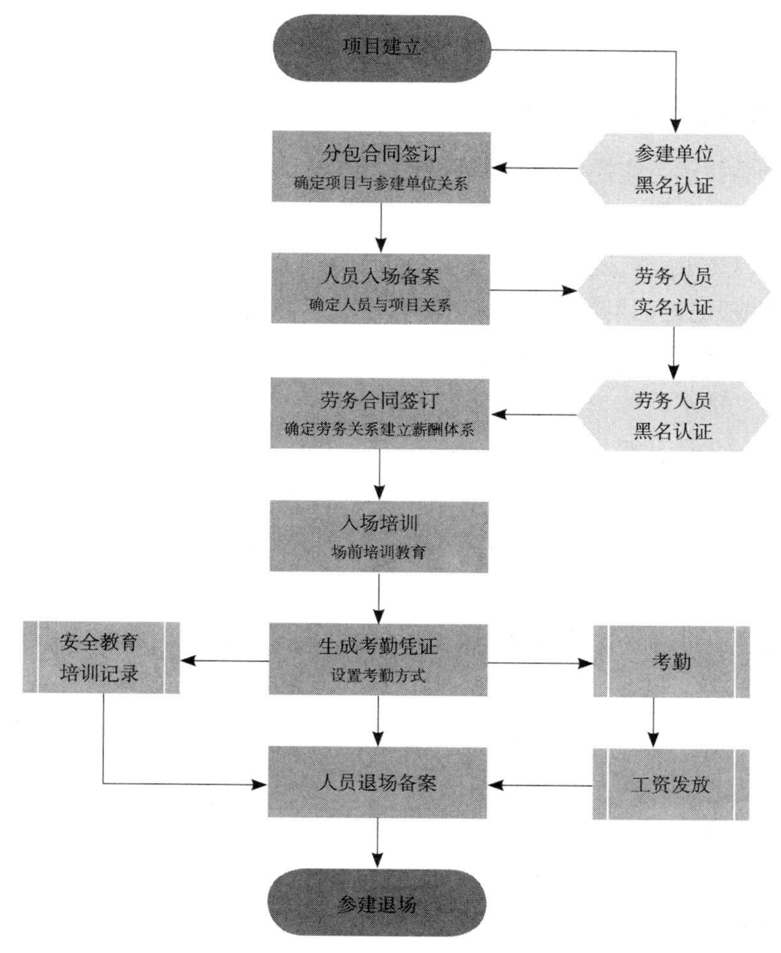


图 5-2　人员管理系统应用流程

## 5.4 大型机械设备运行管理系统

### 5.4.1 大型机械设备运行管理系统基本情况

大型机械设备运行管理系统由安装在起重设备上的运行监控系统（塔式起重机运行监控系统以及施工升降机运行监控系统）以及起重机械远程监控中心（物联网监控系统）组成。

起重设备运行监控系统的单元构成为：信息采集单元、信息处理单元、控制输出单元、信息存储单元、信息显示单元、信息导出接口单元、远程传输单元等。

起重机械远程监控中心（Web 端或移动客户端）对塔式起重机以及施工升降机工作过程进行远程在线监控，随时随地掌握起重机械安全工作状态，实现信息多方主体共享。在建设工程施工中，塔式起重机和施工升降机（人货两用施工电梯）是两种使用量最大、也最普遍的大型起重机械设备，本章重点针对这两种机械设备的信息化管理进行介绍。

### 5.4.2 塔式起重机运行监控系统

1. 塔式起重机运行监控系统的主要功能

（1）显示功能

系统应实时显示塔式起重机运行状态，包含吊重、回转角度、小车幅度、动臂俯仰角、吊钩高度、现场风速及故障状态。对于具有防碰撞功能的监控系统，还应显示本塔式起重机和相关塔式起重机的运行状态以及相对位置关系。

（2）报警功能

当监控系统发生故障或工作在旁路模式下时，系统应能发出声音或其他报警，向司机及相关塔式起重机给出指示。系统的故障包括但不限于以下情况：①传感器缺失；②控制输出单元故障；③系统电源故障；④系统之间的通信故障。

（3）数据记录功能

监控系统应实时记录本塔式起重机的运行状态（存储时间间隔应不大于 2s），应存储 48h 以上。当监控系统具有防碰撞功能时，应记录最近 30 次旁路模式的时间以及次数，并记录相关塔式起重机的运行状态。管理人员可通过 U 盘等设备定期下载监控系统的记录，并通过专用软件进行回放操作。当出现安全事故时，可通过读取黑匣子记录中的实时数据对塔式起重机的运行状态进行分析，作为事故分析的辅助，对事故发生时塔式起重机的工作状态进行追溯。

（4）安全防护功能

塔式起重机运行监控系统应对塔式起重机的安全状态进行监控，避免塔式起重机发生安全事故。塔式起重机的安全防护功能包括但不限于以下功能。

1）防超载功能

防超载功能包括塔式起重机起重量限制功能和起重力矩限制功能。当塔式起重机发生超载时，应发出安全防护动作，限制塔式起重机向外变幅以及吊钩起升的动作。

2）限位功能

包括回转限位、起升限位以及小车变幅限位。对塔式起重机的位置进行限制，避免发生冲顶等安全事故。

3）区域限制功能

塔式起重机的工作区域内有一些重点区域需要进行保护时，比如高于塔式起重机起重臂的建 / 构筑物、居民区、学校、马路、高压线等，需设置限制区。当塔式起重机吊钩接近限制区时，监控系统自动发出报警及控制信号，防止吊钩进入限制区后发生物体坠落，造成安全事故，如图 5-3 所示。

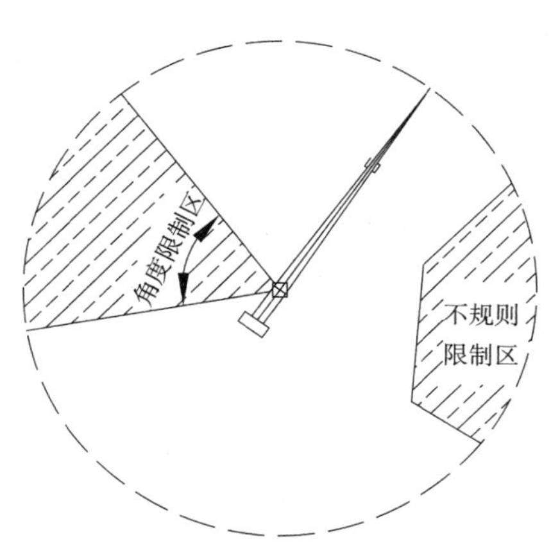


图 5–3　塔式起重机区域保护示意图

4）防碰撞功能

通过安全监控系统的无线通信模块，实现塔式起重机群局域组网，使有碰撞关系的塔式起重机之间的状态数据信息能够交互，当某台塔式起重机安全监控系统检测与相邻塔式起重机有碰撞的危险趋势时，能自动发出声光报警，并输出相应的避让控制指令，避免由于驾驶员疏忽或操作不当造成碰撞事故发生，如图 5-4、图 5-5 所示。

图 5–4　平臂塔式起重机之间碰撞位置示意

图 5–5　动臂与平臂塔式起重机之间碰撞位置示意

2. 塔式起重机运行监控系统的检测精度要求

塔式起重机运行监控系统状态信息的检测要求，见表 5-2。

塔式起重机运行状态检测要求　　表 5-2

| 塔式起重机运行状态参数 | 传感器分辨率或量程 | 检测误差 |
| --- | --- | --- |
| 回转角度 | ≤ 1/3° | ≤ 1° |
| 吊重 | 量程根据塔式起重机最大载荷确定 | ≤ 5% |
| 小车幅度 | 满足小车位置在整个起重臂跨度内检测 | ≤ 200mm |
| 动臂俯仰角度 | 满足俯仰臂在整个运行跨度内检测 | ≤ 2° |
| 吊钩高度 | 塔式起重机高度小于 100m 时 | ≤ 5m |
|  | 塔式起重机高度大于 100m 时 | ≤ 5% |
| 移动塔式起重机的移动位置 | 满足塔式起重机在整个移动轨道内的检测 | ≤ 1m |

3. 塔式起重机运行监控系统的使用注意事项

（1）安全防护功能的配置：塔式起重机运行监控系统具有多种安全防护功能，根据塔式起重机现场使用情况可以对安全功能以及相应模块进行选配，参照表 5-3 进行配置。

安全防护功能选配表　　表 5-3

| 塔式起重机使用现场情况 | 监控系统安全防护功能推荐选配 |
| --- | --- |
| 单塔式起重机（与其他塔式起重机无碰撞可能） | 防超载功能，限位功能，区域限制功能 |
| 群塔作业（与其他塔式起重机有碰撞可能） | 防超载功能，限位功能，区域限制功能，防碰撞功能（配套的无线通信模块） |

（2）系统安装之前，应对所安装塔式起重机的匹配性及参数进行确认，包括各种传感器的量程。

（3）系统安装完成后，应进行空载运行检查，包括：

① 操纵塔式起重机应分别进行起升、变幅、回转、运行动作，起升高度、幅度、回转、运行行程显示值变化应与实际动作一致；

② 系统显示的起重量、起重力矩数据应无异常。

（4）系统使用过程中，凡有下列情况时，应重新对系统进行调试、验证与调整，并按《建筑塔式起重机安全监控系统应用技术规程》JGJ 332—2014 第 5.0.4 条、第 5.0.5 条检验合格：

①在系统维修、部件更换或重新安装后；

②当塔式起重机倍率、起升高度、起重臂长度等参数发生变化后；

③系统使用过程中精度变化、性能稳定性不能达到本标准规定要求时；

④其他影响系统使用的外部条件发生变化时；

⑤塔式起重机设备转场安装后。

4. 塔式起重机运行监控系统主要传感器

塔式起重机运行监控系统通过安装在塔式起重机上的各类传感器，实时采集塔式

起重机作业中的运行状态，包括起重量、起重力矩、起升高度、幅度、回转角度、风速等信息，并通过远程传输单元将塔式起重机的运行状态数据发送至远程监控中心。塔式起重机运行监控系统根据实时监测的塔式起重机运行状态对塔式起重机的安全进行智能分析并输出控制。塔式起重机常见传感器安装如图 5-6 所示。

幅度、高度传感器

风速传感器

角度传感器

吊重销轴

图 5-6　塔式起重机运行监控系统传感器

## 5.4.3　施工升降机运行监控系统

1. 施工升降机运行监控系统主要功能

施工升降机运行监控系统主要监控管理对象为人货两用施工升降机。系统由监控主机、显示器以及输出单元组成，系统通过安装在升降机上的传感器实时监测升降机的载重、限位、楼层信息、驾驶员信息、吊笼运行速度等，当升降机即将出现超载、超限、非法操作时，监控系统发出语音或其他声光报警信号，并输出控制指令，限制升降机的运行，只有当危险解除时，才允许升降机继续运行。同时，监控系统可以通过监控系统主机内的远程传输单元将施工升降机的运行状态数据发送至远程监控中心。监控系统基本原理如图 5-7 所示。

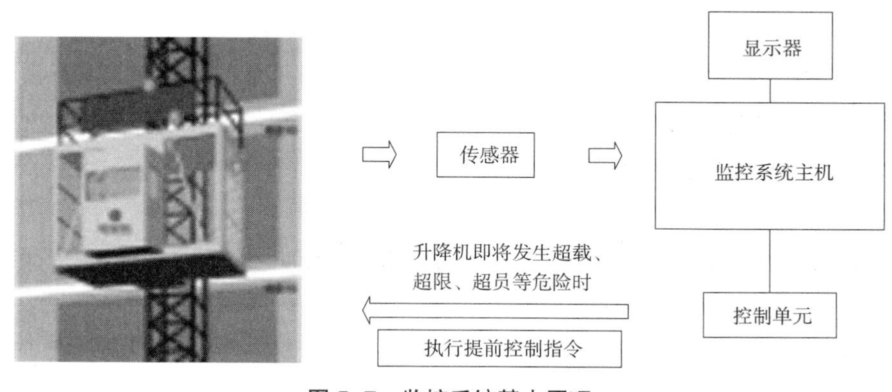


图 5-7　监控系统基本原理

（1）自诊断功能

监控系统开机后进行自检，检测各传感器状态是否正常，当传感器状态异常时自动预警，提醒设备维保人员进行监控系统维护。

（2）身份识别功能

该功能是目前国内施工升降机运行监控系统的主要功能之一。尽管施工升降机发生安全事故主要有安装不到位、维护保养不及时等原因，但多数安全事故的直接原因都和非授权人员擅自操作施工升降机有关。身份识别功能是指通过身份识别装置，检测操作施工升降机的人员是否通过身份授权，未获得授权的人员无法启动升降机。常用的身份识别方式主要有人脸识别、指纹识别、虹膜识别等生物识别方式。

（3）防超载功能

通过安装在施工升降机上的载重量传感器，可以检测出升降机吊笼内人和物的重量。在超出额定载重量时，监控系统自动发出预警，并控制升降机吊笼运行，直至超载预警解除。

（4）高度、吊笼运行速度及楼层显示

通过高度传感器对吊笼运行高度进行采集，结合吊笼运行的时间及建筑物的层高关系，系统可以实时显示吊笼距离笼底地面的高度、吊笼的运行速度、吊笼所在楼层的位置等信息。

（5）数据记录和追溯功能

监控系统的信息存储单元会自动记录监控系统的操作记录，包括载重量、施工升降机上行或下行状态、运行时间、运行楼层、维护保养内容等信息，并可对以上信息进行数据统计。通过分析这些数据，可对施工升降机的安全事故原因进行追溯。

（6）维护保养记录功能

部分地方建设主管部门，对施工升降机的维护保养过程也结合施工升降机监控系统，通过信息化的手段进行管理。在施工升降机使用过程中，监控系统会根据维护保养时间周期要求，在维护保养到期前通过远程平台向维保单位负责人员下发信息，提醒维保单位对机械设备进行维护保养，维保单位在对施工升降机进行维护保养之后，可通过监控系统将对应维保的项目及结果上传至远程监控平台，实现对施工升降机维保的远程管理。

2. 施工升降机监控系统的检测精度要求

塔式起重机运行监控系统状态信息的检测要求，如表 5-4 所示。

**施工升降机监控系统运行状态检测要求** 表 5–4

| 施工升降机运行状态参数 | 传感器分辨率或量程 | 检测误差 |
|---|---|---|
| 载重量 | 10kg | ≤ 5% |
| 运行高度 | 满足施工升降机吊笼位置在整个升降机安装高度内检测 | ≤ 200mm |
| 升降机运行速度 | 0.1m/min | ≤ 1m/min |

3. 施工升降机运行监控系统的使用注意事项

（1）载重量准确标定。由于施工升降机是以梯笼载人、载物的形式进行载重作业，梯笼内的重量能够准确地在监控系统显示终端上显示的关键在于准确的标定过程。施工升降机在上下运行过程中，动荷载对载重量采集的准确性影响较大，因此需要多次进行标定和验证，确保监控系统能够准确显示和记录施工升降机的梯笼内载重量。

（2）特种作业人员录入监控系统的管理需严格要求。在施工升降机管理过程中，使用单位应掌握对特种作业人员身份认证信息录入监控系统的权限，确保升降机监控系统中记录的特种作业人员信息的真实性，并确保施工升降专人专岗，杜绝无证人员操作。

### 5.4.4　大型机械设备运行管理流程和远程监控中心

大型机械设备管理流程如下。

1. 确认型号

确认施工现场的起重设备型号，选择适合的监控系统配件，使起重设备监控系统参数与机械设备一致。

2. 设备安装

进行机械设备监控系统的安装与调试。

3. 系统登记

在系统平台上登记塔式起重机和施工升降机监控系统，使工程上的起重设备与监控系统平台一致。

4. 数据分析

机械设备运行过程中的数据，会通过设备管理系统平台进行展示、汇总和统计。

起重设备运行监控系统将采集的设备实时运行状态数据通过远程传输单元发送到起重机械远程监控中心，监控中心能够对起重机械进行远程在线监控，对设备重要运行参数和安全状态进行在线记录、统计分析和远程管理，为设备的多方主体监管提供平台。

远程监控中心主要由起重机械设备管理、运行状态实时监控和起重机械全生命周期管理等三大功能模块组成。

1. 起重机械设备管理

基础信息数据主要包括建筑机械设备相关管理单位信息、工程信息、人员信息以及监控设备信息等基础数据，使用前需要在远程监控中心完成基础信息数据的录入工作。

2. 运行状态实时监控

安全状态的实时监控是远程监控中心的核心功能，主要为除司机外的起重机械设备安全管理人员提供实时数据，从而有效解决远程异地安全管控不到位的问题。实时监控的内容有：回转角度、幅度、吊钩高度、力矩百分比、安全吊重、风速、吊绳倍率等作业数据，如图 5-8 所示。对于超出规范操作要求的违章行为，管理人员可查询每台起重机械的违章次数，也可以查询每次违章的详细时间点，并根据需要对违章的过程进行全程模拟回放，如图 5-9 所示。

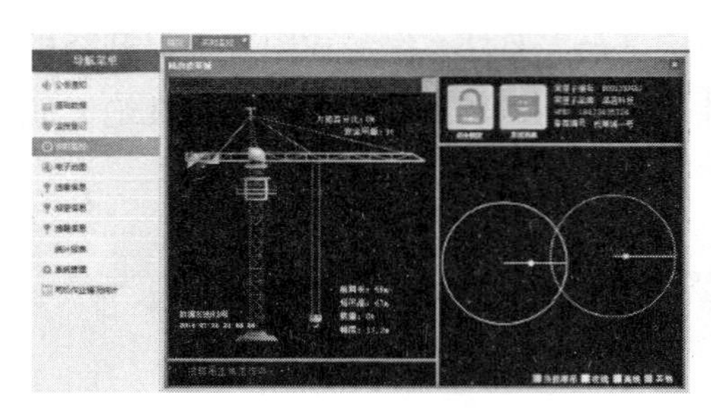

图 5–8　实时数据模拟监控

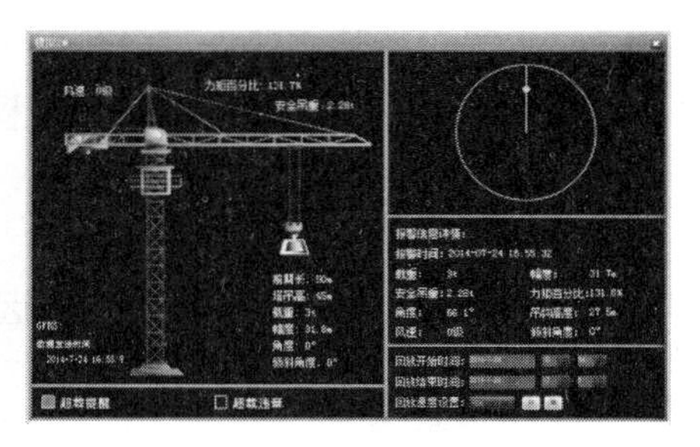

图 5–9　违章过程全程模拟回放

3. 起重机械全生命周期管理

起重机械的全生命周期管理，是指设备从生产出厂后到报废整个使用过程的全生命周期使用状态的管理，通过远程监控中心的大数据，可以统计与设备寿命相关的设备使用状态，如：利用等级、载荷状态以及工作级别等，为塔式起重机的维护保养提供依据，实现全生命周期的管理。

4. 起重机械远程监控中心的发展趋势

数据智能统计分析是远程监控系统平台未来最优的发展前景，监控中心可以实现对起重机械全生命周期的管理，基于大数据分析监控中心可以对起重机械设备的安全状况、司机的技能水平和工作状态作出智能评估，并能对生产态势进行科学预测，为起重机械的科学管理提供手段。

## 5.5　物资材料管理系统

### 5.5.1　物资材料管理系统基本情况

物资材料管理系统辅助工程技术人员合理地组织建筑物料的计划、采购、供应、验收、库存与使用，保证建筑物料按品种、数量、质量、时间节点进入建筑工地，减少流转环节，防止积压浪费，缩短建设工期，加快建设速度，保障质量安全，降低工程成本。

物资材料管理系统的高级形式是物资生态链采购系统。目前，针对物资生态链采购系统，在市场上一般提供两种解决方案：为大中型企业可提供综合型解决方案，包

括采购寻源管理解决方案、采购供应链管理解决方案以及企业电商解决方案，依据企业的发展战略、管理模式和业务特征，制定采购信息化蓝图规划和发展路径，量身定制一套适用、易用的采购管理系统。为小微型企业提供平台型解决方案，围绕采购供应链全流程，基于公有云为企业快速配置一套标准、便捷的专属采购平台，并提供后续的运营服务支持。

生态链的打造是选择物料生态链采购系统的关键，不仅需要无缝打通企业内部的集采系统、履约系统、财务系统等，实现数据实时流转、各环节互联互通和业务处理在线化，而且需要链接外部供应商、物流、银行、税务、电商等多方合作伙伴，将其业务和平台也纳入进来，共同构造平台生态圈。因此，在系统选型的关键环节，需要重点考虑系统是否成熟可靠，并具备一定的可扩展性，如何帮助企业降低建设成本；系统是否已与企业内外部系统建立标准化接口方案，可无缝集成应用；系统是否有足够的成功应用案例积累，涵盖多种企业类型、业务模式和管理特点，随需配置；软件供应商是否拥有专业的团队、成熟的实施方法，并能提供本地化服务支持，保障稳定应用。

在应用过程中，需由企业制定统一采购流程，提供供应商管理、物料管理等标准作业文档；分子公司及项目部按照统一规范在系统中执行采购，有关部门可通过系统监督采购行为，及时发现问题并纠正。可采用“三步走”的策略，如第一步，搭建企业统一集采管理系统，形成统一集采模式，规范采购行为，降低采购成本，优化下属组织的供应链协同，实现保质和快速供应；第二步，完善并建成标准化的集采 + 履约 + 电商 + 金融的综合电商平台；第三步，应用大数据技术挖掘并分析平台沉淀数据，实现信息共享，助力采购科学决策。

### 5.5.2　物资材料管理系统主要功能

1. 物资材料采购

物资管理系统辅助工程管理人员，通过实施有效的计划、组织与控制等采购管理活动，合理选择最优采购方式、采购品种、采购批量、采购频率和采购地点，以有限的资金保证经营活动的有效开展，从而在降低整个供应成本、加速资金周转和提高建造质量等方面发挥积极作用。根据所购买材料的分类及特点，科学地选择采购模式，形成物料采购全生态链的管理。

（1）大宗主材采购

在施工企业自主搭建互联网集采平台（应包括但不限于：供应商管理、供应商门户、专家门户、采购寻源、采购协同、移动应用、采购分析等模块），与供应商开展采购协同应用，主要采取战略采购、招标采购、竞争性谈判等方式（图 5-10）。

图 5–10　大宗主材采购

（2）建筑辅材采购

多数企业也会要求在采购平台上进行在线应用和留痕，主要采用询价采购、单一来源、紧急采购等方式。

（3）办公用品采购

对于通用、高频的低值易耗品等，多数采用商城采购模式，快速比选、下单和结算。目前，企业商城存有自营商城和接入第三方商城两种模式。

2. 物资材料验收

通过科技手段，实现移动、实时地无遗漏物料数据抓取，实现物料现场验收环节全方位管控。通过软硬件结合精准采集数据，监控作弊行为；运用系统集成技术，及时掌握一手数据；运用互联网技术，多维度统计分析数据；运用移动应用，随时随地管控验收现场（图 5-11）。

物料现场验收实现智能化主要体现在三个方面。

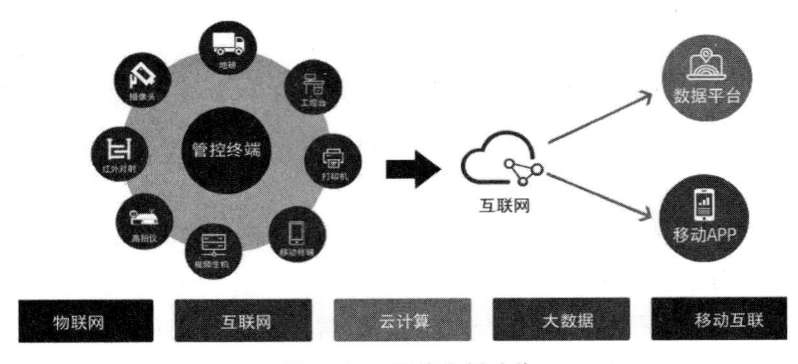


图 5–11　智能物料验收

（1）智能监管

通过数字技术手段，对物料管理中的多数以称重为验收单位的材料，实现全过程系统性功能覆盖。如管控终端按照约定协议集成数字式地磅，确保信号传输和防止干扰；配备红外感应器，打击车辆不完全上磅、多车压磅等作弊行为；设置数字高清摄像头，24h动态视频资料留存备查，关键时点抓拍照片，全方位监控验收全过程；实现车牌自动识别，减少人为操作；连接高拍仪自动扫描运单、质检材料，为后续问题的追溯提供依据；通过扫描枪识别单据二维码，甄别仿造冒用等非诚信行为（图5-12）。应用移动APP，兼顾场地限制无法安装地磅、非称重材料点验等情况（图5-13）。

图5-12 智能硬件

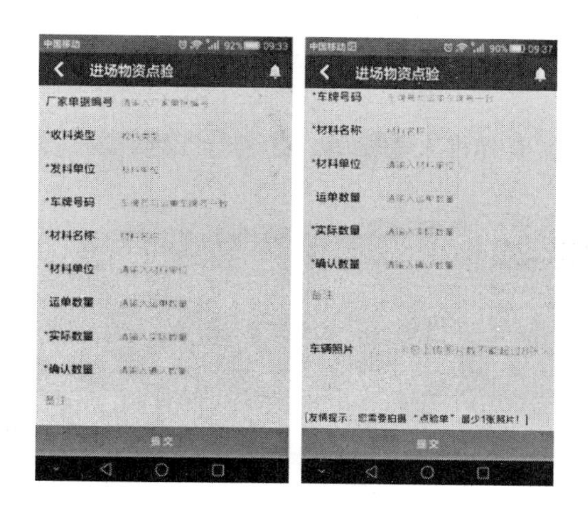


图5-13 移动验收

（2）智能传输

通过通信网与互联网，支持数据实时获取、交互、共享；支持管控终端与数据平台“定时推送+实时触发”同步机制；支持管控终端离线应用、自动续传和断点续传；支持多管控终端局域网内共享同一数据库。

（3）智能处理

对验收数据进行分析与处理，实现智能分析与控制。自动按系数进行单位换算，如商品混凝土密度比换算等；自动计算数量偏差，与正负差阀值对比，实时预警（图 5-14）。主动识别一车多称多计、皮重超范围等非常规情况，及时纠偏（图 5-15）。

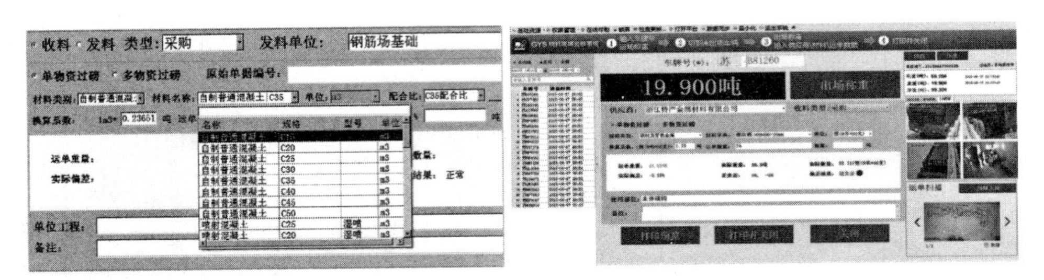


图 5-14　自动计算

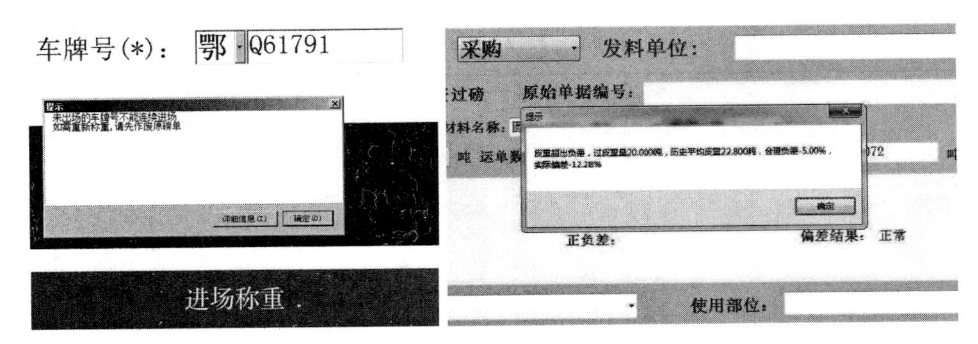


图 5-15　及时纠偏

一键生成标准单据，不允许人为修改，并进行二维码防伪处理（图 5-16）。

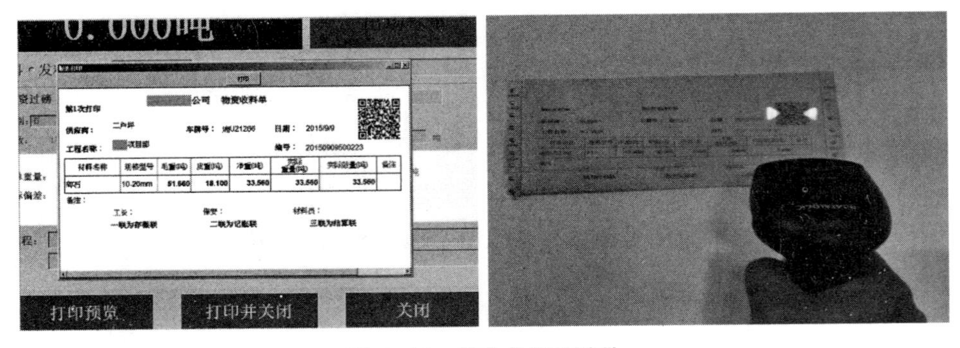


图 5-16　标准单据及防伪

各维度进出场统计分析自动生成，为物料采购、生产计划提供依据（图 5-17）。供应商排名评价，为合格供应商体系提供依据（图 5-18）。

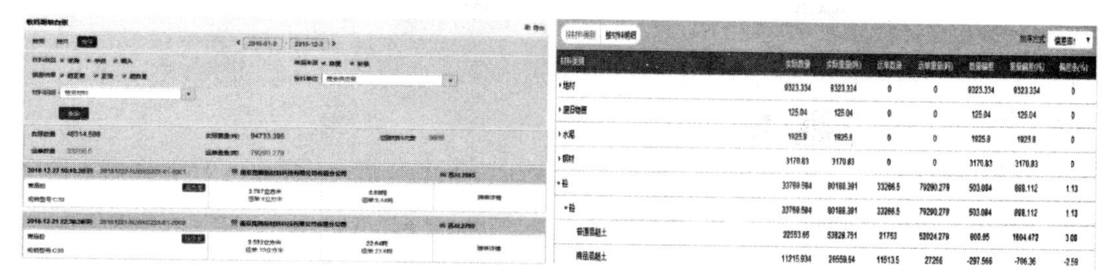

图 5–17　进出场统计分析

本期超负差数TOP5

| 排名 | 供应商 | 过磅材料数 | 超负差数 |
|---|---|---|---|
| 1 | 南京昆腾新材料科技有限公司谷里分公司 | 539 | 379 |
| 2 | 常德市巨龙建材制造有限公司 | 2295 | 168 |
| 3 | 江苏双龙集团有限公司 | 178 | 23 |
| 4 | 湖南常德南方混凝土有限公司 | 111 | 18 |
| 5 | 常德市澧水建筑材料销售有限公司 | 39 | 1 |

累计超负差数TOP5

| 排名 | 供应商 | 过磅材料数 | 超负差数 |
|---|---|---|---|
| 1 | 南京昆腾新材料科技有限公司谷里分公司 | 539 | 379 |
| 2 | 常德市巨龙建材制造有限公司 | 2295 | 168 |
| 3 | 江苏双龙集团有限公司 | 178 | 23 |
| 4 | 湖南常德南方混凝土有限公司 | 111 | 18 |
| 5 | 常德市澧水建筑材料销售有限公司 | 39 | 1 |

本期超负差比TOP5

| 排名 | 供应商 | 超负差/过磅材料数 | 超负差比 |
|---|---|---|---|
| 1 | 南京昆腾新材料科技有限公司谷里分公司 | 379/539 | 70.32% |
| 2 | 湖南常德南方混凝土有限公司 | 18/111 | 16.22% |
| 3 | 江苏双龙集团有限公司 | 23/178 | 12.92% |
| 4 | 常德市巨龙建材制造有限公司 | 168/2295 | 7.32% |
| 5 | 常德市澧水建筑材料销售有限公司 | 1/39 | 2.56% |

累计超负差比TOP5

| 排名 | 供应商 | 超负差/过磅材料数 | 超负差比 |
|---|---|---|---|
| 1 | 南京昆腾新材料科技有限公司谷里分公司 | 379/539 | 70.32% |
| 2 | 湖南常德南方混凝土有限公司 | 18/111 | 16.22% |
| 3 | 江苏双龙集团有限公司 | 23/178 | 12.92% |
| 4 | 常德市巨龙建材制造有限公司 | 168/2295 | 7.32% |
| 5 | 常德市澧水建筑材料销售有限公司 | 1/39 | 2.56% |

图 5–18　供应商评价

物料验收系统在市场上种类众多，性能参差不齐，主要有以下几类。

（1）称重系统

以地磅仪表为主处理称重业务，通过数据读取和输入，直接打印磅单小票，部分可连接到 PC 机、打印机，自定义磅单格式，PC 机端操作打印。

（2）信息化系统

可进行称重基础业务操作和基本统计分析，具有简单的用户体系和权限体系，可在局域网和广域网进行数据传递、分享，有一定的管理作用。

（3）管控系统

开始在地磅周边增设语音播报、红外栏栅、摄像头等硬件，可监控称重现场，软件部分用户和权限出现分层、分级管理，业务处理多样，统计分析功能增强，对大宗物资管控和决策有一定帮助。

（4）智能系统

运用物联网技术实现大宗物资验收全过程管控智能监管，运用数据集成、互联网技术实现数据智能传输，运用云计算和大数据技术实现智能处理，运用移动互联技术实现智能分析决策。

因物料智能验收系统聚焦具体业务，更多的是业务替代和管控强化，因此具备广泛的应用性和推广性。在选型物料智能验收系统时需考虑如下因素：是否具备多项目、多维度数据集中处理能力；是否具备“云＋端”数据传输方式和平台级构成；是否对数据进行深度分析处理，如异常管理、主动管控；是否运用移动互联技术实现现场监管和分析决策。

3. 物资材料管控

通过智能化、集成化、互联化、数据化、移动化手段，改变物料管理中各方交互的方式，优化业务链，提升资源整合与配置能力，解决管控难、效率低、成本高、风险大等现状问题，促进集约化经营、精益化管理、质量化提升。

物料全方位管控主要体现在以下方面。

（1）智慧应用

通过移动终端实现材料采购、到货点验、入库、领用、盘点、申请、领用的全过程管理（图 5-19）。

图 5-19 移动端全过程管理

通过二维码全过程跟踪到货检验、入库、出库、调拨、移库移位、库存盘点等各个作业环节的数据，进行自动化的数据采集（图 5-20）。

图 5–20　二维码跟踪

移动终端线上签认，排除代签、冒签、不签、签了不认等不良行为（图 5-21）。

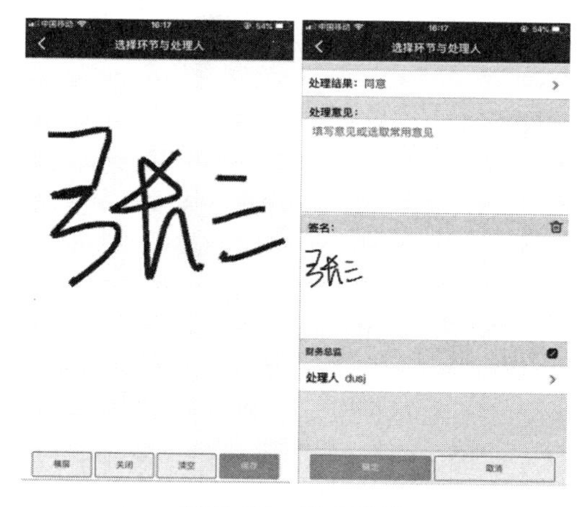


图 5–21　线上签认

运用钢筋点根智能手持设备精准计数单一规格、多规格混装钢筋，结合称重数据严防钢筋超下差所造成的安全质量隐患（图 5-22）。

图 5–22　钢筋点根

（2）智慧数据

采集海量并发数据实时处理，为各级管理人员高效、准确、及时地提供一手业务数据和管理数据；以大数据为核心，对结构化数据、半结构化数据、结构化数据深度挖掘、钻取，多维度统计分析，按不同的管理视角提供管理决策依据，从而提高科学分析和决策能力（图 5-23）。

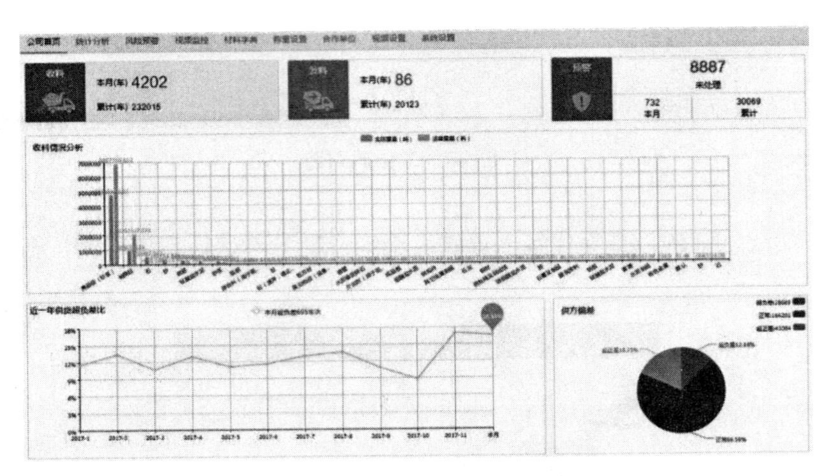


图 5-23　多维度统计分析

通过移动 APP 实时接收关键指标、决策依据、数据分析、智能报告、风险预警、远程视频监控等，解决信息化“最后一公里”的问题，每个管理者随时随地掌握现场情况，时刻旁站（图 5-24）。

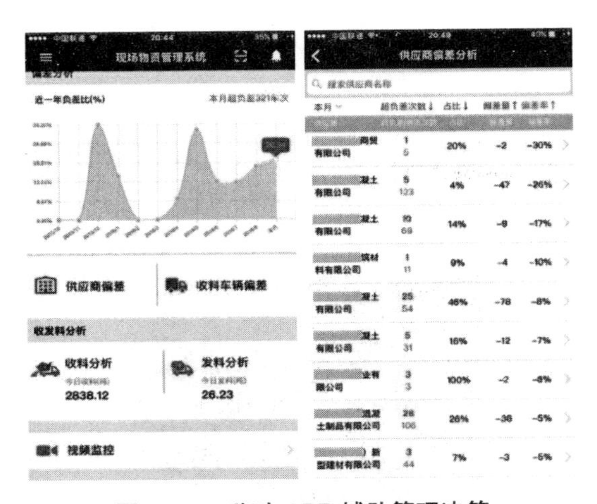


图 5-24　移动 APP 辅助管理决策

物料全方位管控作为新兴的管理方式，正处于高速发展阶段，这就造成了市场上相关信息系统层出不穷又良莠不齐，经常会出现管理链条过短、起不到管控作用，管理全覆盖且强耦合、必须全面应用等问题。因此，选择系统时需考虑两个因素：一是系统应实现全业务、全方位管控。二是插件化、组件化，即某个业务环节因管理和现状的原因暂时管理精细度不高，系统对应的功能可暂停，不影响系统的整体运转；后续该环节因管理提升可以应用系统了，系统对应功能可启动，无缝接入到整体系统中。

应用物料全方位管控系统是一个体系化工作，涉及多部门、多岗位；因此，应用过程中跨部门、跨岗位协同是关键因素，各环节需做到“三统一”，即统一目标、统一标准、统一动作。可成立虚拟项目组，由公司一把手挂帅，主管领导负责落地；各相关部门如经营部门、物资部门和生产部门负责人作为项目组成员，组织各业务线应用、跨业务线协作，从而保障系统有效地应用推广。

4. 物资材料账务处理

通过流程管控，推动纵向贯穿从企业层级到项目层级的多组织模式，横向联通计划、采购、收发料、结算、支付等账务处理，辅助物料管理健康、精益发展。

（1）业务单据替代手工

出入库等单据自动生成、标准统一；不再“填写”的单子，原始凭证一次处理，省去多次记账、核算、统计等麻烦，大幅节约人工，提升效率，规范管理（图 5-25）。

第1页 共1页

**材料入库单**

单据编号SMGYXM-CLRKD-201511-0087　库房：钢材库房　项目名称：世茂公元项目

合同：（世茂）钢材合同　供应商：上海勤磊国际贸易有限公司　供应类型：自采

| 序号 | 材料编码 | 材料名称 | 规格 | 型号 | 单位 | 入库单价 | 入库数量 | 金额 | 备注 |
|---|---|---|---|---|---|---|---|---|---|
| 1 | I110010800008 | 槽钢(Q235B) | 14B | | 吨 | 3,410.00 | 2.26 | 7,703.19 | 15根*9米 |
| 2 | I110010200062 | 三级螺纹钢 | Φ10 | | 吨 | 3,460.00 | 4 | 13,833.08 | |
| 3 | I110010500006 | 工字钢(Q235B) | 16#a | | 吨 | 3,610.00 | 60 | 216,600.00 | 325根*9米 |
| 小计 | | | | | | | | 238,136.27 | |
| 金额（大写）：贰拾叁万捌仟壹佰叁拾陆元贰角柒分 | | | | | | | 合计 | 238,136.27 | |

编制人：贾策能　经办人：　入库日期：2015年12月30日

图 5-25　业务单据一键生成

（2）管理流程固化机制

通过业务流程信息化处理，将标准化流程固化到管理工具，强制固化促使标准化快速落地；规范计划、合同、结算、付款申请等业务的审批流程和规则，提供审批有据，提升审批效率，建立追溯机制。

（3）物料账一键生成

快速编制、分析收发存等各类物料账，可进行收发存明细查询，按物料明细或物料类别，生成物料的期初库存、本期增加、本期减少、期末库存等汇总账、明细账，并且支持查看单据明细情况以及单据详情。

物资材料账务处理系统的选择，需考虑多方面因素，如纵向需贯穿从企业层级到项目层级的多组织模式，横向需连接材料计划、采购、收发料、结算、支付全过程物资管控，具备物资管理、物资价格平台、风险预警、移动应用等多种应用方式。可通过平台动态菜单、实施配置工具等扩展性功能，满足企业个性化管理需求；可提供二次开发定制服务，也支持有能力的企业自主开发；组织机构支持集团、公司、分公司、项目部等多层级管理；授权支持按部门、人员、角色、岗位等多维度授权；审批流程具有独立的工作流程引擎，支持设置复杂审批流；界面友好，可自由配置；操作易用，方便快速上手；管控参数和业务参数丰富，支撑管理制度落地；可与人力系统、办公系统、财务系统、档案系统和 BIM 系统等集成。

账务处理系统的应用要相对复杂，主要受两方面影响：一是通常归属于施工企业 ERP、PM 系统中，综合性应用造成涉及部门、岗位较多，实施过程情况复杂；二是系统部分信息和数据需手工录入，面临及时性有待提升等情况。因此，账务处理系统的建设与应用需考虑与其他业务线协同与集成，总体规划、分步实施；同时，尽量保障业务数据利用物联网、移动互联等技术采集，避免二次填报。

### 5.5.3 物资材料管理系统应用流程

因各施工企业管理模式、组织构成、职能权限各具特点，物资材料管理系统应用流程选取具有代表性的业务流程和业务环节进行描述。

1. 计划编制

（1）总量计划

项目开工后，预算员根据工程承包合同、施工图纸等，编制施工预算、提取物料用量，形成项目物资总量计划，逐层审批并备案；如依照管理制度规定需集采，公司物资部根据项目物资总量计划初选供应商，准备采购。

（2）需用计划

施工员根据施工图纸和施工组织设计等，分期编制项目物资需用计划，提交审批；公司物资部依据项目物资需用计划分批备货，通知供应商进场。

（3）采购计划

施工过程中，材料员依据经审核通过的物资需用计划，综合库存数量、资金情况和市场动态等，编制采购计划。

2. 集中招采和合同签订

（1）集中招采

项目物资部就权限内物资采购组织招标或竞争性谈判，如需集中采购，公司物资部组织相关部门进行招标或竞争性谈判。经评标、定标后，报公司主管领导审批，审批通过后组织商务谈判。

（2）合同签订

额度较小的物资，项目可自行采购，由材料员和商务人员共同起草采购合同，报项目、公司审批；审批流程通过后签署盖章并归档备案。按规定需公司集采的物资，由公司物资、成本相关人员起草合同，报主管领导审批；审批流程通过后签署盖章并归档备案。

3. 现场收发存

（1）用料下单

订单材料员根据用料安排，向供应商下订单；供应商接到订单后响应订单，确认供货时间、规格型号、供货数量、供货车辆等。

（2）进场验收

根据合同签订条款，在供应商物资到场后，项目材料员在其他岗位的协助下，对物资的数量、质量、外观、类别进行检查，办理到货点验的手续，填写验收单；验收单填写后，需要材料员与供货商在验收单上签字确认，作为入库记账的依据。

（3）入库

库房管理人员根据供应商的送货小票或验收单进行入库记账，一式多联签字后，由相关方人员保存，作为对账结算的依据。

（4）出库

根据现场施工要求，施工队伍或项目施工员提出物资领用申请，库房管理人员根据库存物资情况，编制出库单据，进行物资发放；一式多联签字后，相关人员存档。

（5）盘点

按照一定的时间周期，由材料员会同其他相关人员进行物资盘点，盘点实际库存，与账面库存对比，掌握物资盈亏情况。

4. 账务处理

按照物资管理制度，材料员定期整理发生的入库单、出库单、盘点单，将数据汇总到物资报表中，经过校核后报项目、公司审核。

5. 对账结算

供应商每月凭单据、发票到物资部进行对账结算，物资部与供应商就凭证逐一对账，开具结算单。

6. 系统设置

（1）编码体系：企业标准资源编码保障数据统一；材料名称规格编码、客商名称编码统一标准下达，可选不可改（图 5-26、图 5-27）。

（2）管控规则：业务管控规则下达，并确保垂直落地，如控制量、允许偏差范围、限额预警等（图 5-28）。

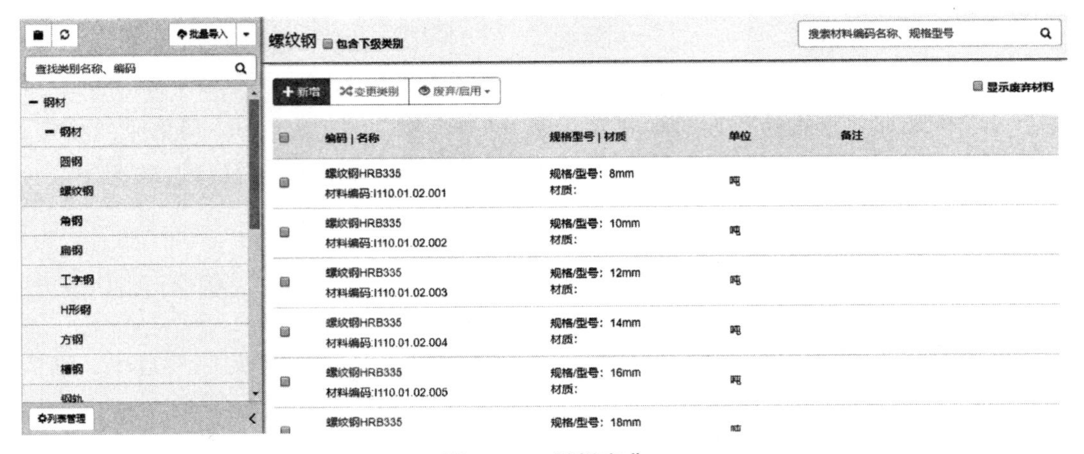


图 5-26　材料字典

图 5-27　客商字典

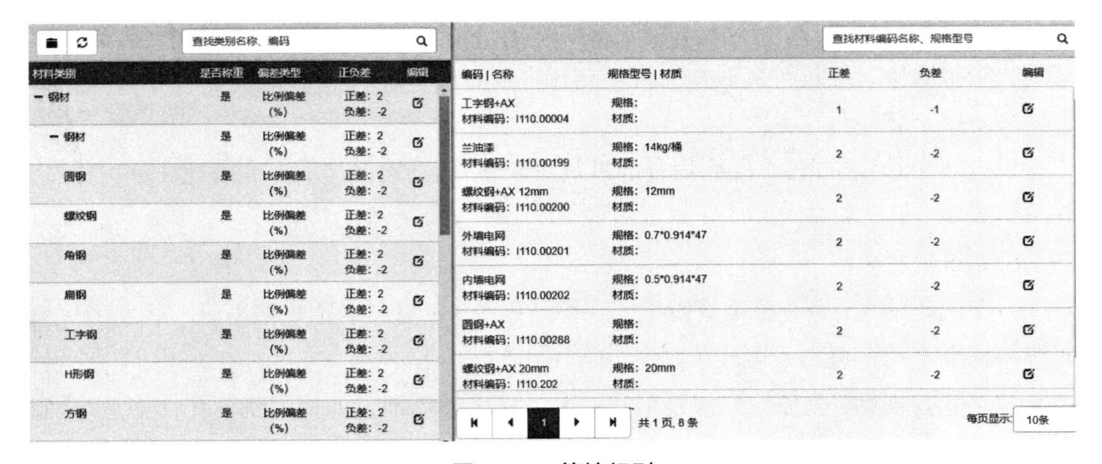


图 5-28　管控规则

（3）组织机构：依据企业管理规章制度和岗位职责，通过系统组织机构设置、角色权限设置，分层级、分岗位建立管理体系（图 5-29）。

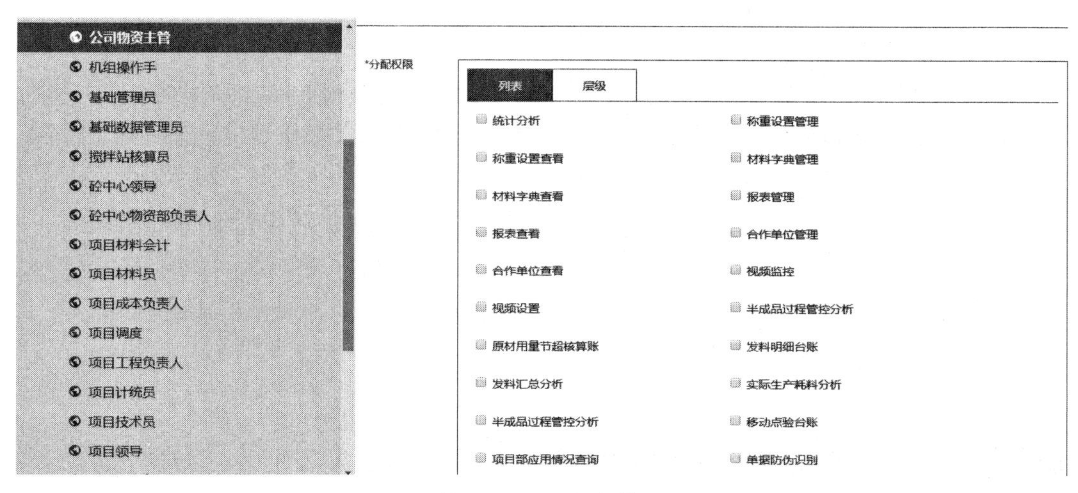


图 5–29　组织机构

（4）数据集成：集成 PM 系统、BIM 模型、进度计划软件等，根据现场工作的需要，自动提取物资管理相关数据，生成材料需用计划、采购计划、部位限额等，同步推送收发存、现场实耗等应用数据，形成业务闭环（图 5-30）。

|  | 材料名称 | 规格 | 型号 | 单位 | 计划数量 |  |  | 实际数量 |  | 量差 |
|---|---|---|---|---|---|---|---|---|---|---|
|  |  |  |  |  | 总量计划数量 | 部位计划数量 | 需用计划数量 | 实际入库数量 | 实际出库数量 |  |
| 1 | 圆钢(Q235) | Φ5.5 |  | 吨 | 0.00000 | 0.00000 | 0.00000 | 0.00000 | 0.00000 | 0.00000 |
| 2 | 圆钢(Q235) | Φ6 |  | 吨 | 0.00000 | 0.00000 | 0.00000 | 1704.00000 | 0.00000 | -1704.00000 |
| 3 | 圆钢(Q235) | Φ10 |  | 吨 | 12.88200 | 0.08500 | 0.00000 | 0.00000 | 0.00000 | 0.00000 |
| 4 | 圆钢(Q235) | Φ12 |  | 吨 | 2.13600 | 0.96600 | 0.00000 | 0.00000 | 0.00000 | 0.00000 |
| 5 | 圆钢(Q235) | Φ20 |  | 吨 | 0.00000 | 0.00000 | 0.00000 | 0.00000 | 2.00100 | 0.00000 |
| 6 | 螺纹钢 | HRB400-... |  | 吨 | 6939.05000 | 0.00000 | 0.00000 | 0.00000 | 0.00000 | 0.00000 |
| 7 | 等边角钢 | 30*3 |  | 吨 | 1.47240 | 0.00000 | 0.00000 | 0.00000 | 0.00000 | 0.00000 |
| 8 | 等边角钢 | 30*3 |  | 吨 | 0.00000 | 0.00000 | 0.00000 | 0.06600 | 0.06600 | -0.06600 |
| 9 | 等边角钢 | 40*4 |  | 吨 | 15.05400 | 0.00000 | 0.00000 | 0.00000 | 0.00000 | 0.00000 |
| 10 | 等边角钢 | 40*4 |  | 吨 | 0.00000 | 0.00000 | 0.00000 | 0.14500 | 0.14500 | -0.14500 |
| 11 | 等边角钢 | 40*4 |  | 吨 | 0.00000 | 0.00000 | 302.90400 | 0.00000 | 0.00000 | 302.90400 |
| 12 | 等边角钢 | 50*5 |  | 吨 | 5.36600 | 0.00000 | 0.00000 | 0.00000 | 0.00000 | 0.00000 |
| 13 | 等边角钢 | 50*5 |  | 吨 | 0.00000 | 0.00000 | 0.00000 | 0.00000 | 0.00000 | 0.00000 |
| 14 | 不等边角钢 | 50*32*4 |  | 吨 | 5.32000 | 5.32000 | 0.00000 | 3.67200 | 0.00000 | -3.67200 |

图 5–30　数据集成

## 5.6 质量管理系统

### 5.6.1 质量管理系统基本情况

质量管理系统利用云计算、BIM、移动技术等手段从企业层面制定全局统一的质量管理标准和落地执行体系，辅助现场人员进行全面的质量管控。通过信息化手段提升项目质量管理标准化、精细化水平，辅助项目质量管理人员岗位提效，帮助企业快速、全面了解项目质量管理现状，及时作出有效应对。

信息化下的项目质量管理统一遵循一套标准和制度，基于 PDCA 管理循环理念，包含数字样板引路、质量巡检、工序验收、实测实量、质量评优、检查评分、质量资料、报表管理和统计分析，实现现场质量管理业务流程闭环，达到现场业务替代和一线岗位人员提效的目的（图 5-31）。

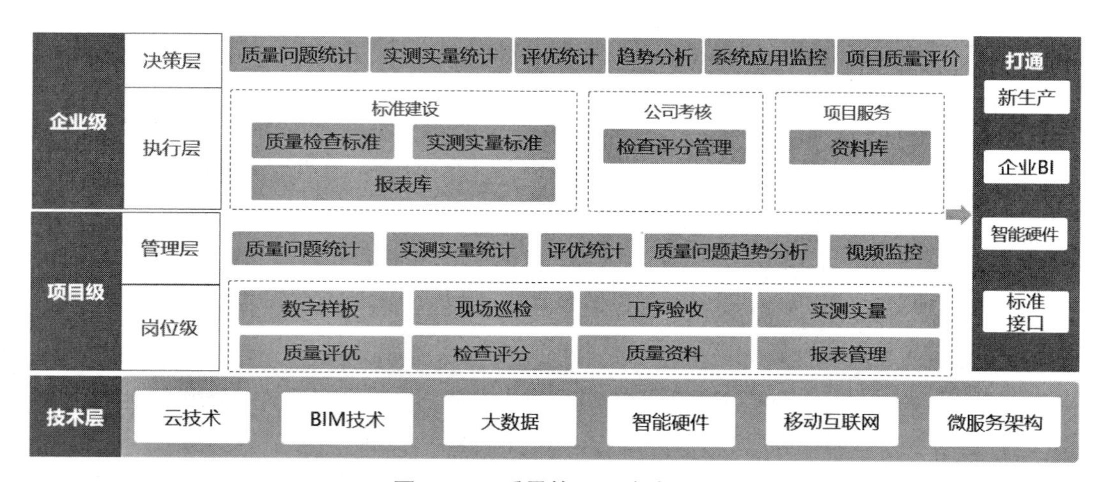


图 5–31 质量管理系统功能图

### 5.6.2 质量管理系统主要功能

1. 数字样板管理

企业甄选项目优秀样板方案并形成数字样板导入系统，数字样板可支持现场岗位管理人员、实操人员通过移动随时查阅，方便、快捷地快速指导现场施工，电脑端打开后可以进行基于 BIM 样板的技术质量交底，交底内容形象、易于理解，可减少因施工过程中因技术不标准引起的施工质量问题（图 5-32）。

2. 质量巡检管理

支持巡检机制，有效记录现场质量管理业务细节，实现所有工作环节规范化。支持整改工作责任到人，防止发生互相推诿事件。同时，项目及企业层负责人也可以通过手机实时监控现场的质量管理状况，重大问题随时提醒到手机上，做好事前控制，防患于未然（图 5-33）。

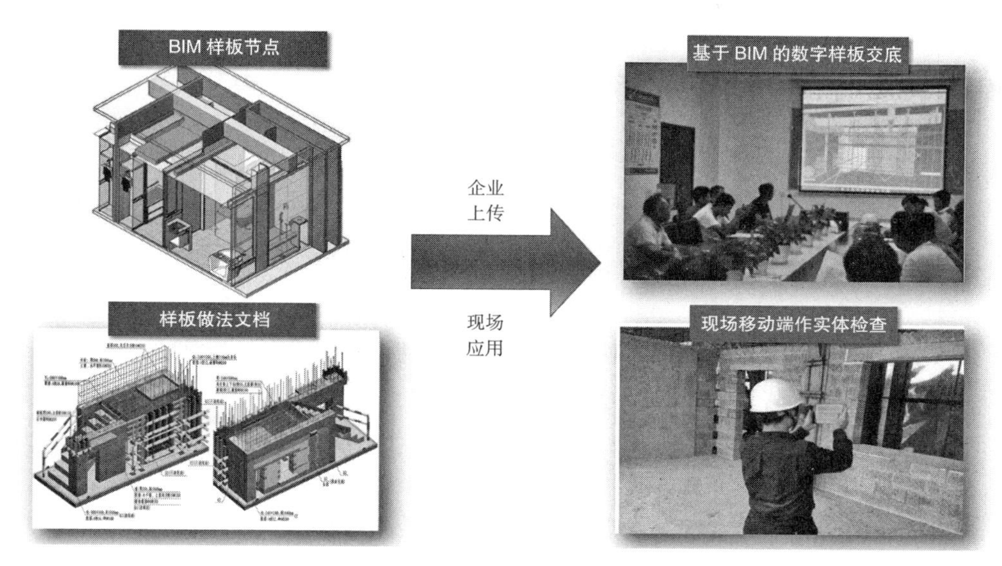


图 5–32　数字样板管理

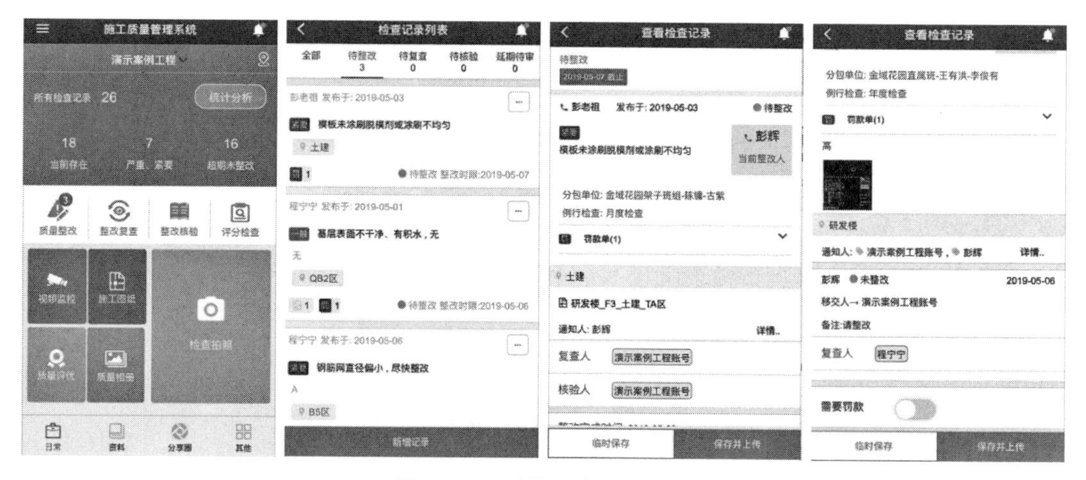


图 5–33　质量巡检功能示意

3. 工序验收管理

企业质量管理人员可以通过电脑端预设全局验收基础库，项目验收人员登录手机端快捷进行现场验收检查工作，验收的同时，所有的验收信息以及过程中发生的质量问题都会记录在系统中，方便问题整改的追踪，避免后期验收资料补录（图 5-34 ~ 图 5-36）。

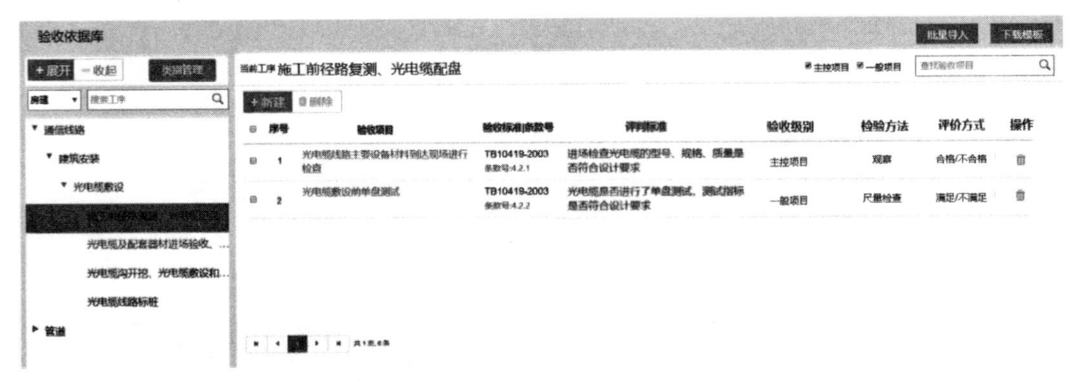


图 5-34 验收资料

图 5-35 现场验收功能示意

最近7天 | 最近1月 | 最近3月 | 最近1年 | 全部 | 统计日期 2019-04-09 至 2019-04-15

| 序号 | 公司名称 | 总项目数 | 已使用验收的项目数 | 已验收工序总数 | 合格数 | 不合格数 | 合格率 |
|---|---|---|---|---|---|---|---|
| 1 | 天津分公司 | 21 | 3 | 105 | 97 | 8 | 92.38% |
| 2 | 北京分公司 | 2 | 1 | 9 | 8 | 20 | 91.75% |
| 3 | 海外分公司 | 25 | 19 | 41 | 19 | 8 | 46.34% |

图 5-36 工序验收功能示意

4. 实测实量管理

支持利用移动端，结合电子图纸（BIM）数据，对完工工序依据质量验收标准进行现场实测实量，将测量验收数据实时在移动端进行记录，利用 IOT 相关技术，结合智能硬件设备，实现高效验收工作，通过移动设备实时记录的数据，系统能够反馈和统计分析，完成现场质量实测实量（图 5-37）。

5. 质量评优

可以通过质量管理系统进行项目质量工作评优，以激励做出优秀的施工工艺的分包单位或个人，奖励管理过程中的优秀管理行为人。过程评优记录可以在系统中快速

查阅，方便后续项目整体评价过程中的资料整理（图 5-38）。

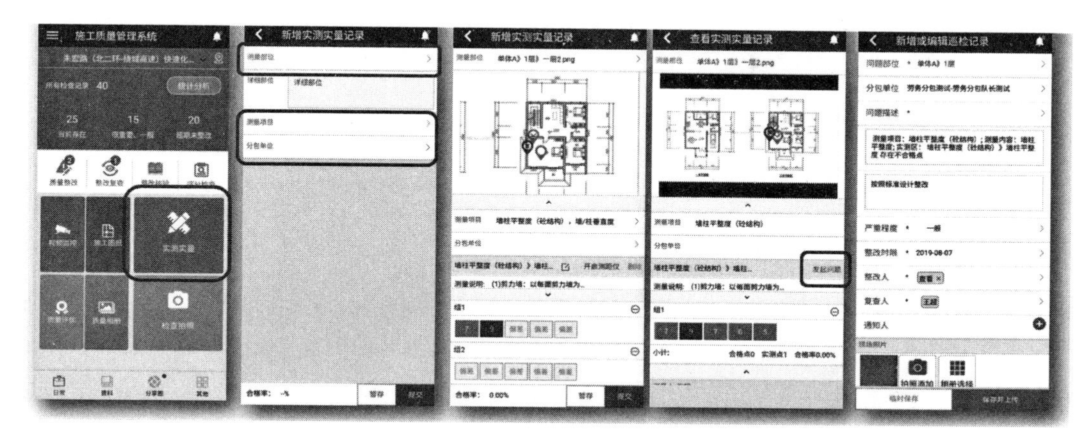


图 5–37　基于 BIM 的实测实量功能示意

图 5–38　质量评优功能示意

6. 质量资料管理

预设质量管理中需要用到的国家标准规范，对于企业内部积累的质量资料，也可以在系统中进行管理，全公司范围内共享，并且可以在手机端随时查找学习。支持将现行规范电子档和企业管理的相关标准文件上传到规范库中，项目人员在应用过程中，可以实时进行检索、浏览，提升一线作业人员的业务能力，通过标准规范库的应用满足现场人员对现场质量管理过程中现行规范应用的需求，支持在质量管理的过程中实时查看（图 5-39、图 5-40）。

7. 系统数据统计分析

辅助项目管理人员记录当日所有的质量管理活动，通过后台的大数据云计算快速处理，灵活提供多维度的统计分析及报表，减少整理工作过程记录的时间。帮助项目决策人员、企业管理人员快速了解当前项目质量管控情况（图 5-41、图 5-42）。

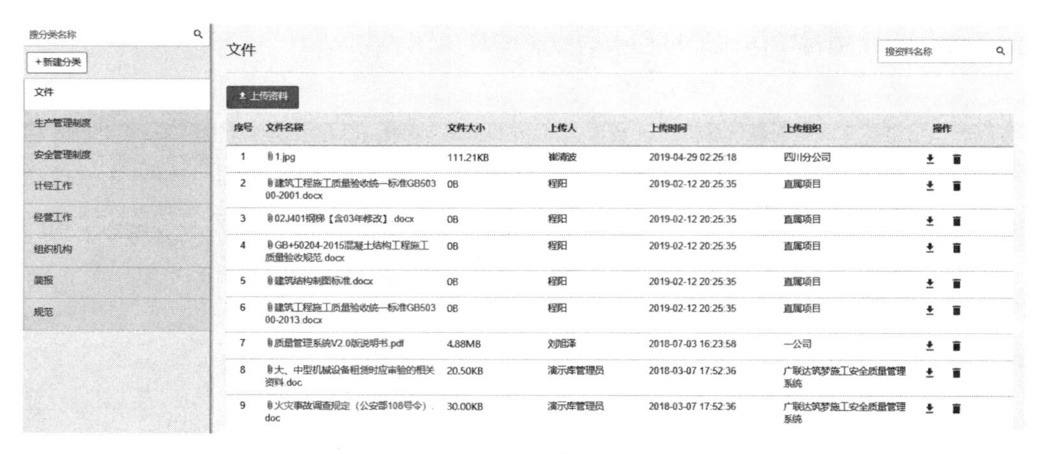


| 序号 | 文件名称 | 文件大小 | 上传人 | 上传时间 | 上传组织 | 操作 |
|---|---|---|---|---|---|---|
| 1 | 1.jpg | 111.21KB | 崔清波 | 2019-04-29 02:25:18 | 四川分公司 | |
| 2 | 建筑工程施工质量验收统一标准GB50300-2001.docx | 0B | 程阳 | 2019-02-12 20:25:35 | 直属项目 | |
| 3 | 02J401钢梯【含03年修改】.docx | 0B | 程阳 | 2019-02-12 20:25:35 | 直属项目 | |
| 4 | GB+50204-2015混凝土结构工程施工质量验收规范.docx | 0B | 程阳 | 2019-02-12 20:25:35 | 直属项目 | |
| 5 | 建筑结构制图标准.docx | 0B | 程阳 | 2019-02-12 20:25:35 | 直属项目 | |
| 6 | 建筑工程施工质量验收统一标准GB50300-2013.docx | 0B | 程阳 | 2019-02-12 20:25:35 | 直属项目 | |
| 7 | 质量管理系统V2.0版说明书.pdf | 4.88MB | 刘旭泽 | 2018-07-03 16:23:58 | 一公司 | |
| 8 | 大、中型机械设备租赁时应审验的相关资料.doc | 20.50KB | 演示库管理员 | 2018-03-07 17:52:36 | 广联达筑梦施工安全质量管理系统 | |
| 9 | 火灾事故调查规定（公安部108号令）.doc | 30.00KB | 演示库管理员 | 2018-03-07 17:52:36 | 广联达筑梦施工安全质量管理系统 | |

图 5–39　管理资料示意

图 5–40　质量资料现场查阅功能示意

图 5–41　APP 端统计分析

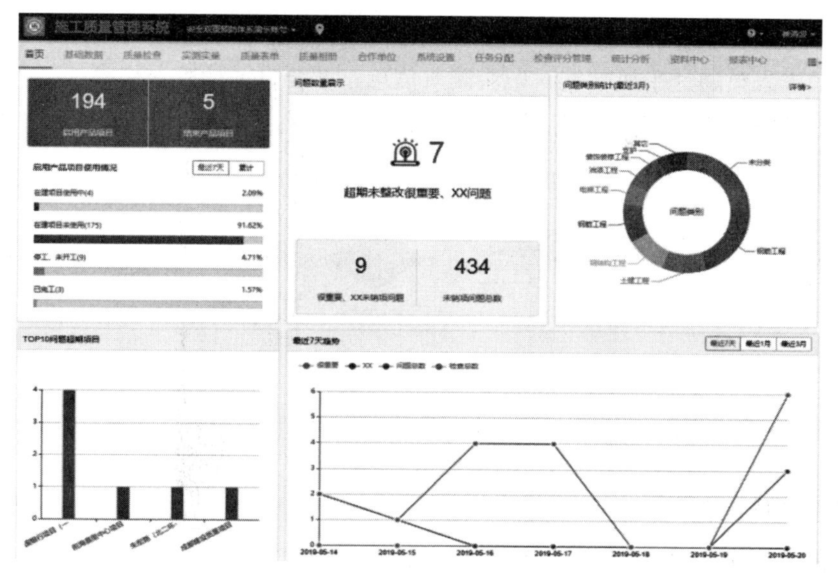


图 5-42　电脑端统计分析

## 5.6.3　质量管理系统应用流程

1. 质量巡检流程

现场质量员在例行检查过程中，通过手机针对质量问题直接拍照并填写质量问题内容、检查区域、责任人、整改期限、罚款金额等信息，填写完成后系统自动推送给相关整改人。整改人接到相关隐患整改通知后，对相关隐患进行整改，整改完成后将整改后照片拍照上传至系统，整改结果填写完成后系统自动推送给检查人进行复查。检查人在收到系统的复查提醒后，对现场质量问题进行复查，复查合格后将复查结果拍照上传至系统，工作闭合。当复查不合格时，可再次将整改任务推送给责任人去整改。当现场发生重大质量问题时，系统可自动推送给项目经理及企业相关负责人（图 5-43）。

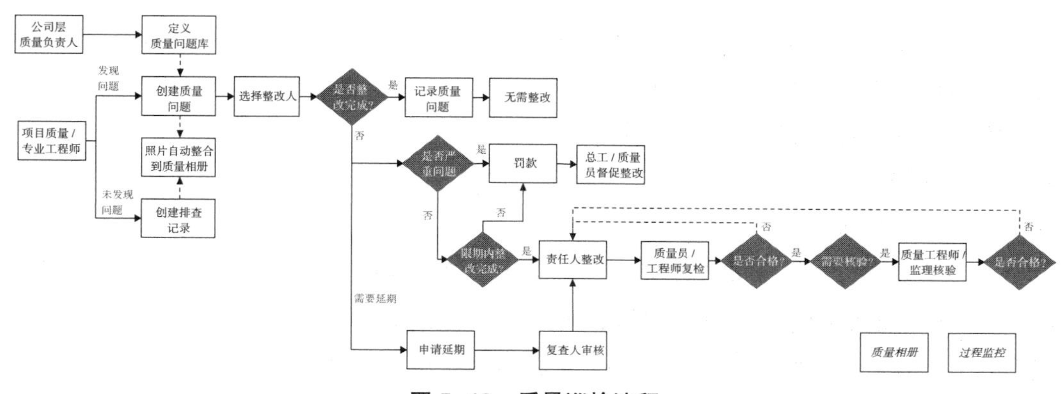


图 5-43　质量巡检流程

2. 实测实量流程

现场检查人员通过手机端实时记录测量信息，系统自动计算合格率，后台对测量结果按照工程类别、检查项目、部位等维度自动汇总统计，自动生成记录文档（图 5-44）。

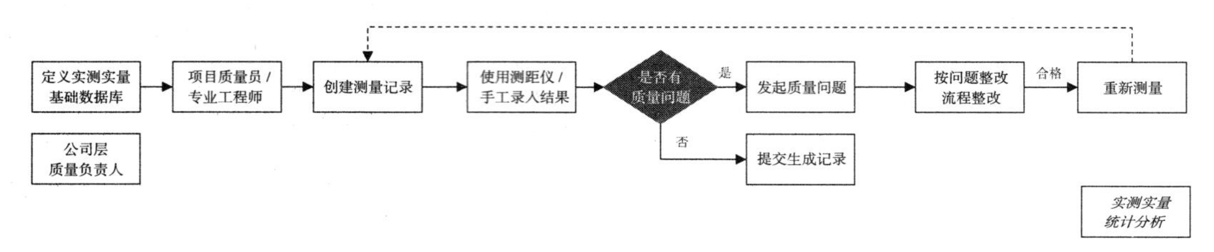


图 5-44　实测实量流程

3. 质量评优流程

项目部可以通过质量管理系统进行项目质量工作评优，以激励做出优秀的施工工艺的分包单位或个人，奖励管理过程中的优秀管理行为人。过程评优记录可以在系统中快速查阅，方便后续项目整体评价过程中的资料整理（图 5-45）。

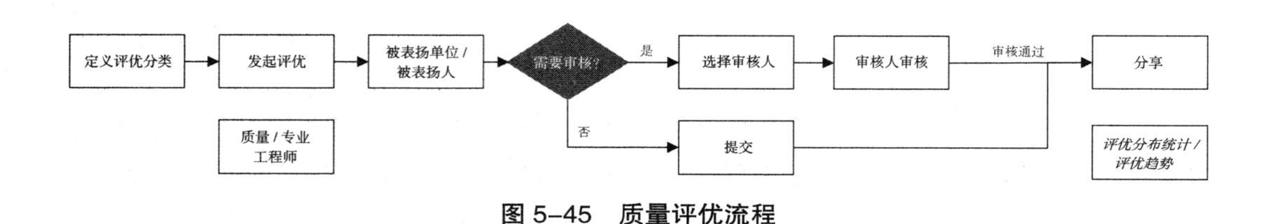


图 5-45　质量评优流程

## 5.7　安全管理系统

### 5.7.1　安全管理系统基本情况

安全管理是工程项目面临的最大问题，它关系着工程项目的适用性，更关系着人民群众的生命财产安全。施工安全管理系统依据业务特性、管理标准、责任分工进行设计，均是围绕施工项目现场管理业务，保障一线业务管理的有效落地。

安全管理系统采用移动办公、物联网等技术手段，固化企业管控流程，支持企业进行风险分级管控与隐患排查治理双体系，实现安全管控过程可预警、结果可分析，确保管理制度落地。

当今的互联网时代随着 5G 的应用、AI 技术的快速发展，智能化时代正在来临。传统建筑行业低效的生产方式也将被新技术所替代，这会是一场生产力的革命。当然，现在的施工安全管理将会面临巨大的变革，将来的施工安全管理系统会大大缩短人力投入，安全管理的工作效率也将快速提升（表 5-5）。

安全管理系统常用软件　　表5-5

| 软件名称 | 产品说明 |
| --- | --- |
| 广联达施工安全管理系统 | （1）为企业搭建风险分级管控与隐患排查治理双体系安全管控平台。采用移动办公、物联网等技术手段，让系统易学、易用、易推广。固化企业管控流程，实现过程可预警、结果可分析，确保管理制度落地。<br>（2）系统提供隐患排查治理、风险分级管控、危大工程管理、企业评分检查、安全资料管理、管理数据应用、安全智能化监控等功能。<br>（3）广联达还具有VR安全教育的模块功能，让建筑工人实现沉浸式的交互体验方式 |
| 伯大瑞尔 | （1）系统管理：用户管理、角色管理、机构管理、机构角色、机构项目。<br>（2）项目管理：按片区查询、按风险专业查询、按工程类型查询。<br>（3）隐患排查治理：按频次排查并在电脑端提交排查隐患或者记录、申请整改延期。<br>（4）考核管理：请假申请和审批、个人得分、单位得分、得分排名。<br>（5）查询统计：查询生成统计报表。<br>（6）移动端：待办、排查记录、个人隐患、单位隐患、得分排名、隐患统计 |
| 建科研 | （1）Web端提供协同管理平台，平台功能有：安全检查、安全验收；有驾驶舱的功能。<br>（2）手机端提供多种APP，每个APP有单独的业务，比如：安全检查APP、安全验收APP、建设标准通APP |
| 中建用友 | 主要是针对设备的管理：对于设备的进场、验收、安装监督，以及设备的日常检查、设备结算等功能 |
| 华筑 | （1）根据风险评价指南录入项目重大危险源，系统自动生成监管任务，安全员定期完成巡查工作，记录巡视情况。<br>（2）增加安全条件检查的专业性（针对不同条件检查类型配置验收内容指导表）、便捷性（APP申请作业许可，现场移动验收），且自动生成作业检查任务，现场照片水印留存，后台可打印安全验收资料。<br>（3）现场安全包括隐患排查、重大危险源、安全作业、安全验收、平面图分析，实现安全管理业务在线化协同，过程资料电子化 |
| 青铜安全医生 | 施工安全管理、隐患排查、检查评分、安全培训、VR教育 |

### 5.7.2　安全管理系统主要功能

1. 安全教育

施工现场的安全教育是安全管理工作的重要环节，安全教育管理系统应满足施工现场劳务工人教育培训、考核、登记入场等相关要求。系统采用新颖、高效的教育方式，方便、简易的考核登记模式，满足教育培训资料快速生成，最大程度地适应施工现场的安全教育模式。

2. 危险源管理

通过信息化的方式对危险源执行四位一体的管理流程体系，即危险源的辨识、告知、监控、反馈。由移动端进行危险源的排查，相应的数据会及时返回到桌面端进行分析。系统配置全面、专业的危险源库，企业可以根据企业性质维护危险源库。项目层可从企业库中导入危险源，亦可根据项目性质自行添加此项目的危险源，建立项目的危险源台账，用于危险源的辨识和统计。

3. 风险分级管控

施工现场为了推动安全生产关口前移，对施工现场的安全管理工作实现精细化管理，各地强调采用风险分级管控措施。通过信息化技术为施工企业搭建风险分级管控和隐患排查治理的双重预防体系平台。

风险分级管控系统一般采用云服务架构，通过桌面端建立企业的风险清单库，项目部对存在的相应风险进行辨识、评估，最后执行风险分级管控（图 5-46）。

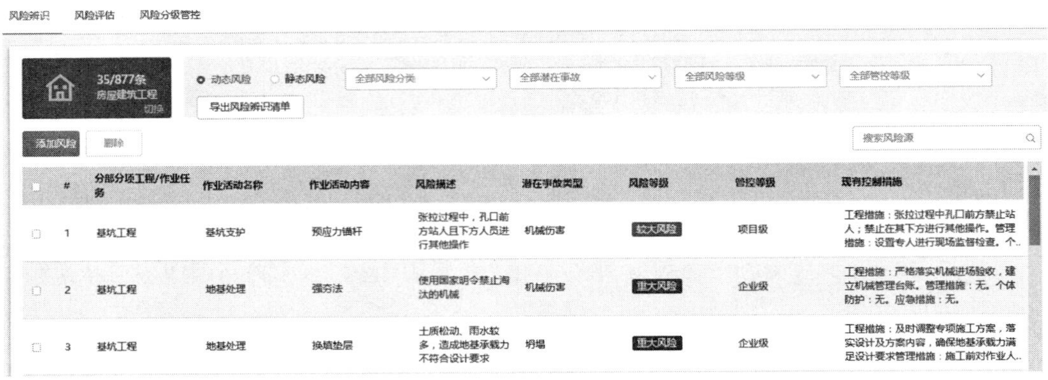

风险辨识
风险评估
风险分级管控
35/877条
房屋建筑工程
切换
动态风险
静态风险
全部风险分类
全部潜在事故
全部风险等级
全部管控等级
导出风险辨识清单
添加风险
删除
搜索风险源
#
分部分项工程/作业任务
作业活动名称
作业活动内容
风险描述
潜在事故类型
风险等级
管控等级
现有控制措施
1
基坑工程
基坑支护
预应力锚杆
张拉过程中，孔口前方站人且下方人员进行其他操作
机械伤害
较大风险
项目级
工程措施：张拉过程中孔口前方禁止站人；禁止在其下方进行其他操作。管理措施：设置专人进行现场监督检查。个..
2
基坑工程
地基处理
强夯法
使用国家明令禁止淘汰的机械
机械伤害
重大风险
企业级
工程措施：严格落实机械进场验收，建立机械管理台账。管理措施：无。个体防护：无。应急措施：无。
3
基坑工程
地基处理
换填垫层
土质松动、雨水较多，造成地基承载力不符合设计要求
坍塌
重大风险
企业级
工程措施：及时调整专项施工方案，落实设计及方案内容，确保地基承载力满足设计要求管理措施：施工前对作业人..


图 5–46　风险分级管控

4. 隐患排查治理

利用移动端设备，在现场巡查的过程中，对发现的隐患进行实时拍照或视频采证，及时发起隐患整改，通知整改相关人，在整改人完成整改以后，进行拍照或视频采证，提交发起人进行验收，对于重大隐患可以直接推送到主要管理人员，以提升隐患治理的效率，提升隐患治理的实效性。

5. 安全检查

根据数据分析，对高发性、共性的安全隐患发起专项检查，可以指定检查表格，指定检查计划，也可以按照管理要求进行检查评分等相关业务，进一步提升安全管理的有效落地。

6. 隐患库管理

在系统中进行隐患库的维护，不断地丰富隐患库，支持现场应用，将隐患库和相关法规、整改方案等进行关联，实现系统应用的智能化。

7. 危大工程管理

根据施工特点和性质对危大工程的范围和具体的管控任务进行完善和丰富，项目上可通过系统直接判断出危大工程的规模和具体的管控任务要求，同时项目部识别重大危险源和危大工程后，系统上报给上级单位，由上级单位识别重点监控项目及危大工程，系统逐级上报至集团，集团自行设定重点监控项目，危大工程管理过程中出现

隐患后自动上报给上级单位，集团重点监控项目出现隐患后自动通知集团及所属各级单位（图 5-47）。

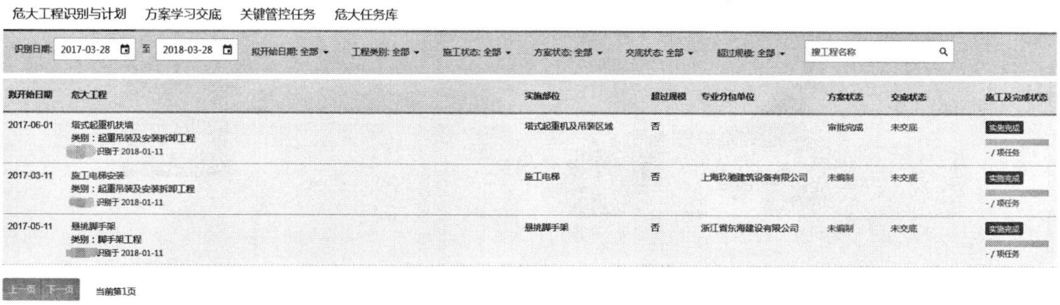

危大工程识别与计划　方案学习交底　关键管控任务　危大任务库

识别日期: 2017-03-28 至 2018-03-28　拟开始日期: 全部　工程类别: 全部　施工状态: 全部　方案状态: 全部　交底状态: 全部　超过规模: 全部　搜工程名称

| 拟开始日期 | 危大工程 | 实施部位 | 超过规模 | 专业分包单位 | 方案状态 | 交底状态 | 施工及完成状态 |
|---|---|---|---|---|---|---|---|
| 2017-06-01 | 塔式起重机扶墙<br>类别：起重吊装及安装拆卸工程<br>识别于 2018-01-11 | 塔式起重机及吊装区域 | 否 | | 审批完成 | 未交底 | 实施完成<br>- / 项任务 |
| 2017-03-11 | 施工电梯安装<br>类别：起重吊装及安装拆卸工程<br>识别于 2018-01-11 | 施工电梯 | 否 | 上海玖驰建筑设备有限公司 | 未编制 | 未交底 | 实施完成<br>- / 项任务 |
| 2017-05-11 | 悬挑脚手架<br>类别：脚手架工程<br>识别于 2018-01-11 | 悬挑脚手架 | 否 | 浙江省东海建设有限公司 | 未编制 | 未交底 | 实施完成<br>- / 项任务 |

上一页 下一页　当前第1页

图 5–47　危大工程管理

8. 机械设备安全管理

为了满足施工项目现场对大型机械设备的管理，防止因为机械设备的问题造成重大的安全事故，机械设备管理系统以设备安全监测、能耗监测、设备维修、故障自检、设备履历为核心，可以让施工单位及租赁公司落地使用。

9. 标准规范库查阅

将现行规范电子档和企业管理的相关标准文件上传到规范库中，项目人员在应用过程中，可以实时进行检索、浏览，提升一线作业人员的业务能力，也推进相关标准制度的执行落地。

10. 系统数据统计分析

按照管理诉求，业务分析要求，制定不同的统计分析维度，通过移动端、桌面端进行展示，满足现场生产例会、安全专项检查会议等相关业务场景的需要。安全业务需要对过程资料进行留档备查，部分资料需要相关责任人进行签字确认，系统需要依据现场业务提供报表支持，满足现场需要。

### 5.7.3　安全管理系统应用流程

1. 安全巡检流程

安全员检查发现问题后通知责任人，责任人进行整改，整改完成后安全员进行复查，复查合格后问题关闭，复查不合格，回到责任人继续进行整改，整改完成后再复查。直到问题合格，完成管理闭环（图 5-48）。

2. 风险分级管控流程

策划与准备：企业层、项目层上传、展示双体系建设组织架构、制度文件、体系文件、培训档案记录、奖惩记录等资料文件。

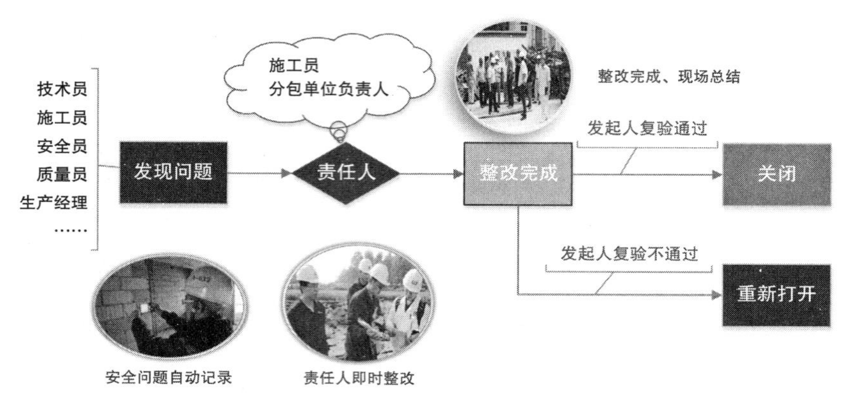


图 5-48 安全巡检流程

风险清单数据库：内置行业专家共同制定的风险清单数据库。

风险辨识：项目可从数据库中根据分部分项选择风险清单，一键确定本项目存在的风险点，并实现对各风险点危险源的辨识与分析，提高风险辨识效率。完成后可直接导出风险点清单。

风险评估：内置 LECD、LSR 风险评估方法计算器，选择风险清单后系统可自动评估，同时支持项目进行修改，完成后可导出风险评价记录表。

风险分级管控：根据重大、较大、一般、低风险等级对应不同管控级别，内置数据库可对每条风险自动生成对应的管控措施，同时支持对管控措施进行修改补充。完成后可导出风险分级管控清单、风险控制措施评审记录表、重大风险管控统计表。

隐患排查计划：项目层针对每一条风险设置排查时间、排查范围、排查类型，完成隐患排查计划的制订，相关责任人手机端在隐患排查待办列表中将收到隐患排查任务，以便按照隐患排查待办任务实施开展隐患排查治理工作。完成后可直接导出隐患排查清单表、隐患排查计划表。

隐患排查治理：安全人员手机端收到隐患排查计划推送，查看隐患排查待办事项，并到现场对应区域进行隐患排查。在隐患排查过程中，未发现问题则勾选合格，留存排查记录。发现安全隐患后，通过手机端拍照快速记录检查情况，根据实际情况选择责任区域、分包单位、安全问题、紧急级别、整改时限、整改人、通知人、其他说明等信息，记录现场安全隐患情况后，发送责任人进行整改。

整改完成后，根据整改结果，检查人自动接收到待复查任务，进行复查后，拍照说明本次检查隐患整改完成，复查合格，形成安全闭环管理。当复查内容不合格时，在复查结果选择“不合格”后保存上传，系统会将复查不合格内容再次通知整改人进行整改（图 5-49）。

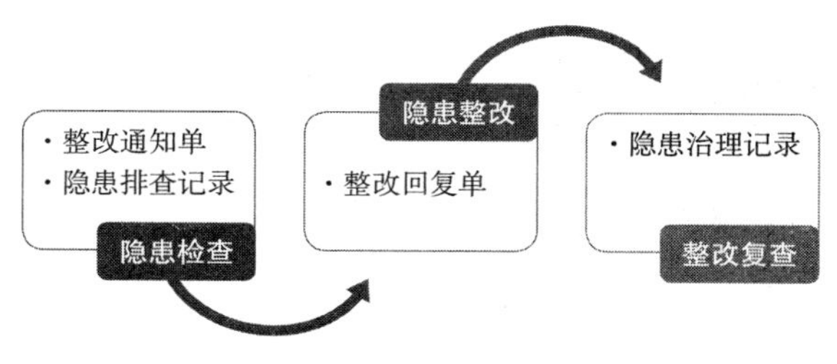


图 5–49　隐患排查治理流程

3. 危大工程管理

满足《危险性较大的分部分项工程安全管理规定》(住房和城乡建设部令第 37 号)中对危大工程的管控要求，提供危大工程管控任务库，分级交底学习，自动推送管控任务，通过手机端完成管控任务，自动生成危大工程台账，实现对危大工程的实时动态监控。

## 5.8　与施工环境管理相关系统

### 5.8.1　与施工环境管理相关系统基本情况

与施工环境管理相关的系统是指通过智能化手段强化对施工现场环境的科学管控，节约能源，保护生态环境，推动形成施工现场环境绿色管控模式的相关系统。系统从绿色施工的角度出发，利用物联网、BIM、移动互联网等信息化手段，通过对影响施工环境的要素信息进行自动采集、集中监控、动态归集与预警分析，实时把握现场扬尘噪声、固态废弃物、场地布置、能源、水环境等影响绿色生态环境的关键信息，实现资源的最佳匹配，优化施工组织管理，改善环境。

与施工环境管理相关的系统能够对工程项目实施动态控制和精细化管理，提高绿色施工管理水平和效率，其应用能大大减少绿色施工数据采集的人员成本，并有助于形成规范的绿色施工评价体系，且可提高各级部门对现场环境管理的监管水平，一般采用云 + 端方式对系统进行部署。各系统由物联网数据采集端、云平台、移动客户端、PC 端四部分组成。通过物联网数据采集端的设备将环境监管数据上传到云平台进行存储，通过云平台把环境状态、故障报警、统计分析等信息展示给用户，用户可在 PC 端及移动客户端查询环境监管信息，远程控制物联网设备，实现智能化管理(图 5-50)。

### 5.8.2　与施工环境相关管理系统主要功能

1. 扬尘监测与自动喷淋子系统

本系统的使用主体可为政府行政监管部门、企业总部或项目部，用于对扬尘的实时监控。

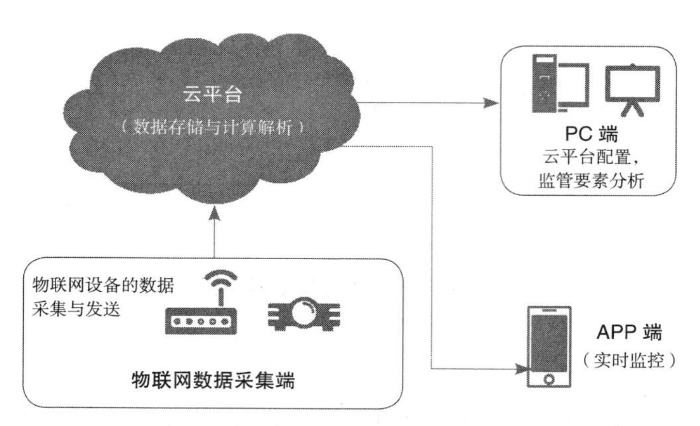


图 5–50　与施工环境管理相关的系统部署方式

系统采用空气质量参数测试仪、雾炮等粉尘监测及降尘喷淋硬件设备，通过硬件集成设计与软件开发，实现施工全过程扬尘的实时动态采集及自动远程监测预警。再与自动喷淋及预警设施结合，若某区域扬尘超过警戒阈值，智能系统会报警提示（平台和移动端），并通过物联网系统自动开启高压喷雾除尘装置，喷淋水通过下水管道进入沉淀池循环使用。

扬尘监测与自动喷淋系统的主要功能：

（1）数据上传：扬尘监测设备上传数据后，系统提供在线监测功能，对工地现场的 PM2.5、PM10、温度、湿度、风速、风向等参数进行自动化监测，系统对各参数提供曲线分析、超标计算、超标处理等功能。

（2）预警分析：系统可将监测到的扬尘数据与监管部门设定的警戒值自动对比，如果超出警戒值提供预警功能，系统直观展示，推送预警信息给手机客户端，并自动启动喷淋设备降尘。

（3）数据收集与统计：系统可对监测结果进行统计分析，按周期形成扬尘记录表，统计喷水量，并通过可视化模型实时动态查询各个监测点的扬尘监测数据。

（4）远程监控：利用 BIM + 手机 APP 移动终端技术，通过手机端直观查看施工现场环境监测数据，并可通过手机启动或关闭喷淋设备和高压喷雾除尘装置。

2. 建筑固态废弃物监管系统

本系统的使用主体多为政府行政监管部门，用于对渣土等施工固态废弃物的实时监控。以建筑渣土处理业务为核心，通过互联网、物联网、云服务、大数据等技术，实时掌握建筑废弃物（渣土等）排放、运输、中转、受纳的利用情况，对渣土进行全流程、全方位、全天时、全天候的智慧监管。

建筑固态废弃物监管子系统的主要功能：

（1）资质管理：从政府监管角度，对渣土处理涉及的企业、车辆、工地、渣土消纳归集地点进行备案，对渣土处理涉及的安全证、处置证、准运证、通行证进行统一备案管理。

（2）源头监管：通过施工现场的视频监控以及安装 RFID 芯片的运输车辆的智能识别，对施工现场的作业动态、运输车辆的合规性、车容车貌、超高超载等渣土生产源头进行可视化监管，并形成固体废弃物总量、回收利用量、出场量记录。

（3）运输过程监管：对车辆清运路线进行在线监控，可进行违规倾倒报警管理、车辆超载监控管理和作业 GPS 轨迹管理，并对异常作业问题进行在线预警。车辆超过核定载重和在非产生点、消纳点、处置点重量发生骤降情况可触发报警。

（4）终端监管：与建筑垃圾归集点、消纳点等渣土处置终端的视频监控联动，并可读取运输车辆读卡信息、称重数据信息。

（5）公众参与管理：建筑垃圾产生、运输、处置等信息可通过手机 APP 公开查阅，系统有投诉页面，公众可对违法行为随时进行举报。

3. 基于 BIM 技术的施工场地布置系统

本系统的使用主体为施工现场项目部，用于现场场地的合理布置。采用 BIM 技术对施工区域的划分、施工通道布置、临时水电布置、现场生产设施、现场生活办公区等内容，按照文明施工、安全生产的要求，进行科学规划。

基于 BIM 技术的施工场地布置子系统的主要功能：

（1）BIM 安全文明施工设施库：企业借助 BIM 技术对施工场地的安全文明施工设施进行建模，并进行尺寸、材料等相关信息的标注，形成统一的安全文明施工设施库。为企业的施工现场布置提供可视化标准参照，有利于快速建模，通过设施库构件属性的合理定义，为绿色施工要素分析、场布设施成本分析提供标准的模型载体。

（2）施工设施合理布置：在软件内设置施工机械进场路径，对施工机械进退场路径进行可视化展示，通过 BIM 模拟对施工机械走行过程中与周边物体发生碰撞冲突的位置亮显标识，提示冲突出现的位置，辅助施工组织设计的论证与审查；对施工现场总平面布置模型进行漫游浏览，可选择设备和场地，进行相互间的直接或间接位置冲突检测，例如检查施工机械设备与材料堆放场地的距离是否合理、临时水电布置是否与机械设备的布置发生冲突等，发现危险源。

（3）施工场地布置工程量汇总分析：场地布置完成后，对设施模型进行工程量汇总并以报表的形式显示，形成真实、可靠的工程量报表。自动生成资产使用信息库，将使用的材料设备等记录在案。

（4）绿色施工用地评价：基于 BIM 模型自动统计出现场交通面积比例、绿化面积比例、办公面积比例。为不同的场地布置方案自动提供绿色施工节地评价数据。

4. 现场节水与水资源利用监测系统

本系统的使用主体可为企业总部或项目部，用于对现场施工水资源利用的实时监管。根据施工现场情况分别对施工区、生活区、办公区安装智能水表，在蓄水池、排水池安装水位传感器，在污水排放地点安装污水流量计，实时监测用水、雨水循环以及废水排放情况，采用 BIM、移动 APP、云计算等信息化手段，对采集的数据进行综合监控分析，可帮助项目掌握不同类型用水的合理需求，促进雨水的循环利用，有效控制污水的排放。

现场节水与水资源利用监测子系统主要功能：

（1）雨水收集智能控制：现场设置蓄水池与排水池，蓄水池用于收集地下水及雨水，排水池通过排水阀与蓄水池相连，由传感器控制排水开关。设置传感器实时监控水量，通过屏幕实时显示监测水量。在 BIM 模型中显示雨水收集池以及雨水过滤装备的位置，显示并监测池中剩余的水量。

（2）用水智能管理：在 BIM 模型中显示水表及管线走向位置。通过智能水表读取生产区、生活区、施工区、雨水收集（道路、绿化）用水数据，传输到项目或企业的数据库存储，及时对施工现场、生活区、办公区的用水量按季节、人员进行计算，与用水指标进行对比分析，发现异常及时报警。

（3）废水排放智能管理：在 BIM 模型中显示废水排放管道以及施工生活用水排放口监测点位置，对废水流量、水质数据汇总输出，多维统计，智能监测。设有报警装置，当污水排放量即将超标或超标时自动触发，通过手机和 PC 端提醒现场人员。

5. 现场用电监测系统

本系统的使用主体可为企业总部或项目部，用于对现场施工用电的实时监管。根据施工现场的用电需求，合理布置智能电表并根据施工现场情况，分别对施工区、生活区、办公区通过数据采集器进行采集及分析，对建筑施工全过程用电量、用水量进行实时监控。

现场用电监测子系统主要功能：

（1）用电数据采集：通过智能电表自动采集用电量，利用内置 IC 卡与无线采集器回传数据，含主要施工设备用电、主要机具用电、办公区用电以及生活区用电。对太阳能、风能、空气能等再生能源的设备，配备独立智能电表计数。

（2）可视化展示与实时监控：在 BIM 模型中显示智能电表以及管路的位置。在 BIM 模型中显示太阳能路灯、空气能热水器等节能设备的位置，实时显示各个电表的数值，直观掌握现场临电布置及用电实时情况。

（3）用电分析：通过曲线图、矩形图等多种形式多维度实时统计各用电设备用电量，例如按用电周期、按用电区域、按用电类型等。自动统计并形成施工现场耗电指标（按每万元产值）、生活区办公区耗电指标（按人均）。当用电超指标时进行预警提示，并通过手机和 PC 端提醒现场人员，在场地耗电量超过一定阈值时，报警询问是否断电。

6. 集成管控平台

使用主体可为企业总部或项目部，用于对各施工环境管理相关系统的集成管理。

集成管控平台主要功能：

（1）用户集成：可以对系统用户划分角色并按角色对用户进行分组，且按照角色统一对上述六个业务子系统的用户进行授权配置，对用户授权集中管控。

（2）集成化展示与监控：把业务子系统所采集的历史数据、实时数据、汇总报表、预警信息等，以地域特征、企业特征、项目特征、环境监控要素特征等多种维度，通过集成化的界面在 BIM 模型和 GIS 地图中可视化直观地汇总展示，辅助进行整体性的关联分析。

（3）绿色施工综合评价：可按照国家、地域以及企业的绿色施工评价要求定制模版，基于模版填写绿色施工评价基准值，并从施工环境管理相关系统中自动抽取相对应的实时信息，生成对比报表，超限值触发预警。

## 5.9　进度管理系统

### 5.9.1　进度管理系统基本情况

进度管理一般分为三个阶段：施工进度计划阶段、施工进度实施阶段和施工进度控制阶段。施工进度计划编制部分可参考进度计划编排软件的内容。进度管理系统核心聚焦在进度实施和控制阶段，实现进度的动态管控。

现代进度管理系统主要通过标准化的构件定义、合理的资源分配、动态的任务反馈、清晰的数据流转、科学的进度对比等数字化结合模型的技术手段，实现项目多专业、多参与方的施工任务协同，并通过快捷的信息反馈机制，以数据、图形等形式动态化呈现施工现场的生产状态，提供管理层多维度信息，辅助项目管控和高效决策，实现施工进度的精益、高效管理。

根据项目日常生产管理的特性，施工员在作业一线进行跟踪管理，为了便于进度跟踪及相关信息查阅，一般采用 APP 应用程序在移动端设备实现。跟踪的信息可在 Web 网页端进行汇集和展示，实现生产信息的实时共享以及相关数据的输出应用。部分进度管理信息化系统，可实现进度信息与 BIM 模型相结合的展示方式，BIM 模型呈现出与施工现场实体进度一致的信息。常规为 APP 移动端 +Web 网页端应用模式，部分系统可支持 APP 移动端 +Web 网页端 +PC 端应用模式。

### 5.9.2　进度管理信息化系统主要功能

进度管理信息化系统，以周计划任务的调取分派、跟踪反馈为核心流程，通过周任务的完成时间逐级向月计划和总计划返回，实现各级计划联动机制，通过生产周会对实现计划闭环管理，以下级计划保障上级计划，达到施工总体进度的动态掌控目的。同时，过程跟踪信息在云端完整储存，并能够快速输出相关数据报表（如：周计划、施工周报、施工日志等报表资料)，实现将传统业务管理方式替代(图 5-51)。

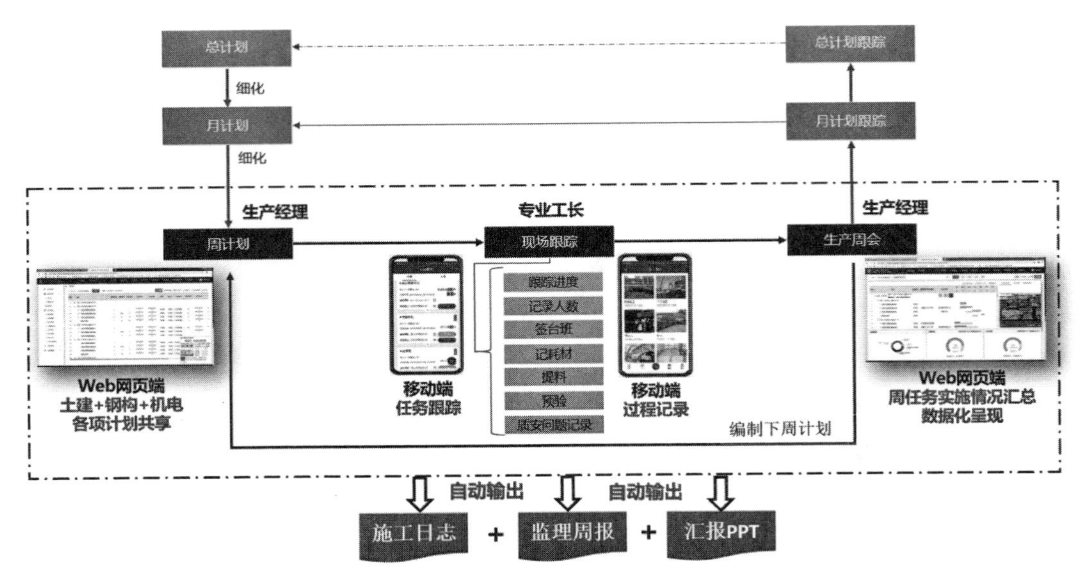


图 5-51 施工进度管理系统核心业务功能示意图

1. 施工任务结构拆解

原始的进度管理过程中会划分施工区域和流水段，但并没有进一步拆解到详细工序任务上，并附带相应的所需资源的程度。如果施工前能够进一步细化工序，施工管理过程中将会有很大的应用价值，这种方式也将是实现精细化管理的主要路径。具体拆解方式如下：

建议由项目技术人员根据项目图纸及施组部署，按照单体—专业—楼层—流水段(或其他自定义字段)进行 WBS 施工任务结构的拆解，可以随着分部分项工程进展的情况逐步细化，拆解的目的是为了数据的结构化，也是精细化管理的必备方式。根据拆解的最小单元，进行针对性的任务安排，并针对每一项任务附带相应的工程量表、技术方案、规范图集、设计变更等相关资料(例如：3 号楼 1 层 A 流水段——墙柱钢筋绑扎的任务，附件：①钢筋 HPB400 7.5t(可从 BIM 模型中提取)；②建议 8 名钢筋工绑扎 10h；③钢筋作业指导书、细部节点图；④涉及该区域的规范图集内容；⑤安全注意事项等)，后续安排该项施工任务时，现场管理人员可以在需要的时候，随时获取相关信息，帮助其更好地指导和管控生产(图 5-52)。

2. 生产任务调取派分

原始计划编制完成后进行下发，而任务实际执行的时间难以反馈，无法作进一步的分析。进度管理信息化系统，可以让项目生产经理或计划专员在网页端快速编制生产任务，并指定相关的生产责任人或分包进行任务跟踪，责任人对现场跟踪计划执行

情况进行信息反馈。在施工任务拆解比较细致的情况下，编制计划或安排生产任务将是极为简单的一个过程，可以通过快速勾选已拆分好的施工任务项，根据现场实际情况，作任务的计划时间安排即可，与此同时将任务指定给相应的责任人及责任分包进行任务跟踪（图 5-53）。

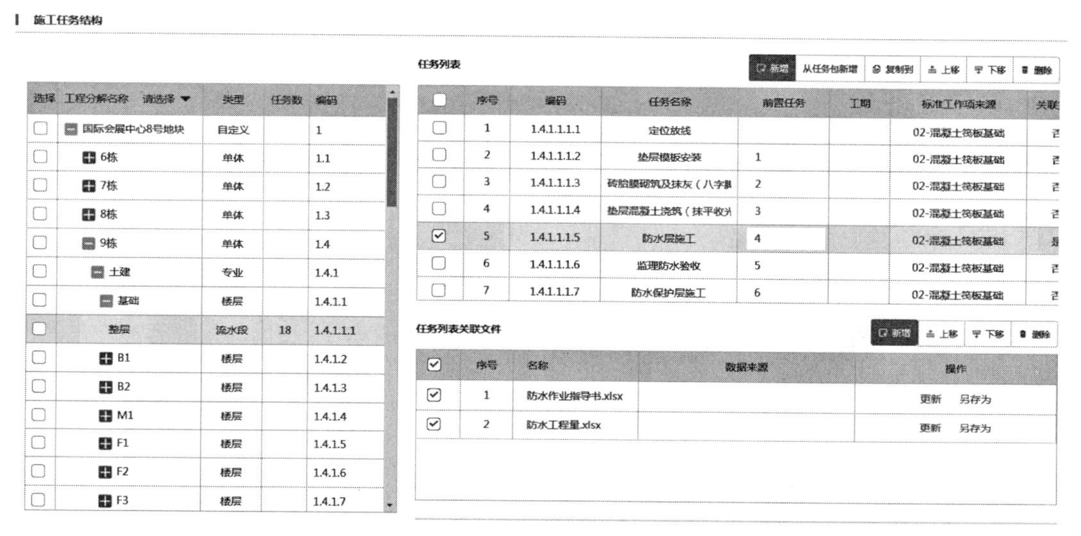


图 5–52　施工任务结构拆解（资源匹配）功能示意

图 5–53　任务快速生成功能示意

3. 生产任务跟踪反馈

在常规项目管理中，项目生产任务反馈主要通过口头或电话方式传递，无法实现过程数据积累，不能为项目进一步分析提供支持。进度管理信息化系统可以通过过程跟踪产生的记录辅助项目进行精益管理，同时将过程数据生成项目所需的日常报表。

在生产管理中，每一项生产任务都要在“人、机、料、法、环”各要素相互协同之下，才可以顺利地进行。而往往某项施工任务的中断，就是因为其中某一个要素脱节所导致。需要达到精细化生产管理状态，就需要对实施的任务进行过程的跟踪和记录，分析其中的问题所在，提前规避风险。常规情况下，每个管理人员用笔记录下跟自己相关的生产内容，因为没有统一的数据通道，要实现数据的汇总分析往往比较困难。在进度管理系统中，每个人通过移动端跟踪自己的生产情况，最终相关生产要素会自动进行汇总分析，进而掌握项目整体的生产信息（图 5-54）。（例如：每个工长记录自己管辖区域的零星用工或机械台班情况，系统会自动汇总当日的总体数据，预算员根据汇总信息进行相关费用核算，让相关的工作协同起来，避免积压导致后期与分包出现争议。）

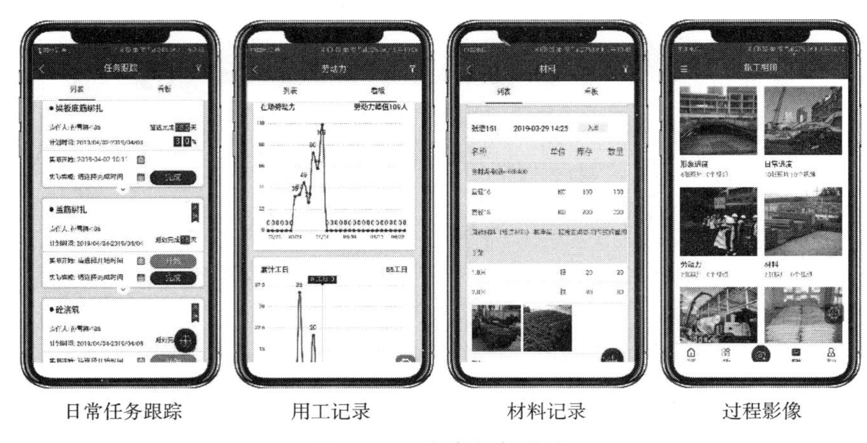


**图 5–54　生产任务跟踪**

常规进度管理中，施工计划往往是对未来的时间作安排，对于任务执行的实际时间却很少记录，后续难以分析进度的偏差影响点在哪儿，对后续哪些施工内容有影响。如果实现各级计划的联动，通过跟踪任务的执行情况，逐级向上级计划反馈，即可动态地掌控总计划执行状态（图 5-55）。

4. 生产进度信息呈现

项目通过进度管理信息化系统，在召开项目例会时，信息投影在屏幕上，可以帮助所有参建方迅速达成共识。编制的周计划在结束日期进行总结，是一个十分必要的环节，只有在短周期里不断地总结，才能规避大的进度风险。在移动端跟踪了一周的任务情况，在召开项目周会时不需要过多地准备，通过网页端即可快速总结一周的生产信息，避免因信息不对等与相关参建单位产生过多的争议。根据过程跟踪数据进行分析和快速决策，可以大大提高开会效率，同时在会后可以自动输出项目周报及 PPT 相关文件，为管理人员节约时间（图 5-56）。

总计划

| 序号 | | 任务名称 | 工期 | 计划开始 | 计划完成 | 实际开始 | 实际完成 | 前置任务 | 关联部位 |
|---|---|---|---|---|---|---|---|---|---|
| 1 | | B区施工总进度计划 | 300 | 2017-06-28 | 2017-08-20 | 2017-06-28 | 2017-08-20 | | |
| 2 | | +0.00米以下基础施工 | 54 | 2017-06-28 | 2017-08-20 | 2017-06-28 | 2017-08-20 | | |
| 3 | | 1号楼基础钢筋 / 模板 / 混凝土 | 54 | 2017-06-28 | 2017-08-20 | 2017-06-28 | 2017-08-20 | | 1.1楼 |
| 4 | | 2号楼基础钢筋 / 模板 / 混凝土 | 30 | 2017-08-21 | 2018-06-20 | 2017-08-21 | 2018-06-20 | | 2.1 |
| 5 | | +0.00米以上机构施工 | 160 | 2017-08-21 | 2018-06-20 | 2017-08-21 | 2018-06-20 | | |

1、将总计划细化到每月

月计划

| 序号 | 任务名称 | 工期 | 计划开始 | 计划完成 | 实际开始 | 实际完成 | 前置任务 | 关联部位 |
|---|---|---|---|---|---|---|---|---|
| 1 | +0.00米以下基础施工 | 54 | 2017-06-28 | 2017-08-20 | 2016-11-01 | 2016-11-15 | | |
| 2 | 1号楼基础钢筋 | 54 | 2017-06-28 | 2017-08-20 | 2016-11-01 | 2016-11-15 | | 1.1 |
| 3 | 1号楼底板模板 | 30 | 2017-08-21 | 2018-06-20 | 2016-11-01 | 2016-11-15 | | |
| 4 | 1号楼底板砼浇筑 | 20 | 2017-08-21 | 2018-06-20 | 2016-11-01 | 2016-11-15 | 3 | 1.2 |
| 5 | 2号楼基础钢筋 | 56 | 2017-11-10 | 2018-07-30 | 2016-11-01 | 2016-11-15 | | |
| 6 | 2号楼底板模板 | 24 | 2017-06-28 | 2017-08-20 | 2016-11-01 | 2016-11-15 | | 1.1 |

2、将月计划落实到每周

周计划

| 任务名称 | 详情 | 任务状态 | 偏差天数 | 计划开始 | 计划完成 | 实际开始 | 实际完成 | 责任人 |
|---|---|---|---|---|---|---|---|---|
| 研发楼-土建-F3地下室-F3-A5区 | | | | | | | | |
| 钢筋绑扎 | 详情 | 正常完成 | | 2017-06-28 | 2017-08-20 | 2016-11-01 | 2016-11-15 | 郭圣杰 |
| 模板支设 | 详情 | 延迟完成 | 4 | 2017-08-21 | 2018-06-20 | 2016-11-01 | 2016-11-15 | 白小山 |
| 浇筑混凝土 | 详情 | 未开始 | | 2017-08-21 | 2018-06-20 | 2016-11-01 | 2016-11-15 | 郭圣杰 |
| 研发楼-土建-F3地下室-F3-A1区 | | | | | | | | |
| 钢筋绑扎 | 详情 | 正常完成 | | 2017-06-28 | 2017-08-20 | 2016-11-01 | 2016-11-15 | 郭圣杰 |
| 继续收集需求，持续改进 | 详情 | 延迟完成 | 4 | 2017-06-28 | 2017-08-20 | 2016-11-01 | 2016-11-15 | 郭圣杰 |

图 5–55　计划关联体系示意

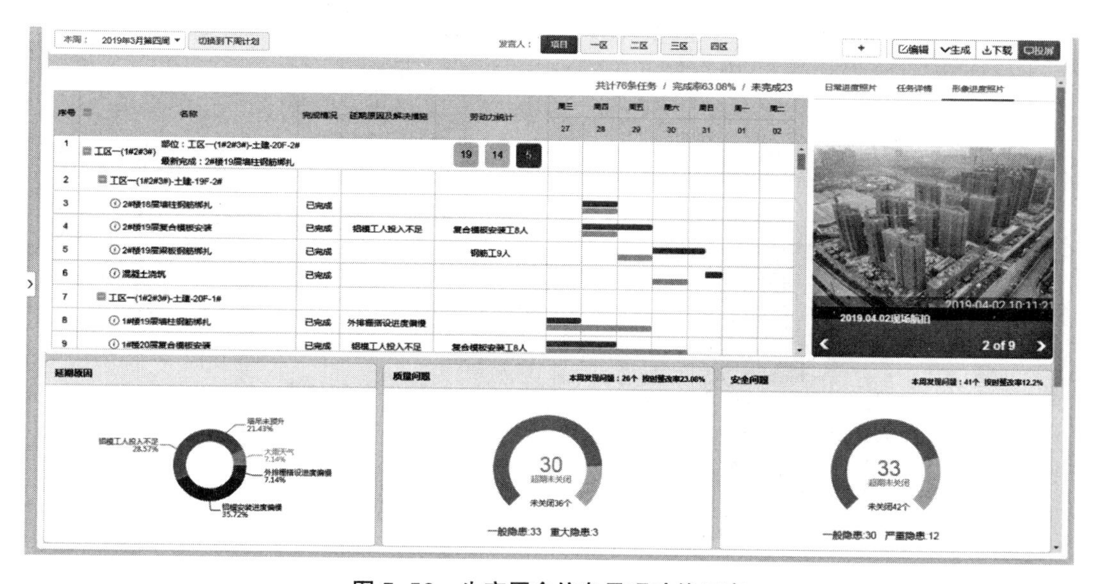


图 5–56　生产周会信息呈现功能示意

基于生产信息的共享，会让技术、质量、安全、商务等相关部门掌握更多的现场信息，会促进各业务口之间的有效协同，规避了信息盲区导致的相关损失，可以提高项目整体工作效率（图 5-57）。

5. 生产资料报表输出

有了过程的任务跟踪记录，系统自动输出施工日志、项目周报、月报等资料，减轻一线人员工作量，提高工作效率。过程记录的影像等数据存在云端，可随时调取查询，不会因项目人员变动导致数据丢失（图 5-58）。

图 5–57　进度信息 BIM 模型化呈现

图 5–58　生产资料报表输出

## 5.9.3　进度管理信息化系统应用流程和数据共享

进度管理系统实现了项目管理成员之间的工作协同，将传统的“线下”进度管理模式切换到“线上”，对过程管理数据进行系统留存，打破了信息孤岛，实现了生产信息的实时共享和管理高效率运作。持续积累的项目数据可作为企业的数字资产，未来可助力企业管理升级，实现企业对项目的实时动态管控（图 5-59）。

图 5-59　进度管理系统应用流程

进度管理的目的就是实现各类生产资源的有机协同，而系统发挥的最核心的作用就是实现各类数据信息的实时共享。数据共享体现在以下三个维度。

1. 项目横向数据共享——各部门间的数据互通

项目实施以进度为主线，与此同时还要兼顾质量、安全及成本等维度的目标，必须确保部门间横向的数据互通。通过任务结构关联模式，可以实现技术方案与生产任务的深度结合，让技术指导更加有针对性。通过移动端的生产任务跟踪，各施工部位的过程动态（施工进度、劳务用工等信息）可以实时传递到各部门，与此同时各部门巡视的及时反馈，也会促使现场管理更加规范化。各部门管理的过程数据在系统中自由流转，各部门各取所需，相互配合，才能使项目顺利推进，进而实现项目的综合目标。

2. 项目纵向数据共享——各分包分供商的数据互通

项目的良好运行，离不开参建的各分包单位、供应商的协作配合，同在一个施工现场，临建设施及场地共用、施工作业面交叉等往往导致很多矛盾的发生，纵向向下的管理也借助系统这个有效的工具进一步细化。首先，将各分包的施工内容和状态对所有单位进行共享，防止互不知晓导致的各类冲突。同时，阶段性的会议总结中也可以将所有分包的过程数据调取查看，有效避免各单位间的扯皮，让每一项决策有理有据，也使分包更加信服，总承包管理才会更加高效。

3. 项目垂直数据共享——项目与企业的数据互通

传统管理模式下，企业了解项目的信息都是零散的，并有一定的滞后性。对项目进行实地检查，消耗人员精力和成本，并不一定能取得很好的效果。在进度系统中，可以实现企业与项目的实时连接，了解项目的进度管控动态，在必要时提前采取措施，使企业对项目的被动管理转向主动管理，进而有效地掌控项目风险。

同时，项目过程中积累的实际数据，也是企业的一笔宝贵财富，不管是在未来的投标测算中，或者在其他项目管理中都可以借鉴和复用。施工企业的数字化转型是必然趋势，利用信息化系统进行进度管理，通过数据共享和驱动，可以提升项目的管控效率，增强企业的市场竞争实力。

## 5.10　成本管理系统

### 5.10.1　成本管理系统基本情况

成本管理系统对施工业务成本进行多维度信息管理。从项目成本管理的实时数据归集，预算收入、目标成本、实际成本的阶段对比，成本中财务费用的分析，以及项目成本管理工作流程的集成化，到公司级成本管理的宏观性掌控及预控，用信息化工具及系统实现无差别、实时、多对比、多分析的全面管理。

成本管理贯穿施工项目从前期投标策划到施工过程控制，再到项目竣工收尾的全过程，因此成本管理具有全过程、全员参与的特性。对施工企业来说，可在事前策划、事中控制、事后核算的不同阶段，使用数字化的管控手段，达成企业降本增效的总体目标。成本核算体系的核心是利用数字化手段，将施工业务过程管理产生的数据，自动生成成本对比分析的数据。

成本四算对比指的是合同收入、目标责任成本、计划成本、实际成本。合同收入与目标责任成本的差额是企业预期收益，目标责任成本与计划成本的差额是项目预期收益，计划成本与实际成本的差额是项目成本绩效。项目竣工后，目标责任成本与实际成本的差额属于项目实际收益，合同收入与实际成本的差额属于企业实际收益（图 5-60）。

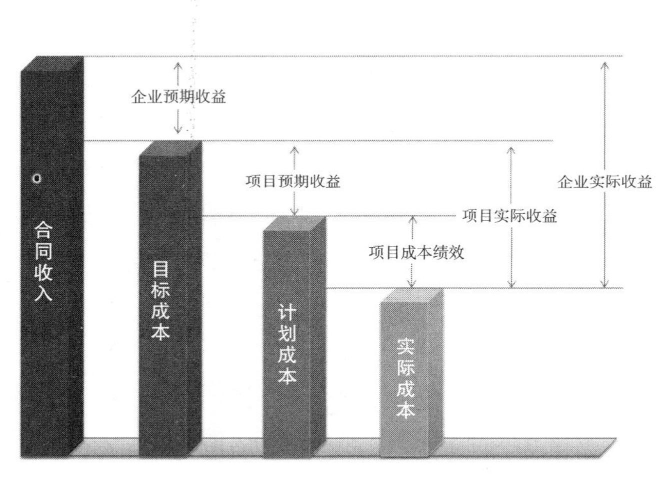


图 5–60　成本四算对比

## 5.10.2　成本管理系统主要功能

1. 实际成本过程管控

实际成本过程管控主要体现在以下两个方面：对支出合同签订的管控、对支出合同结算的管控。

（1）支出合同签订

对支出合同签订的管控，按照管控细则，可以划分为如下三个层次：

1）按总金额控制：当支出合同签订的总金额达到施工合同金额或目标责任成本金额一定的百分比后（比如 80%），对相关的管理人员进行预警；当达到一定的百分比后

（比如 120%），不允许新签支出合同。

2）按分类金额控制：当某一类支出合同（比如物资类合同）签订的总金额达到目标责任成本中物资类金额一定的百分比后（比如 80%），对相关的管理人员进行预警；当达到一定的百分比后（比如 120%），不允许新签该类支出合同，其他类合同的签订不受影响。

3）按分类量价明细控制：当某一个具体的支出合同（比如钢筋采购合同 01）签订的合同明细单价或数量达到目标责任成本中对应明细的单价或数量一定的百分比后（比如 100%），对相关的管理人员进行预警；当达到一定的百分比后（比如 120%），不允许新签该项明细的支出合同，其他合同的签订不受影响。

上述管控手段应该按照管控参数进行设置，施工企业根据自己当前的管理水平，按需开启管控参数，坚决不能出现“一刀切”的现象（图 5-61）。

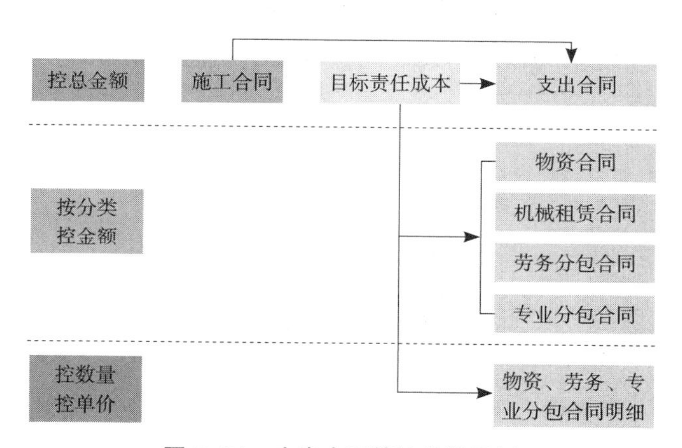


图 5-61　支出合同管控参数示例

（2）支出合同结算

合同签订是龙头，但也要对合同的过程结算进行严格管控。不允许超合同金额（或单价，或数量）进行结算，当超过合同金额（或单价，或数量）后，必须签订补充协议。

同合同签订的管控一样，也要进行参数化管理，施工企业根据自己当前的管理水平，按需开启管控参数（图 5-62）。

| 参数名称 | 参数类型 | 参数值 | 管控下级 |
| --- | --- | --- | --- |
| 结算量不能超合同量 | 枚举类型 | 管控所有合同 | ☐ |
| 最终结算额超出合同额比例不能超过X% | 布尔类型 | 是 | ☐ |
| 最终结算额超出合同额比例不能超过X% | 数值类型 | 10 | ☐ |
| 最终结算额超出合同额预警 | 布尔类型 | 是 | ☐ |
| 累计预结算额超出合同额比例不能超过X% | 布尔类型 | 是 | ☐ |
| 累计预结算额超出合同额比例不能超过X% | 数值类型 | 10 | ☐ |
| 分包预算金额不能超分包合同金额 | 布尔类型 | 否 | ☐ |

图 5-62　分包合同结算管控参数示例

2. 成本核算管理

（1）核算资源

核算资源主要用来设定“成本核算科目”和“核算对象”。成本核算科目设定得越细，则成本管理精度越高。“核算对象”是对项目结构的分解，项目结构分解得越小，则成本管理精度越高，对其他项目的成本管理参考价值越大。而成本难以核算到工程实体，难以统一对比口径一直是成本管理工作的难点。

系统应支持成本与施工进度计划关联，实现按照施工部位以及部位开竣工时间进行成本分析和控制。系统可以以成本科目和核算对象等不同维度设定核算资源，既提供一套标准的核算资源，又允许企业根据实际管理需要自定义不同粗细程度的核算资源。

成本科目是把费用按照经济用途分类，核算对象是把费用归集到具体的生产对象或者企业自身的核算维度。核算资源由公司统一维护，由主管核算部门财务以及工程预算部共同协商确定，各项目部可以在整体框架内补充，这样就为实际成本与收入预算、目标成本对比提供了统一的核算单元，同时解决了工程核算与财务成本统计口径不一致的问题（图 5-63）。

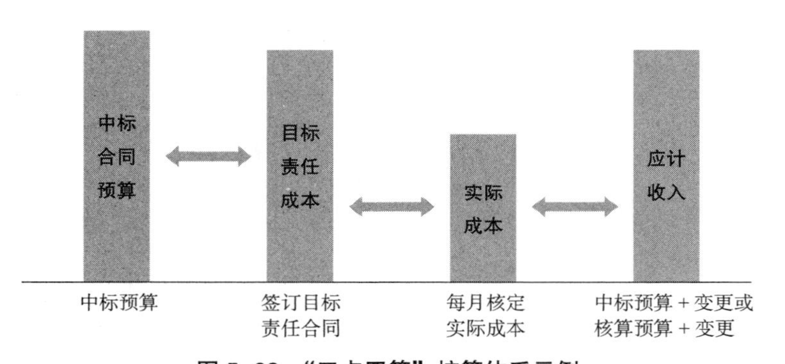


图 5-63 “三点四算”核算体系示例

（2）合同收入管理

施工合同收入一般包括合同初始收入（双方确定的合同总额）和执行过程中合同变更、索赔、奖励等形式的收入。收入成本的核算属于施工合同履约过程的一个重要环节。系统应支持施工合同的签订、登记、预算导入、月度工程量计量、变更、索赔、到账工程款、履约情况分析等一系列业务过程，并通过对施工合同业务的处理实现收入成本的实时核算。

（3）目标责任成本管理

实施项目责任成本是施工企业的一项重要内容，按照责任层次和成本费用，制定切实可行的考核标准，开展“全员参与，控制过程”的管理模式，实行职工收入与绩效评比挂钩，按规定兑现奖惩，把目标责任成本通过项目中的管理体制网络落到实处，以较

少的成本支出，获得较大的经济效益，从而降低工程成本费用，提高企业的管理水平。

目标责任成本管理的主要环节包括：目标责任成本测算、目标责任成本过程统计、目标责任成本考核兑现等。

（4）实际成本归集与对比分析

实际成本主要包括工程支出的人、材、机以及其他费用。通过月度各业务成本账的建立，自动归集业务过程成本数据，按照企业前期设定的科目进行分类汇总，最终达到成本分析的目的。

3. 成本考核

成本考核兑现是成本管理的最后一个环节，也是对成本管理全员参与理念的最好体现。成本考核环节要充分考虑在风险共担的前提下，如何调动项目管理人员的积极性，奖惩分明（图 5-64）。

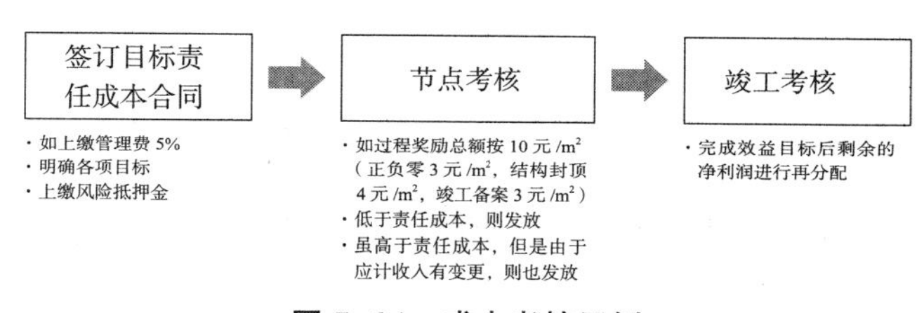


图 5–64　成本考核示例

### 5.10.3　成本管理信息化系统应用流程

从整体上，可以将成本管理划分为三大阶段：事前控制、事中控制、事后控制；六大过程：成本预测、成本计划、成本控制、成本核算、成本分析、成本考核（图 5-65）。

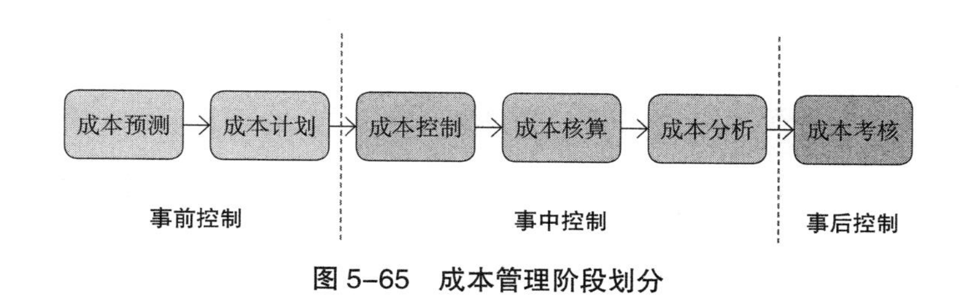


图 5–65　成本管理阶段划分

成本管理信息化系统的应用流程可以概括为三大板块：对施工合同的管理、对目标责任成本的管理、对实际成本的管理。

施工合同管理的应用流程一般包括如下业务环节：施工合同评审、施工合同登记、中标预算 / 核量预算管理、变更管理、变更预算管理、产值统计、收入成本归集等，如图 5-66 所示。

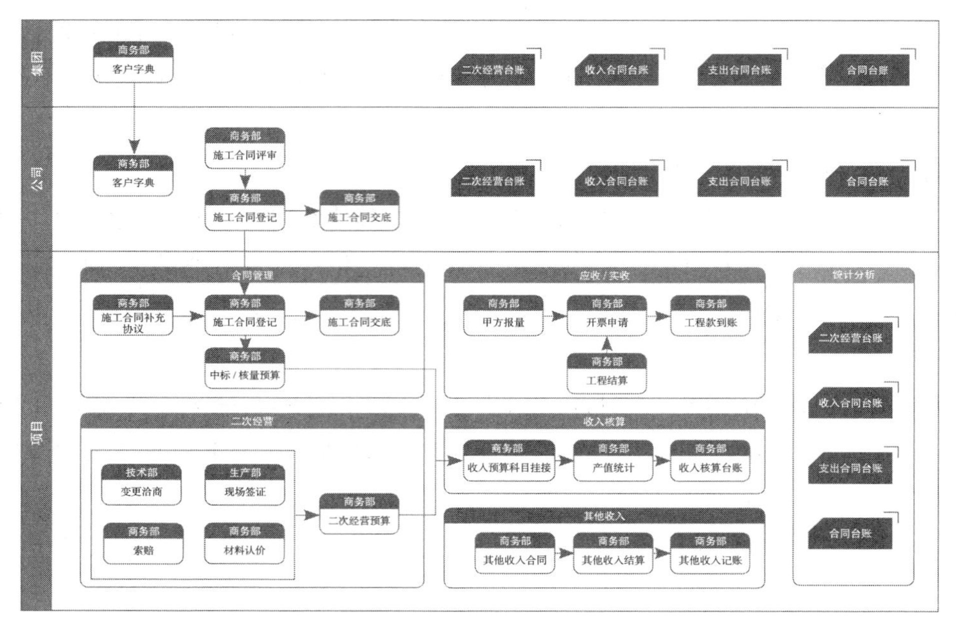


图 5–66 施工合同管理流程

目标责任成本管理的应用流程一般包括如下业务环节：目标责任成本编制和评审、目标责任成本统计、目标责任成本归集等。

实际成本管理已经分散在各个信息化业务子系统中的内容，比如物资管理、分包管理等，最终在成本管理信息化系统中完成成本归集和进行对比分析，如图 5-67 所示。

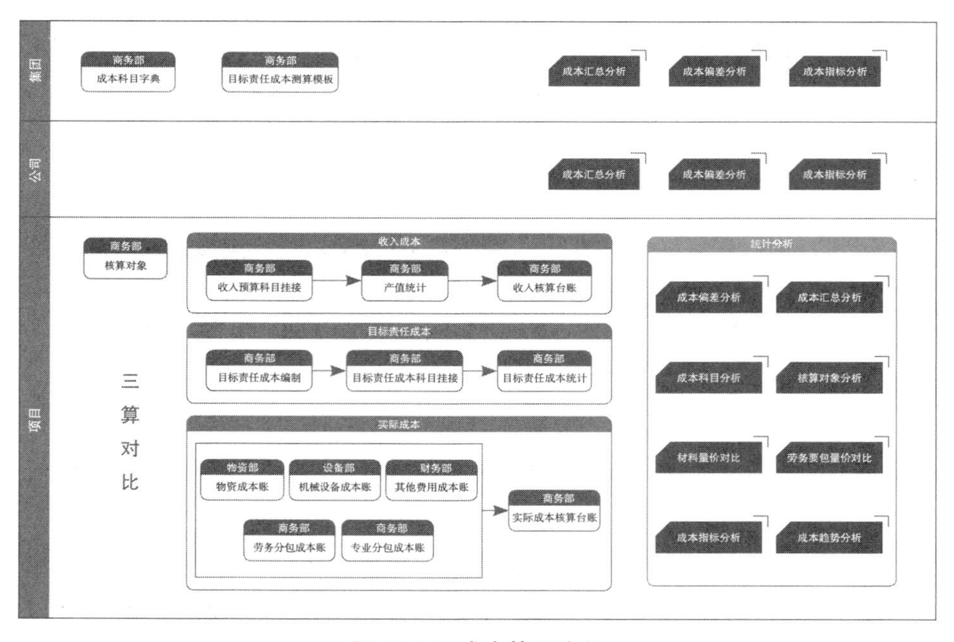


图 5–67 成本管理流程

成本管理信息化系统中积累的成本数据，属于企业数据资产的重要组成部分，应通过数据共享，最大化地发挥数据的价值，为企业成本管理的降本增效提供有力支持。

成本管理信息化系统的数据共享，主要包括以下几个方面：

（1）为同类型项目的投标报价提供数据参考；

（2）为同类型项目的目标责任成本测算提供数据参考；

（3）为同类型项目的成本过程管控提供数据参考。

成本管理信息化系统的数据共享的表现形式，可以是生产要素的价格平台，比如材料采购价格平台（图 5-68）。

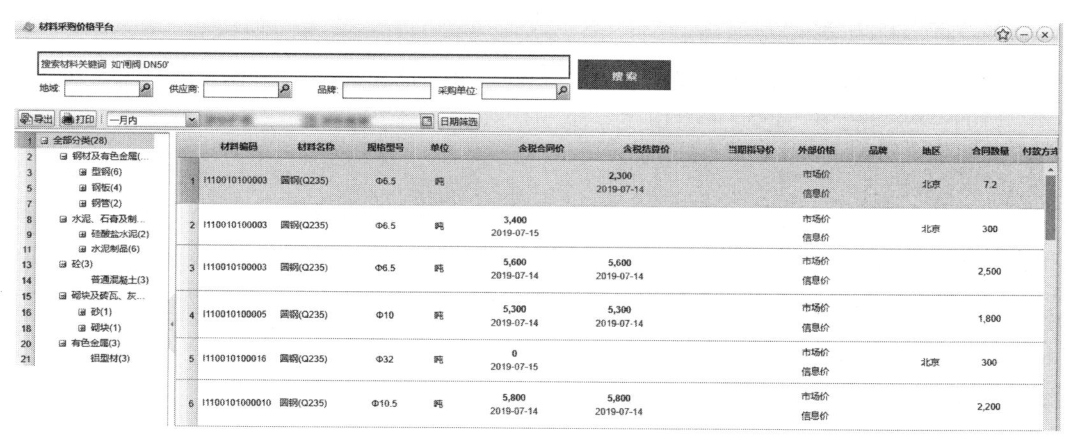


图 5–68　材料采购价格平台

成本管理信息化系统的数据还可以共享到商业智能（BI）可视化平台，进行可视化的数据分析，为智慧决策提供数据支持。

成本管理信息化系统与商业智能可视化平台的数据共享，数据流向如图 5-69 所示。

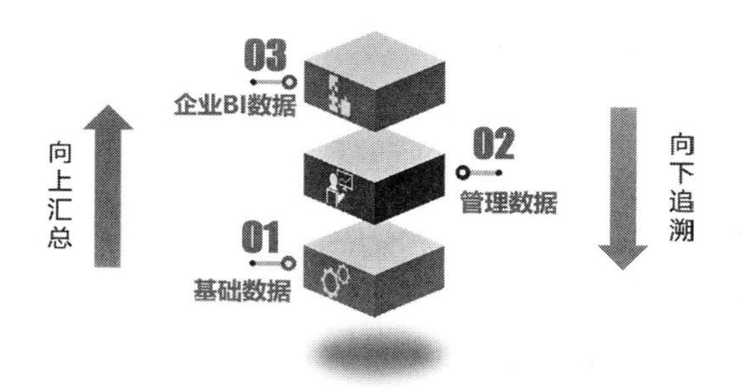


图 5–69　成本管理数据流向

基础业务数据，是自下而上逐级汇总的，同时，也要支持可视化的分析结果，自上而下追溯到问题源头。

## 5.11 信息化施工集成管理系统

### 5.11.1 信息化施工集成管理系统基本情况

项目管理领域众多，各自管理线条较为独立，交互较被动，反馈数据标准不统一，管理过程及结果无前后及横向对比，数据呈现时间不一且不及时，无法科学、有效、全面支撑项目的判断决策和持续改进。

信息化施工集成管理系统是对前述一个或多个工具软件和管理子系统的集成，进而达成对数据的集成管理，通过数据集成实现业务的集成，主要解决项目管理过程分散，工作相对独立，无法通过协同交互综合对比评判、准确决策项目整体运营的问题。集成系统高度集中数据并付诸分析，统一数据平台，实时反馈管理状态，从主观经验的人治管理逐步向客观、科学的数字化、信息化管理进步。

目前，常用的项目协同工作集成系统为广联达、品茗、华筑等。

1. 项目协同工作集成系统的作用

项目协同工作集成系统将项目上的软硬件信息集成，达到对不同管理子系统、不同物联网设备的数据进行综合分析，以支持项目决策，最终实现智慧管理。其主要功能在于打破各个管理子系统的信息孤岛，使系统间进行联动，实现对问题的综合分析，进而优化管理。目前，大多协同工作集成系统都能做到软硬件集成，但是对于信息打通还不够全面与普及。

目前，建筑行业缺少统一标准和整体解决方案，导致应用场景中系统多而分散。多系统多 APP，分散在不同部门，造成数据难以集中，使项目经理无法识别单个环节偏差对整体目标的综合影响。对于企业而言，虽然数据体量庞大，但缺乏有效的处理与融合手段，使其应用价值无法得到完整体现，难以做到用数据支撑整体决策。各类信息技术之间的融合和集成使用对提高施工效率和品质至关重要，是建筑业信息化转型升级的必经之路（图 5-70）。

2. 项目协同工作集成系统的应用模式

项目协同工作集成系统一般由技术层、应用层、数据层和智慧层组成。技术层通过物联网设备和管理平台将过程中产生的海量数据进行收集。项目一般使用的物联网设备包括：RFID、GPS、位移监测、应力监测等。项目通常应用的管理平台包括：IOT 平台、BIM 平台、AI 平台等。应用层聚焦于具体岗位，将技术层中不同的业务系统与设备类型根据业务需求和流程进行有机组合，在过程中产生具有业务特征的数据。一般的应用内容有：实测实量、质量巡检、塔式起重机检测、移动收料等。数据层对应用层数据进行管理，它通过各种算法对存储的数据进行分析，并对分析结果进行排名。智慧层根据数据层的分析结果与规范标准、管理目标等对现状进行智能分析，为管理者提供决策信息（图 5-71）。

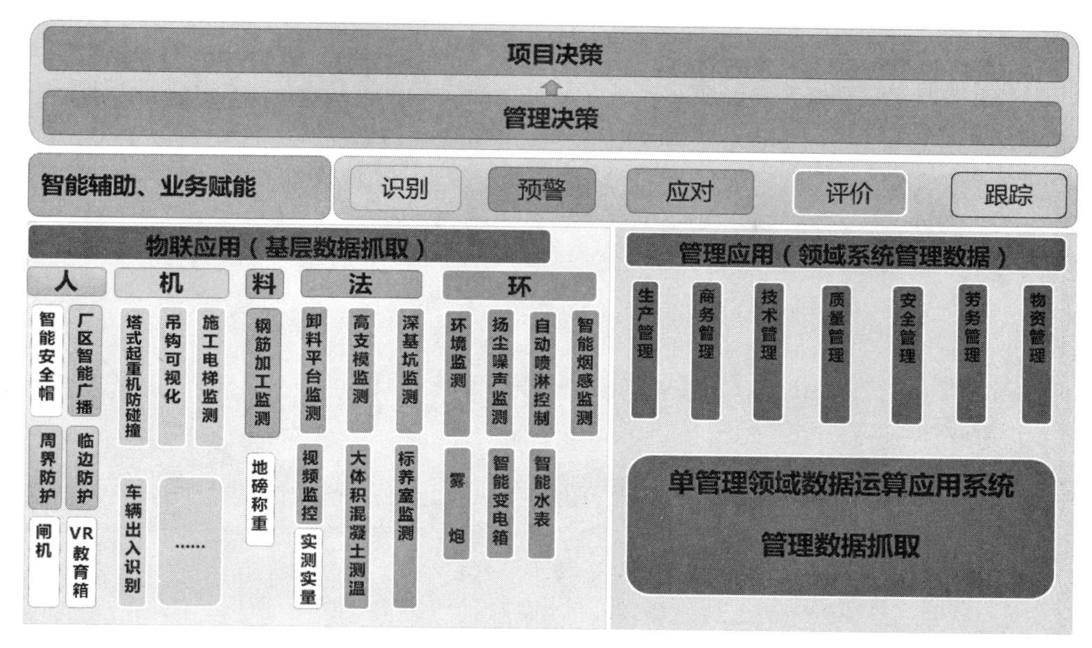


图 5–70　项目管理决策架构

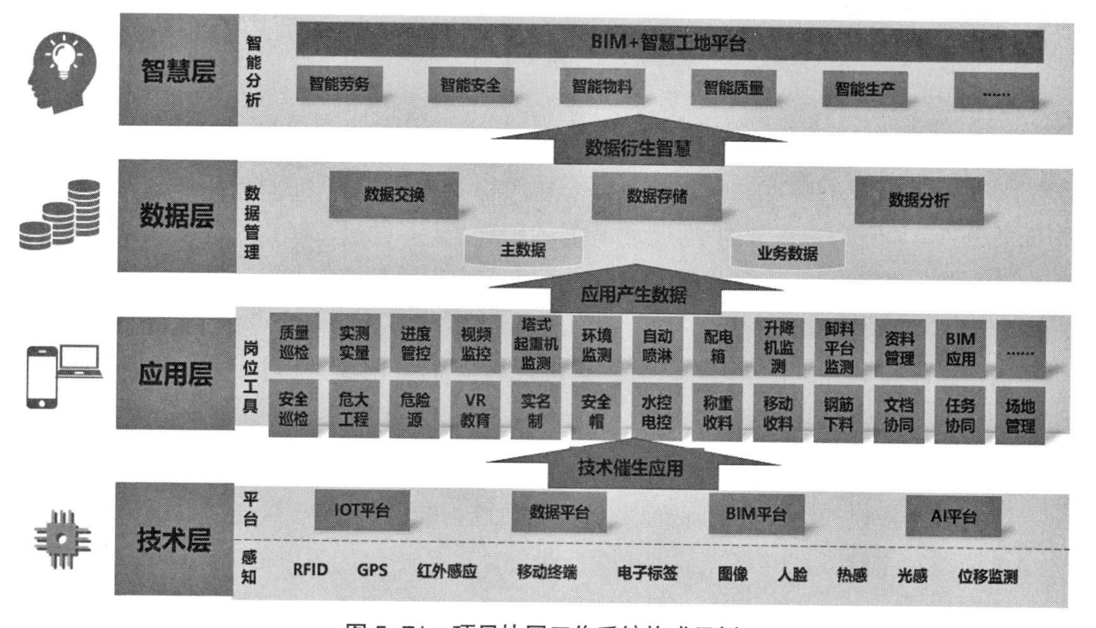


图 5–71　项目协同工作系统构成示例

## 5.11.2　集成管理系统主要功能

1. 硬件物联、规则联动

物联网设备是系统收集现场数据的重要渠道，当物联网设备数量较多时，工业级物联网平台是集成物联网设备的高效途径，以此可以实现快速高效的设备接入、建模和控制。将海量事件数据存储与规则联动，实时数据分析与应用接口，简化工业设备联网设备的开发，加速物联网解决方案交付，保障数据安全、可靠（图 5-72）。

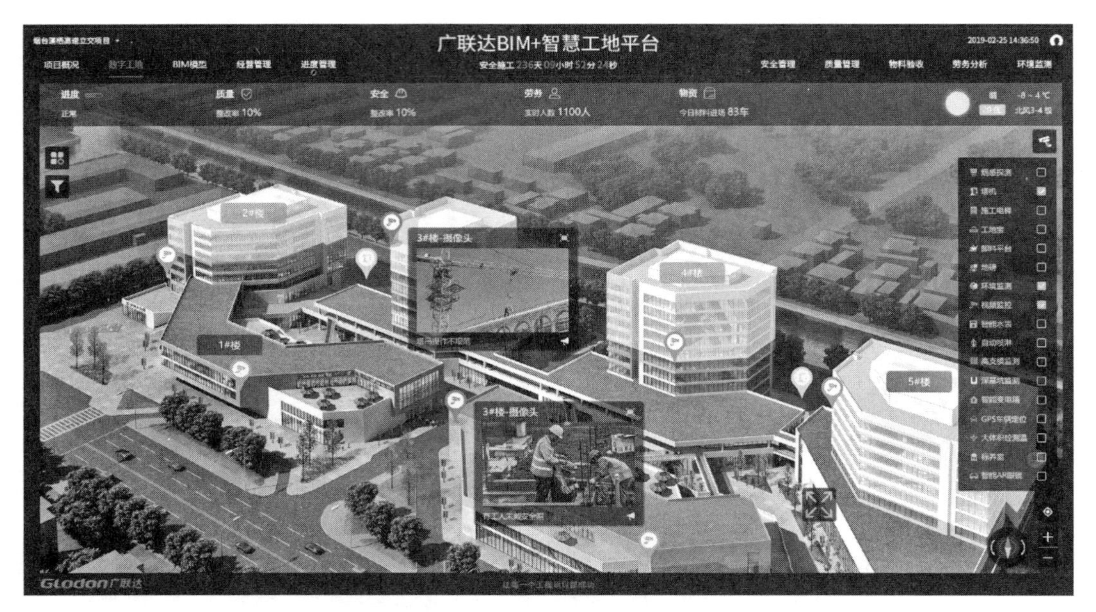


图 5-72　数字工地示例

2. AI 分析、安全预控

对于直接采集的图像、视频信息，系统可以直接应用 AI 平台中的算法进行特定指标的分析，如安全帽佩戴识别，人员周界入侵识别，车辆进出场识别，火焰监测识别，抽烟监测等。将管理平台与业务子系统进行集成应用，使安全管理、设备管理更为智能高效。

通过智能视频分析技术，对项目现场进行人工智能化深度学习，无需其他传感器，直接对视频进行实时分析和预警，让工地更安全、更智慧。

3. 数据交互、智慧决策

系统利用工地现场的数据标准、数据通信协议标准、各应用间认证和数据交换标准，使多个应用间实现数据共享和数据交换，最终达到数据集成，以消除数据孤岛。通过数据综合分析，提供智能预警、决策依据，辅助项目管理者动态管理项目，为企业大数据的建立提供基础保障。

4. 灵活组合、个性定制

项目协同工作集成系统可以对不同业务模块进行自由组合，通过多样的排布方式以满足不同企业、不同项目类型的管理需求。以丰富的业务模块支持扩展应用，简单的操作即可完成样式编辑和数据配置，轻松搭建可视化应用。

5. 有机集合、多样展示

系统一般提供数据可视化看板，通过各种类型的图标呈现工地各要素的状态，并突出关键数据，对劳务、进度、质量、安全等相关数据进行多维度的分析，通过点选图标可以看到详细信息。完善的系统可以通过点选进行原始数据追溯，不仅满足日常业务管理需要，同时还能满足外部观摩检查需要（图 5-73）。

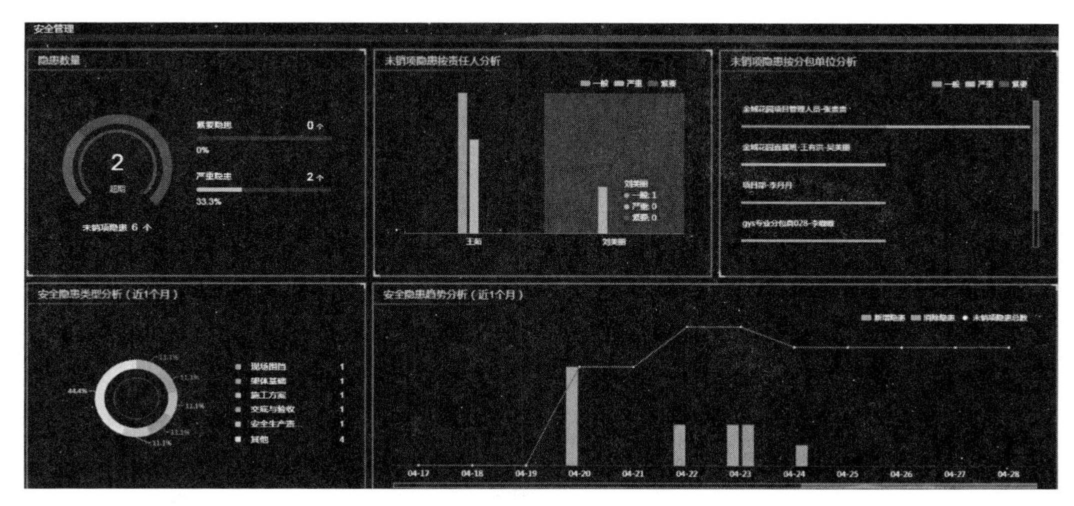

图 5–73　平台安全管理模块示例

### 5.11.3　集成管理系统应用流程

1. 应用流程

根据系统集成具体业务模块的多寡，项目协同工作集成系统基本上可以囊括项目施工过程中的所有业务，一般包括：进度管理、质量安全管理、劳务管理、材料设备管理、经营管理、环境管理等。同时，系统可以协助项目进行党建管理等，全方位覆盖项目部各种维度的管理需求。

面对海量业务，系统可以同时基于 Web 端、大屏端、APP 移动端，灵活地进行管理工作。通过项目协同工作集成系统可以做到把“云、大、物、移、智”技术真正应用到项目日常管理中，比如质量安全巡检、生产任务排分、安全教育、技术交底、物料验收等各种场景，同时也能有效结合目前市场上最先进的技术，比如物联网、AI 等，进行安全管控，有效避免人力的投入，逐步实现业务替代（图 5-74）。

2. 应用效果

目前，项目协同工作集成系统已经在大型施工企业有一定范围的应用，在应用过程中，项目协同工作集成系统的效果初现。智能设备和业务系统的联动降低了项目成本，提升了工作效率；展示了项目乃至企业的先进管理手段，起到了品牌宣传的效果（图 5-75）。

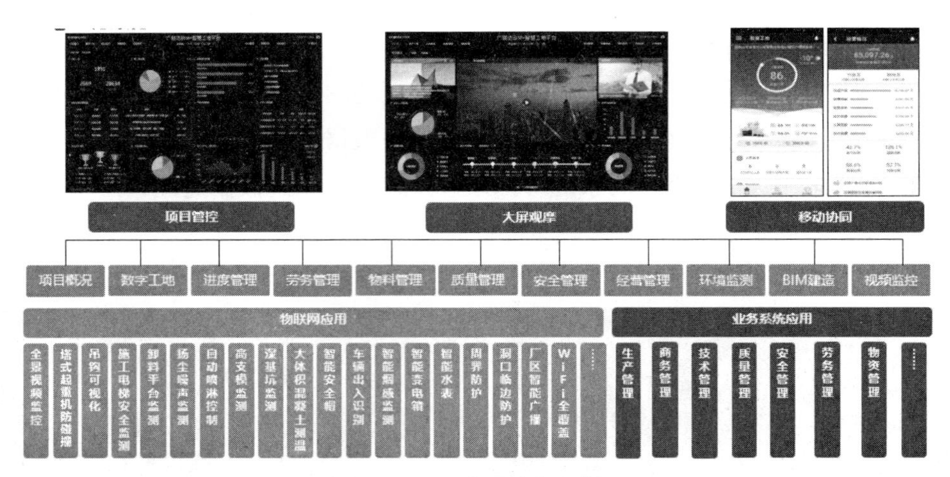


图 5–74　应用流程示例

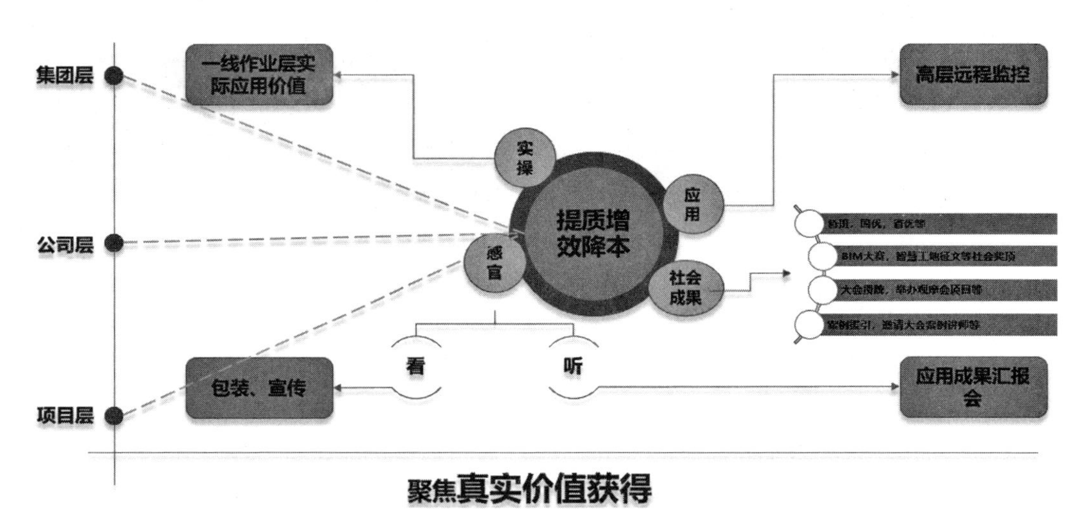


图 5–75　效果与价值

## 5.11.4　集成管理系统数据共享

项目协同工作集成系统将现场系统和硬件设备集成到一个统一的平台，同时对各类数据进行汇总分析形成数据中心。各子系统的数据经分析处理以图表形式展示项目关键指标，同时对子系统之间的数据进行互联，多角度分析问题。系统通过智能识别，判断项目风险，追溯问题根源，并及时预警，帮助项目实现数字化、系统化、智能化，为项目经理和管理团队打造一个智能化“战地指挥中心”，扩大单个子系统价值，使单系统价值放大，达到 1+1>2 的效果。

系统实现业务集成之后，行业开始积极探索各业务数据融合所产生的价值，多个终端基于统一数据库，在进行单独业务数据存储、清洗、分析的过程中，实现不同业务数据间的联动，以实现智能分析。比如，环境检测发现 PM 超标，启动自动喷淋；环境检测发现大风超过 6 级，塔式起重机自动停止运行等。业务结合人工智能，整合各模块的数据分析结果给项目提供多样化的分析视角和维度，辅助施工管理动作决策。

随着 5G 和 AI 时代的到来和技术的发展，结合企业定额指标和项目现场状况，系统会自动下达一系列管理动作，并通过物联网设备完成操作，以实现智能决策。项目协同工作集成系统的发展趋势是实现工程管理的数字化、系统化、智能化。

（1）数字化：所有现场的岗位作业人员，通过数字建造的方式把目前的工作替代掉，实现数字化，让工地实现更透彻的感知，让协作执行可追溯。

（2）系统化：通过系统化可以保证数据的及时性和准确性，让工地变得更全面地互联互通，让管理信息零损耗。

（3）智能化：可以让我们随时随地都看得到，智能识别项目风险并预警，问题追根溯源。

# 参考文献


[1] 中华人民共和国住房和城乡建设部 . 建筑信息模型应用统一标准 GB/T 51212—2016[S]. 北京：中国建筑工业出版社，2017.

[2] 中华人民共和国住房和城乡建设部 . 建筑信息模型施工应用标准 GB/T 51235—2017[S]. 北京：中国建筑工业出版社，2018.

[3] 李云贵，何关培，邱奎宁 . 建筑工程设计 BIM 应用指南 [M]. 第二版 . 北京：中国建筑工业出版社，2017.

[4] 李云贵，何关培，邱奎宁 . 建筑工程施工 BIM 应用指南 [M]. 第二版 . 北京：中国建筑工业出版社，2017.

[5] 李云贵 . BIM 软件与相关设备 [M]. 北京：中国建筑工业出版社，2017.

[6] 李云贵 . 中美英 BIM 标准和技术政策 [M]. 北京：中国建筑工业出版社，2019.

[7] 李云贵 . BIM 技术应用典型案例 [M]. 北京：中国建筑工业出版社，2020.